崔兆华　编著

数控机床编程与操作（广数系统）从入门到精通

SHUKONG JICHUANG BIANCHENG YU CAOZUO (GUANGSHU XITONG) CONG RUMEN DAO JINGTONG

化学工业出版社

·北京·

本书依据《国家职业技能标准》中、高级数控车工和高级数控铣工/加工中心技能鉴定知识要求和技能要求，按照岗位培训需要的原则进行编写。本书内容包括：数控机床的基础知识、数控机床编程基础、数控车床编程与操作、数控铣床和加工中心编程与操作、Matercam X7 自动编程简介、数控机床的维护与故障诊断。

本书结合企业实际，反映岗位需求，突出新知识、新技术、新工艺、新方法，注重职业能力培养。本书可用作企业培训部门、各级职业技能鉴定培训机构的考前培训教材，又可作为读者技能鉴定考前复习用书，还可作为职业技术院校、技工学校的专业课教材。

图书在版编目（CIP）数据

数控机床编程与操作（广数系统）从入门到精通/崔兆华编著. —北京：化学工业出版社，2019.5（2024.8重印）
ISBN 978-7-122-34000-9

Ⅰ.①数… Ⅱ.①崔… Ⅲ.①数控机床-程序设计②数控机床-操作 Ⅳ.①TG659.022

中国版本图书馆 CIP 数据核字（2019）第 038014 号

责任编辑：王　烨　　　文字编辑：陈　喆
责任校对：张雨彤　　　装帧设计：刘丽华

出版发行：化学工业出版社（北京市东城区青年湖南街 13 号　邮政编码 100011）
印　　装：河北延风印务有限公司
787mm×1092mm　1/16　印张 19½　字数 532 千字　2024 年 8 月北京第 1 版第 11 次印刷

购书咨询：010-64518888　　售后服务：010-64518899
网　　址：http://www.cip.com.cn
凡购买本书，如有缺损质量问题，本社销售中心负责调换。

定　　价：79.80 元

近年来，广州数控系统发展迅速，年产销数控系统连续10年全国第一，占国内同类产品市场的1/2份额。社会上应用广州数控系统的企业和学校越来越多，为满足广州数控系统操作者学习的需要，我们编写了《数控机床编程与操作（广数系统）从入门到精通》一书，以帮助他们提高理论知识和技能。

本书本着以职业活动为导向、以职业技能为中心的指导思想，以国家人力资源和社会保障部制定的《国家职业技能标准》中、高级内容为主，以“实用、够用”为宗旨，按照岗位培训需要而编写。本书内容包括：数控机床的基础知识、数控机床编程基础、数控车床编程与操作、数控铣床和加工中心编程与操作、Matercam X7自动编程简介、数控机床的维护与故障诊断。本书具有如下特点：

1. 在编写原则上，突出以职业能力为核心。本书编写贯穿“以职业标准为依据，以企业需求为导向，以职业能力为核心”的理念，依据国家职业标准，结合企业实际，反映岗位需求，突出新知识、新技术、新工艺、新方法，注重职业能力培养。凡是职业岗位工作中要求掌握的知识和技能，均作详细介绍。

2. 在使用功能上，注重服务于培训和鉴定。根据职业发展的实际情况和培训需求，本书力求体现职业培训的规律，反映职业技能鉴定考核的基本要求，满足培训对象参加鉴定考试的需要。

3. 在内容安排上，强调提高学习效率。为便于培训、鉴定部门在有限的时间内把最重要的知识和技能传授给培训对象，同时也便于培训对象迅速抓住重点，提高学习效率，书中还精心设置了数控机床基础知识、数控机床编程基础知识和数控机床的维护与故障诊断等内容，便于读者系统掌握数控机床编程与操作技术。

本书由临沂市技师学院崔兆华编著。在编写过程中，引用了一些参考文献，并邀请了部分技术高超、技术精湛的高技能人才进行示范操作，在此谨向有关作者、参与示范操作的人员表示最诚挚的谢意。另外，付荣、卢修春、蒋自强、叶录京、武玉山、赵培哲、吕德兴也为本书编写提供了很多帮助，在此一并表示感谢。

由于编者水平有限，编写时间仓促，书中难免有疏漏和不当之处，敬请广大读者批评指正，在此表示衷心的感谢。

编著者

第1章 数控机床基础知识 1

第2章 数控机床编程基础 14

第4章 数控铣床和加工中心编程与操作 142

第1章 数控机床基础知识

1.1 数控机床概述

随着社会生产和科学技术的快速发展，机械制造技术发生了巨大的变化，对机械产品制造精度、复杂程度以及更新速度的要求越来越高，传统的生产方式和加工技术已很难适应现代制造业的需求。为此，一种数字控制机床应运而生，它有效地解决了这一系列的问题，为高精度、高效率完成产品生产，特别是复杂型面零件（图 1-1）的生产提供了自动加工手段。

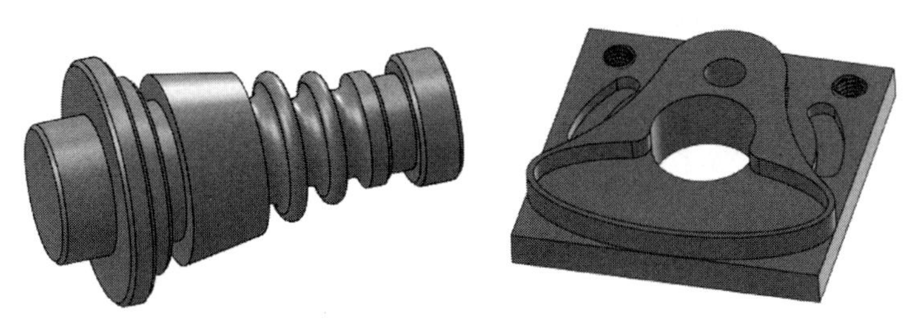

图 1-1　复杂型面零件

1.1.1 数控技术的基本概念

（1）数字控制

数字控制（Numerical Control）简称数控（NC），是一种借助数字、字符或其他符号对某一工作过程（如加工、测量、装配等）进行可编程控制的自动化方法。

（2）数控技术

数控技术（Numerical Control Technology）是指用数字量及字符发出指令并实现自动控制的技术，它已经成为制造业实现自动化、柔性化、集成化生产的基础技术。

（3）数控系统

数控系统（Numerical Control System）是指采用数字控制技术的控制系统。

图 1-2 数控车床外形图

(4) 计算机数控系统

计算机数控系统（Computer Numerical Control System）是以计算机为核心的数控系统。

(5) 数控机床

按加工要求预先编制的程序，由控制系统发出数字信息指令对工件进行加工的机床，称为数控机床（Numerically-Controlled Machine Tools）。具有数控特性的各类机床均可称为相应的数控机床，如数控车床、数控铣床等。图 1-2 所示为数控车床的外形图。

1.1.2 数控机床的组成

数控机床一般由输入/输出设备，CNC 装置（或称 CNC 单元），伺服单元，驱动装置（或称执行机构）及电气控制装置，辅助装置，机床本体，测量反馈装置等组成。图 1-3 是数控机床的组成框图，其中，除机床本体之外的部分统称为计算机数控（CNC）系统。

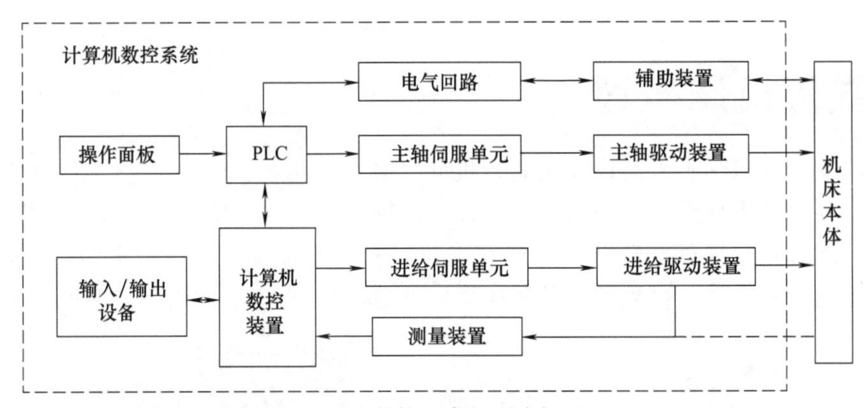

图 1-3 数控机床的组成框图

(1) 输入/输出设备

键盘是数控机床的典型输入设备。除此以外，还可以用串行通信的方式输入。数控系统一般配有 CRT 显示器或点阵式液晶显示器，显示信息丰富，有些还能显示图形，操作人员可通过显示器获得必要的信息。

(2) 数控装置

数控装置是数控机床的核心。现代数控装置通常是一台带有专门系统软件的专用计算机，图 1-4 所示是某数控车床的数控装置。它由输入装置（如键盘）、控制运算器和输出装置（如显示器）等构成。它接受控制介质上的数字化信息或输入装置输入的数字化信息，经过控制软件或逻辑电路进行编译、运算和逻辑处理后，输出各种信号和指令，控制机床的各个部分，进行规定的、有序的运动。

(3) 伺服系统

伺服系统由驱动装置和执行部件（如伺服电动机）组成，它是数控系统的执行机构，如图 1-5 所示。伺服系统分为进给伺服系统和主轴伺服系统。伺服系统的作用是：把来自 CNC 的指令信号转换为机床移动部件的运动，它相当于手工操作人员的手，使工作台（或溜板）精确定位或按规定的轨迹作严格的相对运动，最后加工出符合图样要求的零件。伺服系统作为数控机床的重要组成部分，其本身的性能直接影响整个数控机床的精度和速度。

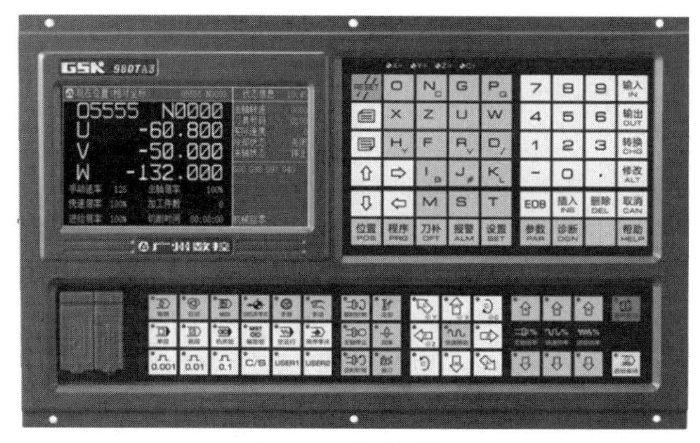

图 1-4　数控装置

(a) 伺服电动机　(b) 驱动装置

图 1-5　伺服系统

(4) 测量反馈装置

测量反馈装置的作用是：通过测量元件将机床移动的实际位置、速度参数检测出来，转换成电信号，并反馈到 CNC 装置中，使 CNC 能随时判断机床的实际位置、速度是否与指令一致，并发出相应指令，纠正所产生的误差。测量反馈装置安装在数控机床的工作台或丝杠上，相当于普通机床的刻度盘和人的眼睛。

(5) 机床主体

机床主体是数控机床的本体，主要包括床身、主轴、进给机构等机械部件，还有冷却、润滑、转位部件，如换刀装置、夹紧装置等辅助装置。

1.1.3　数控机床的工作过程

数控机床加工零件时，根据零件图样要求及加工工艺，将所用刀具、刀具运动轨迹与速度、主轴转速与旋转方向、冷却等辅助操作以及相互间的先后顺序，以规定的数控代码形式编制成程序，并输入数控装置中，在数控装置内部控制软件的支持下，经过处理、计算后，向机

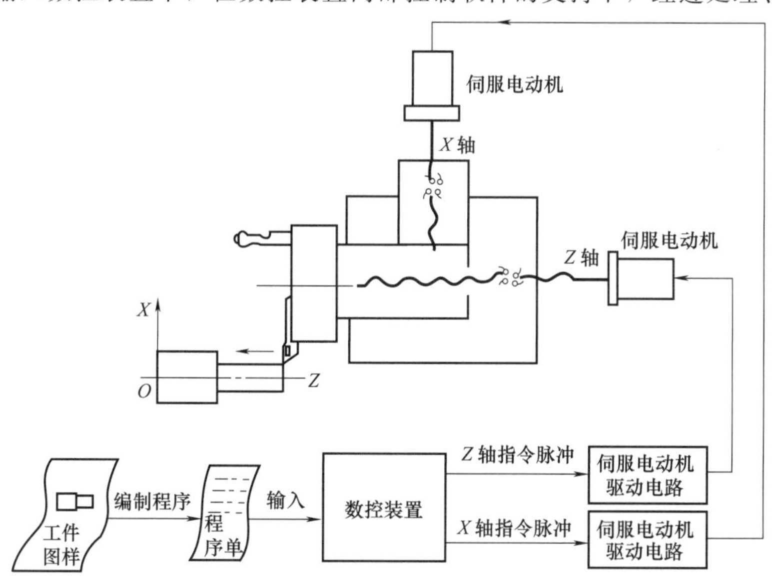

图 1-6　数控机床的工作过程示意图

床伺服系统及辅助装置发出指令，驱动机床各运动部件及辅助装置进行有序的动作与操作，实现刀具与工件的相对运动，加工出所要求的零件。图 1-6 所示为数控机床的工作过程示意图。

1.1.4 数控机床的特点

现代数控机床具有许多普通机床无法实现的特殊功能，其特点如下。

(1) 加工零件适应性强，灵活性好

数控机床是一种高度自动化和高效率的机床，可适应不同品种和不同尺寸规格工件的自动加工，能完成很多普通机床难以胜任或者根本不可能加工出来的复杂型面的零件。当加工对象改变时，只要改变数控加工程序，就可改变加工工件的品种，为复杂结构的单件、小批量生产以及试制新产品提供了极大的便利。数控机床首先在航空航天等领域获得应用，如复杂曲面的模具加工、螺旋桨及涡轮叶片加工等。

(2) 加工精度高，产品质量稳定

数控机床按照预定的程序自动加工，不受人为因素的影响，加工同批零件尺寸的一致性好，其加工精度由机床来保证，还可利用软件来校正和补偿误差。因此，能获得比机床本身精度还要高的加工精度及重复精度（中、小型数控机床的定位精度可达 0.005mm，重复定位精度可达 0.002mm）。

(3) 综合功能强，生产效率高

数控机床的生产效率较普通机床高 2～3 倍。尤其是某些复杂零件的加工，生产效率可提高十几倍甚至几十倍。这是因为数控机床具有良好的结构刚性，可进行大切削用量的强力切削，能有效地节省机动时间，还具有自动变速、自动换刀、自动交换工件和其他辅助操作自动化等功能，使辅助时间缩短，而且无需工序间的检测和测量。对壳体零件采用加工中心进行加工，利用转台自动换位、自动换刀，几乎可以实现在一次装夹的情况下完成零件的全部加工，节约了工序之间的运输、测量、装夹等辅助时间。

(4) 自动化程度高，工人劳动强度减少

数控机床主要是自动加工，能自动换刀、开关切削液、自动变速等，其大部分操作不需人工完成，可大大减轻操作者的劳动强度和紧张程度，改善劳动条件。

(5) 生产成本降低，经济效益好

数控机床自动化程度高，减少了操作人员的数量，同时加工精度稳定，降低了废品、次品率，使生产成本下降。在单件、小批量生产情况下，使用数控机床加工，可节省划线工时，减少调整、加工和检验时间，节省直接生产费用和工艺装备费用。此外，数控机床可实现一机多用，节省厂房面积和建厂投资。因此，使用数控机床仍可获得良好的经济效益。

(6) 数字化生产，管理水平提高

在数控机床上加工，能准确地计算零件加工时间，加强了零件的计时性，便于实现生产计划调度，简化和减少了检验、工具与夹具准备、半成品调度等管理工作。数控机床具有的通信接口，可实现计算机之间的连接，组成工业局部网络（LAN），采用制造自动化协议（MAP）规范，实现生产过程的计算机管理与控制。

1.2 常见数控机床的分类和特点

1.2.1 数控机床的种类

数控机床的种类很多，通常按下面几种方法进行分类。

(1) 按加工路线分类

数控机床按其进刀与工件相对运动方式，可以分为点位控制数控机床、直线控制数控机床和轮廓控制数控机床。

① 点位控制数控机床　点位控制方式就是刀具相对于工件移动过程中不进行切削加工，它对运动轨迹没有严格要求，只要实现从一点坐标到另一点坐标位置的准确移动，而不考虑两点之间的运动路径和方向，如图1-7所示。这种控制方式多应用于数控钻床、数控冲床、数控坐标镗床和数控点焊机等。

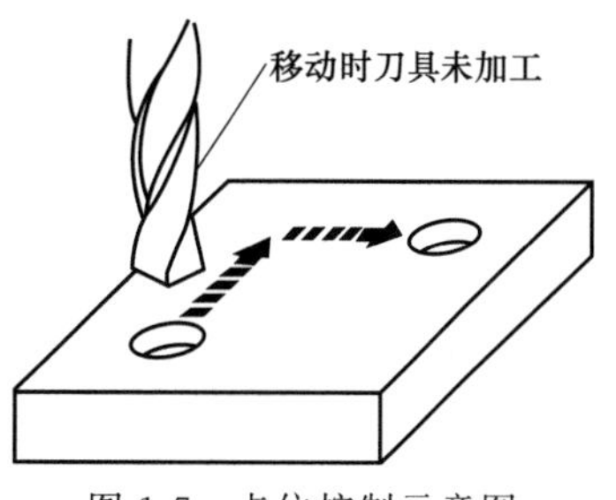

图1-7　点位控制示意图

② 直线控制数控机床　直线控制方式就是刀具与工件相对运动时，除控制从起点到终点的准确定位外，还要保证平行于坐标轴方向的直线切削运动，如图1-8所示。由于只作平行于坐标轴方向的直线进给运动，因此一般只能加工矩形、台阶形零件。运动时的速度是可以控制的，对于不同的刀具和工件，可以选择不同的切削用量。这种控制方式用于简易数控车床、数控铣床、数控磨床等。

③ 轮廓控制数控机床　轮廓控制方式就是刀具与工件相对运动时，能对两个或两个以上坐标轴的运动同时进行控制。它不仅能够控制机床移动部件的起点和终点坐标，而且能按需要严格控制刀具移动轨迹，以加工出任意斜率的直线、圆弧、抛物线及其他函数关系的曲线和曲面，如图1-9所示。采用这类控制方式的数控机床有数控车床、数控铣床、数控磨床、加工中心等。

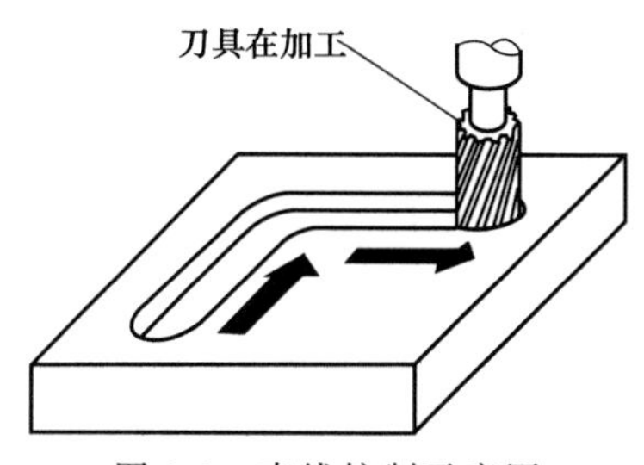

图1-8　直线控制示意图

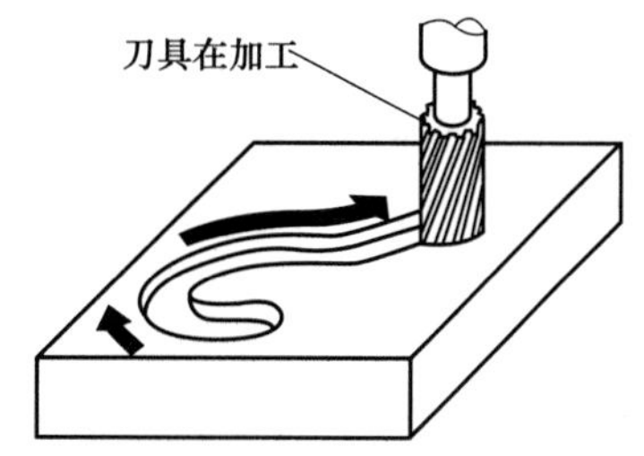

图1-9　轮廓控制示意图

(2) 按控制方式分类

数控机床按照对被控量有无检测装置可分为开环控制和闭环控制两种。在闭环系统中，根据检测装置安放的部位又分为全闭环控制和半闭环控制两种。

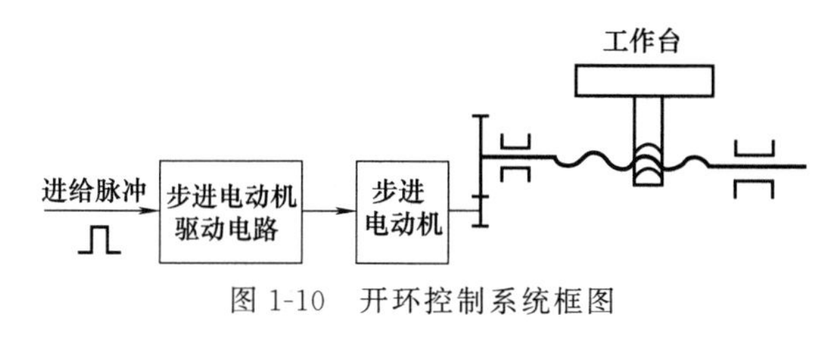

图1-10　开环控制系统框图

① 开环控制数控机床　开环控制系统框图如图1-10所示。开环控制系统中没有检测反馈装置。数控装置将工件加工程序处理后，输出数字指令信号给伺服驱动系统，驱动机床运动，但不检测运动的实际位置，即没有位置反馈信号。开环控制的伺服系统主要使用步进电动机，受步进电动机的步距精度和工作频率以及传动机构的传动精度影响，开环系统的速度和精度都较低。但由于开环控制结构简单，调试方便，容易维修，成本较低，仍被广泛应用于经济型数控机床。

② 闭环控制数控机床　图1-11所示为闭环控制系统框图，安装在工作台上的检测元件将工作台实际位移量反馈到计算机中，与所要求的位置指令进行比较，用比较的差值进行控制，直到差值消除为止。可见，闭环控制系统可以消除机械传动部件的各种误差和工件加工过程中

产生的干扰的影响，从而使加工精度大大提高。

闭环控制的特点是加工精度高，移动速度快。这类数控机床采用直流伺服电动机或交流伺服电动机作为驱动元件，电动机的控制电路比较复杂，检测元件价格昂贵，因此调试和维修比较复杂，成本高。

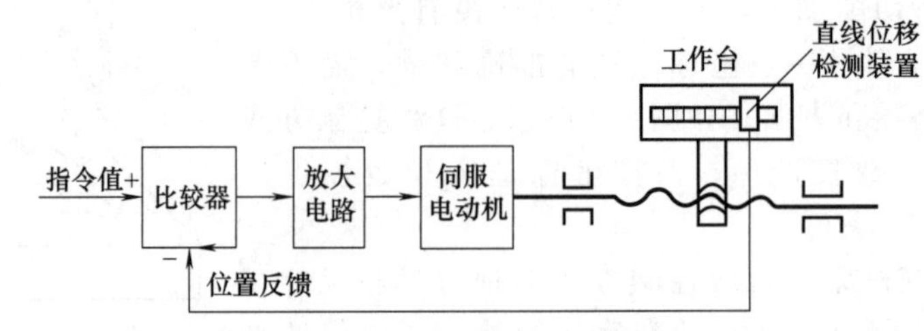

图 1-11 闭环控制系统框图

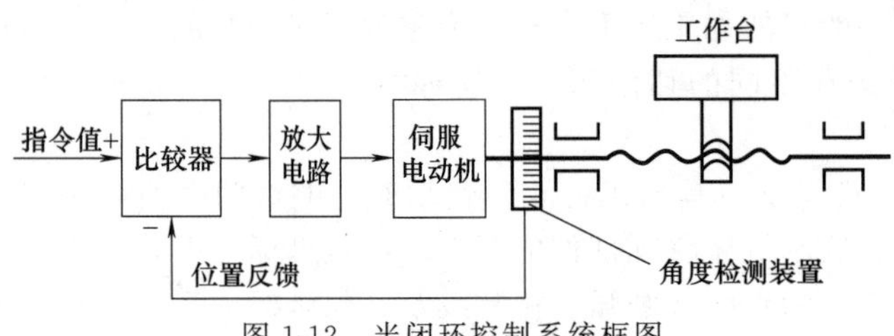

图 1-12 半闭环控制系统框图

③ 半闭环控制数控机床 半闭环控制系统框图如图 1-12 所示，它不是直接检测工作台的位移量，而是采用转角位移检测元件，如光电编码器，测出伺服电动机或丝杠的转角，推算出工作台的实际位移量，反馈到计算机中进行位置比较，用比较的差值进行控制。由于反馈环内没有包含工作台，故称半闭环控制。半闭环控制精度较闭环控制差，但稳定性好，成本较低，调试维修也较容易，兼顾了开环控制和闭环控制两者的特点，因此应用比较普遍。

(3) 按加工方式分类

① 金属切削类数控机床 这类机床的种类与传统的通用机床一样，有数控车床、数控铣床、数控钻床、数控磨床、数控镗床等。每一种又有很多品种和规格，如在数控磨床中有数控平面磨床、数控外圆磨床、数控工具磨床等。

② 金属成形类数控机床 如数控折弯机、数控弯管机、数控回转头压力机等。

③ 数控特种加工机床 如数控线切割机床、数控电火花成形机床、数控激光切割机等。

④ 其他类型的数控机床 如火焰切割机、数控三坐标测量机等。

1.2.2 常见数控机床简介

常见的数控机床有数控车床、数控铣床、加工中心等。

(1) 数控车床

数控车床是一种用于完成车削加工的数控机床，使用量较大，覆盖面较广，主要用于旋转体工件的加工。数控车床种类较多，规格不一，可按如下方法进行分类。

① 按主轴位置分类

a. 立式数控车床。立式数控车床（图 1-13）的主轴垂直于水平面，有一个直径很大的圆形工作台，用来装夹工件。这类机床主要用于加工径向尺寸大、轴向尺寸相对较小的大型复杂零件。

图 1-13 立式数控车床

b. 卧式数控车床。卧式数控车床的主轴与水平面平行。根据导轨形式，又可分为数控水平导轨卧式车床［图 1-14（a）］

和数控倾斜导轨卧式车床［图 1-14（b）］。倾斜导轨结构可以使车床具有更大的刚性，并易于排除切屑。

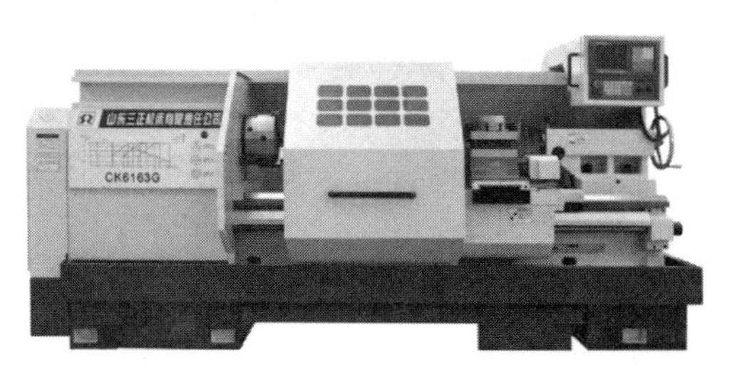

(a) 水平导轨

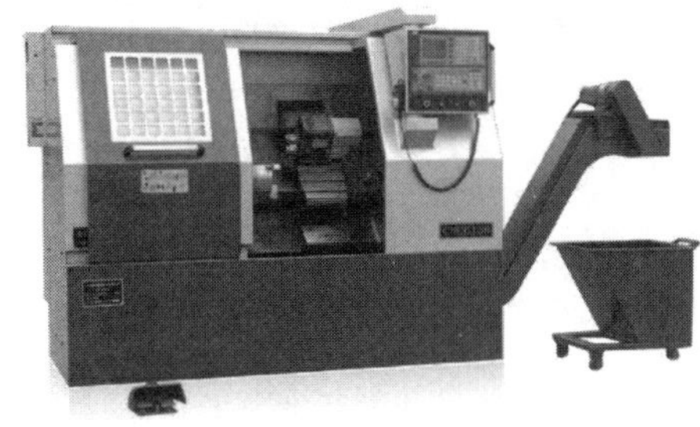

(b) 倾斜导轨

图 1-14　卧式数控车床

② 按功能分类

a. 经济型数控车床。经济型数控机床是指具有针对性加工功能，但功能水平较低且价格低廉的自动控制车床，如图 1-2 所示。其成本较低，车削加工精度比普通车床略高，适用于要求不高的回转类零件的车削加工。

b. 普通数控车床。普通数控车床是指根据车削加工要求在结构上进行专门设计并配备通用数控系统而形成的自动控制车床，如图 1-14 所示。其数控系统功能强，自动化程度和加工精度较高，适用于一般回转类零件的车削加工。

c. 车削中心。车削中心是指在普通数控车床的基础上，增加了 *C* 轴和动力头的自动控制车床，如图 1-15 所示。它除了可以进行一般车削外，还可以进行径向和轴向铣削、曲面铣削、中心线不在零件回转中心的孔和径向孔的钻削、铰孔、攻螺纹等加工，适于加工复杂的旋转体零件。

(2) 数控铣床

数控铣床是一种用于完成铣削加工或镗削加工的数控机床，在数控机床中所占的比例较大，在航空航天、汽车制造、一般机械加工和模具制造业中应用非常广泛。

① 数控铣床的分类　数控铣床按主轴在空间所处的状态分为立式数控铣床、卧式数控铣床、立卧两用数控铣床。

a. 立式数控铣床。立式数控铣床的主轴轴线垂直于水平面，如图 1-16 所示。立式数控铣床在数量上一直占据数控铣床的大多数，应用范围也最广。从机床数控系统控制的坐标数量来看，目前 3 坐标立式数控铣床仍占大多数；一般可进行 3 坐标联动加工，但也有部分机床只能进行 3 个坐标中的任意两个坐标联动加工（常称为 2.5 坐标加工）。此外，还有机床主轴可以绕 *X*、*Y*、*Z* 坐标轴中的其中一个或两个轴作数控摆角运动的 4 坐标和 5 坐标数控立铣。

图 1-15　车削中心

图 1-16　立式数控铣床

图 1-17 卧式数控铣床

b. 卧式数控铣床。卧式数控铣床的主轴轴线平行于水平面，如图 1-17 所示。为了扩大加工范围和扩充功能，卧式数控铣床通常采用增加数控转盘或万能数控转盘来实现 4、5 坐标加工。这样，不但工件侧面上的连续回转轮廓可以加工出来，而且可以实现在一次安装中，通过转盘改变工位，进行“四面加工”。

c. 立卧两用数控铣床。由于这类铣床的主轴方向可以更换，能达到在一台机床上既可以进行立式加工又可以进行卧式加工而同时具备上述两类机床的功能，其使用范围更广，功能更全，选择加工对象的余地更大，且给用户带来不少方便。

② 数控铣床的应用　数控铣床可以加工二维轮廓零件或三维轮廓零件，如平面类零件、变斜角类零件、曲面类零件；还可以对孔类零件进行加工，如钻孔、扩孔、锪孔、铰孔、镗孔和攻螺纹等，如图 1-18 所示。

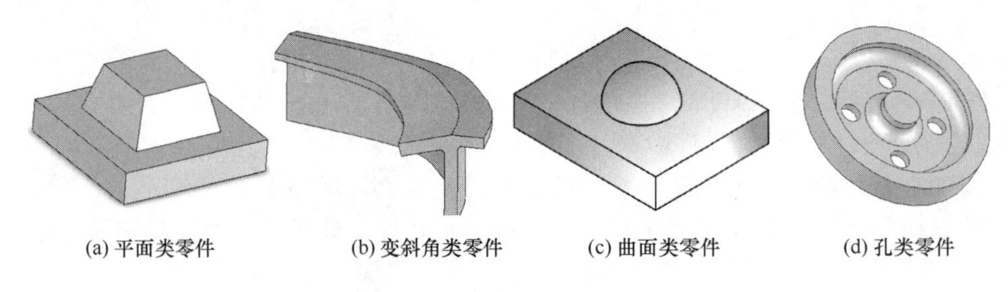

(a) 平面类零件　(b) 变斜角类零件　(c) 曲面类零件　(d) 孔类零件

图 1-18 数控铣床的加工对象

(3) 加工中心

加工中心带有刀库，具有自动换刀功能，是对工件一次装夹后进行多工序加工的数控机床。通常所说的加工中心是指带有刀库和刀具自动交换装置的数控铣床。加工中心按主轴在空间所处的状态分为卧式加工中心和立式加工中心，如图 1-19 所示。

(a) 立式加工中心

(b) 卧式加工中心

图 1-19 加工中心

加工中心适宜于加工复杂、工序多、要求精度较高、需用多种类型的刀具，且经多次装夹和调整才能完成加工的零件。其加工的主要对象有箱体类零件、复杂曲面类、异形零件、凸轮类零件和整体叶轮类零件加工等，如图 1-20 所示。

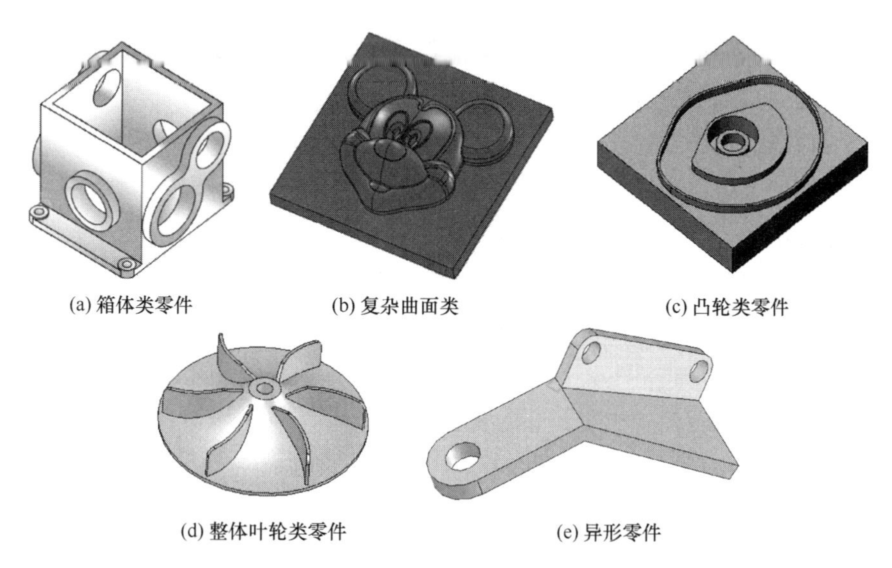

图 1-20 加工中心的加工对象

1.3 数控机床坐标系

在数控机床上加工零件，机床的动作是由数控系统发出的指令来控制的。为了确定机床的运动方向和移动距离，就要在机床上建立一个坐标系，这个坐标系就叫机床坐标系，也叫标准坐标系。机床坐标系用来提供刀具（或加工空间里或图纸上的点）相对于固定的工件移动的坐标。这样，编程人员不用知道是刀具移近工件，还是工件移近刀具，就能描述机床的加工操作。

1.3.1 坐标系确定原则

国际标准化组织 2001 年颁布的 ISO 2001 标准规定的命名原则如下。

（1）刀具相对于静止工件而运动的原则

这一原则使编程人员能在不知道是刀具移近工件还是工件移近刀具的情况下，就可根据零件图样，确定零件的加工过程。

（2）标准坐标（机床坐标）系的规定

在数控机床上，机床的动作是由数控装置来控制的，为了确定机床上的成形运动和辅助运动，必须先确定机床上运动的方向和运动的距离，这就需要一个坐标系才能实现，这个坐标系就称为机床坐标系。

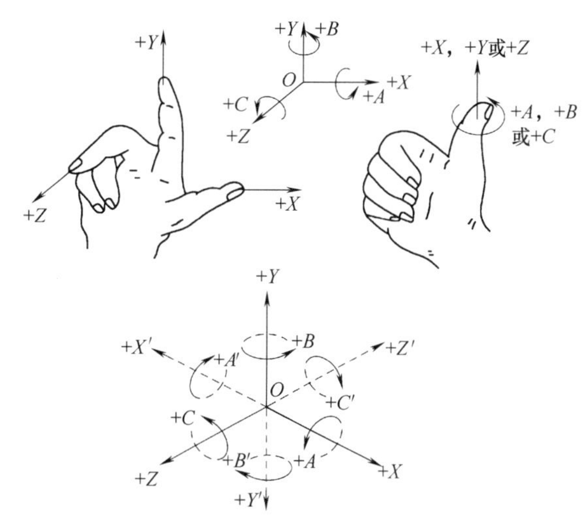

图 1-21 右手笛卡儿直角坐标系

标准的机床坐标系是一个右手笛卡儿直角坐标系，如图 1-21 所示，图中规定了 X、Y、Z 三个直角坐标轴的方向。伸出右手的大拇指、食指和中指，并互为 90°，大拇指代表 X 坐标轴，食指代表 Y 坐标轴，中指代表 Z 坐标轴。大拇指的指向为

X 坐标轴的正方向，食指的指向为 Y 坐标轴的正方向，中指的指向为 Z 坐标轴的正方向。围绕 X、Y、Z 坐标轴的旋转坐标分别用 A、B、C 表示，根据右手螺旋定则，大拇指的指向为 X、Y、Z 坐标轴中任意轴的正向，则其余四指的旋转方向即为旋转坐标 A、B、C 的正向。

(3) 运动方向的规定

对于各坐标轴的运动方向，均将增大刀具与工件距离的方向确定为各坐标轴的正方向。

1.3.2 坐标轴的确定

(1) 数控车床坐标系的确定

① Z 坐标　Z 坐标的运动由主要传递切削动力的主轴所决定。对任何具有旋转主轴的机床，其主轴及与主轴轴线平行的坐标轴都称为 Z 坐标轴（简称 Z 轴）。根据坐标系正方向的确定原则，刀具远离工件的方向为该轴的正方向。

② X 坐标　X 坐标一般为水平方向并垂直于 Z 轴。对于数控车床而言，X 坐标方向规定在工件的径向上且平行于车床的横导轨。同时也规定其刀具远离工件的方向为 X 轴的正方向。

③ Y 坐标　Y 坐标垂直于 X、Z 坐标轴，依据右手笛卡儿直角坐标系确定。

根据数控车床刀架位置的不同，数控车床分为前置刀架式（刀架靠近操作者一侧）和后置刀架式（刀架在操作者的另一侧）两种，两种机床的坐标系分别如图 1-22 所示。虽然其坐标系 X 轴的正负方向不同，但两种机床的编程完全相同。

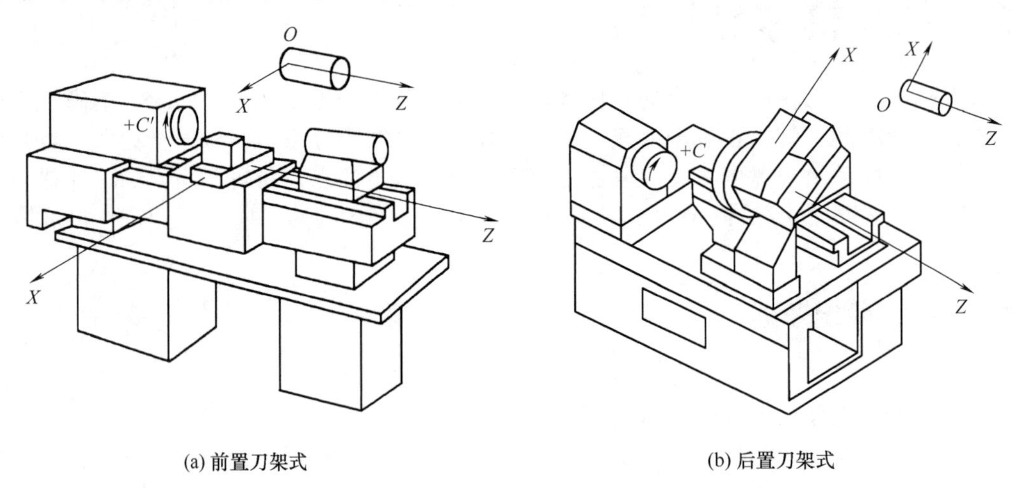

图 1-22　数控车床坐标系

④ 旋转轴方向　旋转坐标 A、B、C 对应表示其轴线分别平行于 X、Y、Z 坐标轴的旋转坐标。A、B、C 坐标的正方向分别规定在沿 X、Y、Z 坐标正方向并按照右旋螺纹旋进的方向。

(2) 数控铣床/加工中心坐标系的确定

① Z 坐标　Z 坐标的运动由传递切削力的主轴所决定，在有主轴的机床中与主轴轴线平行的坐标轴即为 Z 轴。根据坐标系正方向的确定原则，在钻、镗、铣加工中，钻入或镗入工件的方向为 Z 轴的负方向。

② X 坐标　X 坐标一般为水平方向，它垂直于 Z 轴且平行于工件的装卡。对于立式铣床，Z 方向是垂直的，则为站在工作台前，从刀具主轴向立柱看，水平向右方向为 X 轴的正方向，如图 1-23（a）所示。对于卧式铣床。Z 轴是水平的，则从主轴向工件看（即从机床背面向工件看），向右方向为 X 轴的正方向，如图 1-23（b）所示。

③ Y 坐标　Y 坐标垂直于 X、Z 坐标轴，根据右手笛卡儿坐标系来进行判别。由此可见，

不管是数控车床还是数控铣床，确定坐标系各坐标轴时，总是先根据主轴来确定 Z 轴，再确定 X 轴，最后确定 Y 轴。此外，对于工件运动而不是刀具运动的机床，编程人员在编程过程中也按照刀具相对于工件的运动来进行编程。

④ 旋转轴方向　旋转运动 A、B、C 相对应表示其轴线平行于 X、Y、Z 坐标轴的旋转运动。A、B、C 正方向，相应地表示在 X、Y、Z 坐标正方向上按照右旋旋进的方向。

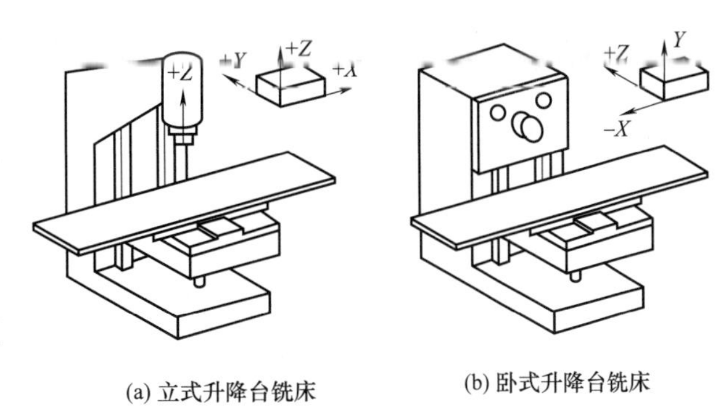

图 1-23　数控铣床坐标系

思考与练习

绘制如图 1-24 所示的数控机床坐标系。

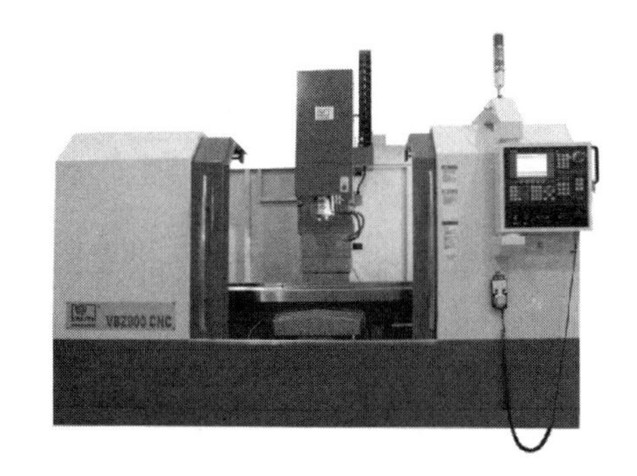

图 1-24　绘制数控机床坐标系

1.3.3　工件坐标系

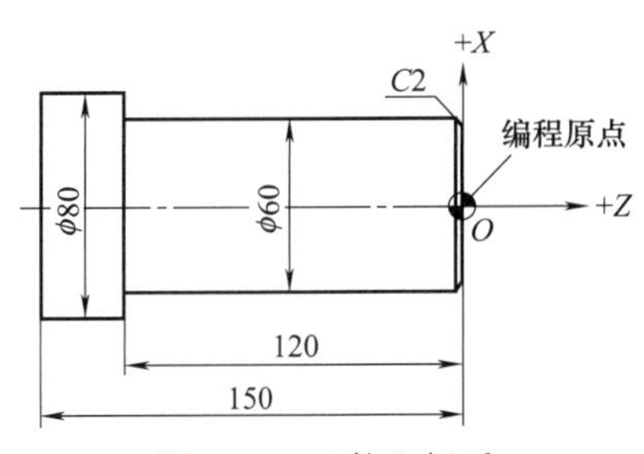

图 1-25　工件坐标系

机床坐标系是机床能够直接建立和识别的基础坐标系，但实际很少在机床坐标系中进行编程。因为编程时，还不知道工件在机床坐标系中的确切位置，因而也就无法在机床坐标系中取得编程所需要的相关几何数据信息，当然也就无法进行编程。

为了使编程人员能够直接根据图样进行编程，通常在工件上选择确定一个与机床坐标系有一定关系的坐标系，这个坐标系即称为工件坐标系或编程坐标系，如图 1-25 所示。

1.3.4　数控机床上的有关点

数控机床上的有关点主要包括机床原点、机床参考点、工件原点、刀具相关点等。理解这些点的特点、确定这些点的位置对于数控编程非常重要。

(1) 机床原点

机床原点是机床制造厂家设置在机床上的一个基准位置，它不仅是在机床上建立工件坐标系的基准点，而且还是机床调试和加工时的基准点。

提示

数控车床的机床原点一般为主轴回转中心与卡盘后端面的交点，如图 1-26 所示。数控铣床的机床原点一般设在 X、Y、Z 坐标轴的正方向极限位置上，如图 1-27 所示。

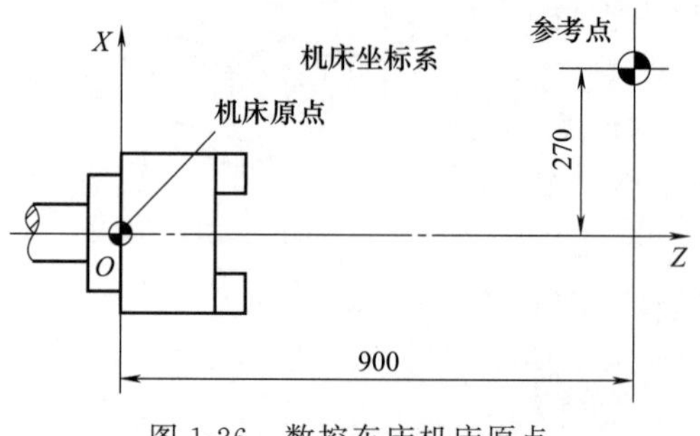

图 1-26 数控车床机床原点

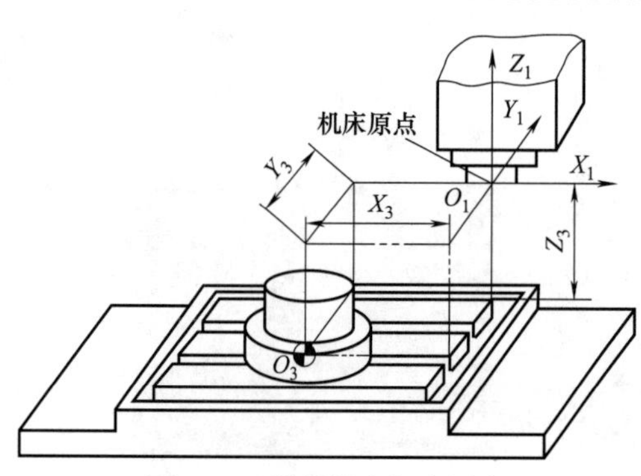

图 1-27 数控铣床机床原点

(2) 机床参考点

机床参考点是用于对机床运动进行检测和控制的固定位置点。机床参考点的位置是由机床制造厂家在每个进给轴上用限位开关精确调整好的，坐标值已输入数控系统中。因此，机床参考点对机床原点的坐标是一个已知数。

对于大多数数控机床，开机第一步总是先使机床返回参考点（即所谓的机床回零）。开机回参考点的目的就是为了建立机床坐标系，只有机床参考点被确认后，刀具（或工作台）移动才有基准。

提示

机床参考点可以与机床原点重合，也可以不重合。通常在数控铣床上机床原点和机床参考点是重合的；而在数控车床上机床参考点是离机床原点最远的极限点，如图 1-26 所示。

(3) 工件原点

工件原点就是工件坐标系的原点，是由编程人员设置在工件坐标系上的一个基准位置。选择工件原点时，最好把工件原点放在零件图样上的尺寸能够方便地转换成坐标值的地方。

提示

车削类零件 X 向编程原点均取在 Z 轴线上，Z 向编程原点一般取工件左端面或右端面中心处。如果是左右对称，Z 向编程原点可取在其对称面中心线上，以便采用同一个程序对工件进行调头加工。

铣削类零件的编程原点一般选在作为设计基准或工艺基准的端面或孔轴线上。对称件通常将原点选在对称面或对称中心上。Z 向原点习惯上取在工件上平面，以便于检查程序。

(4) 刀具相关点

① 刀位点　刀具在机床上的位置是由“刀位点”的位置来表示的。所谓刀位点，是指刀

具的定位基准点。不同的刀具刀位点不同：对圆柱铣刀、端铣刀类刀具，刀位点为它们的底面中心；对钻头，刀位点为钻尖；对球头铣刀，刀位点为球心；对车刀、镗刀类刀具，刀位点为其刀尖，如图 1-28 所示。

② 对刀点　对刀点是数控加工中刀具相对工件运动的起点，也可以叫做程序起点或起刀点。通过对刀点，可以确定机床坐标系和工件坐标系之间的相互位置关系。对刀点可选在工件上，也可选在工件外面（如夹具上或机床上），但必须与工件的定位基准有一定的尺寸关系，图 1-29 所示为车削零件的对刀点。对刀点选择的原则：找正容易，编程方便，对刀误差小，加工时检查方便、可靠。

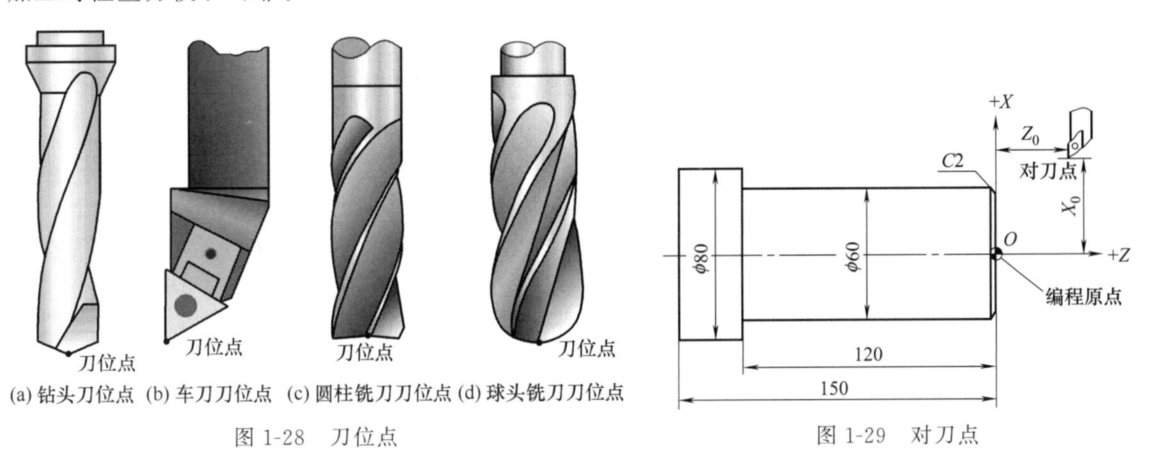

(a) 钻头刀位点 (b) 车刀刀位点 (c) 圆柱铣刀刀位点 (d) 球头铣刀刀位点

图 1-28　刀位点

图 1-29　对刀点

提示

对刀是数控加工中一项很重要的准备工作。所谓对刀是指使“刀位点”与“对刀点”重合的操作。

③ 换刀点　换刀点是为数控车床、加工中心等多刀加工的机床而设置的，因为这些机床在加工过程中间要自动更换刀具，其设定的位置要根据工序内容而定。如图 1-30 所示，A、B 两螺纹孔需先钻孔，然后攻螺纹。因此加工中途需要换刀，这就要规定换刀点。为防止换刀时碰伤零件或夹具，换刀点常常设置在被加工零件的外面，并要有一定的安全量。

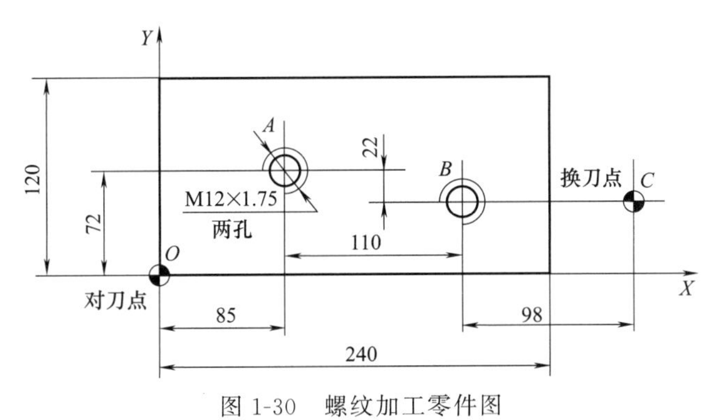

图 1-30　螺纹加工零件图

第2章 数控机床编程基础

2.1 数控加工工艺的制定

在数控机床上加工零件与在普通机床上加工零件所涉及的工艺问题大致相同，处理方法也无多大差别，都是首先要对被加工零件进行工艺分析和处理，然后根据工艺装备（机床、夹具、刀具等）的特点拟定出合理的工艺方案，最后编制出零件加工的工艺规程（简称工艺）和加工程序。

2.1.1 零件工艺分析

(1) 选择并决定进行数控加工的内容

在选择并决定某个零件进行数控加工时，并不是说零件所有的加工内容都采用数控加工，数控加工可能只是零件加工工序中的一部分。因此，有必要对零件图样进行仔细分析，选择那些最适合、最需要进行数控加工的内容和工序。同时，还应结合实际情况，立足于解决工艺难题、提高生产效率和充分发挥数控加工的优势，一般可按下列顺序考虑。

① 普通机床无法加工的内容应作为优先选择内容。

② 普通机床难加工，质量也难保证的内容应作为重点选择内容。

③ 普通机床加工效率低、工人手工操作劳动强度大的内容，可在数控机床尚存在富余能力的基础上进行选择。

一般来说，上述这些加工内容采用数控加工后，在产品质量、生产效率与综合经济效益等方面都会得到明显提高。相比之下，下列一些加工内容则不宜选择数控加工。

① 需要通过较长时间占机调整的加工内容，如零件的粗加工，特别是铸、锻毛坯零件的基准平面、定位面等部位的加工等。

② 必须按专用工装协调的孔及其他加工内容。主要原因是采集编程用的数据有困难，协调效果也不一定理想。

③ 按某些特定的制造依据（如样板、样件、模胎等）加工的型面轮廓。主要原因是获取

数据难，易与检验依据发生矛盾，增加编程难度。

④ 不能在一次安装中加工完成的其他零星部位，采用数控加工很繁杂，效果不明显，可安排普通机床加工。

此外，在选择和决定数控加工内容时，也要考虑生产批量、生产周期、工序间周转情况等，杜绝把数控机床当做普通机床来使用。

(2) 数控加工零件工艺性分析

当选择并决定数控加工零件及其加工内容后，应对零件的数控加工工艺性进行全面、认真、仔细的分析。

① 零件图样分析　分析零件图样是工艺准备中的首要工作，直接影响零件加工程序的编制及加工结果。首先要熟悉零件在产品中的作用、位置、装配关系和工作条件，搞清各项技术要求对零件装配质量和使用性能的影响，找出主要的和关键加工工艺基准。其次，分析了解零件的外形、结构，零件上需加工的部位及其形状、尺寸精度和表面粗糙度；了解各加工部位之间的相对位置和尺寸精度；了解工件材料、坯料尺寸、相关技术要求及工件的加工数量。最后，分析零件精度与各项技术要求是否齐全、合理；分析工序中的数控加工精度能否达到图样要求；找出零件图中有较高位置精度的表面，决定这些表面能否在一次装夹下完成；对零件表面粗糙度要求较高的表面，确定是否使用恒线速功能进行加工。

② 零件图形的数学处理和编程尺寸的计算　零件图形数学处理的结果将用于编程，其结果的正确性将直接影响最终的加工结果，应进行以下两步的处理。

a. 编程原点的选择。编程原点的选择要尽量满足编程简单、尺寸换算少、引起的加工误差小等条件。一般情况下选择在尺寸基准或定位基准上。

b. 编程尺寸的确定。在很多情况下，零件图样上的尺寸基准与编程所需要的尺寸基准不一致，所以应将零件图样上的各个基准尺寸换算为编程坐标系中的尺寸，然后再进行下一步数学处理工作。

上述零件工艺性分析，也是后续合理选择机床、刀具、夹具及确定切削用量的重要依据。在进行图样分析时，若发现问题，应及时与设计人员或有关部门沟通，提出修改意见，以便完善零件的设计。

2.1.2 选择刀具、夹具

合理选择数控加工用的刀具、夹具，是工艺处理工作中的重要内容。在数控加工中，产品的加工质量和劳动生产率在很大程度上受刀具、夹具的制约。虽数控加工中所用的大多数刀具、夹具与普通加工中所用的刀具、夹具基本相同，但对一些工艺难度较大或其轮廓、形状等方面较特殊零件的加工，所选用的刀具、夹具必须具有较高要求，或需做进一步的特殊处理，以满足数控加工的需要。

(1) 刀具的选择

一般优先选用标准刀具，不用或少用特殊的非标准刀具，必要时也可以采用各种高生产率的复合刀具及一些专用刀具。此外，应结合实际情况，尽可能选用各种先进刀具，如可转位刀具、陶瓷刀具等。刀具的类型、规格和精度等级应符合加工要求，刀具材料应与工件材料相适应。

(2) 夹具的选择

数控加工的特点对夹具提出了两个基本要求：一是保证夹具的坐标方向与机床的坐标方向相对固定；二是要能协调工件与机床坐标系的尺寸。除此之外，重点考虑以下几点。

① 单件小批量生产时，应优先使用组合夹具、通用夹具或可调夹具，以节省费用和缩短生产准备时间。

② 成批生产时，可采用专用夹具，但力求结构简单。

③ 装卸工件要方便可靠，以缩短辅助时间，有条件且生产批量较大时，可采用液动、电动、气动或多工位夹具，以提高加工效率。

④ 夹具上的各零部件应不妨碍机床对工件各表面的加工，即夹具要敞开，其定位、夹紧机构元件不能影响加工中的进给（如产生碰撞等）。

2.1.3 确定加工路线

所谓加工路线就是指数控机床在加工过程中刀具刀位点相对于工件的运动轨迹。确定加工路线就是确定刀具刀位点运动的轨迹和方向，也就是程序编制的轨迹和运动方向。因此，在确定加工路线时，最好画一张工序简图，将已经拟定好的加工路线画上去（包括进退刀路线），这样可为编程带来不少方便。

加工路线的确定与工件的加工精度和表面粗糙度直接相关，在确定加工路线时，要考虑以下几点。

① 对点位加工的数控机床，如钻床、镗床，要考虑尽可能缩短加工路线，以减少空程时间，提高加工效率。以图 2-1（a）所示的工件加工为例，按照一般习惯，都是先加工一圈均布于圆上的 8 个孔，然后再加工另一圈，如图 2-1（b）所示。但对于数控加工来说，这并不是最好的加工路线。若进行必要的尺寸换算，按图 2-1（c）所示的路线加工，比常规加工路线要短，并且还可以缩短定位时间。

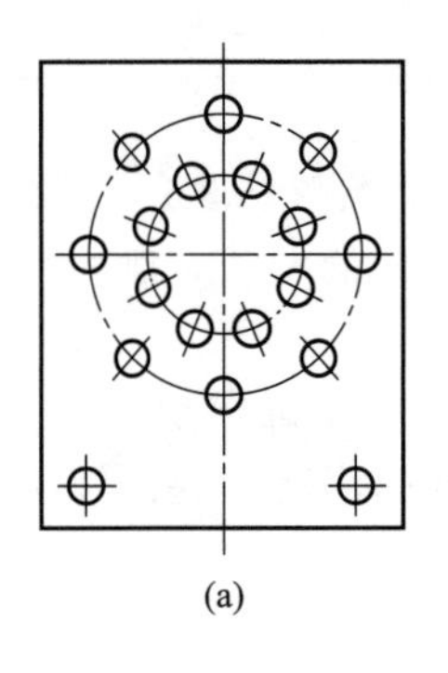
(a)

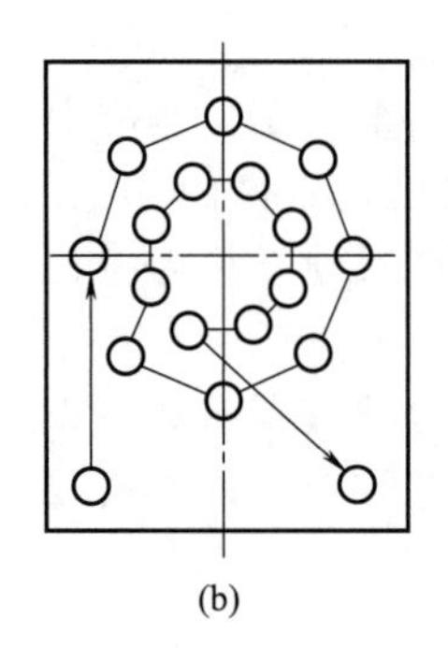
(b)

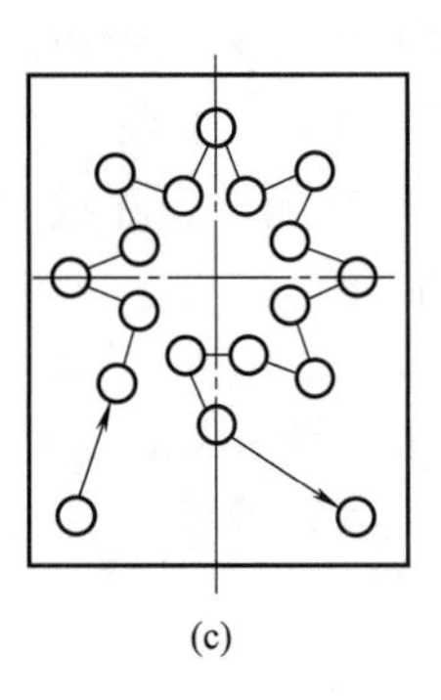
(c)

图 2-1 最短加工路线的设计

② 为保证工件轮廓加工后表面粗糙度的要求，最终完工轮廓应由最后一刀连续加工而成。这时，刀具的进、退刀位置要考虑妥当，尽量不要在连续的轮廓中安排切入和切出或换刀及停顿，以免因切削力突然变化而造成弹性变形，致使光滑连接轮廓上产生表面划伤、形状突变或滞留刀痕等疵病。

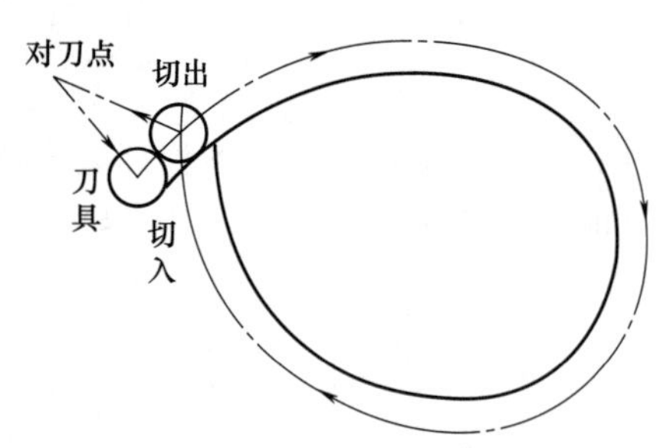

图 2-2 刀具切入和切出方式

③ 刀具的进退刀路线须认真考虑，要尽量避免在轮廓处接刀，对刀具的“切入”和“切出”要仔细设计。例如，在铣削平面轮廓零件外形时，一般是利用立铣刀的周刃进行切削。这样在加工时，其切入和切出部分应设计外延路线，以保证工件轮廓形状的平滑。如图 2-2 所示的零件加工，应当避免径向切入和切出零件轮廓，而应沿零件轮廓外形的延长线切入和切出零件轮廓，这样可以避免在轮廓切入和切出处留下刀痕。在铣削平面零件时，还要避免在被加工表面范围内的垂直方向下刀或抬刀，因为这样会留下较大的划痕。

④ 铣削轮廓的加工路线要合理选择。图 2-3 是一个铣凹槽的例子，图 2-3（a）为 Z 字形

双方向进给方式，图 2-3（b）为单方向进给方式，图 2-3（c）为环形进给方式。为了保证凹槽侧面达到所要求的表面质量，最终轮廓应由最后环切进给连续加工出来最好，所以图 2-3（c）的加工路线方案最好。

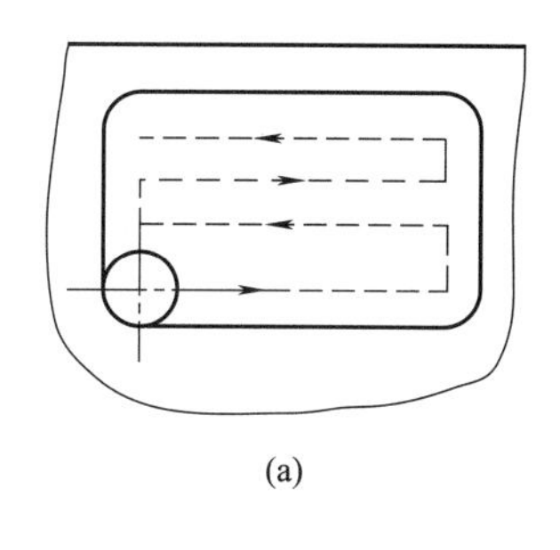
(a)

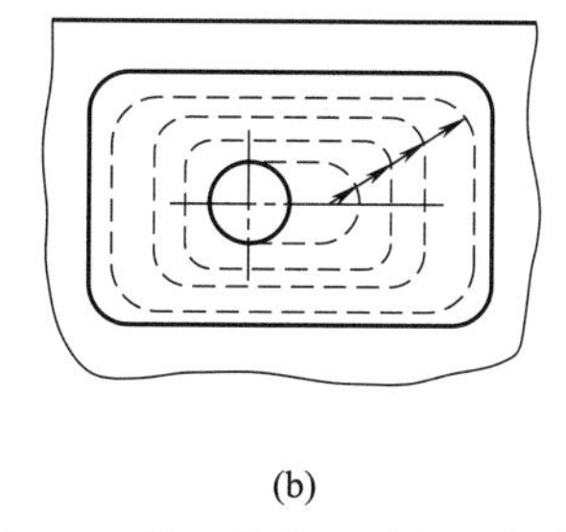
(b)

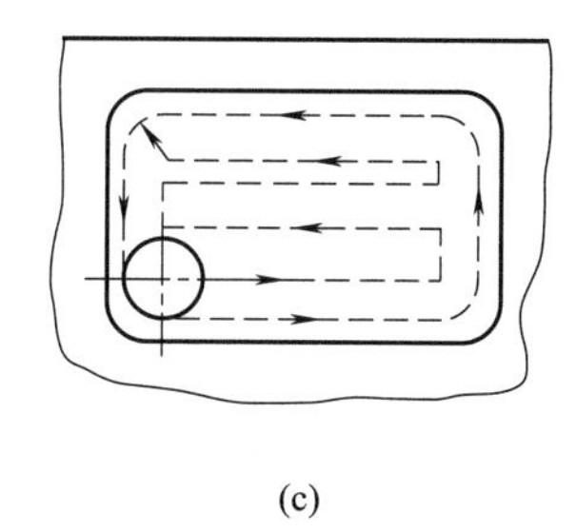
(c)

图 2-3 铣凹槽的三种加工方案

⑤ 旋转体类零件的加工一般采用数控车床或数控磨床加工，由于车削零件的毛坯多为棒料或锻件，加工余量大且不均匀，因此合理制定粗加工时的加工路线对于编程至关重要。

图 2-4 所示为手柄加工实例，其轮廓由三段圆弧组成，由于加工余量较大而且又不均匀，因此比较合理的方案是先用直线和斜线加工路线车去图中虚线所示的加工余量，再用圆弧路线进行精加工。

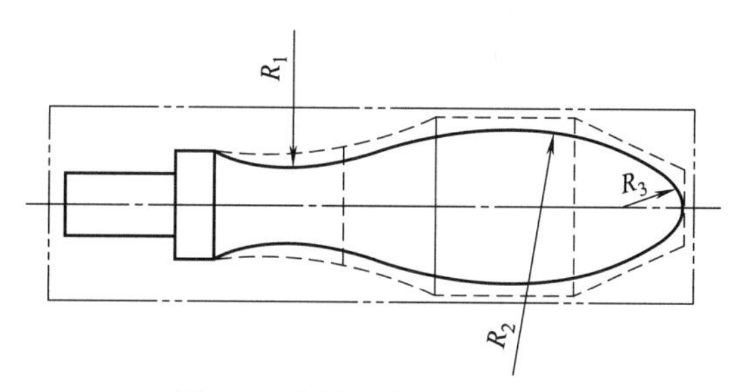

图 2-4 直线、斜线加工路线

2.1.4 确定切削用量

（1）影响切削用量的因素

制定加工工艺及编制程序时切削参数的选择是必需的，它关系到工艺方案的实施和加工效率。制定数控加工工艺时，一般是根据工件材料、加工要求、刀具材料及类型、机床刚度、主轴功率等因素来确定切削参数。通常可根据机床的具体情况参考刀具切削手册来确定。影响切削用量的主要因素如下。

① 工件材料　工件材料硬度高低会影响刀具切削速度，同一刀具加工硬材料时切削速度应降低，而加工较软材料时，切削速度可以提高。

② 刀具材料　刀具材料不同，允许的最高切削速度也不同。高速钢刀具耐高温切削速度不到 50m/min，碳化物刀具耐高温切削速度可达 100m/min 以上，陶瓷刀具的耐高温切削速度可高达 1000m/min。

③ 刀具几何角度　刀具几何参数合理，就可以减小切削变形和摩擦，降低切削力和切削热，可以提高切削用量。

④ 机床及夹具刚度　机床的刚度直接影响切削用量的选择，高刚度机床可以承担较大的主轴转速、背吃刀量和进给速度，同理，夹具的刚度也会影响切削用量的制定。

（2）切削用量的选择

在加工程序的编制工作中，选择好切削用量，使背吃刀量、主轴转速和进给速度三者能相互适应，以形成最佳切削参数，这是工艺处理的重要内容。

① 背吃刀量的确定　背吃刀量可根据数控机床、工件、刀具系统的刚度来确定。在刚度允许的情况下，尽可能选取较大的背吃刀量，以减少进给次数，提高生产率。当零件的精度要求较高时，则应考虑适当留出半精加工和精加工余量，所留精加工余量一般比普通加工时所留

出的余量小。车削和镗削加工时，常取精加工余量为 0.1～0.5mm，铣削时，则常取为 0.2～0.8mm。

② 主轴转速的确定　主轴转速是根据允许的切削速度计算值，从机床说明书规定的转速值中选定相近的转速值，通常以主轴转速代码填入程序单。根据数控加工的实践经验，允许的切削速度常选用 100～200mm/min，加工铝镁合金时可再提高一倍。

③ 进给速度的确定　通常根据零件加工精度和表面质量要求来选取进给速度。要求较高时，进给速度应选得小些，可在 20～50mm/min 范围内选取。最大进给速度受机床特性限制（如拖动系统性能）并与脉冲当量有关。

2.1.5 填写数控加工工艺文件

将工艺规程的内容填入一定格式的卡片中，用于生产准备、工艺管理和指导工人操作等的各种技术文件称为工艺文件。它是编制生产计划、组织生产、安排物资供应、指导工人加工操作及技术检验等的重要依据。

（1）数控加工工序卡

数控加工工序卡与普通加工工序卡相似，也表达了加工工序内容，但同时还要反映使用的辅具、刀具及切削参数等，它是操作人员配合数控程序进行数控加工的主要指导性工艺资料。数控加工工序卡应按已确定的工步顺序填写，见表 2-1。

表 2-1　数控加工工序卡

单位名称	数控加工工序卡片		产品名称或代号		零件名称		零件图号	
工艺序号	程序编号	夹具名称	夹具编号		使用设备		车间	
工步号	工步内容	加工部位	刀具号	刀具规格	主轴转速	进给速度	背吃刀量	备注
1								
2								
3								
4								
5								
6								
编制		审核		批准			共　页	第　页

（2）数控加工刀具明细表

数控加工对刀具要求十分严格，加工前必须预先调整好刀具的直径和长度。数控加工刀具明细表是调刀人员调整刀具、操作人员进行刀具数据输入的主要依据。其格式见表 2-2。

表 2-2　数控加工刀具明细表

零件图号	零件名称	材料	数控刀具明细表			程序编号		车间	使用设备
刀号	刀位号	刀具名称	刀具直径/mm		刀具长度/mm	刀补地址		换刀方式	加工部位
			设定	补偿	设定	直径	长度	自动/手动	
编制		审核		批准		年　月　日		共　页	第　页

2.2 数控加工程序及编制过程

2.2.1 数控编程的概念

数控机床加工是严格按照一套特殊的指令，并经机床数控系统处理后，使机床自动完成零件加工。这一套特殊命令的作用，除了与工艺卡的作用相同外，还能被数控装置所“接收”。这种能被机床数控系统所接收的指令集合，就是数控机床加工中所必需的加工程序。由此可以得出数控加工程序的定义是：按规定格式描述零件几何形状和加工工艺的数控指令集。

数控编程的过程不仅仅单一指编写数控加工指令的过程，它还包括从零件分析到编写加工指令再到制成控制介质以及程序校核的全过程。

在编程前首先要进行零件的加工工艺分析，确定加工工艺路线、工艺参数、刀具的运动轨迹、位移量、切削参数（切削速度、进给量、背吃刀量）以及各项辅助功能（换刀、主轴正反转、切削液开关等）；然后根据数控机床规定的指令及程序格式编写加工程序单；再把这一程序单中的内容记录在控制介质上（如软磁盘、移动存储器、硬盘），检查正确无误后，采用手工输入方式或计算机传输方式输入数控机床的数控装置中，从而指挥机床加工零件。

2.2.2 数控编程的方法

数控编程通常分为手工编程和自动编程两大类。

(1) 手工编程

手工编程是指编程的各个阶段均由人工完成。手工编程的意义在于加工形状简单的零件（如直线与直线或直线与圆弧组成的轮廓）时，编程快捷、简便，不需要具备特别的条件（如价格较高的自动编程机及相应的硬件和软件等），对机床操作或程序员不受特殊条件的制约，还具有较大的灵活性和编程费用少等优点。

手工编程在目前仍是广泛采用的编程方式，即使在自动编程高速发展的现在与将来，手工编程的重要地位也不可取代。在先进的自动编程方法中，许多重要的经验都来源于手工编程。手工编程一直是自动编程的基础，并不断丰富和推动自动编程的发展。

(2) 自动编程

自动编程是利用计算机专用软件来编制数控加工程序。编程人员只需根据零件图样的要求，使用数控语言，由计算机自动地进行数值计算及后置处理，编写出零件加工程序单。自动编程使得一些计算烦琐、手工编程困难或无法编出的程序能够顺利地完成。

按计算机专用软件的不同，自动编程可分为数控语言自动编程、图形交互自动编程和语音提示自动编程等。

目前应用较广泛是图形交互自动编程。它直接利用CAD模块生成几何图形，采用人机交互的实时对话方式，在计算机屏幕上指定被加工部位，输入相应的加工参数，计算机便可自动进行必要的数学处理并编制出数控加工程序，同时在计算机屏幕上动态显示出刀具的加工轨迹。

目前，市场上较为流行的图形交互式自动编程软件有UG、Pro/E、Cimatron、Mastercam、CAXA等。各软件系统都有其自身的特点，不同层次、不同行业、不同地区有不同的选择倾向。

2.2.3 数控编程的步骤

数控编程的步骤如图2-5所示，其内容主要有以下几个方面。

(1) 分析零件图样

编程人员在拿到零件图样后，首先应准确地识读零件图样表述的各种信息，主要包括零件

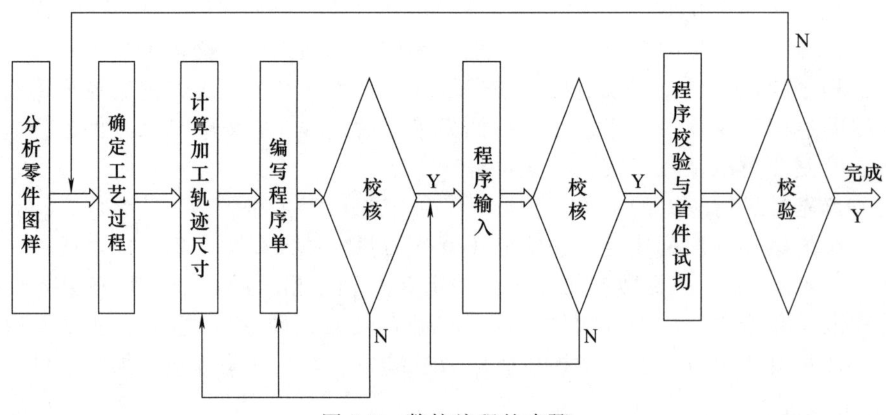

图 2-5　数控编程的步骤

的材料、形状、尺寸、精度、批量毛坯形状和热处理要求等。通过分析，以便确定该零件是否适合在数控机床上加工，或适宜在哪种数控机床上加工，甚至还要确定零件的哪几道工序在数控机床上加工。

(2) 确定工艺过程

在分析图样的基础上，进行工艺分析，选定机床、刀具和夹具，确定零件加工的工艺路线、工步顺序以及切削用量等工艺参数。

(3) 计算加工轨迹尺寸

根据零件图样、加工路线和零件加工允许的误差，计算出零件轮廓的坐标值。对于形状比较简单的零件（如直线和圆弧组成的零件）的轮廓加工，需要计算出基点（构成零件轮廓的不同几何素线的交点或切点称为基点）的坐标值。对于形状比较复杂的零件（如非圆曲线、曲面组成的零件），需要用直线段或圆弧段逼近，根据要求的精度计算出其节点（用多个直线段或圆弧去近似代替非圆曲线，这称为拟合处理，拟合线段的交点或切点称为节点）坐标值，这种情况一般要用计算机来完成数值计算的工作。

(4) 编写程序单

加工路线、工艺参数及刀具数据确定以后，编程人员可以根据数控系统规定的功能指令代码及程序段格式，逐段编写加工程序单，并校核上述两个步骤的内容，纠正其中的错误。此外，还应填写有关的工艺文件，如数控加工工序卡片、数控刀具卡片等。

(5) 程序输入

简单的数控加工程序，可直接通过键盘进行手工输入。当需要自动输入加工程序时，必须预先制作控制介质。现在大多数程序采用软盘、移动存储器、硬盘作为存储介质，采用计算机传输进行自动输入。

(6) 程序校验与首件试切

编制好的加工程序必须经过校验和试切才能正式使用。校验的方法是：直接将编制好的加工程序输入到数控装置中，让机床空运行，检查机床的运动轨迹是否正确。在有图形模拟功能的数控机床上，通过刀具模拟运动轨迹检验程序是否正确。机床空运行和图形模拟不能查出被加工零件的加工精度，因此有必要进行零件的首件试切。当发现有加工误差时，应分析误差产生的原因，找出问题所在，加以修正。

2.2.4　数控机床编程特点

(1) 数控车床编程特点

① 编写程序时，需要给定轨迹终点或目标位置的坐标值，按编程坐标值类型可分为：绝

对坐标编程、相对坐标编程和混合坐标编程三种编程方式。使用 X、Z 轴的绝对坐标值编程（用 X、Z 表示）称为绝对坐标编程；使用 X、Z 轴的相对位移量（以 U、W 表示）编程称为相对坐标编程；GSK980TDi 允许在同一程序段 X、Z 轴分别使用绝对编程坐标值和相对位移量编程，称为混合坐标编程。

② 由于被车削零件的径向尺寸在图样标注和测量时均采用直径尺寸表示，所以在直径方向编程时，X（U）常用直径量表示。

③ 为提高工件的径向尺寸精度，X 向的脉冲当量取 Z 向的 1/2。

④ 由于车削加工时常用棒料或锻料作为毛坯，加工余量较多，为了简化编程，数控系统采用了不同形式的固定循环，便于进行多次重复循环切削。

⑤ 在数控编程时，常将车刀刀尖看作一个点，而实际的刀尖通常是一个半径不大的圆弧。为了提高工件的加工精度，在编制采用圆弧形车刀的加工程序时，常采用 G41 或 G42 指令来对车刀的刀尖圆弧半径进行补偿。

（2）数控铣床/加工中心的编程特点

根据数控铣床及加工中心的特点，数控铣床/加工中心的编程具有如下特点。

① 为了方便编程中的数值计算，在数控铣床、加工中心的编程中广泛采用刀具半径补偿来进行编程。

② 为适应数控铣床、加工中心的加工需要，对于常见的镗孔、钻孔切削加工动作，可以通过采用数控系统本身具备的固定循环功能来实现，以简化编程。

③ 大多数的数控铣床与加工中心都具备镜像加工、比例缩放等特殊编程指令以及极坐标编程指令，以提高编程效率，简化程序。

④ 根据加工批量的大小，决定加工中心采用自动换刀还是手动换刀。对于单件或很小批量的工件加工，一般采用手动换刀，而对于批量大于 10 件且刀具更换频繁的工件加工，一般采用自动换刀。

⑤ 数控铣床与加工中心广泛采用子程序编程的方法。编程时尽量将不同工序内容的程序分别安排到不同的子程序中，以便于对每一独立的工序进行单独的调试，也便于因加工顺序不合理重新调整加工程序。主程序主要用于完成换刀及子程序的调用等工作。

2.3 数控加工代码及程序结构

2.3.1 字符

字符是一个关于信息交换的术语，它的定义是：用来组织、控制或表示数据的各种符号，如字母、数字、标点符号和数学运算符号等。字符是计算机进行存储或传送的信号，也是我们所要研究的加工程序的最小组成单位。常规加工程序用的字符分四类：第一类是字母，它由大写 26 个英文字母组成；第二类是数字和小数点，它由 0～9 共 10 个阿拉伯数字及一个小数点组成；第三类是符号，由正号（+）和负号（－）组成；第四类是功能字符，由程序开始/结束符（如“%”）、程序段结束符（如“;”）、程序段选跳符（如“/”）和空格符等组成。

2.3.2 地址

地址又称为地址符，在数控加工程序中，它是指位于程序字头的字符或字符组，用以识别其后的数据；在传递信息时，它表示其出处或目的地。常用的地址有 N、G、X、Z、U、W、I、K、R、F、S、T、M 等字符，每个地址都有它的特定含义，见表 2-3。

表 2-3 常用地址符含义

功能	代码	备注
程序名	O	程序编号
程序段号	N	顺序编号
准备功能	G	定义动作方式
坐标地址	X、Y、Z U、V、W A、B、C R I、J、K	轴向运动指令 附加轴运动指令 旋转坐标轴 圆弧半径 圆心坐标
进给速度	F	定义进给速度
主轴转速	S	定义主轴转速
刀具功能	T	定义刀具号、刀具偏移号
辅助功能	M	机床的辅助动作
子程序名	P	定义子程序名
重复次数	L	子程序的循环次数

2.3.3 程序字

程序字是一套有规定次序的字符，可以作为一个信息单元（即信息处理的单位）存储、传递和操作，如 X1234.56 就是由 8 个字符组成的一个程序字。加工程序中常见的程序字有以下几种。

(1) 程序段号

程序段号也称顺序号字，一般位于程序段开头，可用于检索，便于检查交流或指定跳转目标等，它由地址符 N 和随后跟 1～4 位数字组成。它是数控加工程序中用得最多，但又不容易引起人们重视的一种程序字。

使用程序段号应注意如下问题：

① 数字部分应为正整数，所以最小顺序号是 N1，建议不使用 N0；

② 程序段号的数字可以不连续使用，也可以不从小到大使用；

③ 序段号不是程序段中的必用字，对于整个程序，可以每个程序段均有程序段号，也可以均没有程序段号，也可以只有部分程序段有程序段号。

(2) 准备功能字

准备功能字的地址符是 G，所以又称 G 功能，它是设立机床工作方式或控制系统工作方式的一种命令。在程序段中 G 功能字一般位于尺寸字的前面。G 指令由字母 G 及其后面的两位数字组成，从 G00～G99 共 100 种代码。

G 指令分为模态指令和非模态指令两类。模态指令是一组可相互注销的功能指令，这些功能指令一旦被执行，则一直有效，直到被同组的其他指令注销为止。非模态指令只在所规定的程序段中有效，程序段结束时被注销，也称一次性代码。

由于各数控系统生产厂家及功能要求不同，系统中的 G 功能指令名称、格式、参数含义可能存在很大差别，因此在编制程序时，必须预先了解所使用的数控系统本身所具有的 G 功能指令，不能生搬硬套。

(3) 坐标尺寸字

坐标尺寸字在程序段中主要用来指令机床的刀具运动到达的坐标位置。尺寸字由规定的地址符及后续的带正、负号或者带正、负号又有小数点的多位十进制数组成。尺寸字地址符用得较多的有三组：第一组是 X、Y、Z、U、V、W、P、Q、R，主要是用来指令到达点坐标值或距离；第二组是 A、B、C、D、E，主要用来指令到达点角度坐标；第三组是 I、J、K，主要用来指令零件圆弧轮廓圆心点的坐标尺寸。

提示

尺寸字可以使用公制，也可以使用英制，多数系统用准备功能字选择，例如，GSK 系统用 G21/G20 选择，也有一些系统用参数设定来选择是公制是英制。尺寸字中数值的具体单位，采用公制时，长度单位一般用 0.001mm，角度单位一般用 0.001°；采用英制时，长度单位一般用 0.001in，角度单位一般用 0.001°。

(4) 进给功能字

进给功能字的地址符为 F，所以又称为 F 功能或 F 指令，它的功能是指令切削的进给速度。现在 CNC 机床一般都能使用直接指定方式，即可用 F 后的数字直接指定进给速度，为用户编程带来方便。

提示

GSK980TDi 系统，进给量单位用 G98 和 G99 指定，系统开机默认 G98；G98 表示每分钟进给量，单位为 mm/min 或 in/min；G99 表示每转进给量，单位为 mm/r 或 in/r。

GSK990MC 系统，进给量单位用 G94 和 G95 指定，系统开机默认 G94；G94 表示每分钟进给量，单位为 mm/min 或 in/min；G95 表示每转进给量，单位为 mm/r 或 in/r。

(5) 主轴转速功能字

主轴转速功能字的地址符为 S，所以又称为 S 功能或 S 指令，它主要用来指定主轴转速或速度，单位为 r/min 或 m/min。中档以上的数控车床的主轴驱动已采用主轴伺服控制单元，其主轴转速采用直接指定方式，例如 S1500 表示转速为 1500r/min。

对于中档以上的数控机床，还有一种使切削速度保持不变的恒线速度功能。这意味着在切削过程中，如果切削部位的回转直径不断变化，那么主轴转速也要不断地作相应变化，此时 S 指令是指定车削加工的线速度。在程序中是用 G96 或 G97 指令配合 S 指令来指定主轴的速度。G96 为恒线速控制指令，如用“G96 S200”表示主轴的速度为 200m/min，“G97 S200”表示取代 G96，即主轴不是恒线速功能，其转速为 200r/min。

(6) 刀具功能字

刀具功能字用地址符 T 及随后的数字代码表示，所以也称为 T 功能或 T 指令，它主要用来指令加工中所用刀具号及自动补偿编组号。其自动补偿内容主要指刀具的刀位偏差或长度补偿及刀具半径补偿。

GSK 车床数控系统的刀具功能（T 代码）具有两个作用：自动换刀和执行刀具偏置。自动换刀的控制逻辑由 PLC 程序处理，刀具偏置的执行由 NC 处理。代码格式如图 2-6 所示。

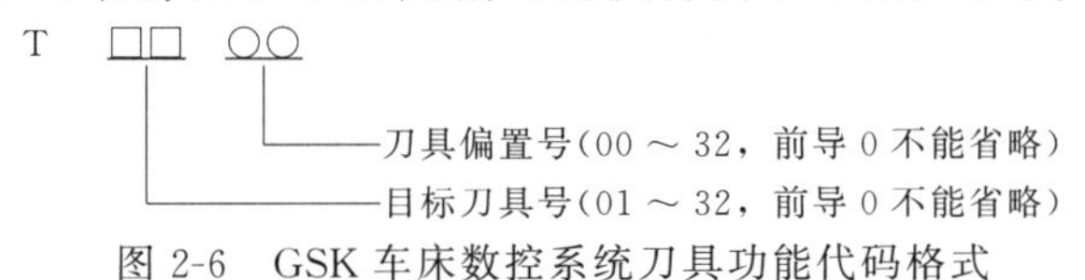

图 2-6　GSK 车床数控系统刀具功能代码格式

(7) 辅助功能字

辅助功能又称 M 功能或 M 指令，它用以指令数控机床中辅助装置的开关动作或状态，例如主轴启、停，切削液通、断，更换刀具等。与 G 指令一样，M 指令由地址符 M 和其后的两位数字组成，从 M00～M99 共 100 种。常用的 M 指令见表 2-4。

表 2-4 常用 M 功能指令

M 代码	功能	指令说明
M00	程序暂停	执行 M00 代码后，程序运行停止，显示“暂停”字样，按循环启动键后，程序继续运行
M01	程序选择停	功能和 M00 相似。不同的是 M01 只有在机床操作面板上的“选择停”按键处指示灯亮时此功能才有效。M01 常用于关键尺寸的检验和临时暂停
M02	程序结束	该指令表示加工程序全部结束。它使主运动、进给运动、切削液供给等停止，机床复位
M03*	主轴逆时针转	该指令使主轴逆时针转。主轴转速由主轴功能字 S 指定，如某程序段为：N10 S500 M03，它的意义为指定主轴以 500r/min 的转速正转
M04*	主轴顺时针转	该指令使主轴顺时针转，与 M03 相似
M05	主轴停止	在 M03 或 M04 指令作用后，可以用 M05 指令使主轴停止
M06	自动换刀	该指令为自动换刀指令，数控车床或加工中心用于刀具的自动更换
M08	切削液开	该指令使切削液开启
M09	切削液关	该指令使切削液停止供给
M30	程序结束	程序结束并返回程序的第一条语句，准备下一个零件的加工
M98	子程序调用	该指令用于子程序调用
M99	子程序结束	该指令表示子程序运行结束，返回主程序

*：右手握住 *Z* 轴，大拇指指向为 *Z* 轴正方向，四指指向为旋转正方向。M03 为主轴正转，实际上是逆时针旋转。

2.3.4 程序段格式

所谓程序段，就是为了完成某一动作要求所需“程序字”（简称字）的组合。每一个“字”是一个控制机床的具体指令。

程序段格式是指“程序字”在程序段中的顺序及书写方式的规定。程序段格式有多种，如固定程序段格式、使用分隔符的程序段格式、使用地址符的程序段格式等，现在最常用的是使用地址符的程序段格式，其格式见表 2-5。

表 2-5 程序段格式

1	2	3	4	5	6	7	8	9	10	11
N__	G__	X__ U__	Y__ V__	Z__ W__	I__J__K__ R__	F__	S__	T__	M__	;
顺序号	准备功能	坐标尺寸字				进给功能	主轴转速	刀具功能	辅助功能	结束符号

表 2-5 所示的程序段格式，是用地址符来指明指令数据的意义，程序段中字的数目是可变的，因此程序段的长度也是可变的，所以这种形式的程序段又称为地址符可变程序段格式。使用地址符的程序段格式的优点是：程序段中所包含的信息可读性高，便于人工编辑修改，为数控系统解释执行数控加工程序提供了一种便捷的方式。

例如：N20 S800 T0101 M03;

N30 G01 X25.0 Z80.0 F0.1;

每种数控系统，根据系统本身的特点及编程的需要，都有一定的程序格式。对于不同的机床，其程序的格式也不同。因此编程人员必须严格按照机床说明书的规定格式进行编程。

2.3.5 数控加工程序的组成与结构

(1) 加工程序的组成

一个完整数控加工程序由程序名、程序内容和程序结束三部分组成，见表 2-6。

表 2-6　数控加工程序的组成

数控加工程序	注释
O1234；	程序名
N0010 T0101； N0020 S300 M03； /N0030 G00 X40.0 Z0； … N0120 M05；	程序内容
N0130 M30；	程序结束

① 程序名　为了区别存储器中的程序，每个程序都要有程序名。程序名位于程序主体之前，是程序的开始部分，一般独占一行。程序名一般由规定的字母“O”开头，后面紧跟若干位数字组成，常用的有两位数和四位数两种，前面的零可以省略。

② 程序内容　程序段的中间部分是程序段的内容，程序内容应具备六个基本要素，即准备功能字、尺寸功能字、进给功能字、主轴功能字、刀具功能字、辅助功能字等，但并不是所有程序段都必须包含所有功能字，有时一个程序段内仅包含其中一个或几个功能字也是允许的。

如图 2-7 所示，为了将刀具从 P_1 点移到 P_2 点，必须在程序段中明确以下几点。

a. 移动的目标是哪里？

b. 沿什么样的轨迹移动？

c. 移动速度有多大？

d. 刀具的切削速度是多少？

e. 选择哪一把刀移动？

f. 机床还需要哪些辅助动作？

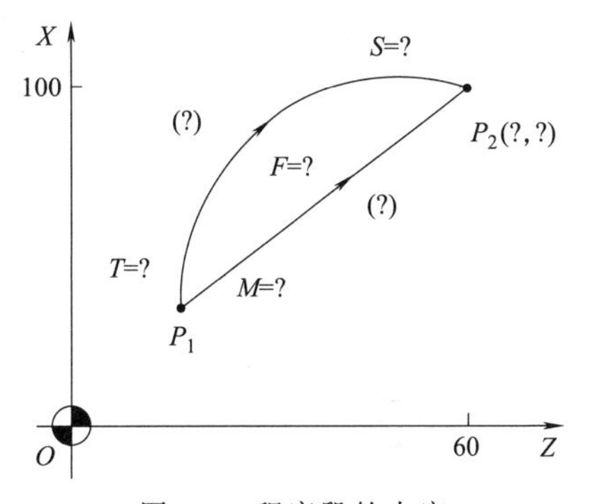

图 2-7　程序段的内容

对于图 2-7 中的直线刀具轨迹，其程序段可写成如下格式：

N10 G01 X100.0 Z60.0 F100 S300 T01 M03；

如果在该程序段前已指定了刀具功能、转速功能和辅助功能，则该程序段可写成：

N10 G01 X100.0 Z60.0 F100；

③ 程序结束　程序结束是以程序结束指令 M02 或 M30 来结束整个程序。M02 和 M30 允许与其他程序字合用一个程序段，但最好还是将其单列一段。

④ 程序段选跳符　有时，在程序段的前面有“/”符号，该符号称为程序段选跳符，该程序段称为可跳跃程序段。如下列程序段：

例　/N0030 G00 X40.0 Z0；

这样的程序段，可以由操作者对程序段的执行情况进行控制。当打开机床的“程序段选跳开关”时，程序执行时将跳过该程序段；当关闭“程序段选跳开关”时，程序段照常执行，该程序段和不加“/”符号的程序段相同。

⑤ 程序段注释　为了方便检查、阅读数控程序，在许多数控系统中允许对程序进行注释，注释可以作为对操作者的提示显示在荧屏上，但注释对机床动作没有丝毫影响。

GSK 数控系统的程序注释位于程序段之后的括号内，在 CNC 上只能用英文字母和数字编辑程序注释；在PC机上可用中文编辑程序注释，程序下载至CNC后，CNC可以显示中文程序注释。

（2）加工程序的结构

数控加工程序的结构形式随数控系统功能的强弱而略有不同。对功能较强的数控系统，加工程序可分为主程序和子程序，其结构见表2-7。

表2-7　主程序与子程序的结构形式

主　程　序	子　程　序
O2001(主程序名) N10 G92 X100.0 Z50.0; N20 S800 M03 T0101; … N80 M98 P20022;(调用子程序) … N200 M30;(程序结束)	O2002;(子程序名) N10 G01 U－12.0 F0.1; N20 G04 X1.0; N30 G01 U12.0 F0.2; N40 M99;(子程序返回)

① 主程序　主程序由指定加工顺序、刀具运动轨迹和各种辅助动作的程序段组成，它是加工程序的主体结构。在一般情况下，数控机床是按其主程序的指令执行加工的。

② 子程序　在编制加工程序时会遇到一组程序段在一个程序中多次出现或在几个程序中都要用到的情况，那么就可把这一组加工程序段编制成固定程序，并单独予以命名，这组程序段即称为子程序。

使用子程序可以减少不必要的编程重复，从而达到简化编程的目的。子程序可以在存储器方式下调出使用。即主程序可以调用子程序，一个子程序也可以调用下一级子程序。

在主程序中，调用子程序指令是一个程序段，其格式随具体的数控系统而定，GSK980TDi数控系统子程序调用格式见表2-8。

表2-8　子程序调用格式

格式	字地址含义	注意事项	举例说明
调用子程序 M98 P○○○○□□□□;	○○○○：被调用的子程序号 □□□□：调用子程序的次数	a. 子程序名及调用次数前的0可省略 b. 子程序调用一次可省略其后的数字	a. “M98 P20003;”表示调用子程序O2000三次 b. “M98 P2000;”表示调用子程序O2000一次
子程序返回 M99 P○○○○	○○○○：返回主程序将被执行的程序段号，省略P值时为返回主程序中调用段(M98)的下一段	子程序中最后一段必须指定M99或M99 P○○○○	a. “M99;”表示子程序结束，返回M98下一段 b. “M99 P120”，表示子程序结束，返回主程序中的N120段

第3章 数控车床编程与操作

广州数控设备生产的车床数控系统有980系列、988系列、983系列和928系列，每个系列又都包含多种车床数控系统，如980系列包含GSK980TD、GSK980TDb、GSK980TDc、GSK98TDi、GSK980TDHi等车床数控系统。各种车床数控系统编程指令格式和使用方法基本相同，但有些系统差别较大，因而，编程时应查阅机床所用数控系统编程说明书，避免编程错误。本章以GSK980TDi车床数控系统为例，讲解常用指令格式及应用技巧。

3.1 概述

3.1.1 准备功能

GSK980TDi车床数控系统常用的准备功能（G代码）见表3-1。

表3-1 GSK980TDi车床数据系统常用G代码及功能表

指令字	组别	功　能	备注
G00	01	快速移动	初态G代码
G01		直线插补	模态G代码
G02		圆弧插补(顺时针)	
G03		圆弧插补(逆时针)	
G05(G05.1)		三点圆弧插补	
G6.2		椭圆插补(顺时针)	
G6.3		椭圆插补(逆时针)	
G7.2		抛物线插补(顺时针)	
G7.3		抛物线插补(逆时针)	
G32		螺纹切削	
G32.1		刚性螺纹切削	
G33		*Z*轴攻螺纹循环	
G34		变螺距螺纹切削	
G90		轴向切削循环	
G92		螺纹切削循环	

续表

指令字	组别	功　能	备注
G92.1	01	刚性螺纹切削循环	模态G代码
G83		端面钻孔循环	
G84		端面刚性攻螺纹	
G87		侧面钻孔循环	
G88		侧面刚性攻螺纹	
G94		径向切削循环	
G04	00	暂停、准停	非模态G代码
G7.1		圆柱插补	
G10		数据输入方式有效	
G11		取消数据输入方式	
G28		返回机床第1参考点	
G30		返回机床第2、3、4参考点	
G31		跳转插补	
G36		自动刀具补偿测量 *X*	
G37		自动刀具补偿测量 *Z*	
G50		坐标系设定	
G52		局部坐标系设定	
G65		宏代码	
G70		精加工循环	
G71		轴向粗车循环	
G72		径向粗车循环	
G73		封闭切削循环	
G74		轴向切槽多重循环	
G75		径向切槽多重循环	
G76		多重螺纹切削循环	
G78		增强型螺纹切削循环	
G20	06	英制单位选择	模态G代码
G21		公制单位选择	
G96	02	恒线速开	模态G代码
G97		恒线速关	初态G代码
G98	03	每分进给	初态G代码
G99		每转进给	模态G代码
G40	07	取消刀尖半径补偿	初态G代码
G41		刀尖半径左补偿	模态G代码
G42		刀尖半径右补偿	模态G代码
G22	09	开启存储行程检测2	非模态G代码
G23		关闭存储行程检测2	
G66	12	宏程序模态调用	非模态G代码
G67		取消宏程序模态调用	
G54	14	工件坐标系1	模态G代码
G55		工件坐标系2	
G56		工件坐标系3	
G57		工件坐标系4	
G58		工件坐标系5	
G59		工件坐标系6	
G17	16	*XY* 平面	模态G代码
G18		*ZX* 平面	初态G代码
G19		*YZ* 平面	模态G代码
G12.1	21	极坐标插补	非模态G代码
G13.1		极坐标插补取消	

注：1. G代码分为00、01、02、03、06、07、09、12、14、16、21组。

2. G代码执行后，其定义的功能或状态保持有效，直到被同组的其他G代码改变，这种G代码称为模态G代码。模态G代码执行后，其定义的功能或状态被改变以前，后续的程序段执行该G代码字时，可不需要再次输入该G代码。

3. G代码执行后，其定义的功能或状态一次性有效，每次执行该G代码时，必须重新输入该G代码字，这种G代码称为非模态G代码。

4. 系统上电后，未经执行其功能或状态就有效的模态G代码称为初态G代码。上电后不输入G代码时，按初态G代码执行。

由于 GSK 各车床数控系统功能略有不同，系统中的 G 功能指令名称、格式、参数含义可能存在差别，因此在编制程序时，必须预先了解所使用的数控系统本身所具有的 G 功能指令，不能生搬硬套。

3.1.2 辅助功能

GSK980TDi 车床数控系统常用的 M 指令见表 3-2。

表 3-2 GSK980TDi 车床数控系统常用 M 指令

代码	功能	说明
M00	程序暂停	执行 M00 代码，运行程序将暂停，再按循环启动按键，加工程序继续运行
M01	程序选择停	当选择停指示灯 ON 时，执行至 M01 代码，运行程序将暂停；当选择停指示灯 OFF 时，M01 代码无效。M01 常用于关键尺寸的检验和临时暂停
M02	程序结束	执行 M02 代码，自动运行结束，光标不返回程序开头
M03	主轴逆时针转	功能互锁，状态保持
M04	主轴顺时针转	
M05	主轴停止	
M08	冷却液开	功能互锁，状态保持
M09	冷却液关	
M10	尾座进	功能互锁，状态保持
M11	尾座退	
M12	卡盘夹紧	功能互锁，状态保持
M13	卡盘松开	
M14	主轴位置控制	功能互锁，状态保持
M15	主轴速度控制	
M20	主轴夹紧	功能互锁，状态保持
M21	主轴松开	
M30	程序结束	程序结束并返回程序的第一条语句，准备下一个零件的加工
M32	润滑开	功能互锁，状态保持
M33	润滑关	
M41	主轴自动换挡	功能互锁，状态保持
M42		
M43		
M44		
M98	子程序调用	该指令用于子程序调用
M99	子程序结束	该指令表示子程序运行结束，返回到主程序

3.2 外轮廓加工

3.2.1 外圆与端面加工

(1) 常用外圆与端面加工指令

1）快速点定位 G00 指令

G00 指令使刀具以点定位控制方式从刀具所在点快速运动到下一个目标位置。它只是快速定位，而无运动轨迹要求，且无切削加工过程，一般用于加工前的快速定位或加工后的快速退刀。

① 指令格式

```
G00  X (U) __  Z (W) __;
```

式中 X，Z——刀具目标点的绝对坐标值；

U，W——刀具目标点相对于起始点的增量坐标值。

② 指令说明

a. G00 为模态指令，可由 01 组中代码（如 G01、G02、G03、G32 等）注销。

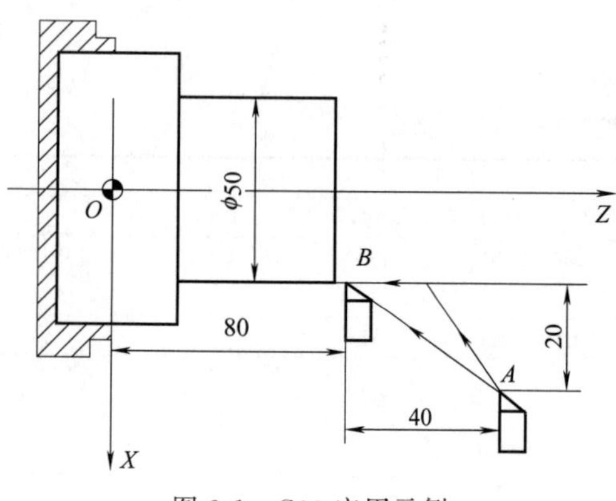

图 3-1 G00 应用示例

b. 移动速度不能用程序指令设定，而是由厂家通过机床参数预先设置的，它可由面板上的进给修调旋钮修正。

c. G00 的执行过程：刀具由程序起始点加速到最大速度，然后快速移动，最后减速到终点，实现快速点定位。

d. 执行 G00 时，X、Z 两轴同时以各轴的快进速度从当前点开始向目标点移动，一般各轴不能同时到达终点，其行走路线可能为折线，如图 3-1 所示。使用时注意刀具是否和工件干涉。

③ 示例

如图 3-1 所示，要求刀具快速从 A 点移动到 B 点，编程格式如下：

绝对值编程：G00 X50.0 Z80.0；

增量值编程：G00 U−40.0 W−40.0；

混合值编程：G00 X50.0 W−40.0；或 G00 U−40.0 Z80.0；

2）直线插补 G01 指令

G01 指令是直线插补指令，规定刀具在两坐标间以插补联动方式按指定的进给速度做任意斜率的直线运动。

① 指令格式

```
G01  X (U) __  Z (W) __  F __;
```

式中 X，Z——刀具目标点的绝对坐标值。

U，W——刀具目标点相对于起始点的增量坐标值。

F——刀具切削进给速度，单位可以是 mm/min 或 mm/r。

② 指令说明

a. G01 程序中的进给速度由 F 指令决定。F 指令是模态指令，一旦指定，后面的程序段不必再指定，除非更换进给速度。如果在 G01 之前的程序段没有 F 指令，且现在的 G01 程序段中也没有 F 指令，则机床不运动。

b. G01 为模态指令，可由 01 组中代码（如 G01、G02、G03、G32 等）注销。

③ 示例

用 G01 编写如图 3-2 所示从 $A \rightarrow B \rightarrow C$ 的刀具轨迹。

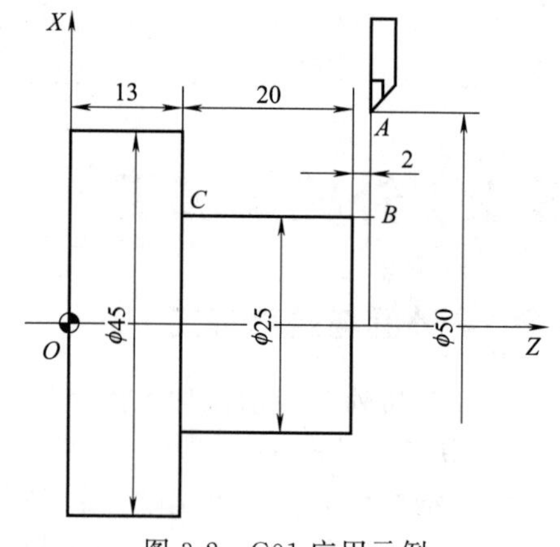

图 3-2 G01 应用示例

绝对值编程为：

```
G01 X25.0 Z35.0 F100;      A→B
    Z13.0;                 B→C
```

增量值编程为：

```
G01 U- 25.0 W0 F100;    A→B
    W- 22.0;            B→C
```

3）内/外圆切削循环 G90 指令

当零件的直径落差比较大，加工余量大时，需要多次重复同一路径循环加工，才能去除全部余量。这样造成程序内存较大，为了简化编程，数控系统提供了不同形式的固定循环功能，以缩短程序的长度，减少程序所占内存。固定切削循环通常是用一个含 G 代码的程序段完成用多个程序段指令的加工操作，使程序得以简化。

① 指令格式

```
G90 X (U) __ Z (W) __ F __;
```

式中 X，Z——绝对值编程时，切削终点坐标值；

U，W——增量值编程时，切削终点相对循环起点的增量坐标值；

F——切削进给速度。

② 指令说明

a. 图 3-3 所示为 G90 指令的运动轨迹，刀具从循环起点出发，第 1 段沿 X 轴负方向快速进刀，到达切削始点，第 2 段以 F 指令的进给速度切削到达切削终点，第 3 段沿 X 轴正方向切削退刀，第 4 段快速退回到循环起点，完成一个切削循环。

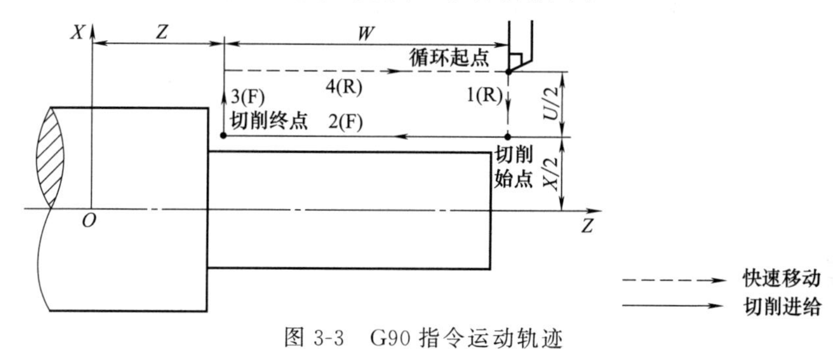

图 3-3 G90 指令运动轨迹

b. G90 循环每一次切削加工结束后刀具均返回循环起点。

③ 示例

G90 切削循环示例如图 3-4 所示，其加工程序如表 3-3 所示。

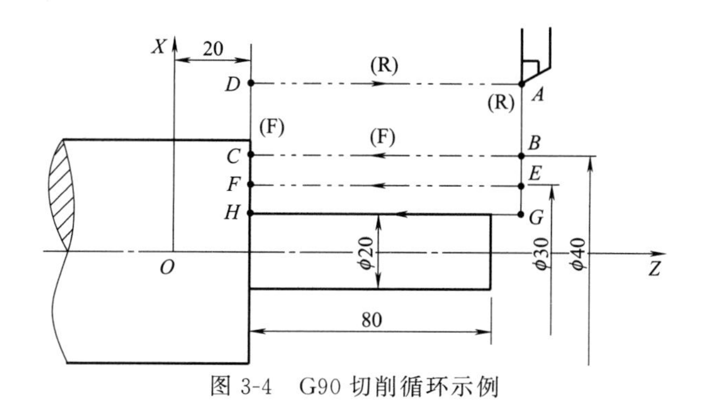

图 3-4 G90 切削循环示例

表 3-3 G90 切削循环示例参考程序

参考程序	注释
O3001；	程序名
N10 S600 M03；	主轴正转，转速为 600r/min
N20 T0101；	选 01 号刀，执行 01 号刀补
N30 G00 X46.0 Z82；	快速到达切削循环起点
N40 G90 X40.0 Z20.0 F100；	粗车第一刀，$A\to B\to C\to D\to A$
N50 X30.0；	粗车第二刀，$A\to E\to F\to D\to A$
N60 X20.0；	粗车第三刀，$A\to G\to H\to D\to A$
N70 G00 X100.0 Z100；	快速退至换刀点
N80 M05；	主轴停
N90 M30；	程序结束

4）端面切削循环 G94 指令

这里的端面是指与 X 坐标轴平行的端面。G94 与 G90 指令的使用方法类似，G90 主要用于轴类零件的内/外圆切削，G94 主要用于大小径之差较大而轴向台阶长度较短的盘类工件的端面切削。

① 指令格式

```
G94 X (U) __ Z (W) __ F__;
```

式中，X（U）、Z（W）、F 的含义与 G90 格式中各参数含义相同。

② 指令说明

a. 图 3-5 所示为刀具的运动轨迹，刀具从循环起点出发，第 1 段沿 Z 轴负方向快速进刀，到达切削始点，第 2 段以 F 指令的进给速度切削到达切削终点，第 3 段沿 Z 轴正方向切削退刀，第 4 段快速退回到循环起点，完成一个切削循环。

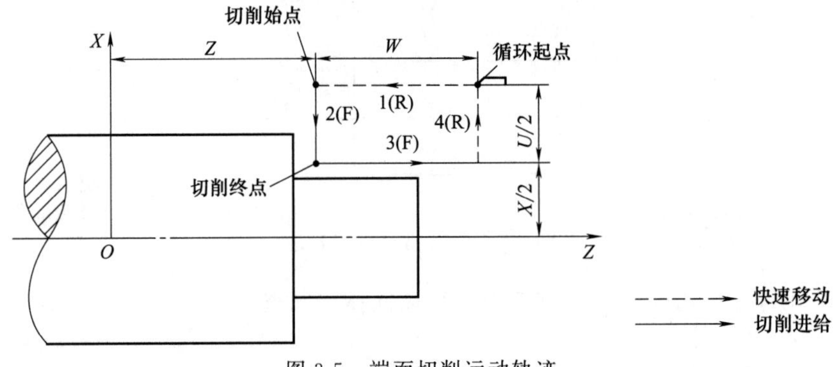

图 3-5 端面切削运动轨迹

b. G94 的特点是选用刀具的端面切削刃作为主切削刃，以车端面的方式进行循环加工。

G90 与 G94 的区别在于 G90 是在工件径向作分层粗加工，而 G94 是在工件轴向作分层粗加工。G90 第一步先沿 X 轴进给，而 G94 第一步先沿 Z 轴进给。

（2）外圆加工

1）刀具的选用

在车削加工中，外圆车削是一个基础，绝大部分的工件都少不了这道工序。如图 3-6 所示，常用的外圆车刀有以下三种。

① 75°车刀。强度较好，常用于粗车外圆。

② 45°车刀（弯头刀），适用于车削不带台阶的光滑轴。

③ 90°车刀（偏刀），适用于车削台阶轴和细长工件的外圆。

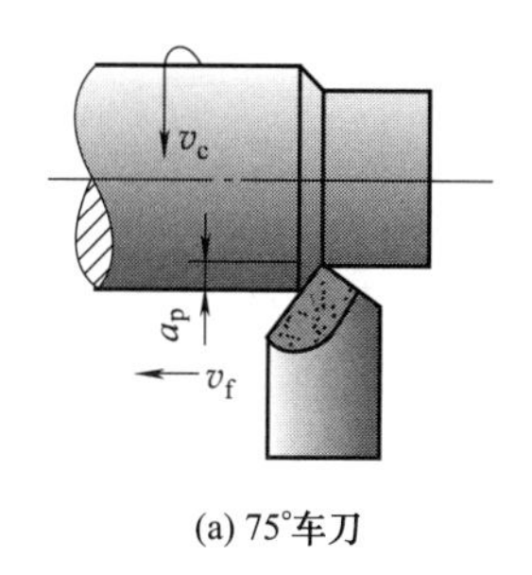

(a) 75°车刀

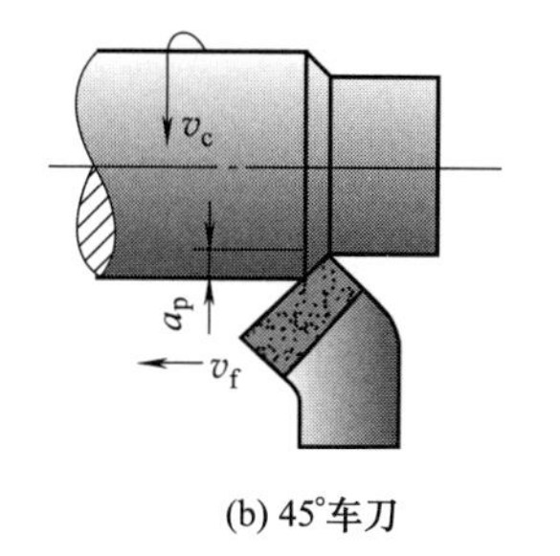

(b) 45°车刀

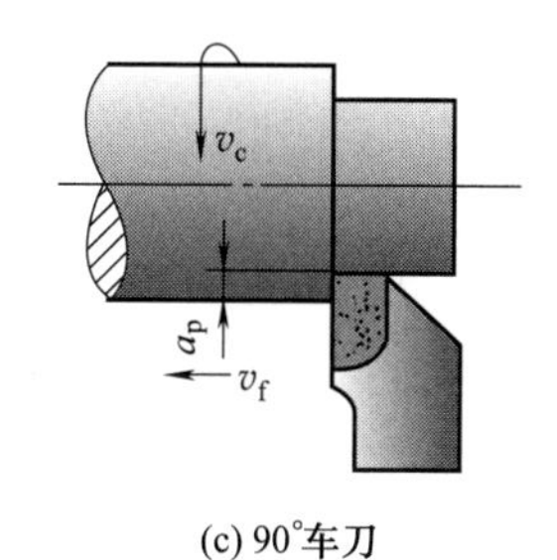

(c) 90°车刀

图 3-6　车削外圆

2）G01 车削外圆

如图 3-7 所示，用 G01 车削 ϕ45mm 外圆，工件毛坯直径为 ϕ50mm，外圆有 5mm 的余量。工件右端面中心为编程坐标系原点，选用 90°车刀，刀具初始点在换刀点（X100，Z100）处。

① 刀具切削起点。编程时，对刀具快速接近工件加工部位的点应精心设计，应保证刀具在该点与工件的轮廓应有足够的安全间隙。如图 3-7 所示，可设计刀具切削起点为（X54，Z2）。

② 刀具靠近工件。首先将刀具以 G00 的方式运动到点（X54，Z2），然后 G00 移动 X 轴到切深，准备粗加工。

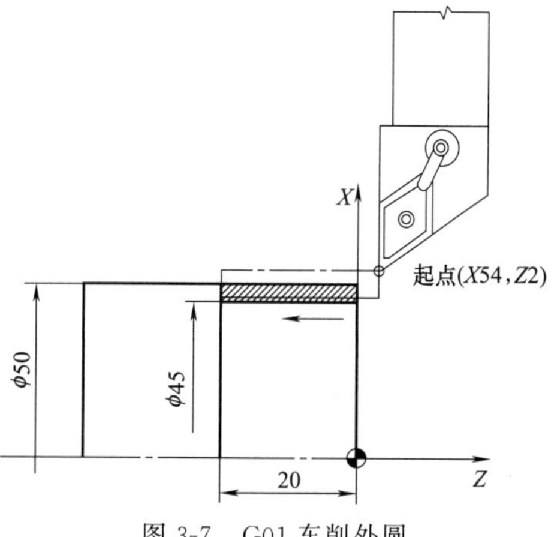

图 3-7　G01 车削外圆

```
N10 T0101;                  选 1 号刀具，执行 1 号刀补
N20 M03 S700;               主轴正转，转速为 700r/min
N30 G00 X54.0 Z2.0 M08;     快速靠近工件
N40 X46.0;                  X 向进刀
```

③ 粗车外圆

```
N50 G01 Z-20.0 F100;        粗车外圆
```

刀具以 100mm/min 进给速度切削到指定的长度位置。

④ 刀具的返回。刀具先沿 $+X$ 向以 G01 方式退到工件之外，再沿 $+Z$ 向以 G00 方式回到起点。

```
N60 G01 X54.0;              沿 X 轴正向返回
N70 G00 Z2.0;               沿 Z 轴正向返回
```

程序段 N50 为实际切削运动，切削完成后执行程序段 N60，刀具将快速脱离工件。

⑤ 精车外圆

```
N80 X45.0;                  沿 X 轴负向进刀
N90 G01 Z-20.0 S900 F80;    精车，主轴转速为 900r/min，进给速度为 80mm/min
N100 X54.0;                 沿 X 轴正向退刀
```

⑥ 返回换刀点

```
N110 G00 X100.0 Z100.0;    刀具返回初始点
```

⑦ 程序结束

```
N120 M30;                  程序结束
```

3）G90 车削外圆

如图 3-8 所示，用 G90 车削 ϕ30mm 外圆，工件毛坯为 ϕ50mm×40mm，ϕ30mm 外圆有 20mm 的余量。设工件右端面中心为编程坐标系原点，选用 90°车刀，刀具起始点设在换刀点（X100，Z100）处，刀具切削起点设在与工件具有安全间隙的（X52，Z1）点。

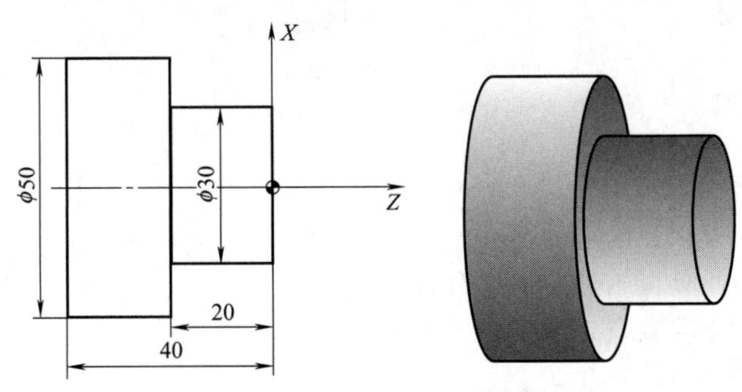

图 3-8　G90 车台阶轴使用举例

其加工参考程序见表 3-4。

表 3-4　G90 车台阶轴参考程序

参考程序	注　释
O3002;	程序名
N10 T0101;	换 1 号刀具，执行 1 号刀补
N20 S800 M03;	主轴正转，转速为 800r/min
N30 G00 X52.0 Z1.0;	快速运动至循环起点
N40 G90 X46.0 Z−19.8 F100;	X 向单边切深量 2mm，端面留余量 0.2mm
N50　X42.0;	G90 模态有效，X 向切深至 42mm
N60　X38.0;	G90 模态有效，X 向切深至 38mm
N70　X34.0;	G90 模态有效，X 向切深至 34mm
N80　X31.0;	X 向留 1mm 余量用于精加工
N90　X30.0 Z−20.0 F80 S1200;	精车
N100 G00 X100.0 Z100.0;	快速退至安全点
N110 M30;	程序结束

（3）端面加工

1）刀具的选用

车削端面时，可以选用 90°偏刀或 45°车刀。

① 当用左偏刀由外圆向中心进给车削端面，这时起主要切削作用的是副切削刃，由于其前角较小，切削不顺利。同时受切削力方向的影响，刀尖容易扎入工件而形成凹面，影响表面质量，如图 3-9（a）所示。

② 用右偏刀由外圆向中心进给车削端面，如图 3-9（b）所示，这时是用主切削刃进行切削，切削顺利，同时切屑是流向待加工表面，加工后工件表面粗糙度值较小，适于车削较大平面的工件。

③ 用 45°车刀车削端面，如图 3-9（c）所示，是用主切削刃进行切削的，故切削顺利，工件表面粗糙度值较小，工件中心的凸台是逐步切去的，不易损坏刀尖。45°车刀的刀尖角为

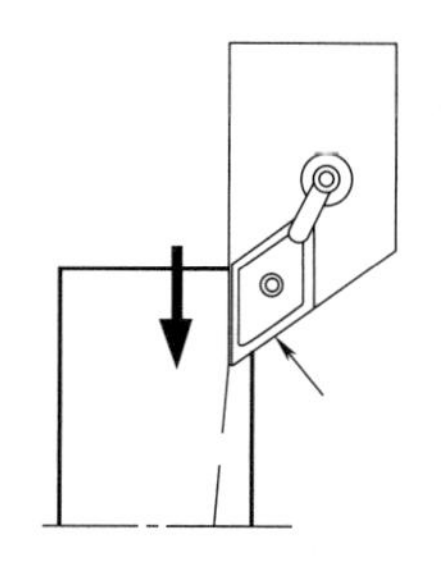

(a) 左偏刀副切削刃车削端面

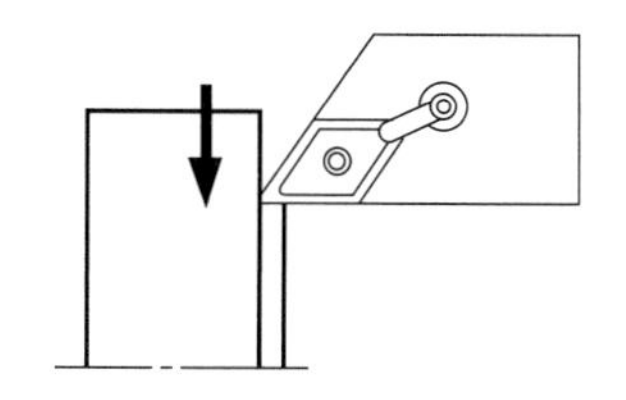

(b) 右偏刀主切削刃车削端面

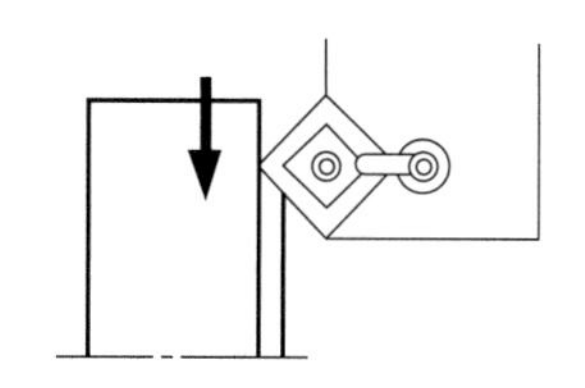

(c) 45° 车刀车削端面

图 3-9 车削端面车刀

90°，刀头强度较高，适于车削较大的平面，并能倒角。

提示

车削端面时，刀具为横向车削，由于车刀刀尖在工件端面上的运动轨迹是一条阿基米德螺旋线。刀具愈近中心或进给量愈大时，车刀实际工作前角愈大，后角愈小。前角过大、后角过小容易让刀尖断裂并影响加工质量。刀具车削端面时，不宜选用过大的横向进给量。

G96 恒线速度模式可以使主轴转速能随直径的改变而自动发生改变，此代码非常适用于车削端面。

2）G01 单次车削端面

如图 3-10 所示，工件毛坯直径为 ϕ50mm，工件右端面为 Z0，右端面有 0.5mm 的余量，工件右端面中心为编程坐标系原点，选用 90°偏刀，刀具初始点在换刀点（X100，Z100）处。

① 刀具切削起点

编程时，对刀具快速接近工件加工部位的点应精心设计，应保证刀具在该点与工件的轮廓有足够的安全间隙。如图 3-10 所示，可设计刀具切削起点为（X52，Z0）。

② 刀具靠近工件

首先 Z 向移动到起点，然后 X 向移动到起点。这样可减小刀具趋近工件时发生碰撞的可能性。

图 3-10 G01 单次车削端面

```
N10 T0101;              选 01 号刀具，执行 01 号刀偏
N20 S700 M03;           主轴正转，转速为 700r/min
N30 G00 Z0 M08;         Z 向到达切削起点
N40 X52;                X 向到达切削起点
```

若把 N30、N40 合写成：G00 X52 Z0，可简便一些，但必须保证定位路线上没有障碍物。

③ 刀具切削程序段

```
N50 G01 X0 F80;         车端面
```

④ 刀具的返回运动

刀具返回运动时，宜首先 Z 向退出。

```
N60 G00 Z2.0;                Z 向退出
N70 X100.0 Z100.0;           返回至参考点
```

⑤ 程序结束

```
N80 M30;                     程序结束
```

3）G94 单一循环切削端面

用 G94 循环编写如图 3-11 所示工件的端面切削程序。设刀具的起点为与工件具有安全间隙的 S 点（$X52$，$Z1$）。加工程序见表 3-5。

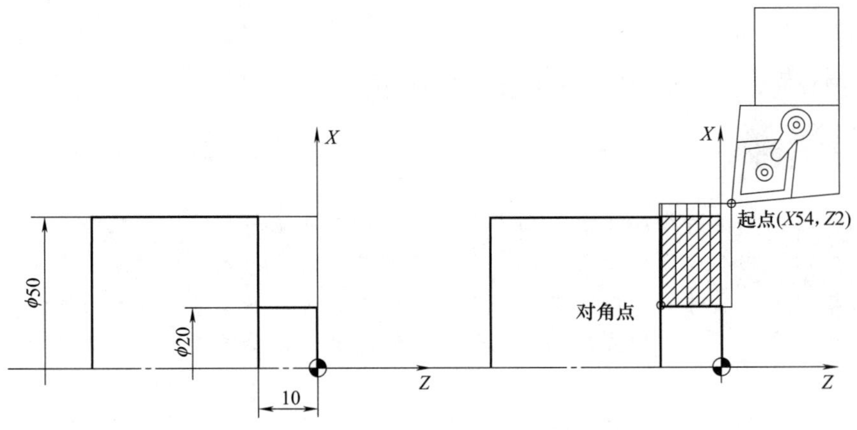

图 3-11　G94 端面加工图例

表 3-5　G94 车端面参考程序

参考程序	注　释
O3003;	程序名
N10 T0101;	换 01 号刀具，执行 01 号刀偏
N20 G0 X52.0 Z1.0 S500 M03;	快速靠近工件
N30 G94 X20.2 Z−2.0 F80;	粗车第一刀，Z 向切深 2mm，X 向留 0.2mm 的余量
N40 Z−4.0;	粗车第二刀
N50 Z−6.0;	粗车第三刀
N60 Z−8.0;	粗车第四刀
N70 Z−9.8;	粗车第五刀
N80 X20.0 Z−10.0 F50 S900 ;	精加工
N90 G00 X100.0 Z100.0 M05;	返回换刀点，主轴停
N100 M30;	程序结束

3.2.2 外圆锥面加工

(1) 常用锥面加工指令

圆锥加工中，当切削余量不大时，可以直接使用 G01 指令进行编程加工，如果切削余量较大时，这时一般采用圆锥面切削循环指令值 G90、G94。G01 指令格式在前面已讲述，在此我们不再赘述。

1）圆锥面切削循环 G90 指令

① 指令格式

```
G90  X(U)__  Z(W)__  R__  F__;
```

式中　X，Z——圆锥面切削终点绝对坐标值，即图 3-12 所示 C 点在编程坐标系中的坐标值；

U，W——圆锥面切削终点相对循环起点的增量值，即图 3-12 所示 C 点相对于 A 点的增量坐标值；

R——车削圆锥面时起点半径与终点半径的差值，带方向，要求 $|R| \leqslant |U/2|$；$R=0$ 或缺省输入时，进行圆柱切削；

F——切削进给速度。

② 指令说明

图 3-12 所示为圆锥面切削循环运动轨迹，刀具从 $A \rightarrow B$ 为快速进给，因此在编程时，A 点在轴向和径向上要离开工件一段距离，以保证快速进刀时的安全；刀具从 $B \rightarrow C$ 为切削进给，按照指令中的 F 值进给；刀具从 $C \rightarrow D$ 时也为切削进给，为了提高生产率，D 点在径向上不要离工件太远；刀具从 D 快速返回起点 A，循环结束。

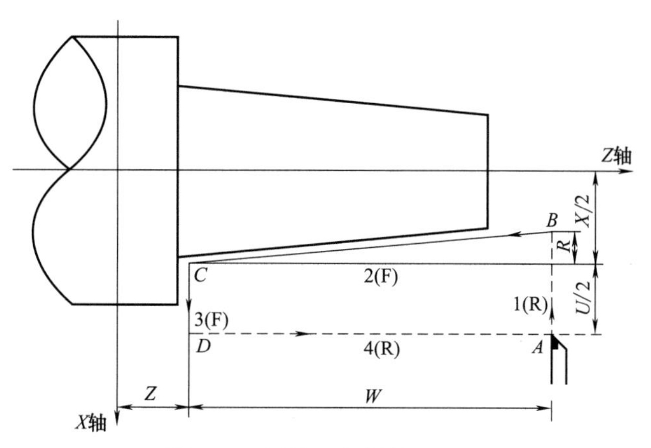

图 3-12　圆锥面切削循环 G90

U、W、R 反映切削终点与起点的相对位置，U、W、R 在符号不同时组合的刀具轨迹，如图 3-13 所示。

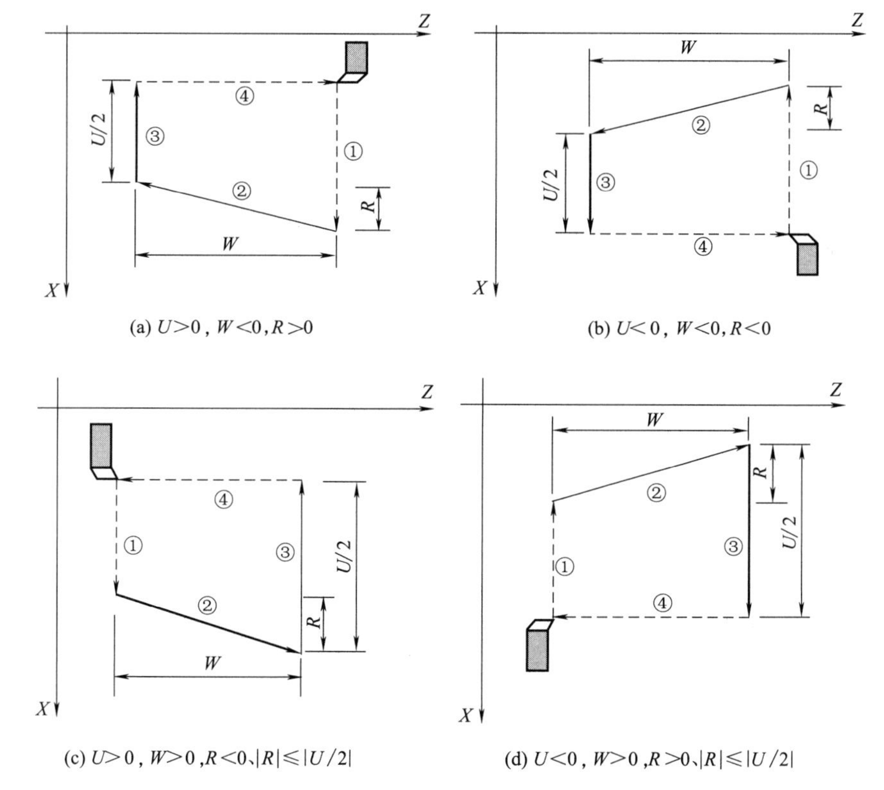

图 3-13　U、W、R 符号不同时 G90 刀具轨迹

2）圆锥端面车削循环 G94 指令

① 指令书写格式

```
G94 X (U) __ Z (W) __ R__ F__;
```

式中 X，Z——圆锥面切削终点绝对坐标值，即图 3-14 所示 C 点在编程坐标系中的坐标值；

U，W——圆锥面切削终点相对循环起点的增量值，即图 3-14 所示 C 点相对于 A 点的增量坐标值；

R——切削起点与切削终点 Z 轴绝对坐标的差值，当 R 与 U 的符号不同时，要求 $|R| \leqslant |W|$；

F——切削进给速度。

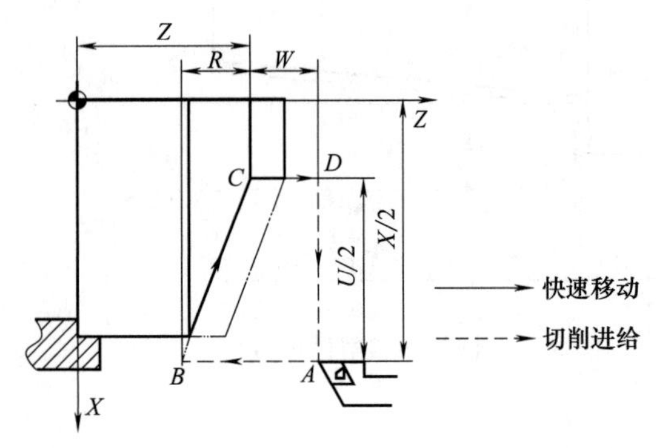

图 3-14 圆锥端面切削循环

② 格式说明

a. 图 3-14 所示为圆锥端面切削循环运动轨迹，刀具从 $A \rightarrow B$ 为快速进给，因此在编程时，A 点在轴向和径向上要离开工件一段距离，以保证快速进刀时的安全；刀具从 $B \rightarrow C$ 为切削进给，按照指令中的 F 值进给；刀具从 $C \rightarrow D$ 时也为切削进给，为了提高生产率，D 点在轴向上不要离工件太远；刀具从 D 快速返回起点 A，循环结束。

b. 进行编辑时，应注意 R 的符号，确定的方法是：锥面起点坐标大于终点坐标时为正，反之为负。正负如图 3-15 所示。

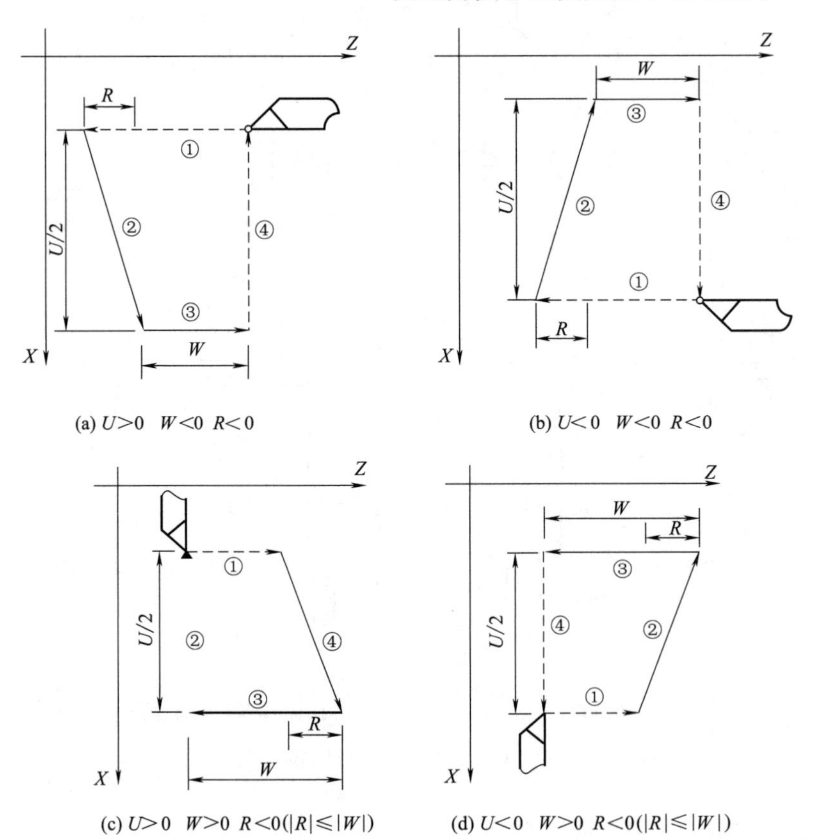

图 3-15 U、W、R 符号不同时 G94 刀具轨迹

(2) 外圆锥面加工

1) G01 加工锥体

如图 3-16 所示工件，应用 G01 来完成锥面的加工。

由图可知，C 点 $X=d=D-CL=40-\frac{1}{5}\times 42=31.6\text{mm}$。

由此，可以确定粗车第一刀起点坐标值为（$X35$，$Z2.0$），粗车第二刀起点坐标值为（$X32.6$，$Z2.0$），精车起点坐标为（$X31.6$，$Z2.0$）。参考程序见表 3-6。

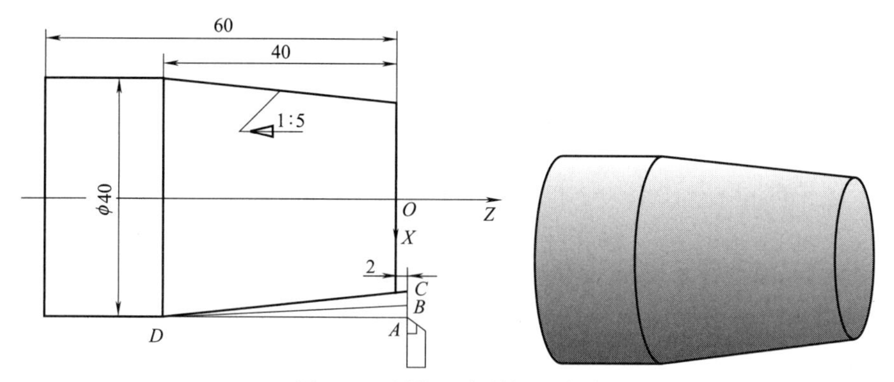

图 3-16 圆锥面车削加工路线

表 3-6 G01 加工锥体参考程序

参考程序	注释
O3004;	程序名
N5 T0101;	调用 01 号刀具，执行 01 号刀补
N10 S800 M03;	主轴正转，转速 800r/mm，
N20 G00 X41.0 Z2.0;	快速进刀至起刀点
N30 X35.0;	进刀至切入点
N40 G01 X40.0 Z−40.0 F100;	第一层粗车，进给量 0.2mm/r
N50 G00 Z2.0;	Z 向退刀
N60 X32.6;	X 向进刀至切入点
N70 G01 X40.0 Z−40.0 F100;	第二层粗车
N80 G00 Z2.0;	Z 向退刀
N90 M03 S1000;	主轴变速，主轴转速为 1000r/min
N100 X31.6;	进刀至精加工切入点
N110 G01 X40.0 Z−40.0 F80;	精车锥体
N120 X45.0;	X 向退刀
N130 G00 X100.0 Z100.0;	刀具退至换刀点
N140 M30;	程序结束

2) G90 加工锥面

如图 3-17 所示，用循环方式编制一个粗车圆锥面的加工程序，其加工程序见表 3-7。

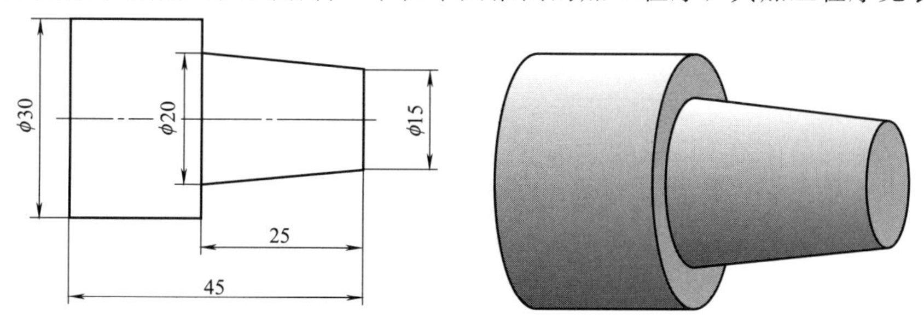

图 3-17 圆锥面切削循环示例

表 3-7 圆锥面切削循环（G90）示例参考程序

参考程序	注 释
O3005；	程序名
N10 T0101；	选 1 号刀，执行 1 号刀补
N20 M03 S800；	主轴正转，转速为 800r/min
N30 G00 X35.0 Z2.0；	快速靠近工件
N40 G90 X26.0 Z−25.0 R−2.7 F80；	第一次循环加工
N50 X22.0；	第二次循环加工
N60 X20.0；	第三次循环加工
N70 G00 X100.0 Z50.0；	快速回安全点
N80 M30；	程序结束

由于 G90 循环起点坐标为（X35.0，Z2.0），所以计算 R 值时，圆锥应延长至 Z2 点，否则，加工的圆锥不符合要求。当圆锥延长至 Z2 点时，R 值为−2.7（−2.5×27÷25=−2.7）。

3）G94 加工锥面

如图 3-18 所示，用端面切削循环方式编制其加工程序（毛坯直径 50mm）。编制该零件的加工程序时，先编制 5mm 的台阶面的加工程序，再编制锥面的加工程序。编制锥面加工程序时，采用变化 R 值的方式进行，加工程序见表 3-8。

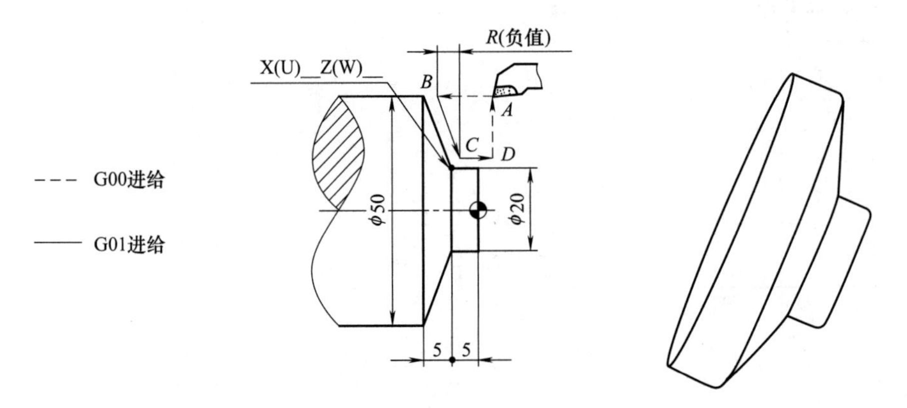

图 3-18 圆锥端面切削循环示例

表 3-8 圆锥端面切削循环（G94）示例参考程序

参考程序	注 释
O3005；	程序名
N10 M03 S600；	主轴正转，转速为 600r/min
N20 T0101；	调用 01 号刀执行 01 号刀补
N30 G00 X53.0 Z2.0；	快速到达循环起点
N40 G94 X20.0 Z−1.0 F60；	端面车削，循环第一次
N50 Z−2.0；	端面车削，循环第二次
N60 Z−3.0；	端面车削，循环第三次

续表

参考程序	注　释
N70 Z－4.0；	端面车削，循环第四次
N80 Z－5.0；	端面车削，循环第五次
N90 G94 X20.0 Z－5.0 R－1.0 F60；	锥面车削，循环第一次
N100　　R－2.0；	锥面车削，循环第二次
N110　　R－3.0；	锥面车削，循环第三次
N140　　R－4.0；	锥面车削，循环第四次
N150　　R－5.0；	锥面车削，循环第五次
N160　　R－5.5 S1200 F60；	精车
N170 G00 X100.0 Z100.0；	快速返回起刀点
N180 M05；	主轴停
N190 M30；	程序结束

由于 G94 循环起点坐标为（X53.0，Z2.0），所以计算 R 值时，圆锥应延长至（X53.0，Z－10.5）点，否则，加工的圆锥不符合要求。当圆锥延长至（X53.0，Z－10.5）点时，R 值为－5.5（－10.5＋5.0＝－5.5）。

3.2.3 圆弧面加工

(1) 圆弧面加工指令

1）圆弧插补指令 G02/G03

圆弧插补指令使刀具相对工件以指定的速度从当前点（起始点）向终点进行圆弧插补。G02 为顺时针圆弧插补，G03 为逆时针圆弧插补，如图 3-19 所示。

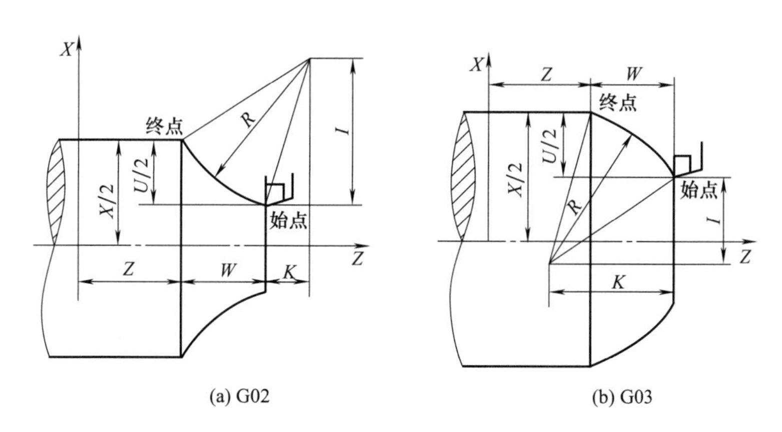

图 3-19　圆弧插补指令

① 指令格式

```
G02}X (U) __ Z (W) __{I__  K__}F__;
G03}                  {R__
```

指令格式中各程序字的含义如表 3-9 所示。

表 3-9 圆弧插补指令各程序字的含义

程序字	指定内容	含　义
G02	走刀方向	顺时针圆弧插补
G03		逆时针圆弧插补
X＿Z＿	终点位置	圆弧终点的绝对坐标值
U＿W＿		圆弧终点相对于圆弧起点的增量坐标值
I＿K	圆心坐标	I 为圆心与圆弧起点在 *X* 方向的差值，用半径表示 K 为圆心与圆弧起点在 *Z* 方向的差值
R＿	圆弧半径	圆弧半径
F＿	进给速度	沿圆弧的进给速度

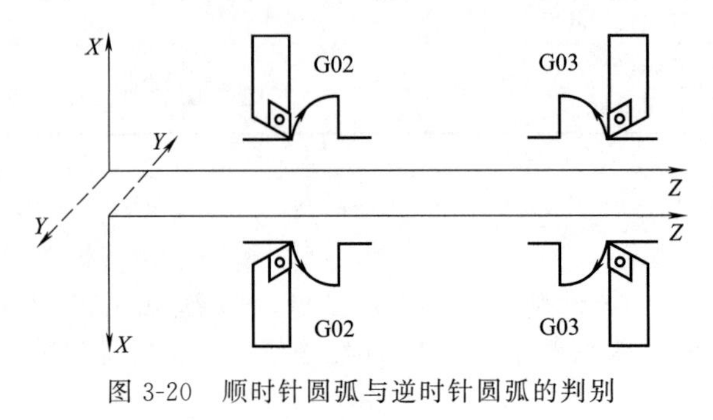

图 3-20 顺时针圆弧与逆时针圆弧的判别

② 顺时针圆弧与逆时针圆弧的判别

在使用圆弧插补指令时，需要判断刀具是沿顺时针还是逆时针方向加工零件。判别方法是：处在圆弧所在平面（数控车床为 *XZ* 平面）的另一个轴（数控车床为 *Y* 轴）的正方向看该圆弧，顺时针方向为 G02，逆时针方向为 G03。在判别圆弧的顺逆方向时，一定要注意刀架的位置及 *Y* 轴的方向，如图 3-20 所示。

③ 圆心坐标的确定

圆心坐标 *I*、*K* 值为圆弧起点到圆弧圆心的矢量在 *X*、*Z* 轴向上的投影，如图 3-21 所示。*I*、*K* 为增量值，带有正负号，且 *I* 值为半径值。*I*、*K* 的正负取决于该矢量方向与坐标轴方向的异同，相同者为正，相反者为负。若已知圆心坐标和圆弧起点坐标，则 $I=X_{圆心}-X_{起点}$（半径差）；$K=Z_{圆心}-Z_{起点}$。图 3-21 中 *I* 值为－10，*K* 值为－20。

④ 圆弧半径的确定

圆弧半径 *R* 有正值与负值之分。当圆弧所对的圆心角小于或等于 180°时，*R* 取正值；当圆弧所对的圆心角大于 180°并小于 360°时，*R* 取负值，如图 3-22 所示。通常情况下，在数控车床上所加工的圆弧的圆心角小于 180°。

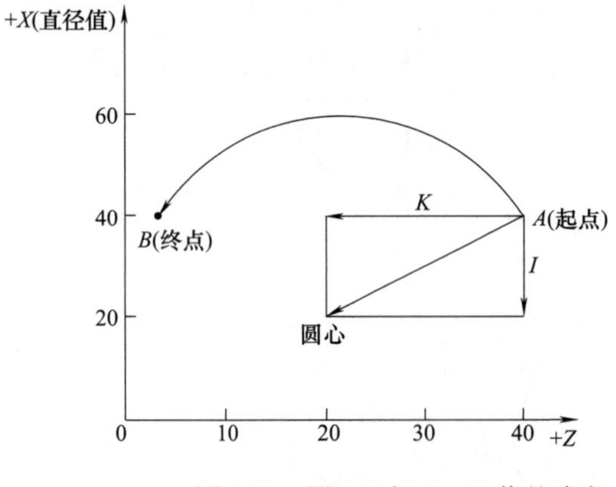

图 3-21 圆心坐标 *I*、*K* 值的确定

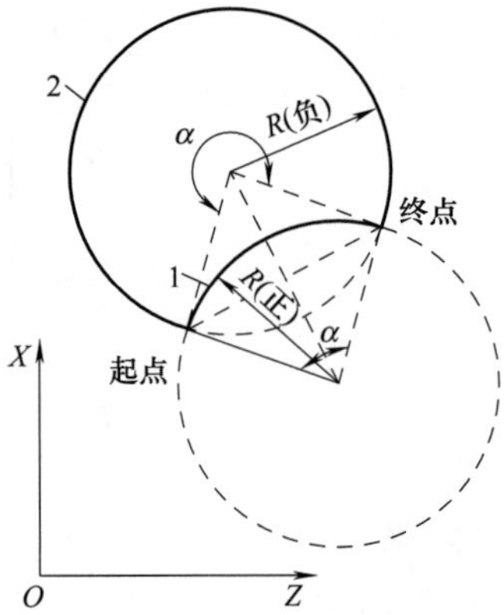

图 3-22 圆弧半径 *R* 正负的确定
1—*R* 取正值；2—*R* 取负值

① 当 $I=0$ 或 $K=0$ 时，可以省略；但地址 I、K 或 R 必须至少输入一个，否则系统产生报警。

② I、K 和 R 同时输入时，R 有效，I、K 无效。

③ R 值必须等于或大于起点到终点的一半，如果终点不在用 R 定义的圆弧上，系统会产生报警。

④ 地址 X(U)、Z(W) 可省略一个或全部；当省略一个时，表示省略的该轴的起点和终点一致；同时省略表示终点和始点是同一位置，若用 I、K 指定圆心时，执行 G02/G03 代码的轨迹为整圆（360°）；用 R 指定时，表示 0°的圆。

⑤ 建议使用 R 编程，当使用 I、K 编程时，为了保证圆弧运动的始点和终点与指定值一致，系统按半径 $R=\sqrt{I^2+K^2}$ 运动。

⑥ 若使用 I、K 值进行编程，圆心到的圆弧终点距离不等于 R（$R=\sqrt{I^2+K^2}$），系统会自动调整圆心位置，保证圆弧运动的始点和终点与指定值一致。如果圆弧的始点与终点间距离大于 $2R$，系统报警。

⑤ 编程实例

编制图 3-23 所示圆弧精加工程序。$P_1 \rightarrow P_2$ 圆弧加工程序如表 3-10 所示。

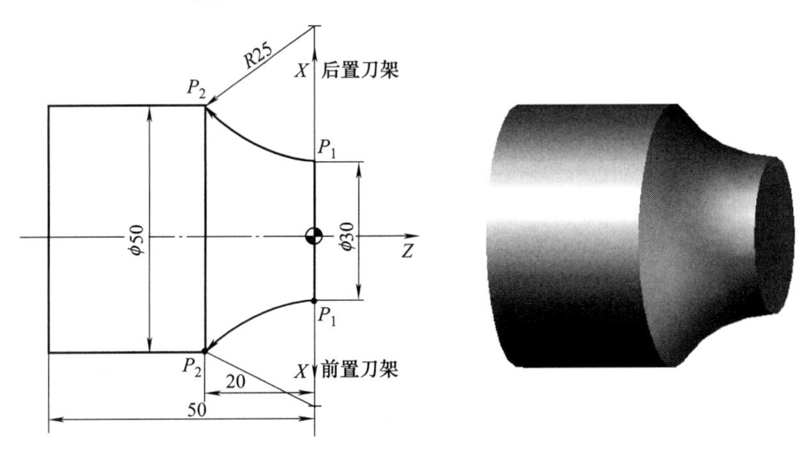

图 3-23 圆弧编程实例

表 3-10 $P_1 \rightarrow P_2$ 圆弧加工程序

刀架形式	编程方式	指定圆心 I,K	指定半径 R
后刀架	绝对值编程	G02 X50.0 Z−20.0 I25.0 K0 F0.3;	G02 X50.0 Z−20.0 R25.0 F0.3;
	增量值编程	G02 U20.0 W−20.0 I25.0 K0 F0.3;	G02 U20.0 W−20.0 R25.0 F0.3;
前刀架	绝对值编程	G02 X50.0 Z−20.0 I25.0 K0 F0.3;	G02 X50.0 Z−20.0 R25.0 F0.3;
	增量值编程	G02 U20.0 W−20.0 I25.0 K0 F0.3;	G02 U20.0 W−20.0 R25.0 F0.3;

从表 3-10 可以看出，刀架前置还是后置不影响零件中圆弧的顺逆判别，所以无论用前置刀架还是后置刀架加工图 3-23 所示圆弧，其加工程序是相同的。

2）三点圆弧插补 G05

如果不知道圆弧的圆心、半径但已知圆弧轮廓上的三个点的坐标，则可使用 G05 功能，通过始点和终点之间的中间点位置确定圆弧方向。

① 指令格式

```
G05 X (U) __ Z (W) __ I__ K__ F__;
```

② 代码说明

G05——三点圆弧插补，模态 G 代码；

X，Z——圆弧终点的绝对坐标值；

U，W——圆弧终点相对于圆弧起点的增量坐标值；

I——圆弧所经过的中间点相对于起点的 X 向增量坐标值（半径值，带方向）；

K——圆弧所经过的中间点相对于起点的 Z 向增量坐标值（Z 向，带方向），如图 3-24 所示。

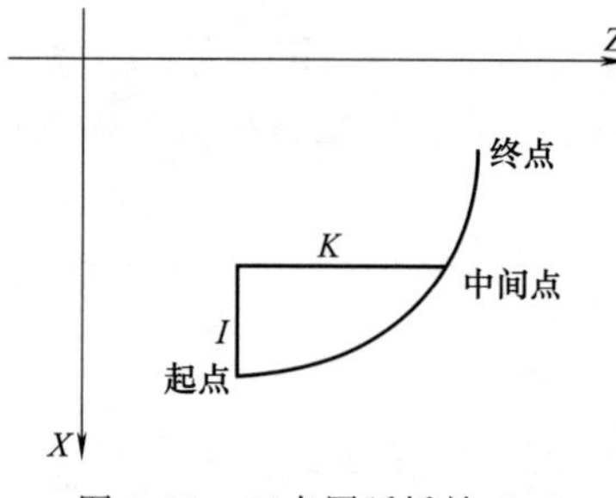

图 3-24　三点圆弧插补 G05

③ 注意事项

a. 中间点是指圆弧上除起点和终点之外的任意一点。

b. 当给出的三点共线时，系统产生报警。

c. 当省略 I 时即认为 $I=0$，当省略 K 时即认为 $K=0$；当同时省略 I、K 时，系统产生报警。

d. I、K 的意义类似于 G02/G03 代码中圆心坐标相对于起点坐标的位移值 I、K。

e. G05 不能加工整圆。

④ 示例

编写如图 3-25 所示半圆加工程序。

半圆加工程序如下：

```
G01 X30 Z25 F100;
G05 X30 Z5 I- 10 K- 10;
```

(2) 圆弧面的车削示例

示例 1　如图 3-26 所示零件（已粗加工），编写其右端精加工程序。

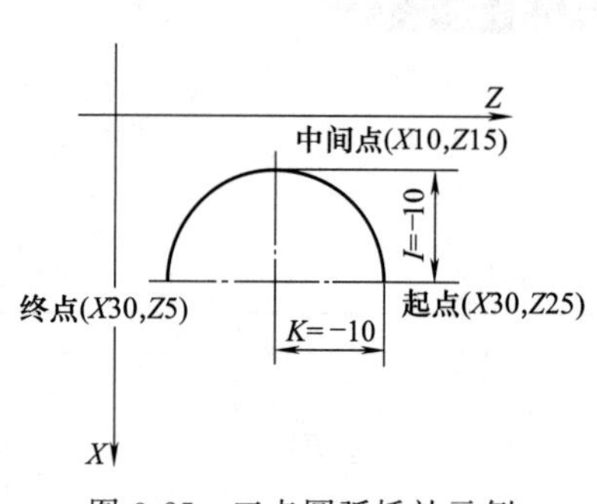

图 3-25　三点圆弧插补示例

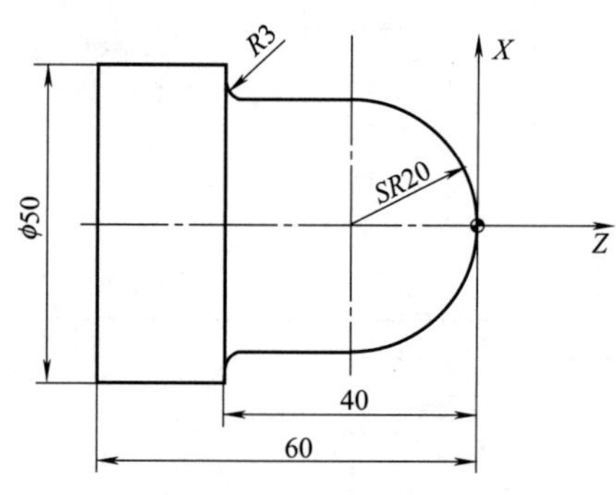

图 3-26　圆弧编程示例

参考程序如表 3-11 所示。

表 3-11　圆弧编程示例 1 参考程序

参考程序	注　释
O3006;	程序名
N5 T0101;	选 01 号刀具，执行 01 号刀补

续表

参考程序	注　释
N10 M03 S1000;	主轴正转，转速为1000r/min
N20 G00 X50.0 Z1.0;	快速靠近工件
N30 G01 X0 Z0 F200;	刀具以直线插补方式运动到圆弧起点
N40 G03 X40.0 Z−20.0 R20.0 F80;	精加工 *SR*20mm 球头
N50 G01 Z−37.0;	精加工 ϕ40mm 外圆
N60 G02 X46.0 Z−40.0 R3.0;	精加工 *R*3mm 圆弧
N70 G01 X52.0;	精加工端面
N80 G00 X100.0 Z50.0;	快速退至换刀点
N90 M05;	主轴停
N100 M30;	程序结束

示例 2 如图 3-27 所示（已粗加工），编写其右端精加工程序。

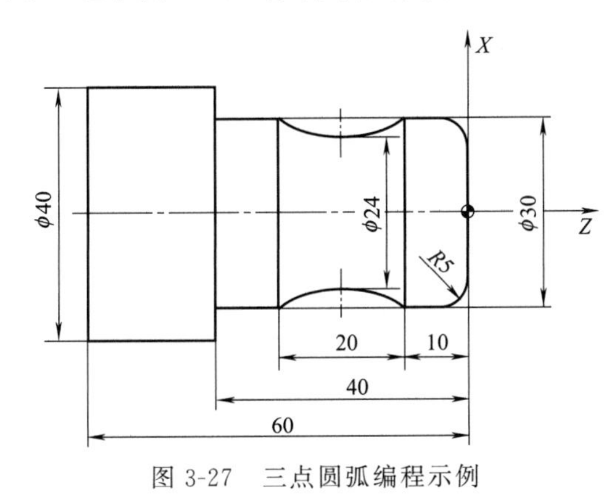

图 3-27 三点圆弧编程示例

其参考程序如表 3-12 所示。

表 3-12 三点圆弧参考程序

参考程序	注　释
O3007;	程序名
N5 T0101;	选01号刀具，执行01号刀补
N10 M03 S1000;	主轴正转，转速为1000r/min
N20 G00 X42.0 Z1.0;	快速靠近工件
N30 G01 X20.0 Z0 F200;	刀具运动到圆弧起点
N40 G03 X30.0 Z−5.0 R5.0 F80;	精加工 *R*5mm 圆弧
N50 G01 Z−10.0;	精加工 ϕ30mm 外圆
N60 G05 X30.0 Z−30.0 I−3.0 K−10.0;	应用三点圆弧指令精加工凹弧
N70 G01 Z−40.0;	精加工 ϕ30mm 外圆
N80 X42.0;	精车端面
N90 G00 X100.0 Z50.0;	快速退至安全点
N100 M05;	主轴停
N110 M30;	程序结束

3.2.4 复合固定循环加工

对于铸、锻毛坯的粗车或用棒料直接车削过渡尺寸较大的阶台轴，需要多次重复进行车削，使用 G90 或 G94 指令编程仍然比较麻烦，而用 G71、G72、G73、G70 等复合固定循环指令，只要编写出精加工进给路线，给出每次切除余量或循环次数和精加工余量，数控系统即可自动计算出粗加工时的刀具路径，完成重复切削直至加工完毕。

（1）轴向粗车循环 G71

G71 有两种粗车加工循环：类型Ⅰ和类型Ⅱ。如 N(n_s) 程序段中单独指定 X(U)，则是类型Ⅰ，外形轮廓进行单调递增或单调递减的加工。如 N(n_s) 程序段中同时指定 X(U)，Z(W)，则是类型Ⅱ，可以加工凹槽，当 Z 轴不移动时也必须指定 W0，最多可以有 10 个凹槽。

1）指令格式

类型Ⅰ格式：

```
G71 U (Δd) R (e) F__  S__  T__; ①
G71 P (ns) Q (nf) U (Δu) W (Δw) K__ J__; ②
N (ns) G00 (G01) X (U) __;  ⎫
…                           ⎬ ③
…                           ⎭
N (nf) …;
```

类型Ⅱ格式：

```
G71 U (Δd) R (e) F__  S__  T__; ①
G71 P (ns) Q (nf) U (Δu) W (Δw) K__ J__; ②
N (ns) G00 (G01) X (U) __ Z (W) __;  ⎫
…                                    ⎬ ③
…                                    ⎭
N (nf) …;
```

G71 指令格式由三个部分组成。

① 给定粗车时的背吃刀量、退刀量和切削速度、主轴转速、刀具功能的程序段。

② 给定定义精车轨迹的程序段区间、精车余量的程序段。

③ 定义精车轨迹的若干连续的程序段，执行 G71 时，这些程序段仅用于计算粗车的轨迹，实际并未被执行。

2）指令说明

① U（Δd）：粗车时 X 向的背吃刀量，半径值，单位为 mm。

② R（e）：粗车时 X 向的退刀量，半径值，单位为 mm。

③ U（Δu）：粗车时 X 向留出的精加工余量，直径值，有符号，单位为 mm。

④ W（Δw）：粗车时 Z 向留出的精加工余量，有符号，单位为 mm。

对于类型Ⅱ，精车余量只能指定 X 方向，如果指定了 Z 方向上的精车余量 Δw，则会使整个加工轨迹发生偏移。

⑤ P（n_s）：精车轨迹的第一个程序段的程序段号。

⑥ Q（n_f）：精车轨迹的最后一个程序段的程序段号。

⑦ n_s 和 n_f 程序段只能是 G00、G01 代码；n_s～n_f 之间的程序段，最多允许有 100 个；n_s～n_f 不允许有相同程序段号。

⑧ K：当 K 不输入或者 K 不为 1 时，系统不检查程序的单调性；当 $K=1$ 时，系统检查程序的单调性。

⑨ J：在类型Ⅱ中才有效，当 J 不输入或者 J 不为 1 时，系统不会沿着粗车轮廓再运行一次；当 $J=1$ 时，系统会沿着粗车轮廓再运行一次。

⑩ F：切削进给速度。S：主轴转速。M、S、F 可在第一个 G71 或第二个 G71 代码中。在 G71 粗车循环中，n_s～n_f 间程序段号的 M、S、F 功能无效，仅在有 G70 精车循环的程序段中才有效。

3）加工轨迹

系统根据精车轨迹、精车余量、进刀量、退刀量等数据自动计算粗加工路线，沿与Z轴平行的方向切削，通过多次进刀→切削→退刀的切削循环完成工件的粗加工，如图3-28所示。G71的起点和终点相同。

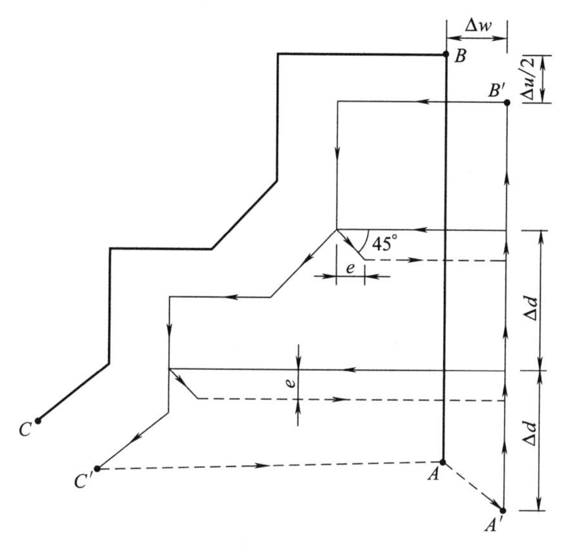

(a) 类型Ⅰ运行轨迹

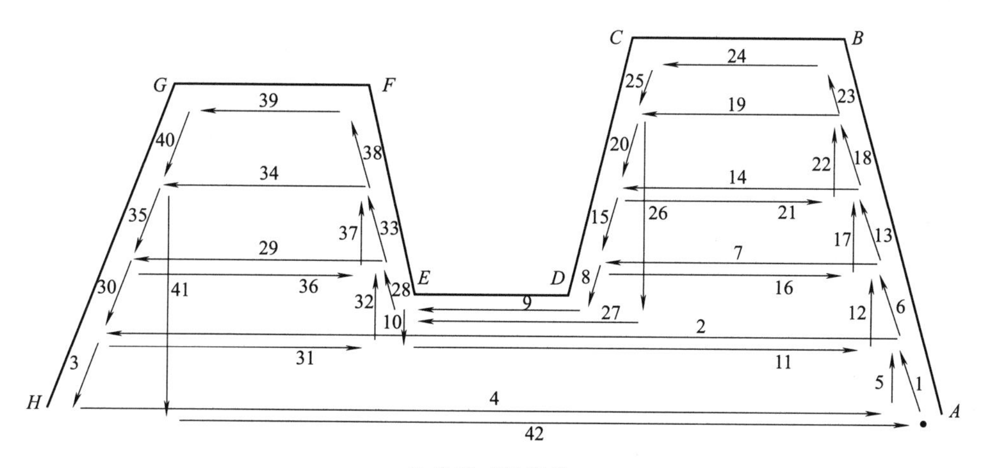

(b) 类型Ⅱ运行轨迹

图3-28　G71指令运行轨迹

① 类型Ⅰ运行轨迹

a. 从起点A点快速移动到A'点，X轴移动$\Delta u/2$、Z轴移动Δw。

b. 从A'点X轴移动Δd（进刀），n_s程序段是G0时按快速移动速度进刀，n_s程序段是G1时按G71的切削进给速度F进刀，进刀方向与A点→B点的方向一致。

c. Z轴切削进给到粗车轮廓，进给方向与B点→C点Z轴坐标变化一致。

d. X轴、Z轴按切削进给速度退刀e（45°直线），退刀方向与各轴进刀方向相反。

e. Z轴以快速移动速度退回到与A'点Z轴绝对坐标相同的位置。

f. 如果X轴再次进刀（$\Delta d+e$）后，移动的终点仍在A'点→B'点的联机中间（未达到或超出B'点），X轴再次进刀（$\Delta d+e$），然后执行步骤c；如果X轴再次进刀（$\Delta d+e$）后，移动的终点到达B'点或超出了A'点→B'点的联机，X轴进刀至B'点，然后执行步骤g。

g. 沿粗车轮廓从 B'点切削进给至 C'点。

h. 从 C'点快速移动到 A 点，G71 循环执行结束，程序跳转到 n_f 程序段的下一个程序段执行。

② 类型Ⅱ运动轨迹

类型Ⅱ不同于类型Ⅰ，如下所述。

a. 相关定义：比类型Ⅰ多1个参数 J。当J不输入或者 J 不为1时，系统不会沿着粗车轮廓再运行一次；当 $J=1$ 时，系统会沿着粗车轮廓再运行一次。

b. 沿 X 轴的外形轮廓不必单调递增或单调递减，并且最多可以有10个凹槽，但是，沿 Z 轴的外形轮廓必须单调递增或递减。

c. 第一刀不必垂直，沿 Z 轴为单调变化的形状就可进行加工。

d. 车削后，应该退刀，退刀量由 R（e）参数指定或者以数据参数52号设定值指定。

e. 代码执行过程：粗车轨迹 $A\rightarrow1\rightarrow2\rightarrow3\rightarrow\cdots\rightarrow H$，如图3-28所示。

4）示例

如图3-29所示零件，粗加工背吃刀量为2mm，进给量为100mm/min，主轴转速为800r/min；精加工余量 X 向为1mm（直径值），Z 向为0.05mm，进给量为80mm/min，主轴转速为1000r/min。试应用G71编写其右端粗加工程序。

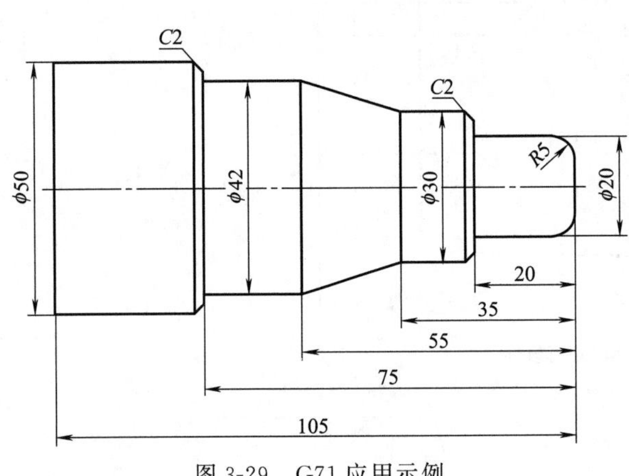

图3-29 G71应用示例

其加工参考程序见表3-13。

表3-13 G71应用示例参考程序

参考程序	注释
O3008;	程序名
N10 M03 S800;	主轴正转，转速为800r/min
N20 T0101;	选01号刀具，执行01号刀补
N30 G00 X52.0 Z1.0;	快速靠近工件
N40 G71 U2.0 R0.5 F100;	设置粗车循环背吃刀量、退刀量和进给速度
N50 G71 P60 Q170 U1.0 W0.05;	设置精车程序范围、精车余量
N60 G00 X10.0;	X 向进刀
N70 G01 Z0 F80 S1000;	Z 向进刀
N80 G03 X20.0 Z−5.0 R5.0;	车削 R5mm圆弧
N90 G01 Z−20.0;	车削 ϕ20mm外圆
N100 X26.0;	车削端面
N110 X30.0 Z−22.0;	车削倒角
N120 Z−35.0;	车削 ϕ30mm外圆
N130 X42.0 Z−55.0;	车削锥体
N140 Z−75.0;	车削 ϕ42mm外圆
N150 X46.0;	车削端面
N160 X50.0 Z−77.0;	车削倒角
N170 X52;	X 向退刀
N180 G00 X100.0 Z50.0;	快速退至换刀点
N190 M05;	主轴停
N200 M30;	程序结束

（2）径向粗车循环 G72

径向粗车循环 G72 的含义与 G71 类似，不同之处是刀具平行于 X 轴方向切削，它是从外径方向往轴心方向切削端面的粗车循环，该循环方式适用于对长径比较小的盘类工件端面的粗车。

G72 有两种粗车加工循环：类型Ⅰ和类型Ⅱ。如 N(n_s) 程序段中单独指定 Z(W)，则是类型Ⅰ，外形轮廓进行单调递增或单调递减的加工。如 N(n_s) 程序段中同时指定 X(U)、Z(W)，则是类型Ⅱ，可以加工凹槽，当 X 轴不移动时也必须指定 U0，最多可以有 10 个凹槽。

1）指令格式

类型Ⅰ格式：

```
G72 W (Δd) R (e) F__  S__  T__;
G72 P (ns) Q (nf) U (Δu) W (Δw) K__ J__;
N (ns) G00 (G01) Z (W) __;
…
…
N (nf) …;
```

类型Ⅱ格式：

```
G72 W (Δd) R (e) F__  S__  T__;
G72 P (ns) Q (nf) U (Δu) W (Δw) K__ J__;
N (ns) G00 (G01) X (U) __ Z (W) __;
…
…
N (nf) …;
```

式中　Δd——Z 向背吃刀量，不带符号，且为模态值；

　　　e——粗车时 Z 向退刀量，其值为模态值；

U(Δu)，W(Δw)，P(n_s)，Q(n_f)，K，J，S，F 等功能意义与 G71 指令完全相同。

2）类型Ⅰ格式加工轨迹（图 3-30）

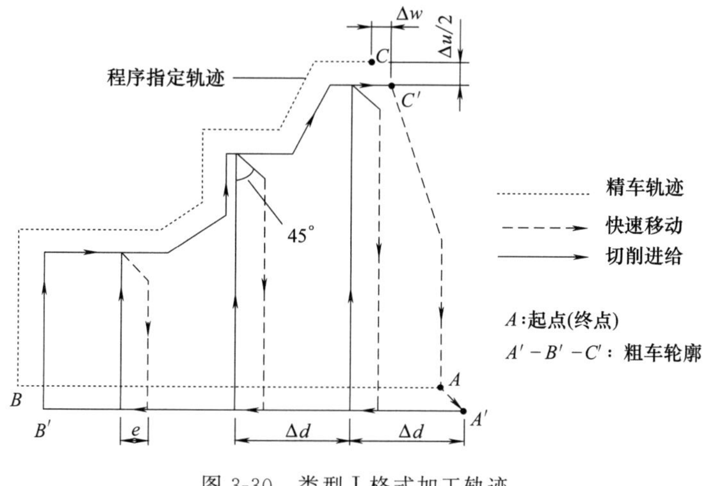

图 3-30　类型Ⅰ格式加工轨迹

① 刀具从起点 A 快速移动到 A' 点，X 轴移动 Δu、Z 轴移动 Δw。

② 刀具从 A'点沿 Z 轴移动 Δd（进刀），n_s 程序段是 G00 时按快速移动速度进刀，n_f 程序段是 G01 时按 G72 的切削进给速度 F 进刀，进刀方向与 A 点→B 点的方向一致。

③ X 轴切削进给到粗车轮廓，进给方向与 B 点→C 点 X 轴坐标变化一致。

④ X 轴、Z 轴按切削进给速度退刀 e（45°直线），退刀方向与各轴进刀方向相反。

⑤ X 轴以快速移动速度退回到与 A'点 X 绝对坐标相同的位置。

⑥ 如果 Z 轴再次进刀（$\Delta d+e$）后，移动的终点未到达 B'，Z 轴再次进刀（$\Delta d+e$），然后执行步骤③；如果 Z 轴再次进刀（$\Delta d+e$）后，移动的终点到达 B'点，Z 轴进刀至 B'点，然后执行⑦。

⑦ 沿粗车轮廓从 B'点切削进给至 C'点。

⑧ 从 C'点快速移动到 A 点，G72 循环执行结束，程序跳转到 n_f 程序段的下一个程序段执行。

3）编程示例

图 3-31 所示为棒料毛坯的加工示意图。粗加工背吃刀量为 4mm，进给量为 100mm/min，主轴转速为 500r/min；精加工余量 X 向为 0.2mm（直径值），Z 向为 0.1mm，进给量为 50mm/min，主轴转速为 800r/min；程序起点如图 3-31 所示。用径向粗车循环 G72 指令编写加工程序。

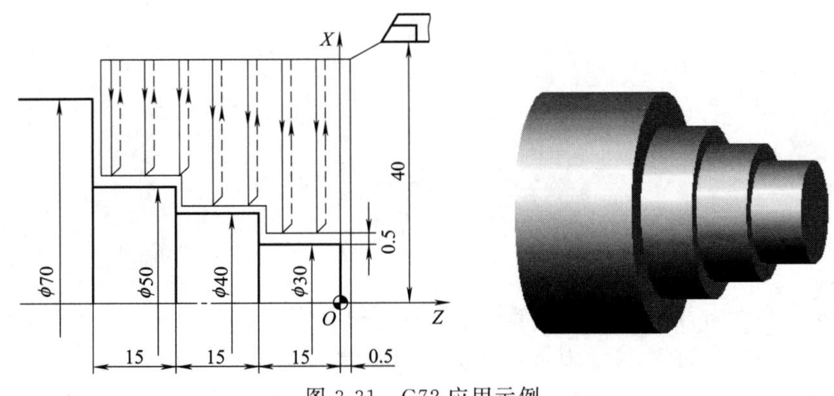

图 3-31 G72 应用示例

其加工参考程序见表 3-14。

表 3-14 G72 应用示例参考程序

参考程序	注释
O3009；	程序名
N10 G99 M03 S500；	主轴正转，转速为 500r/min
N20 T0101；	选 1 号刀，执行 1 号刀补
N30 G00 X72.0 Z2.0；	快速移到循环起刀点
N40 G72 W4.0 R1.0 F100；	粗加工 Z 向背吃刀量为 4mm，退刀量为 1mm，进给速度为 100mm/min
N50 G72 P60 Q120 U0.2 W0.1；	X 向精车余量 0.2mm、Z 向精车余量 0.1mm
N60 G00 Z−45.0 S800；	精加工轮廓起点，转速为 800r/min
N70 G01 X50.0 F0.1；	精加工 ϕ70mm 端面
N80 Z−30.0；	精加工 ϕ50mm 外圆
N90 X40.0；	精加工 ϕ50mm 端面
N100 Z−15.0；	精加工 ϕ40mm 外圆
N110 X30.0；	精加工 ϕ40mm 端面
N120 Z2.0；	精加工 ϕ30mm 外圆
N130 G00 X100.0 Z100.0；	退至安全点
N140 M05；	主轴停
N150 M30；	主程序结束并复位

(3) 封闭切削循环 G73

它适用于毛坯轮廓形状与零件轮廓形状基本接近的铸、锻毛坯件。

1）指令格式

```
G73  U(Δi) W(Δk)   R(Δd) F__ S__ T__;
G73  P(ns)   Q(nf)   U(Δu)   W(Δw);
N(ns)    ……F__ S__;
…;                    (用以描述精加工轨迹)
…;
N(nf)    ……;
```

式中　Δi——粗车时径向（X）切除的总余量（半径值）；

Δk——粗车时轴向（Z）切除的总余量；

Δd——粗车循环次数；

n_s——精车轨迹的第一个程序段号；

n_f——精车轨迹的最后一个程序段号；

Δu——X 方向精加工余量；

Δw——Z 方向精加工余量；

F，S，T——粗加工时 G73 中编程的 F、S、T 有效，而精加工时处于 $n_s \sim n_f$ 程序段之间的 F、S、T 有效。

2）代码执行过程（图 3-32）

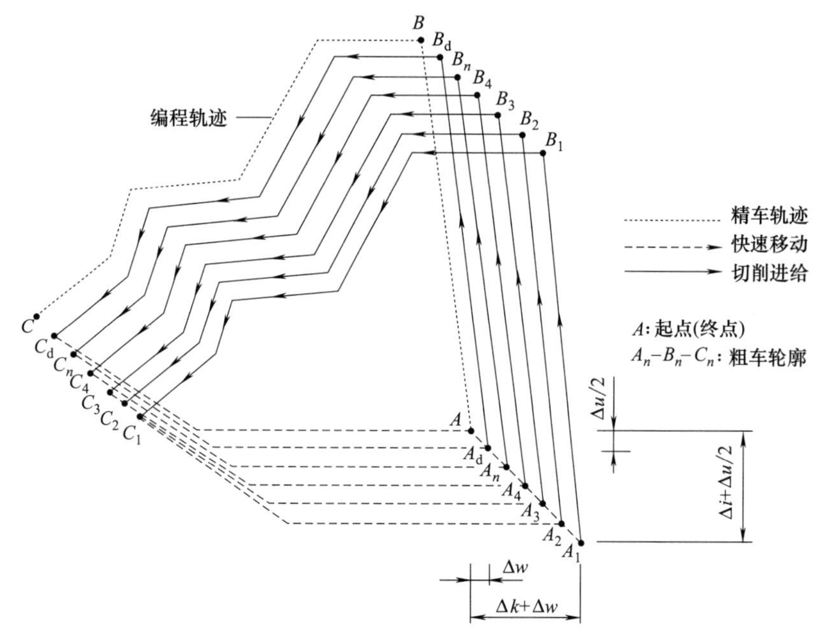

图 3-32　G73 循环轨迹

① $A \to A_1$：快速移动。

② 第一次粗车，$A_1 \to B_1 \to C_1$。$A_1 \to B_1$：n_s 程序段是 G00 时按快速移动速度，n_s 程序段是 G01 时按 G73 指定的切削进给速度；$B_1 \to C_1$：切削进给。

③ $C_1 \to A_2$：快速移动。

④ 第二次粗车，$A_2 \to B_2 \to C_2$。$A_2 \to B_2$：n_s 程序段是 G00 时按快速移动速度，n_s 程序段是 G01 时按 G73 指定的切削进给速度；$B_2 \to C_2$：切削进给。

⑤ $C_2 \to A_3$：快速移动。

…

第 n 次粗车，$A_n \to B_n \to C_n$。$A_n \to B_n$：n_s 程序段是 G00 时按快速移动速度，n_s 程序段是 G01 时按 G73 指定的切削进给速度；$B_n \to C_n$：切削进给。

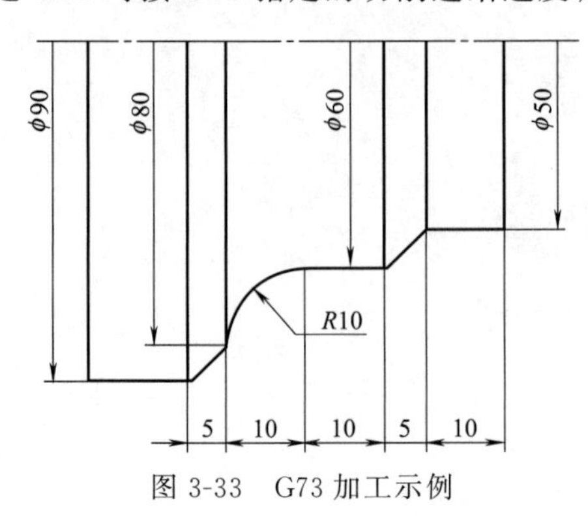

图 3-33　G73 加工示例

$C_n \to A_{n+1}$：快速移动。

…

最后一次粗车，$A_d \to B_d \to C_d$。$A_d \to B_d$：n_s 程序段是 G00 时按快速移动速度，n_s 程序段是 G01 时按 G73 指定的切削进给速度；$B_d \to C_d$：切削进给。

$C_d \to A$：快速移动到起点。

3）编程示例

加工如图 3-33 所示工件，其毛坯为锻件，X 向残留余量不大于 5mm，Z 向残留余量不大于 3mm。

其加工参考程序见表 3-15。

表 3-15　G73 加工示例参考程序

参考程序	注　释
O30010；	程序名
N5 T0101；	调用 01 号刀具，执行 01 号刀补
N10 S800 M3；	主轴正转，转速为 800r/min
N20 G00 X110.0 Z10.0；	刀具快速靠近工件
N30 G73 U5.0 W3.0 R3 F200；	设置 X 向切除余量为 5.0mm，Z 向总切除余量为 3.0mm，循环次数为 3 次，进给量为 200mm/min
N40 G73 P50 Q100 U0.4 W0.1；	设置 X 向精车余量 0.4mm，Z 向精车余量 0.1mm
N50 G00 X50.0 Z1.0 S1000；	快速靠近精车起点
N60 G01 Z−10.0 F100；	精车 ϕ50mm 外圆
N70 X60.0 Z−15.0；	精车锥体
N80 Z−25.0；	精车 ϕ60mm 外圆
N90 G02 X80.0 Z−35.0 R10.0；	精车 R10.0 圆弧
N100 G01 X90.0 Z−40.0；	精车锥体
N110 G00 X100.0 Z150.0；	快速退至安全点
N120 M30；	程序结束

G73 同样可以切削没有预加工的毛坯棒料。如图 3-33 所示工件，假如将程序中的 N30～N50 行进行调整，如下所述，即可采用不同的渐进方式将工件加工成形（由于 G73 在每次循环中的走刀路径是确定的，须将循环起刀点与工件间保持一段距离）。

① X、Z 向双向进刀（图 3-34）

```
N30 G00 X150.0 Z30.0;
N40 G73 U25.0 W10.0 R13 F200;
N50 G73 P60 Q110 U0.4 W0.1;
… …
```

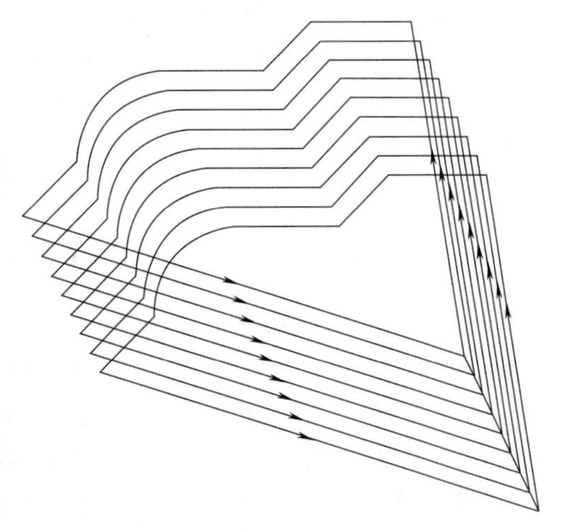

图 3-34　G73 指令 X、Z 向双向进刀

② X 向进刀（图 3-35）

```
N30 G0 X150.0 Z1.0;
N40 G73 U25.0 W0 R13 F0.3 F200;
N50 G73 P60 Q110 U0.4 W0.1;
… …
```

③ Z 向进刀（图 3-36）

```
N30 G0 X92.0 Z45.0;
N40 G73 U0 W40.0 R13 F200;
N50 G73 P60 Q110 U0.4 W0.1;
… …
```

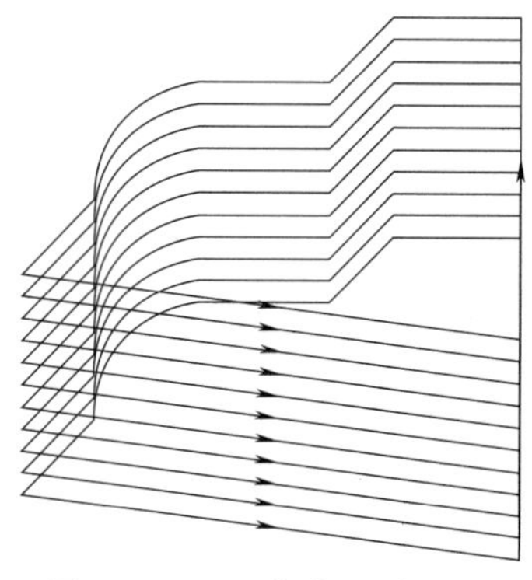

图 3-35　G73 指令 X 向进刀

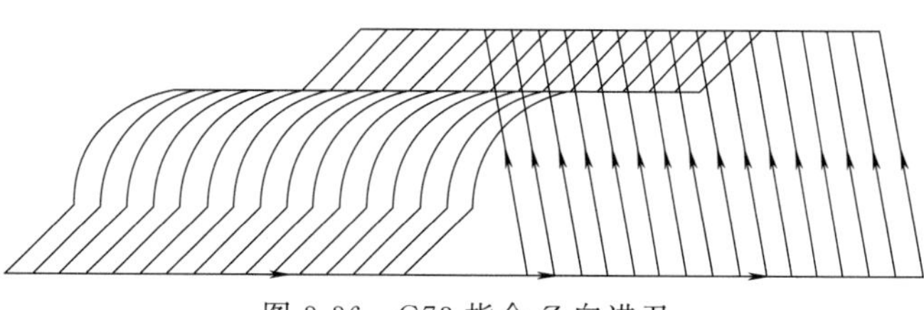

图 3-36　G73 指令 Z 向进刀

建议使用 X、Z 双向进刀或 X 单向进刀方式，若使用 Z 向单向进刀，会使整个切削过程中，刀具的主切削刃切深过大。加工内凹型面时，如果使用 Z 向单向进刀方式，会将凹型轮廓破坏，所以常采用 X 向单向进刀。

（4）精加工循环 G70 指令

刀具从起点位置沿着 $n_s \sim n_f$ 程序段给出的工件精加工轨迹进行精加工。在 G71、G72 或 G73 进行粗加工后，用 G70 代码进行精车，单次完成精加工余量的切削。G70 循环结束时，刀具返回起点并执行 G70 程序段后的下一个程序段。

a. 指令格式。

```
G70 P (ns) Q (nf);
```

式中　n_s——精加工程序的第一个程序段的段号；

n_f——精加工程序的最后一个程序段的段号。

b. 指令说明。

• G70 必须在 $n_s \sim n_f$ 程序段后编写。

• 执行 G70 精加工循环时，$n_s \sim n_f$ 程序段中的 F、S、T 代码有效。

• G96、G97、G98、G99、G40、G41、G42 代码在执行 G70 精加工循环时有效。

• 在 G70 代码执行过程中，可以停止自动运行并手动移动，但要再次执行 G70 循环时，必须返回手动移动前的位置。如果不返回就继续执行，后面的运行轨迹将错位。

• 执行单程式段的操作，在运行完当前轨迹的终点后程序暂停。

• 在同一程序中需要多次使用复合循环代码时，$n_s \sim n_f$ 不允许有相同程序段号。

• $n_s \sim n_f$ 程序段，最多允许有 100 个程序段。

• 退刀点要尽量高或低，避免退刀碰到工件。

c. 编程示例。

如图 3-37 所示零件，毛坯尺寸为 ϕ50mm×125mm，45 钢，试应用 G71、G70 编写其右端加工程序。

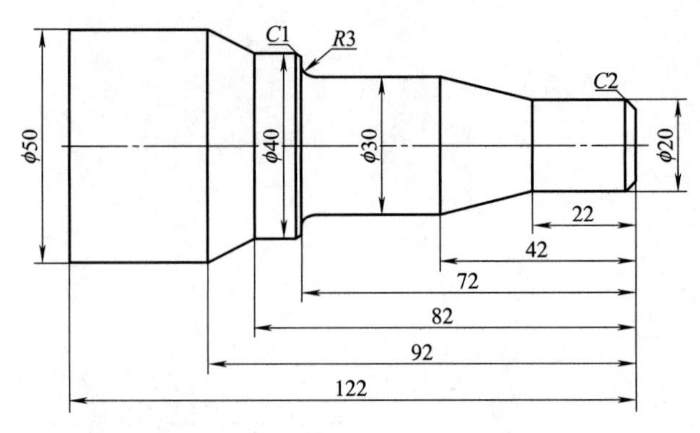

图 3-37 G71、G70 加工示例

其加工参考程序见表 3-16。

表 3-16 G71、G70 加工示例参考程序

参考程序	注 释
O3011；	程序名
N5 T0101；	调用 01 号刀具，执行 01 号刀补
N10 S800 M3；	主轴正转，转速为 800r/min
N20 G00 X52.0 Z1.0；	刀具快速靠近工件
N30 G71 U2.0 R0.5 F200；	设置 X 向背吃刀量为 2.0mm，X 向退刀量为 0.5mm，粗车进给量为 200mm/min
N40 G71 P50 Q150 U0.5 W0.0；	设置精加工程序起止程序段号，设置 X 向精车余量 0.5mm，Z 向精车余量 0mm
N50 G00 X14.0 S1000；	X 向快速进刀，设置精车主轴转速为 1000r/min
N60 G01 X20.0 Z−2.0 F100；	车 $C2$ 倒角
N70 Z−22.0；	车 ϕ20mm 外圆
N80 X30.0 Z−42.0；	车锥体
N90 Z−69.0；	车 ϕ30mm 外圆
N100 G02 X36.0 Z−72.0 R3.0；	车 R3mm 圆弧
N110 G01 X38.0；	车端面
N120 X40.0 Z−73.0；	车 $C1$ 倒角
N130 Z−82.0；	车 ϕ40mm 外圆
N140 X50.0 Z−92.0；	车锥体
N150 X52.0；	X 向退刀
N160 G70 P50 Q150；	应用 G70 循环进行精加工
N170 G00 X100.0 Z50.0；	快速退至安全点
N180 M30；	程序结束

3.2.5 刀尖圆弧半径补偿

数控车削加工是以假想刀尖进行编程，而切削加工时，由于刀尖圆弧半径的存在，实际切削点与假想刀尖不重合，从而产生加工误差。为满足加工精度要求，又方便编程，需对刀尖圆弧半径进行补偿。

(1) 刀尖圆弧半径补偿的目的

数控机床是按照程序指令来控制刀具运动的。众所周知，我们在编制数控车床加工程序时，都是把车刀的刀尖当成一个点来考虑，即假想刀尖，如图 3-38 所示的 O'点。编程时就以该假想刀尖点 O'来编程，数控系统控制 O'点的运动轨迹。但实际车刀尤其是精车刀，在其刀尖部分都存在一个刀尖圆弧，这一圆角一方面可以提高刀尖的强度，另一方面可以改善加工表面的表面粗糙度。由于刀尖圆弧的存在，车削时实际起作用的切削刃是圆弧各切点。而常用的对刀操作是以刀尖圆弧上 X、Z 方向相应的最突出点为准。如图 3-38 所示，这样在 X 向、Z 向对刀所获得的刀尖位置是一个假想刀尖。按假想刀尖编出的程序在车削外圆、内孔等与 Z 轴平行的表面时，是没有误差的，即刀尖圆弧的大小并不起作用；但当车右端面、锥面及圆弧时，就会造成过切或少切，引起加工表面形状误差，图 3-39 所示为以假想刀尖位置编程时的过切及少切现象。

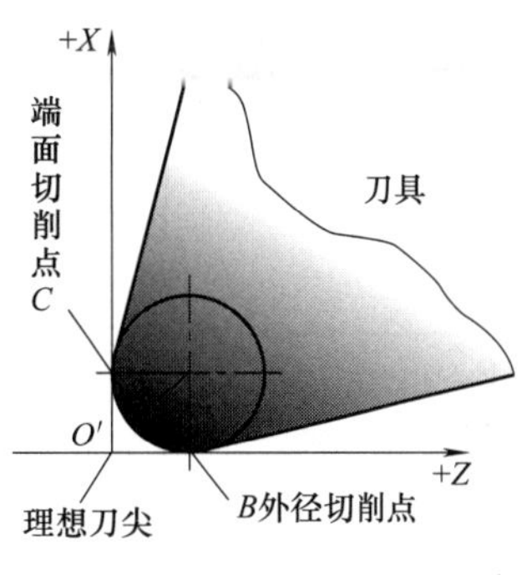

图 3-38 假想刀尖示意图

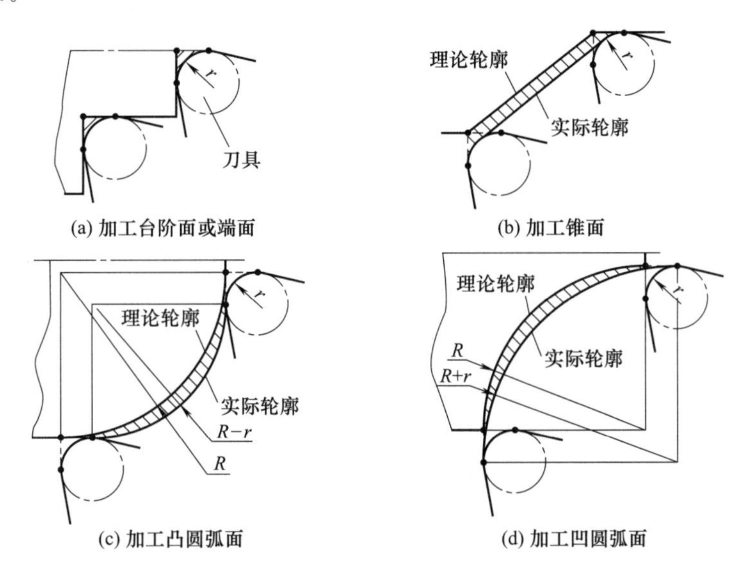

图 3-39 以假想刀尖位置编程时的过切及少切现象

编程时若以刀尖圆弧中心编程，可避免过切和少切的现象，但计算刀位点比较麻烦，并且如果刀尖圆弧半径值发生变化，还需改动程序。

数控系统的刀具半径补偿功能正是为解决这个问题所设定的。它允许编程者不必考虑具体刀具的刀尖圆弧半径，而以假想刀尖按工件轮廓编程，在加工时将刀具的半径值 R 存入相应的存储单元，系统会自动读入，与工件轮廓偏移一个半径值，生成刀具路径，即将原来控制假想刀尖的运动转换成控制刀尖圆弧中心的运动轨迹，则可以加工出相对准确的轮廓。这种偏移称为刀尖半径补偿。

(2) 刀尖圆弧半径补偿指令

现代机床基本都具有刀具补偿功能，为编程提供了方便。刀尖圆弧半径补偿是通过 G41、G42、G40 代码及 T 代码指定的假想刀尖号加入或取消的。

① 刀尖半径左补偿 G41。如图 3-40（b）所示，顺着刀具运动方向看，刀具在工件的左边，称为刀具左补偿，用 G41 代码编程。

② 刀尖半径右补偿 G42。如图 3-40（a）所示，顺着刀具运动方向看，刀具在工件的右边，称为刀具右补偿，用 G42 代码编程。

③ 刀尖半径取消补偿 G40。如需要取消刀具左、右补偿，可编入 G40 代码。这时，车刀轨迹按理论刀尖轨迹运动。

应用刀尖半径补偿，必须根据刀架位置、刀尖与工件相对位置来确定补偿方向，具体如图 3-40 所示。为快速判断补偿方向，可采用以下简便方法。

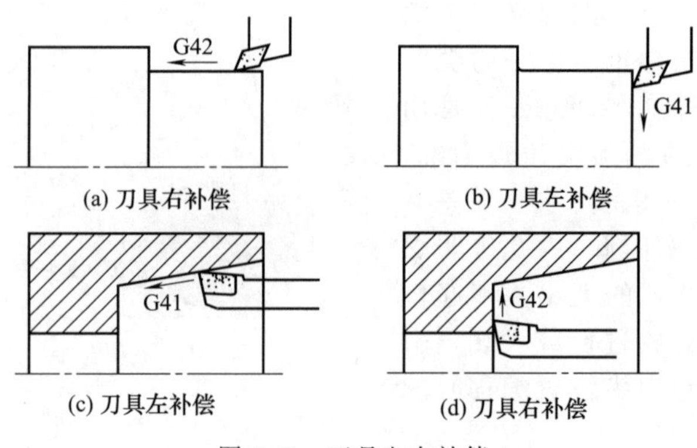

图 3-40 刀具左右补偿

从右向左加工，则车外圆表面时，半径补偿指令用 G42，镗孔时，用 G41。

从左向右加工，则车外圆表面时，半径补偿指令用 G41，镗孔时，用 G42。

(3) 刀尖圆弧半径补偿量的设定

① 假想刀尖方向。假想刀尖即刀位点是刀具上用于作为编程相对基准的参照点，当执行没有刀补的程序时，假想刀尖正好走在编程轨迹上；而有刀补时，假想刀尖将走在偏离于编程轨迹的位置上。实际加工中，假想刀尖与刀尖圆弧中心有不同的位置关系，因此要正确建立假想刀尖的刀尖方向（即对刀点是刀具的哪个位置）。假想刀尖号就是对不同形式刀具的一种编码。从刀尖中心往假想刀尖的方向看，由切削中刀具的方向确定假想刀尖号。如图 3-41 所示，分别用参数 0～9（T0～T9）表示，共表达了 9 个方向的位置关系。图中说明了刀尖与起刀点的关系，箭头终点是假想刀尖，需特别注意，即使是同一刀尖方向号在不同坐标系（后刀座坐标系与前刀座坐标系）表示的刀尖方向也是不一样的。T0 与 T9 是刀尖圆弧中心与假想刀尖点重叠时的情况。此时，机床将以刀尖圆弧中心为刀位点进行计算补偿。

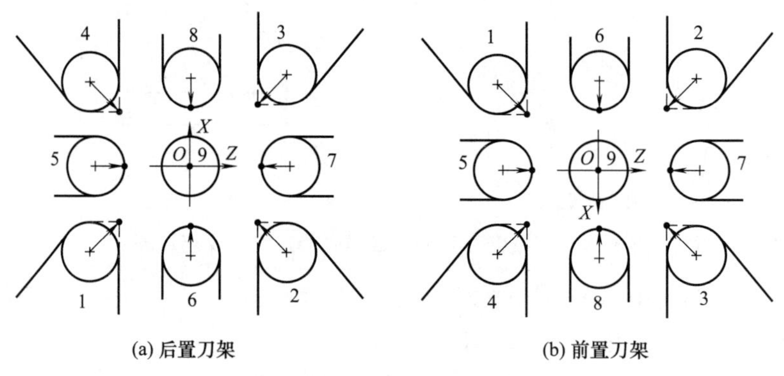

图 3-41 假想刀尖方向

② 补偿参数的设置。刀尖半径补偿量可以通过数控系统的刀具补偿设定画面设定。T 指令要与刀具半径补偿号相对应，并且要输入假想刀尖号。以 GSK980TDi 系统为例，根据所选的刀具形状及在刀架上的安装刀位，在刀具偏置页面下设置，R 为刀尖半径补偿值，T 为假想刀尖号，如图 3-42 所示。

注意：在进行对刀操作时，如选择 Tn(n=0～9) 号假想刀尖，对刀点一定也要是 Tn 号假想刀尖点。

(4) 刀尖圆弧半径补偿的实现过程

实现刀尖圆弧半径补偿要经过 3 个步骤：刀补建立、刀补进行和刀补取消（见图 3-43）。

① 刀补建立（也称为起刀）。偏置取消方式状态下，刀具由起刀点开始接近工件，起刀程序段执行刀具半径补偿过渡运动。在起刀段的终点（即下一程序段的起点），刀具中心定位于与下一程序段前进方向垂直线上，由刀补指令 G41/G42 决定刀具中心是往左还是往右偏离编程轨迹一个刀具半径值。注意：起刀程序段不能用于零件加工，动作指令只能用 G00 或 G01。

② 刀补进行。一旦刀补建立则一直维持，直至 G40 指令出现。在刀补进行期间，刀尖圆弧中心轨迹始终偏离编程轨迹一个刀尖半径的距离。

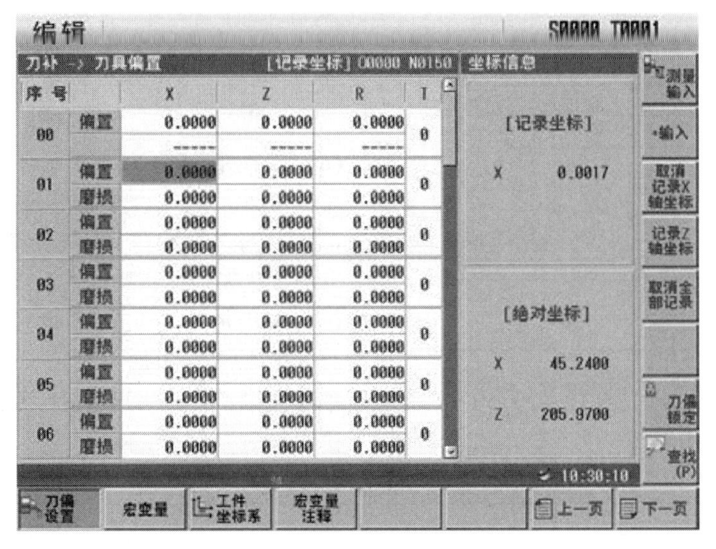

图 3-42　GSK980TDi 刀具偏置界面

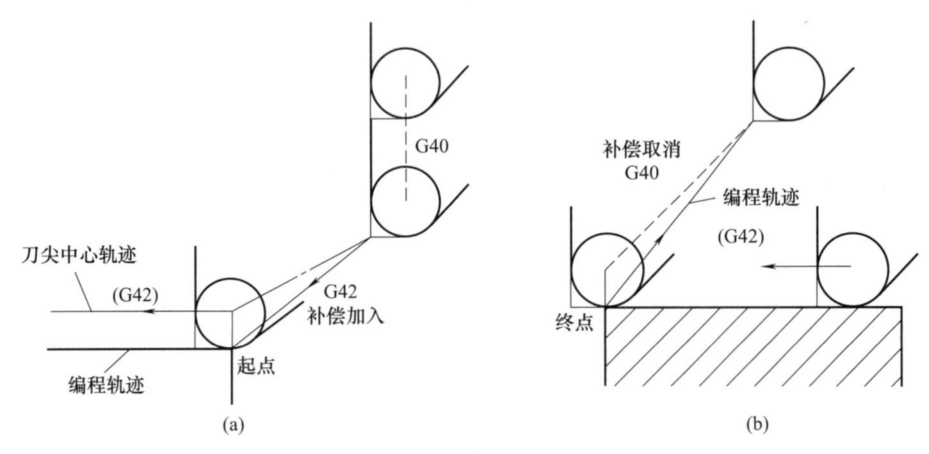

图 3-43　刀补的建立、进行与取消

③ 刀补取消。即刀具撤离工件，使假想刀尖轨迹的终点与编程轨迹的终点重合。与刀补建立一样，刀具中心轨迹也要比编程轨迹伸长或缩短一个刀具半径值的距离。它是刀补建立的逆过程。需注意：同起刀程序段一样，该程序段也不能进行零件加工，且此时的移动也只能用 G00 或 G01。

（5）注意事项

使用刀尖半径补偿指令时应注意下列几点。

① 刀尖半径补偿只能在 G00 或 G01 的运动中建立或取消。即 G41、G42 和 G40 指令只能和 G00 或 G01 指令一起使用，且当轮廓切削完成后要用指令 G40 取消补偿。另外，刀具建立与取消轨迹的长度距离还必须大于刀尖半径补偿值，否则，系统会产生刀具补偿无法建立的情况。

② 工件有锥度或圆弧时，必须在精车锥度或圆弧前一程序段建立半径补偿，一般在切入工件时的程序段建立半径补偿。

③ 当执行 G71～G73 固定循环指令，在循环过程中，不执行刀尖半径补偿，暂时取消刀尖半径补偿，在后面程序段中的 G00、G01、G02、G03 和 G70 指令，CNC 会将补偿模式自动恢复。

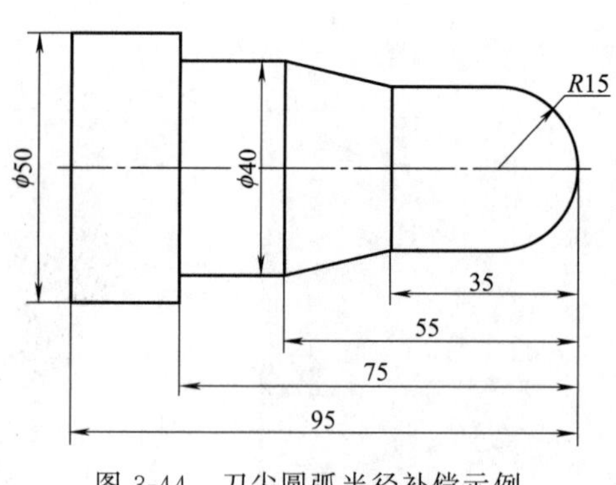

图 3-44　刀尖圆弧半径补偿示例

④ 建立刀尖半径补偿后，在 Z 轴的移动量必须大于其刀尖半径值；在 X 轴的移动量必须大于 2 倍刀尖半径值，这是因为 X 轴用直径值表示的缘故。

(6) 编程示例

如图 3-44 所示零件，毛坯尺寸为 ϕ50mm×98mm，45 钢，试编写其右端加工程序。

由于图 3-44 所示零件右端有圆弧和圆锥加工轮廓，若采用带有刀尖圆弧半径的偏刀进行车削，则影响圆弧和圆锥的加工精度，所以在编写右端加工程序时，则必须采用刀尖圆弧半径补偿。其参考加工程序如表 3-17 所示。

表 3-17　刀尖圆弧半径补偿示例参考程序

参考程序	注　释
O3012；	程序名
N5 T0101；	调用 01 号刀具，执行 01 号刀补
N10 S800 M3；	主轴正转，转速为 800r/min
N20 G00 X52.0 Z1.0；	刀具快速靠近工件
N30 G71 U2.0 R0.5 F200；	设置 X 向背吃刀量为 2.0mm，X 向退刀量为 0.5mm，粗车进给量为 200mm/min
N40 G71 P50 Q120 U0.5 W0.0；	设置精加工程序起止程序段号，设置 X 向精车余量 0.5mm，Z 向精车余量 0mm
N50 G00 G42 X0；	X 向快速进刀，并建立刀尖圆弧半径右补偿
N60 G01 Z0 F100；	Z 向车削至圆弧起点
N70 G03 X30.0 Z−15.0 R15.0；	车 R15mm 圆弧
N80 G01 Z−35.0；	车 ϕ40mm 外圆
N90 X40.0 Z−55.0；	车锥体
N100 Z−75.0；	车 ϕ50mm 外圆
N120 X52.0；	X 向退刀
N130 G70 P50 Q120 S1000；	应用 G70 循环进行精加工，设置精车转速为 1000r/min
N140 G00 G40 X100.0 Z50.0；	快速退至安全点，取消刀尖圆弧半径补偿
N150 M30；	程序结束

3.3 内轮廓加工

3.3.1 孔加工工艺

在数控车床上加工内轮廓的方法有很多种，但最常用的主要有钻孔、车孔等。

(1) 钻孔

钻孔主要用于在实心材料上加工孔，有时也用于扩孔。钻孔刀具较多，有普通麻花钻、可转位硬质合金刀片钻头及扁钻等。应根据工件材料、加工尺寸及加工质量要求等合理选用。在数控车床上钻孔，大多是采用普通麻花钻，如图 3-45 所示。

在数控机床上钻孔时，因无夹具钻模导向，受两切削刃上切削力不对称的影响，容易引起钻孔偏斜，故要求钻头的两切削刃必须有较高的刃磨精度（两刃长度一致，顶角 2ϕ 对称于钻头中心线或先用中心钻定中心，再用钻头钻孔）。

麻花钻头钻孔时切下的切屑体积大，钻孔时排屑困难，产生的切削热大而冷却效果差，使得刀刃容易磨损。因而限制了钻孔的进给量和切削速度，降低了钻孔的生产率。可见，钻孔加工精度低（IT12～IT13）、表面粗糙度值大（Ra12.5μm），一般只能作粗加工。钻孔后，可以通过扩孔、铰孔或镗孔等方法来提高孔的加工精度和减小表面粗糙度值。

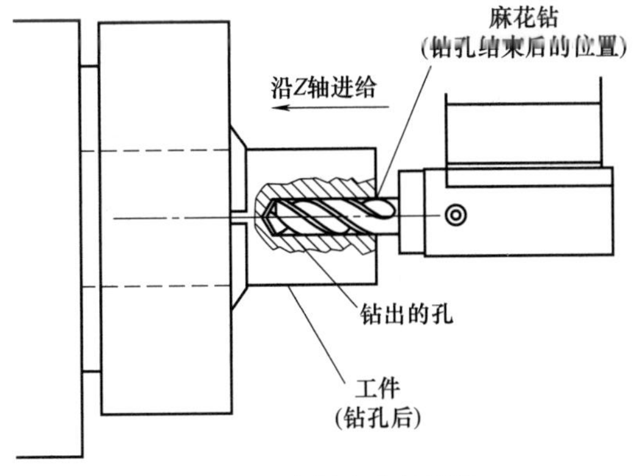

图 3-45 应用麻花钻钻孔

(2) 车孔

对于铸造孔、锻造孔或用钻头钻出的孔，为达到所要求的尺寸精度、位置精度和表面粗糙度，可采用车孔的方法进行半精加工和精加工。车孔后的精度一般可达IT7～IT8，表面粗糙度可达Ra1.6～3.2μm，精车可达Ra0.8μm。

1）内孔车刀种类

根据不同的加工情况，内孔车刀可分为通孔车刀和盲孔车刀两种（见图 3-46）。

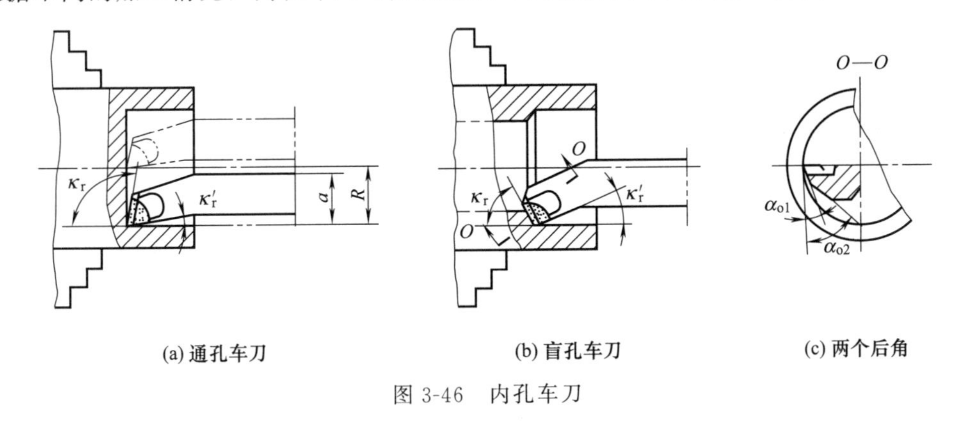

图 3-46 内孔车刀

① 通孔车刀。切削部分的几何形状基本上与外圆车刀相似［见图 3-46（a)］，为了减小径向切削抗力，防止车孔时振动，主偏角κ_r应取得大些，一般在60°～75°之间，副偏角κ_r'一般为15°～30°。为了防止内孔车刀后刀面和孔壁的摩擦又不使后角磨得太大，一般磨成两个后角，如图 3-46（c）所示α_{o1}和α_{o2}，其中α_{o1}取6°～12°，α_{o2}取30°左右。

② 盲孔车刀。盲孔车刀用来车削盲孔或阶台孔，切削部分的几何形状基本上与偏刀相似，它的主偏角κ_r大于90°，一般为92°～95°［见图 3-46（b)］，后角的要求和通孔车刀一样。不同之处是盲孔车刀夹在刀杆的最前端，刀尖到刀杆外端的距离a小于孔半径R，否则无法车平孔的底面。

内孔车刀可做成整体式［见图 3-47（a)］，为节省刀具材料和增加刀柄强度，也可把高速钢或硬质合金做成较小的刀头，安装在碳钢或合金钢制成的刀柄前端的方孔中，并在顶端或上面用螺钉固定，见图 3-47（b)、(c)。

2）车孔的关键技术

车内孔是最常见的车工技能，它与车削外圆相比，无论加工还是测量都困难得多，特别是加工内孔的刀具，刀杆的粗细受到孔径和孔深的限制，因而刚性、强度较弱，且在车削过程中空间狭窄，排屑和散热条件较差，对刀具的使用寿命和工件的加工质量都十分不利，所以必须注意解决上述问题。

① 增加内孔车刀的刚性

a. 尽量增大刀柄的截面积，通常内孔车刀的刀尖位于刀柄的上面，这样刀柄的截面积较

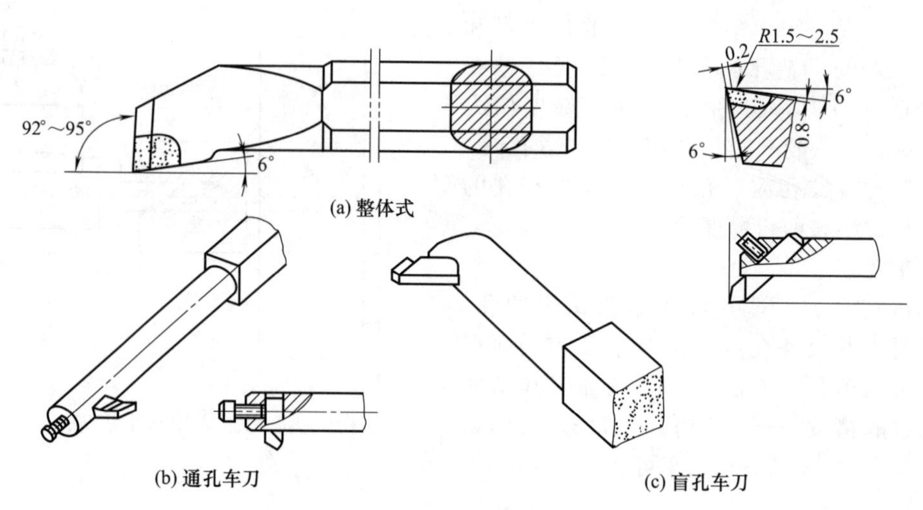

图 3-47 内孔车刀的结构

小，还不到孔截面积的 1/4［见图 3-48（b）］，若使内孔车刀的刀尖位于刀柄的中心线上，那么刀柄在孔中的截面积可大大地增加［见图 3-48（a）］。

b. 尽可能缩短刀柄的伸出长度，以增加车刀刀柄刚性，减小切削过程中的振动，如图 3-48（c）所示。此外还可将刀柄上下两个平面做成互相平行，这样就能很方便地根据孔深调节刀柄伸出的长度。

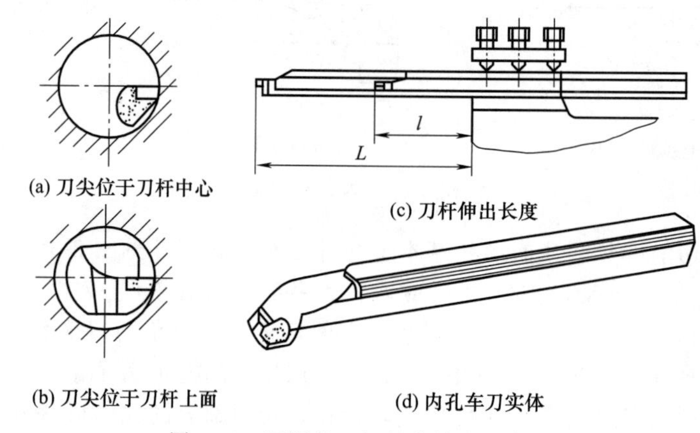

图 3-48 可调节刀柄长度的内孔车刀

② 控制切屑流向

加工通孔时要求切屑流向待加工表面（前排屑），为此，采用正刃倾角的内孔车刀［见图 3-49（a）］；加工盲孔时，应采用负的刃倾角，使切屑从孔口排出［见图 3-49（b）］。

3）内孔车刀的安装

内孔车刀安装的正确与否，直接影响到车削情况及孔的精度，所以在安装时一定要注意以下几点。

① 刀尖应与工件中心等高或稍高。如果装得低于中心，由于切削抗力的作用，容易将刀柄压低而产生扎刀现象，并造成孔径扩大。刀柄伸出刀架不宜过长，一般比被加工孔长 5～6mm。

② 刀柄基本平行于工件轴线，否则在车削到一定深度时刀柄后半部容易碰到工件孔口。

③ 盲孔车刀装夹时，内偏刀的主刀刃应与孔底平面成 3°～5°角，并且在车平面时要求横向有足够的退刀余地。

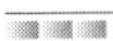

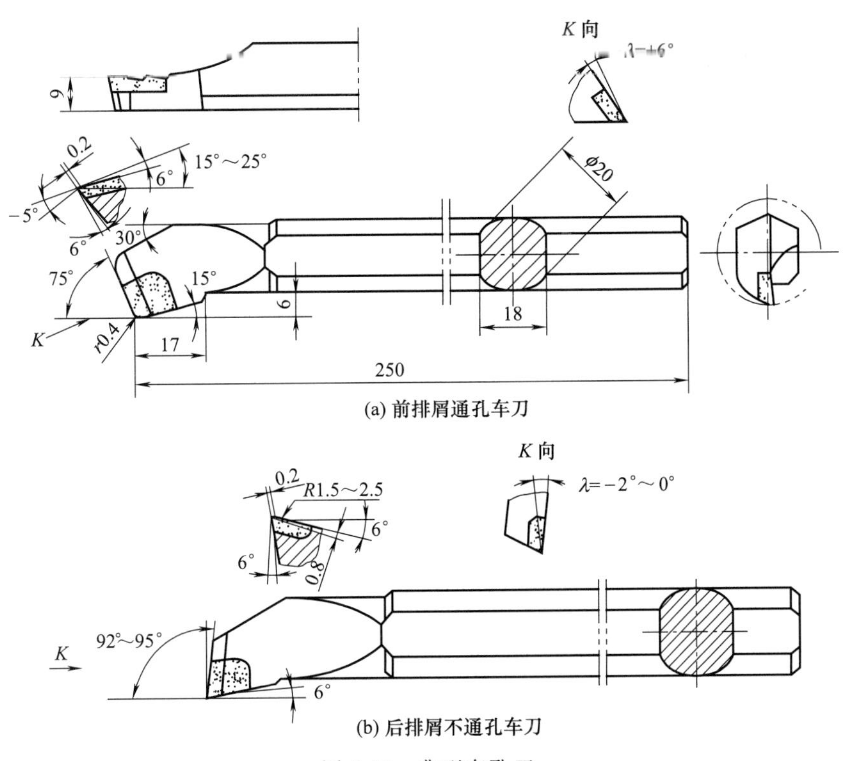

图 3-49　典型车孔刀

4）工件的安装

车孔时，工件一般采用三爪自定心卡盘安装；对于较大和较重的工件，可采用四爪单动卡盘安装。加工直径较大、长度较短的工件（如盘类工件等），必须找正外圆和端面。一般情况下，先找正端面，再找正外圆，如此反复几次，直至达到要求为止。

3.3.2　数控车床上孔加工编程

(1) 中心线上钻孔加工编程

车床上的钻孔时，刀具在车床主轴中心线上加工，即 X 值为 0。

1）主运动模式

CNC 车床上所有中心线上孔加工的主轴转速都以 G97 模式，即每分钟的实际转数（r/min）来编写，而不使用恒定表面速度模式。

2）刀具趋近运动工件的程序段

首先将 Z 轴移动到安全位置，然后移动 X 轴到主轴中心线，最后将 Z 轴移动到钻孔的起始位置。这种方式可以减小钻头趋近工件时发生碰撞的可能性。

```
N10 T0200 M42;
N20 G97 S300 M03;
N30 G00 Z5 M08;
N40 X0;
……
```

3）刀具切削和返回运动

```
N50 G01 Z- 30 F30;
N60 G00 Z2;
```

程序段 N50 为钻头的实际切削运动，切削完成后执行程序段 N60，钻头将 Z 向退出工件。

钻孔时，从孔中返回的第一个运动总是沿 Z 轴正方向的运动。

4）啄式钻孔循环 G74（深孔钻削循环）

① 啄式钻孔循环指令格式

```
G74 R (e);
G74 Z (W)   Q (Δk)   F__;
```

式中 e——每次轴向（Z 轴）进刀后的轴向退刀量；

Z(W)——Z 向终点坐标值（孔深）；

Δk——Z 向每次的切入量，无正负符号，单位为 0.001mm。

② G74 加工路线（图 3-50）

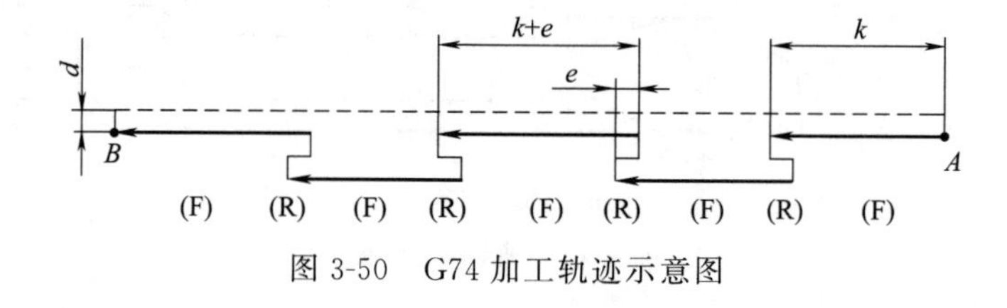

图 3-50 G74 加工轨迹示意图

③ 示例

加工如图 3-51 所示直径为 5mm，长为 50mm 的深孔，试用 G74 指令编制加工程序。

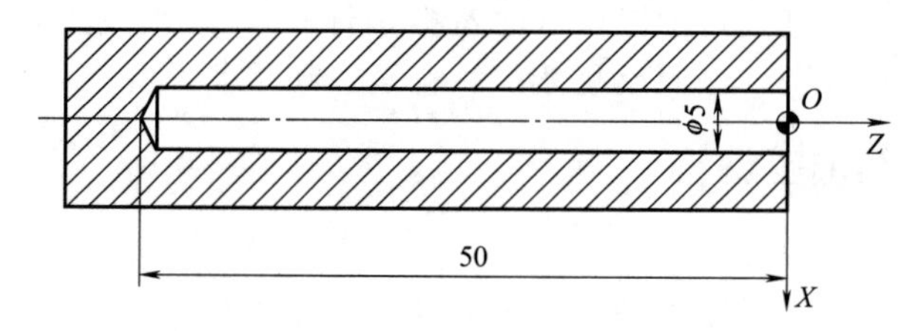

图 3-51 G74 加工示例

其参考加工程序见表 3-18。

表 3-18 G74 加工示例参考程序

参考程序	注释
O3013;	程序名
N10 M03 S100 T0202;	主轴正转，选 2 号刀及 2 号刀补
N20 G00 X100.0 Z50.0 M08;	快速定刀
N30 G00 X0.0 Z2.0;	快速移到循环起刀点
N40 G74 R1.0;	轴向退刀量为 1mm
N50 G74 Z−50.0 Q5000 F10;	孔深 50mm，每次钻 5mm，进给速度 10mm/min
N60 G00 X200.0 Z100.0 M09;	快速退刀
N70 M30;	程序结束并返回程序开始

（2）数控车削内孔的编程

数控车削内孔的指令与外圆车削指令基本相同，但也有区别，编程时应注意。

1）应用 G01 加工内孔

在数控机床上加工孔，无论采用钻孔还是车孔，都可以采用 G01 指令来直接实现。如图

3-52所示的台阶孔，试用G01指令编制孔精加工程序。

其加工程序见表3-19。

表3-19　应用G01编写内孔精加工程序

加工程序	说明
O3014；	程序名
N10 M03 T0101 S500；	主轴以500r/min正转，选择1号刀及1号刀补
N20 G00 X150.0 Z80.0；	快速定刀，Z轴距离10mm
N30 X90.0 Z72.0；	精车起点
N40 G01 Z40.0 F50；	加工ϕ90mm内孔
N50 X70.0；	加工30mm长度
N60 Z−2.0；	加工ϕ70mm内孔
N70 X68.0；	X向退刀
N80 Z80.0；	Z向退刀
N90 G00 X150.0 Z100.0；	快速退刀
N100 M30；	程序结束

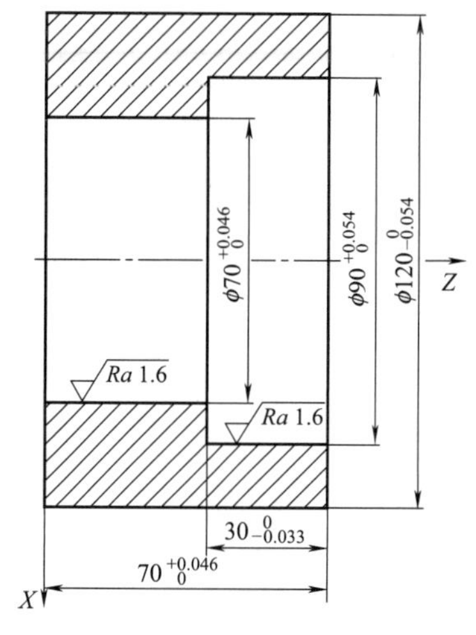

图3-52　G01加工内孔示例

2）应用G90加工内孔

① G90加工内孔动作

执行G90指令加工内孔由四个动作完成，如图3-53所示。

a. $A \rightarrow B$ 刀具快速进刀；

b. $B \rightarrow C$ 刀具以指令中F值切削进给；

c. $C \rightarrow D$ 刀具以指令中F值切削退刀；

d. $D \rightarrow A$ 刀具快速返回循环起点。

循环起点A在轴向上要离开工件一段距离（1～2mm），以保证快速进刀时的安全。

② 示例

如图3-54所示工件，已钻出ϕ18mm的通孔，试用G90指令编写台阶孔加工程序。

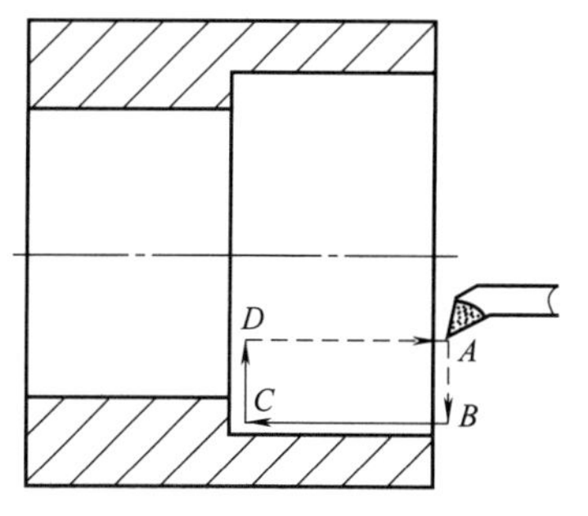

图3-53　G90加工内孔轨迹

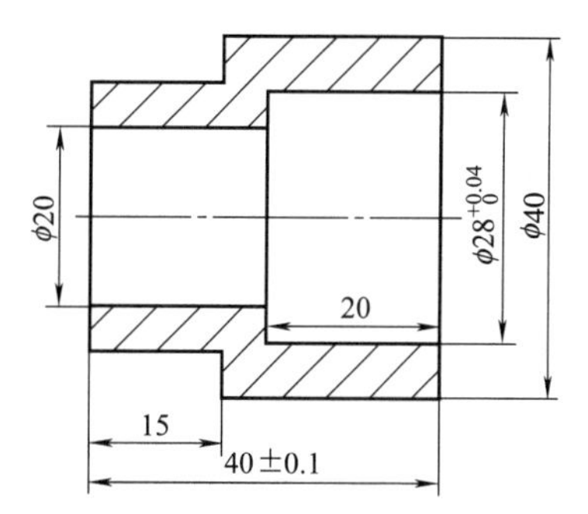

图3-54　应用G90加工内孔示例

其加工程序如表3-20所示。

表3-20　应用G90编写台阶孔加工程序

加工程序	注　释
O3015；	程序名
N10 G97 M03 S600；	主轴正转，速度为600r/min
N20 T0101；	调用01号刀具，执行01号刀补
N30 G00 X18.0 Z2.0 M08；	刀具快速定位，打开切削液

续表

加工程序	注　释
N40 G90 X19.0 Z−41.0 F50；	粗车 ϕ20mm 内孔面，留精加工余量 1mm
N50 X21.0 Z−20.0；	粗车 ϕ28mm 内孔面第一刀
N60 X23.0；	粗车 ϕ28mm 内孔面第二刀
N70 X25.0；	粗车 ϕ28mm 内孔面第三刀
N80 X27.0；	粗车 ϕ28mm 内孔面第四刀，留精加工余量 1mm
N90 S800；	主轴转速调为 800r/min
N100 G00 X28.02；	刀具 X 向快速定位准备精车内孔
N110 G01 Z−20.0 F40；	精车 ϕ28mm 内孔面
N120 X20.0；	精车端面
N130 Z−41.0；	精车 ϕ20mm 内孔面
N140 X18.0 M09；	X 向退刀，关闭切削液
N150 G00 Z2.0；	Z 向快速退刀
N160 G00 X100.0 Z100.0；	刀具快速退至安全点
N170 M30；	程序结束

3）应用 G71、G73 加工内孔

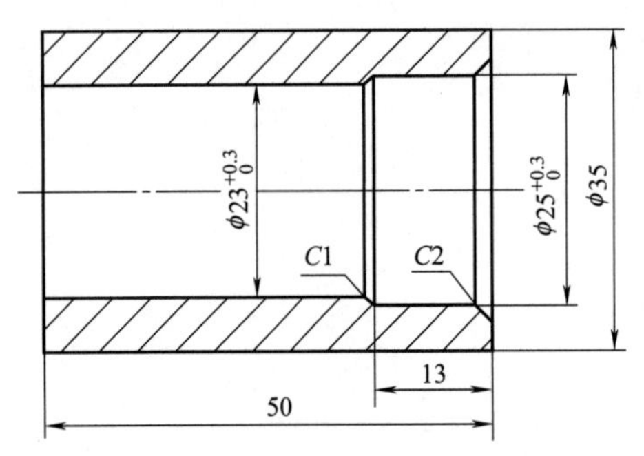

图 3-55　应用 G71 加工内孔示例

应用 G71、G73 加工内孔，其指令格式与外圆基本相同，但也有区别，编程时应注意以下方面。

① 粗车循环指令 G71、G73，在加工外径时精车余量 U 为正值，但在加工内轮廓时精车余量 U 应为负值。

② 加工内孔轮廓时，切削循环的起点、切出点的位置选择要慎重，要保证刀具在狭小的内结构中移动而不干涉工件。起点、切出点的 X 值一般取比预加工孔直径稍小一点的值。

③ 加工内孔时，若有锥体和圆弧，精加工需要对刀尖圆弧半径进行补偿，补偿指令与外圆加工有区别。以刀具从右向左进给为例，在加工外径时，半径补偿指令用 G42，刀具方位编号是“3”；在加工内轮廓时，半径补偿指令用 G41，刀具方位编号是“2”。

示例　加工如图 3-55 所示工件的台阶孔，已钻出 ϕ20mm 的通孔，编写加工程序。

加工程序见表 3-21。

表 3-21　应用 G71 编写内孔加工程序

加工程序	注　释
O3016；	程序名
N10 G97 G99 M03 S500；	主轴正转，速度为 500r/min
N20 T0101；	调用 01 号刀具，执行 01 号刀补
N30 G00 X19.0 Z2.0 M08；	快速进刀至车削循环起点，打开切削液
N40 G71 U1.0 R0.5 F0.25； N50 G71 P60 Q120 U−0.4 W0.1；	设置 G71 循环参数，注意：U 为−0.4mm
N60 G41 G01 X29.15 S800 F0.1；	建立刀尖圆弧半径左补偿，精车第一句
N70 Z0.0；	Z 向至切削起点
N80 X25.15 Z−2.0；	C2 倒角
N90 Z−13.0；	精车 ϕ25mm 内孔面
N100 X23.15 Z−14.0；	C1 倒角
N110 Z−51.0；	精车 ϕ23mm 内孔面
N120 X20.0；	X 方向退刀
N130 G70 P60 Q120；	精车循环，精加工内孔
N140 G40 G00 Z2.0；	Z 方向退出工件，取消刀具半径补偿
N160 G00 X50.0 Z100.0 M09；	刀具快速退至安全点，关闭切削液
N170 M30；	程序结束

3.3.3 复杂内轮廓加工

(1) 内圆锥的加工

1）加工内圆锥注意事项

在数控车床上加工内圆锥应注意以下问题。

① 为了便于观察与测量，装夹工件时应尽量使锥孔大端直径位置在外端。

② 为保证锥度的尺寸精度，加工需要进行刀尖半径补偿。

③ 内圆锥加工中一定需要注意刀尖的位置方向。

④ 多数内圆锥的尺寸需要进行计算，掌握精确的计算方法，可以提高工艺制定效率。

⑤ 车内圆锥时的切削用量选用应比车削外圆锥小10%～30%。

⑥ 车削内圆锥时，装刀必须保证刀尖严格对准工件旋转中心，否则会产生双曲线误差，如图3-56所示；选用的精车刀具必须有足够的耐磨性；刀柄伸出的长度应尽可能短，一般比所需行程长3～5mm，并且根据内孔尺寸尽可能选用大的刀柄尺寸，保证刀具刚度。

⑦ 车削内圆锥时必须保证有充足的冷却液进行冷却，以保证内孔的粗糙度与刀具耐用度。

⑧ 加工高精度的内圆锥时，最好在精车前增加一道检测工步。

⑨ 内圆锥精加工时，需要考虑铁屑划伤内孔表面，此时对切削用量的选择需综合考虑，一般可以考虑减小吃刀深度与进给速度。

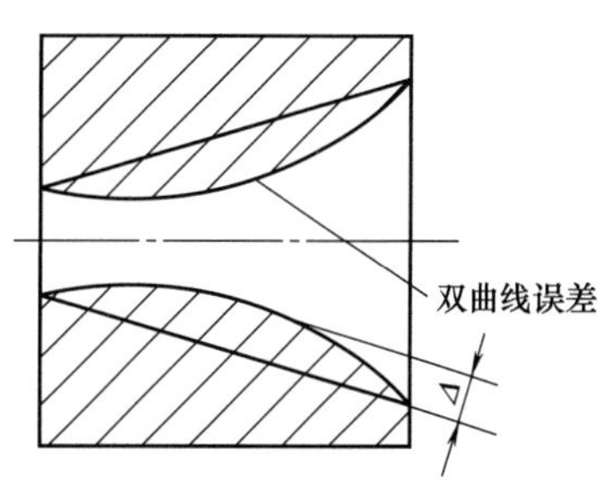

图3-56　内圆锥车削的双曲线误差

2）示例

加工如图3-57所示零件，已钻出ϕ18mm通孔，试编写内轮廓加工程序。

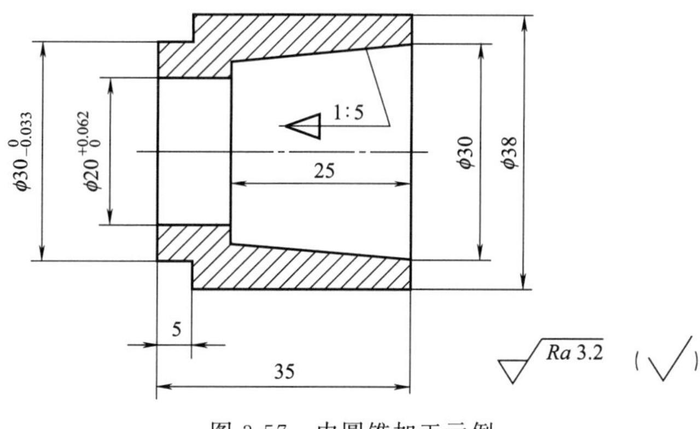

图3-57　内圆锥加工示例

内圆锥小端直径$D_2=D_1-C\times L=30-1/5\times25=25$（mm）。

其加工参考程序见表3-22。

(2) 内圆弧的加工

1）加工内圆弧注意事项

内圆弧的加工与外圆弧的加工基本相同，但要注意以下几点。

① 根据走刀方向，正确判断圆弧的顺逆，确定是应用G02，还是G03编程，若判断错误，将导致圆弧凸凹相反。

② 加工内圆弧时，为保证圆弧的尺寸精度，加工需要进行刀尖半径补偿。应用时，要根据走刀方向，正确判断采用左补偿G41还是右补偿G42。若判断错误，将导致圆弧半径增大或

表 3-22 内圆锥加工参考程序

参考程序	注释
O3017；	程序名
N10 G97 G99 M03 S500；	主轴正转，速度为 500r/min
N20 T0101；	调用 01 号刀具，执行 01 号刀补
N30 G00 X18.0 Z2.0 M08；	刀具快速定位，打开切削液
N40 G71 U1.0 R0.5 F0.25；	设置 G71 循环参数
N50 G71 P60 Q110 U−0.5 W0.1；	
N60 G41 G01 X30.0 S800 F0.1；	N60～N110 指定精车路线
N70 Z0.0；	Z 向到达切削起点
N80 X25.0 Z−25.0；	精车内锥面
N90 X20.031；	精车端面
N100 Z−36.0；	精车 ϕ20mm 内圆面
N110 X18.0；	X 方向退刀
N120 G70 P60 Q110；	应用 G70 精车内轮廓
N130 G40 G00 X50.0 Z100.0；	刀具快速退刀，取消刀具半径补偿
N150 M09；	关闭切削液
N160 M30；	程序结束

减小。

③ 应用刀尖圆弧半径补偿时，要正确设置刀尖圆弧半径和刀尖的位置方向。

2）示例

加工如图 3-58 所示零件，已钻出 ϕ22mm 通孔，试编制其内轮廓加工程序。

其加工参考程序见表 3-23。

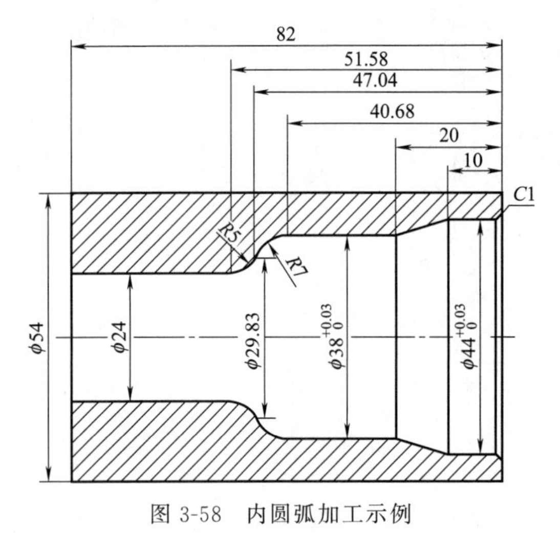

图 3-58 内圆弧加工示例

(3) 薄壁件的加工

1）影响薄壁件加工精度的因素

薄壁零件刚性差、强度弱，在加工中极容易变形，不易保证零件的加工质量。影响薄壁零件加工精度的因素有很多，但归纳起来主要有以下三个方面。

① 受力变形。因工件壁薄，在夹紧力的作用下容易产生变形，从而影响工件的尺寸精度和形状精度。

② 受热变形。因工件较薄，切削热会引起工件热变形，使工件尺寸难于控制。

③ 振动变形。在切削力（特别是径向切削力）的作用下，很容易产生振动和变形，影响工件的尺寸精度、形状、位置精度和表面粗糙度。

2）减少薄壁件变形措施

减少薄壁件变形的措施主要从工件的装夹、刀具几何参数、工艺编制等方面进行综合考虑。

① 根据薄壁件的形状和特点，选择和制定合理工艺方案和加工路线。尽量粗精加工分开。

② 为了防止薄壁件装夹变形，装夹时，尽量增加辅助支承面，提高薄壁套零件在切削过程中的刚性，减少变形。将局部夹紧机构改为均匀夹紧机构，以减小变形。

③ 合理选择刀具几何角度。应控制主偏角，使切削力朝向工件刚性差的方向减小，刃倾角取正值。

表 3-23　内圆弧加工参考程序

参考程序	说　明
O3018;	程序名
N10 M03 T0101 S600;	主轴正转,调用 01 号刀,执行 01 号刀补
N20 G00 X100.0 Z50.0;	快速定刀
N30 X22.0 Z1.0;	快速移到循环起刀点
N40 G71 U1.0 R0.5 F150;	设置粗车复合循环参数
N50 G71 P60 Q140 U－0.5 W0;	
N60 G00 G41 X48.0 S100;	X 向进刀至倒角起点(X48.0,Z1.0)
N70 G01 X44.0 Z－1.0 F100;	C1 倒角
N80 Z－10.0;	精加工 ϕ44mm 内孔
N90 X38.0 Z－20.0;	精加工锥面
N100 Z－40.68;	精加工 ϕ38mm 内孔
N110 G03 X29.83 Z－47.04 R7.0;	精加工 R7mm 圆弧
N120 G02 X24.0 Z－51.58 R5.0;	精加工 R5mm 内孔
N130 G01 Z－83.0;	精加工 ϕ24.0mm 内孔
N140 X22.0;	X 向退刀
N150 G70 P60 Q140;	精加工循环指令
N160 G40 G00 X100.0 Z50.0;	快速退刀至安全点
N170 M30;	程序结束并返回程序开始

④ 合理选用切削参数。粗加工时，背吃刀量和进给量可取得大一些；精加工时，背吃刀量可取 0.2～0.5mm，进给量一般在 0.1～0.2mm/r，甚至更小。切削速度 6～120m/min，精车时，取较高的速度，但不宜过高。合理选用三要素，就能减小切削力，从而降低变形量。

⑤ 在车削时使用适当的冷却液（如煤油），能减少受热变形，使加工表面更好地达到要求。

3）示例

如图 3-59 所示薄壁套筒零件，毛坯为铸件，材料 HT200，切削余量为 3mm。试制定加工工序，并编写数控加工程序。

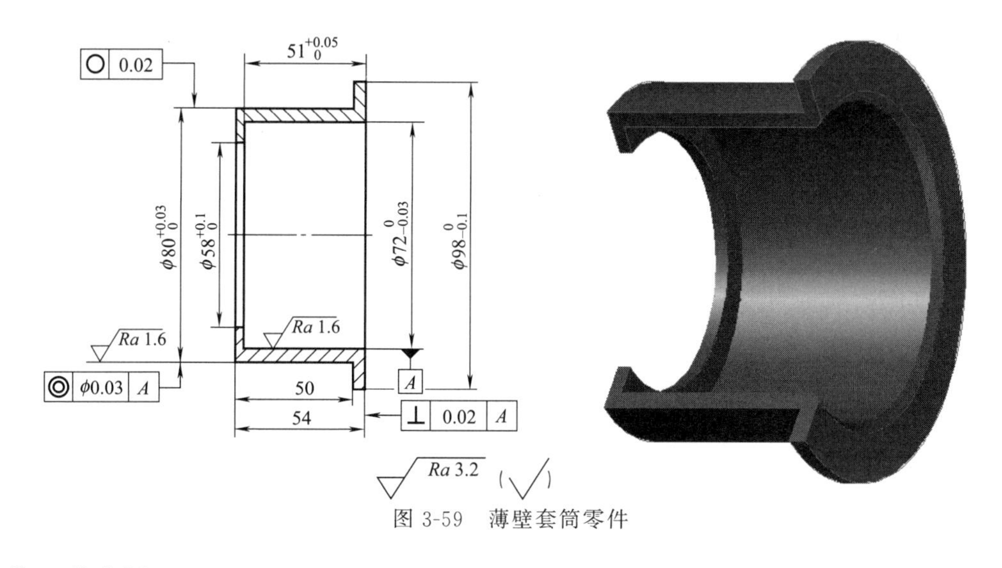

图 3-59　薄壁套筒零件

① 工艺分析

该零件形状比较简单，主要由内外圆柱面组成，但由于工件较薄、刚度较小采用常规的切削加工方法，受切削力和热变形的影响，工件会出现弯曲变形，很难达到技术要求，产品合格率极低。因此我们在需要正确编程的前提下，采取正确的工艺措施，才能更好地完成零件的加工。

② 确定加工工序

根据上述分析，我们采用下列工序来完成零件的加工。

a. 三爪自定心卡盘夹持外圆小头，粗车内孔、大端面。

b. 夹持内孔、粗车外圆及小端面。

c. 扇形软卡爪装夹外圆小头，精车内孔、大端面。

d. 以内孔和大端面定位，芯轴夹紧，精车外圆、小端面。

③ 确定编程原点

a. 粗、精车内孔、大端面，以工件小端面中心线交点为工件原点。

b. 粗、精车外圆及小端面，以工件大端面中心线交点为工件原点。

④ 确定加工刀具（表 3-24）

表 3-24 数控加工刀具卡

刀具号	刀具规格形状	数量	加工内容	主轴转速/(r/min)	进给量/(mm/min)	背吃刀量/mm
T01	端面车刀	1	粗车端面	600	100	1
			精车端面	1000	50	0.5
T02	95°外圆车刀	1	粗加工外圆	600	100	1
			精加工外圆	1000	50	0.25
T03	内孔车刀	1	粗加工内孔	600	100	1
			精加工内孔	1000	50	0.5

⑤ 程序编制

a. 粗车内孔及大端面（表 3-25）。

表 3-25 粗车内孔及大端面参考程序

参考程序	注释
O3019;	程序名
N10 T0101;	换端面车刀
N20 S600 M03;	主轴正转，转速为 600r/min
N30 G00 X100.0 Z56.0;	快速到达切削起点
N40 G01 X60.0 F100;	粗车大端面
N50 G00 X150.0 Z100.0;	退回换刀点
N60 T0303;	换内孔车刀
N70 G00 X71.0 Z57.0;	快速到达切削起点
N80 G01 Z4.0 F100;	粗车 ϕ72mm 内孔
N90 X57.0;	粗车内端面
N100 Z−2.0;	粗车 ϕ58mm 小孔
N110 G00 X54.0;	X 向退刀
N120 Z60.0;	Z 向退刀
N130 X150.0 Z100.0;	退回换刀点
N140 M05;	主轴停
N150 M30;	程序结束

b. 粗车外圆及小端面（表 3-26）。

表 3-26 粗车外圆及小端面参考程序

参考程序	注释
O3020;	程序名
N10 T0101;	换端面车刀
N20 S600 M03;	主轴正转，转速为 600r/min
N30 G00 X84.0 Z55.0;	快速到达切削起点
N40 G01 X54.0 F100;	粗车小端面

续表

参考程序	注　释
N50 G00 X150.0 Z100.0;	退回换刀点
N60 T0202;	换外圆刀
N70 G00 X81.0 Z57.0;	快速到达切削起点
N80 G01 Z5.0 F100;	粗车 ϕ80mm 外圆
N90 X99.0;	粗车外圆端面
N100 Z−2.0;	粗车 ϕ98mm 外圆
N110 X150.0 Z100.0;	返回起刀点
N120 M05;	主轴停
N130 M30;	程序结束

c. 精车内孔、大端面（表 3-27）。

表 3-27　精车内孔、大端面参考程序

参考程序	注　释
O3021;	程序名
N10 T0101;	换端面车刀
N20 S1000 M03;	主轴正转，转速为 1000r/min
N30 G00 X100.0 Z54.5;	快速到达切削起点
N40 G01 X60.0 F50;	精车大端面
N50 G00 X150.0 Z100.0;	退回换刀点
N60 T0303;	换内孔车刀
N70 G00 X71.985 Z56.0;	快速到达切削起点
N80 G01 Z3.5 F100;	精车 ϕ72mm 内孔
N90 X58.05;	精车内端面
N100 Z−2.0;	精车 ϕ58mm 小孔
N110 G00 X54.0;	X 向退刀
N120 Z60.0;	Z 向退刀
N130 X150.0 Z100.0;	退回换刀点
N140 M05;	主轴停
N150 M30;	程序结束

d. 精车外圆及小端面（表 3-28）。

表 3-28　精车外圆及小端面参考程序

参考程序	注　释
O3022;	程序名
N10 T0101;	换端面车刀
N20 S1000 M03;	主轴正转，转速为 1000r/min
N30 G00 X82.0 Z54.0;	快速到达切削起点
N40 G01 X54.0 F50;	精车小端面
N50 G00 X150.0 Z100.0;	退回换刀点
N60 T0202;	换外圆刀
N70 G00 X80.015 Z55.0;	快速到达切削起点
N80 G01 Z4.0 F50;	精车 ϕ80mm 外圆
N90 X97.95;	精车外圆端面
N100 Z−2.0;	精车 ϕ98mm 外圆
N110 G00 X150.0 Z100.0;	返回起刀点
N120 M05;	主轴停
N130 M30;	程序结束

3.4 切槽与切断

槽加工是数控车床加工的一个重要组成部分。工业领域中使用各种各样的槽，主要有工艺凹槽、油槽、端面槽、V形槽等，如图3-60所示。槽的种类很多，考虑其加工特点，大体可以分为单槽、多槽、宽槽、深槽及异型槽几类。加工时可能会遇到几种形式的叠加，如单槽可能是深槽，也可能是宽槽。槽加工所用刀具主要是各类切槽刀，如图3-61所示。

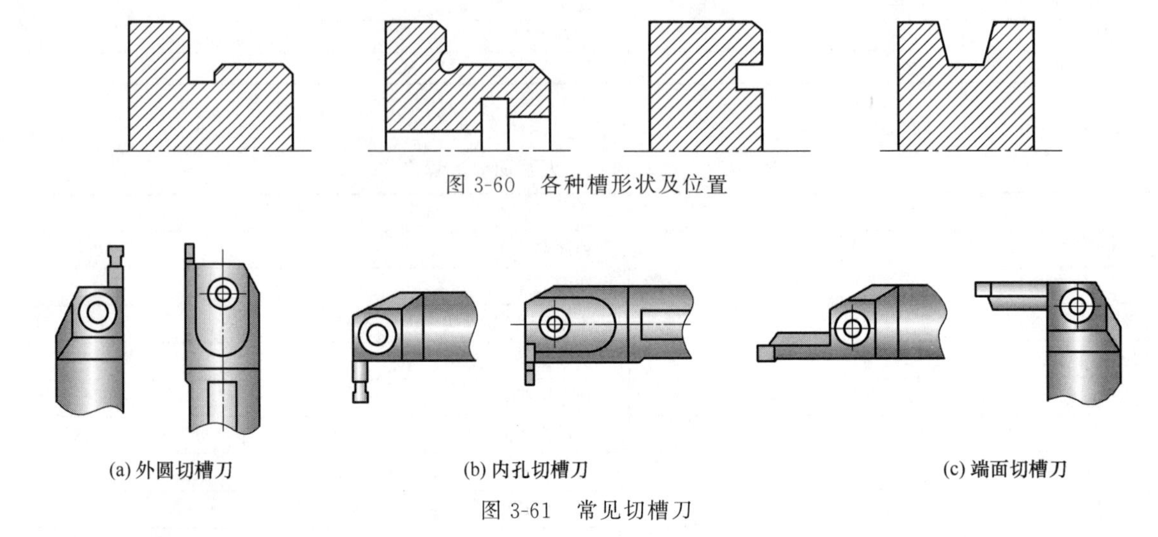

图3-60 各种槽形状及位置

(a) 外圆切槽刀　(b) 内孔切槽刀　(c) 端面切槽刀

图3-61 常见切槽刀

(1) 切槽加工工艺特点

① 切槽刀进行加工时，一个主刀刃和两个副刀刃同时参与三面切削，被切削材料塑性变形复杂、摩擦阻力大，加工时进给量小、切削厚度薄、平均变形大、单位切削力增大。总切削力与功耗大，一般比外圆加工大20%左右，同时切削热高，散热差，切削温度高。

② 切削速度在槽加工过程中不断变化，特别是在切断加工时，切削速度由最大一直变化至零。切削力、切削热也不断变化。

③ 在槽加工过程中，随着刀具不断切入，实际加工表面形成阿基米德螺旋面，由此造成刀具实际前角、后角都不断变化，使加工过程更为复杂。

④ 切深槽时，因刀具宽度窄，相对悬伸长，刀具刚性差，易振动，特别容易断刀。

(2) 切槽（切断）加工需要注意的问题

① 切断或切槽加工中，切断刀的安装需要特别注意，首先安装刀具的刀尖一定要与工件旋转中心等高，其次刀具安装必须是两边对称，否则在进行深槽加工时会出现槽侧壁倾斜，严重时会断刀。内孔切槽刀选择时需要综合考虑内孔的尺寸与槽的尺寸，并综合考虑刀具切槽后的退刀路线，严防刀具与工件碰撞。

② 对于宽度值不大，但深度值较大的深槽零件，为了避免切槽过程中由于排屑不畅，使刀具前面压力过大出现扎刀和折断刀具的现象，应采用分次进刀的方式，刀具在切入工件一定深度后，停止进刀并回退一段距离，达到断屑和退屑的目的，如图3-62所示。同时注意尽量选择强度较高的刀具。

③ 若以较窄的切槽刀加工较宽的槽型，则应分多次切入。合理的切削路线是：先切中间，再切左右。最后沿槽型轮廓走一次刀，保证槽的精度（图3-63）。此时应注意切槽刀的宽度，防止产生过切。

④ 内孔槽刀的选用需要根据槽的尺寸，选择尺寸合适的槽刀加工，尽量保证刀具在加工

中能有足够的刚度，从而保证槽的加工精度。

⑤ 端面切槽刀的选用需要考虑端面槽的曲率，合理选择端面槽刀。

⑥ 注意合理安排切槽进退刀路线，避免刀具与零件相撞。进刀时，宜先 Z 方向进刀、再 X 方向进刀，退刀时先 X 方向退刀、再 Z 方向退刀。

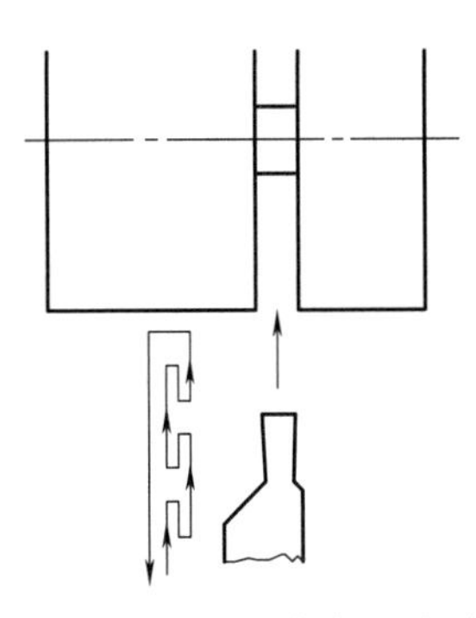

图 3-62　深槽零件加工方式

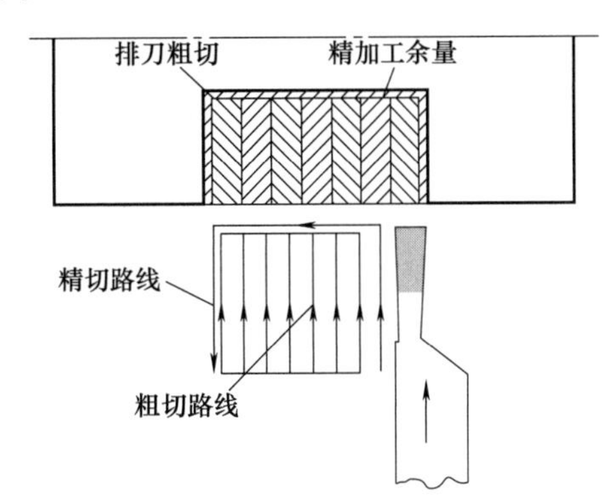

图 3-63　宽槽的加工

⑦ 切槽时，刀刃宽度、切削速度和进给量都不宜选太大，并且需要合理匹配，以免产生振动，影响加工质量。

⑧ 选用切槽刀时，要正确选择切槽刀刀宽和刀头长度，以免在加工中引起振动等问题。具体可根据以下经验公式计算：

刀头宽度：$a \approx (0.5-0.6)d$　（d 为工件直径）

刀头长度：$L = h + (2 \sim 3)$　（h 为切入深度）

3.4.1　窄槽加工

(1) 槽加工基本指令

1）直线插补指令（G01）

在数控车床上加工槽，无论外沟槽、内沟槽还是端面槽，都可以采用 G01 指令来直接实现。G01 指令格式在前面章节中已讲述，在此不再赘述。

2）进给暂停指令（G04）

该指令使各轴运动停止，但不改变当前的 G 代码模态和保持的数据、状态，延时给定的时间后，再执行下一个程序段。

① 指令格式

```
G04 P__；或 G04 X__；或 G04 U__；或 G04；
```

② 指令说明

a. G04 为非模态 G 代码。

b. G04 延时时间由代码字 P、X 或 U 指定，P 值单位为毫秒（ms），X、U 单位为秒（s）。

(2) 简单凹槽的加工

简单凹槽的特点是槽宽较窄、槽深较浅、形状简单、尺寸精度要求不高，如图 3-64 所示。加工该类槽，一般选用切削刃宽度等于槽宽的切槽刀，一次加工完成。

该类槽的编程很简单：快速移动刀具至切槽位置，切削进给至槽底，刀具在凹槽底部做短暂的停留，然后快速退刀至起始位置，这样就完成了凹槽的加工。

表 3-29 为图 3-64 所示凹槽加工参考程序，切槽刀选用与凹槽宽度相等的标准 4mm 方形凹槽加工刀具。

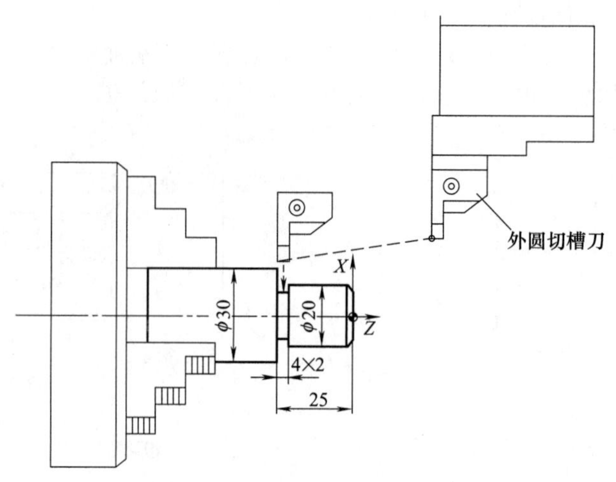

图 3-64 简单凹槽加工示意图

表 3-29 简单凹槽的加工参考程序

参考程序	注释
O3023；	程序名
N10 T0101；	调用 01 号切槽刀，执行 01 号刀补
N20 S300 M03；	主轴正转，转速为 300r/min
N30 G00 X36.0 Z－25.0 M08；	快速到达切削起点，开切削液
N40 G01 X16.0 F40；	切槽
N50 G04 X1.0；	刀具暂停 1s
N60 G01 X36.0 F200；	X 向退刀
N70 G00 X100.0 Z50.0；	快速退至换刀点
N80 M30；	程序结束

上述示例虽然简单，但是它包含凹槽加工工艺、编程方法的几个重要原则。

① 注意凹槽切削前起点与工件间的安全间隙，本例刀具位于工件直径上方 3mm 处。

② 凹槽加工的进给率通常较低。

③ 简单凹槽加工的实质是成形加工，刀片的形状和宽度就是凹槽的形状和宽度，这也意味着使用不同尺寸的刀片就会得到不同的凹槽宽度。

(3) 精密凹槽的加工

1）精密凹槽加工基本方法

简单进退刀加工出来的凹槽的缺点是侧面比较粗糙、外部拐角非常尖锐且宽度取决于刀具的宽度和磨损情况。要得到高质量的槽，凹槽需要分粗、精加工。用比槽宽小的刀具粗加工，切除大部分余量，在槽侧及槽底留出精加工余量，然后对槽侧及槽底进行精加工。

如图 3-65 所示工件的槽结构，槽的位置由尺寸（25±0.02）mm 定位，槽宽 4mm，槽底直径为 ϕ24mm，槽口两侧有 $C1$ 的倒角。

拟用刃宽为 3mm 的刀具进行粗加工，刀具起点设计在 $S1$ 点（$X32$，$Z-24$）。向下切除如图 3-65（b）所示的粗加工区域，同时在槽侧及槽底留出 0.5 的精加工余量。然后，用切槽刀对槽的左右两侧分别进行精加工，并加工出 $C1$ 的倒角。槽左侧及倒角精加工起点设在倒角轮廓延长线的 $S2$ 点（左刀尖到达 $S2$），刀具沿倒角和侧面轮廓切削到槽底，抬刀至 ϕ32mm。槽右侧及倒角精加工起点设在倒角轮廓延长线的 $S3$ 点（右刀尖到达 $S3$），刀具沿倒角和侧面轮廓切削到槽底，抬刀至 ϕ32mm。

2）凹槽公差控制

若凹槽有严格的公差要求，精加工时可通过调整切槽刀的 X 向和 Z 向的偏置补偿值方法

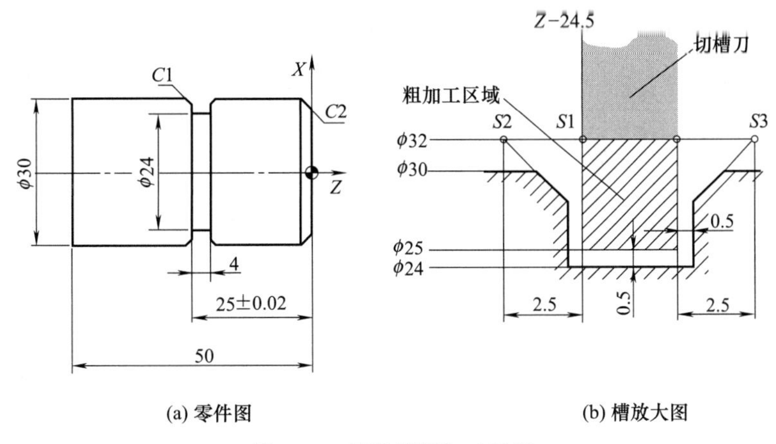

(a) 零件图　　(b) 槽放大图

图 3-65　精密凹槽加工示例

得到较高要求的槽深和槽宽尺寸。

加工中经常遇到并对凹槽宽度影响最大的问题是刀具磨损。随着刀片的不断使用，它的切削刃也不断磨损并且实际宽度变窄。其切削能力没有削弱，但是加工出的槽宽可能不在公差范围内。消除尺寸落在公差带之外的方法是在精加工操作时使用调整刀具偏置值的方法。

假定在程序中，以左刀尖为刀位点，对槽的左右两侧分别进行精加工使用同一个偏移量，如果加工中由于刀具磨损而使槽宽变窄，在不换刀的情况下，正向或负向调整 Z 轴偏置，将改变凹槽相对于程序原点位置，但是不能改变槽宽。

若要不仅能改变凹槽位置，又能改变槽宽，则需要控制凹槽宽度的第二个偏置。设计左侧倒角和左侧面使用一个偏置（03）进行精加工，右侧倒角和右侧面则使用另一个偏置，为了便于记忆，将第二个偏置的编号定为 13。这样通过调整两个刀具偏置，就能保证加工凹槽的宽度不受刀具磨损的影响。

3）程序编制（表 3-30）

表 3-30　精密凹槽加工参考程序

参考程序	注　释
O3024;	程序名
N10 T0303;	调用 03 号刀具，执行 03 号刀具偏置
N20 G96 S40 M03;	采用恒线速切削，线速度为 40m/min
N30 G50 S2000;	限制主轴最高转速为 2000r/min
N40 GOO X32.0 Z−24.5 M08;	刀具左刀尖快速到达 S1 点，切削液开
N50 G01 X25.0 F40;	粗加工槽，直径方向留 1mm 精车余量
N60 X32.0 F200;	刀具左刀尖回到 S1 点
N70 W−2.5;	刀具左刀尖到达 S2 点
N80 U−4.0 W2.0 F30;	倒左侧 C1 角
N90 X24.0;	车削至槽底
N100 Z−24.5;	精车槽底
N110 X32.0 F200;	刀具左刀尖回到 S1 点
N120 W2.5 T0313;	刀具右刀尖到达 S3 点（执行 13 刀偏）
N130 G01 U−4.0 W−2.0 F30;	倒右侧 C1 角
N140 X24.0;	精加工至槽底
N150 Z−24.5;	精加工槽底
N160 X32.0 Z−24.5 F200 T0303;	刀具偏置重新为 03
N170 G00 X100.0 Z50.0 M09;	快速退至换刀点，关切削液
N180 M30;	程序结束

在上述的精确槽加工程序中，一把刀具使用了两个偏置，其目的是控制凹槽宽度而不是它的直径。基于程序示例 O3024，应注意以下几点。

① 开始加工时两个偏置的初始值应相等（偏置 03 和 13 有相同的 X、Z 值）。

② 偏置 03 和 13 中的 X 偏置总是相同的，调整两个 X 偏置可以控制凹槽的深度公差。

③ 要调整凹槽左侧面位置，则改变偏置 03 的 Z 值。

④ 要调整凹槽右侧面位置，则改变偏置 13 的 Z 值。

3.4.2 宽槽加工

(1) 应用 G94 加工宽槽

在使用 G94 指令时，如果设定 Z 值不移动或设定 W 值为零时，就可用来进行切槽加工。如图 3-66 所示，毛坯为 ϕ30mm 的棒料，采用 G94 编写加工程序，加工参考程序见表 3-31。

表 3-31　G94 加工宽槽参考程序

参考程序	注　释
O3025；	程序名
N10 M03 S300 T0303；	主轴正转，换 4mm 宽切槽刀
N20 G00 X32.0 Z2.0；	移动刀具快速靠近工件
N30 G00 Z－14.0；	Z 向进刀至右边第一个槽处
N40 G94 X20.0 W0.0 F50；	应用 G94 加工槽
N50 W－1.0；	扩槽
N60 G00 Z－29.0；	移动刀具至第二槽处
N70 G94 X20.0 W0.0 F0.1；	应用 G94 加工槽
N80 W－1.0；	扩槽
N90 G00 Z－44.0；	移动刀具至第三槽处
N100 G94 X20.0 W0.0 F0.1；	加工槽
N110 W－1.0；	扩槽
N120 G00 X100.0 Z100.0；	快速退刀
N130 M30；	程序结束

(2) 应用 G75 指令加工宽槽

1）指令格式

```
G75 R(e);
G75  X (U) Z (W) P (Δi) Q (Δk) R (Δd) F__;
```

式中　e——径向（X 轴）退刀量（单位为 mm），半径值，无符号；

X——切削终点的 X 向绝对坐标；

U——切削终点相对切削起点的 X 向增量坐标；

Z——切削终点的 Z 向绝对坐标；

W——切削终点相对切削起点的 Z 向增量坐标；

Δi——径向（X 轴）进刀时，X 轴断续进刀的进刀量（不带符号，单位为 μm）；

Δk——单次径向切削循环的轴向（Z 轴）进刀量（不带符号，单位为 μm）；

Δd——切削至径向切削终点后，轴向（Z 轴）的退刀量，Δd 的符号总是正的；

F——进给速度。

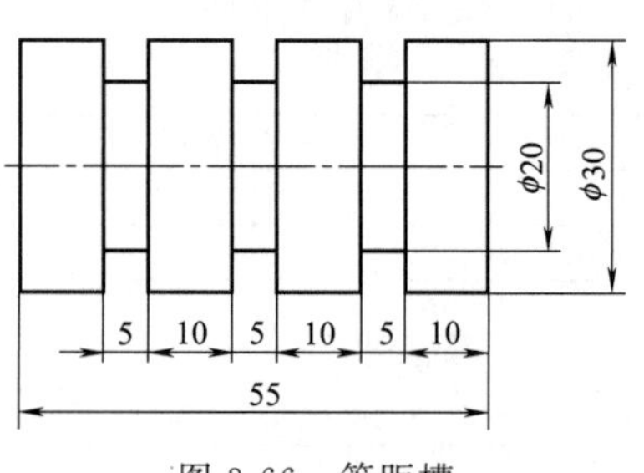

图 3-66　等距槽

2）代码执行过程（图 3-67）

① 从径向切削循环起点 A_n 径向（X 轴）切削进给 Δi，切削终点 X 轴坐标小于起点 X 轴坐标时，向 X 轴负向进给，反之则向 X 轴正向进给。

② 径向（X 轴）快速移动退刀 e，退刀方向与步骤①进给方向相反。

③ 如果 X 轴再次切削进给（$\Delta i+e$），进给终点仍在径向切削循环起点 A_n 与径向进刀终点 B_n 之间，X 轴再次切削进给（$\Delta i+e$），然后执行步骤②；如果 X 轴再次切削进给（$\Delta i+e$）后，进给终点到达 B_n 点或不在 A_n 与 B_n 之间，X 轴切削进给至 B_n 点，然后执行步骤④。

④ 轴向（Z 轴）快速移动退刀 Δd 至 C_n 点，B_f 点（切削终点）的 Z 轴坐标小于 A 点(起点)Z 轴坐标时，向 Z 轴正向退刀，反之则向 Z 轴负向退刀。

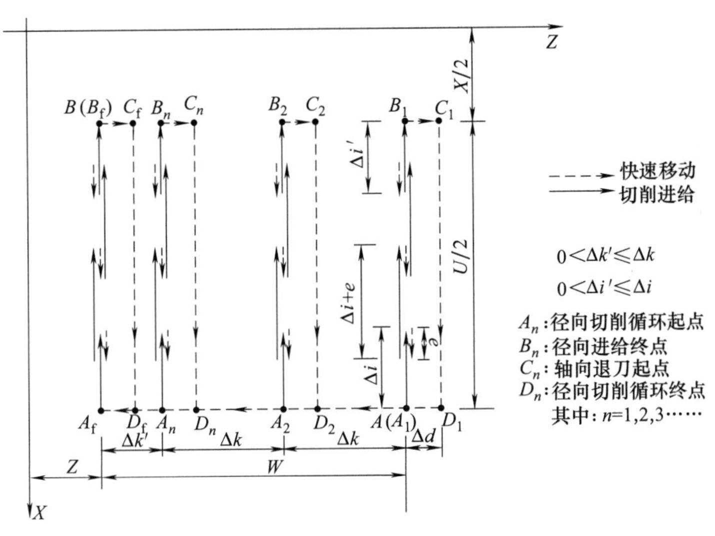

图 3-67　G75 指令运动轨迹

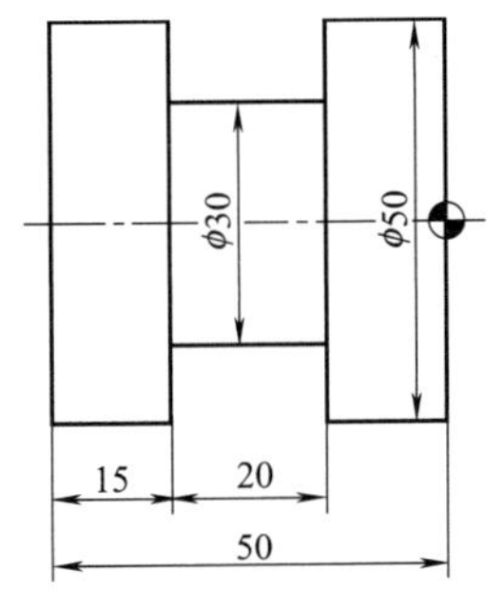

图 3-68　应用 G75 加工宽槽示例

⑤ 径向（X 轴）快速移动退刀至 D_n 点，第 n 次径向切削循环结束。如果当前不是最后一次径向切削循环，执行步骤⑥；如果当前是最后一次径向切削循环，执行步骤⑦。

⑥ 轴向（Z 轴）快速移动进刀，进刀方向与步骤④退刀方向相反。如果 Z 轴进刀（$\Delta d+\Delta k$）后，进刀终点仍在 A 点与 A_f 点（最后一次径向切削循环起点）之间，Z 轴快速移动进刀（$\Delta d+\Delta k$），即 $D_n \rightarrow A_n+1$，然后执行步骤①（开始下一次径向切削循环）；如果 Z 轴进刀（$\Delta d+\Delta k$）后，进刀终点到达 A_f 点或不在 D_n 与 A_f 点之间，Z 轴快速移动至 A_f 点，然后执行步骤①，开始最后一次径向切削循环。

⑦ Z 轴快速移动返回到起点 A，G75 代码执行结束。

根据 G75 切削循环的特点，G75 切削循环常常用于深槽、宽槽、等距多槽切削，但不用于高精度槽的加工。

3）编程示例

如图 3-68 所示，使用 G75 指令进行切槽加工，加工参考程序见表 3-32。

表 3-32　应用 G75 加工宽槽参考程序

参考程序	注　释
O3026;	程序名
N10 T0202 S400 M03;	T0202 为 4mm 的切断刀，主轴正转
N20 G00 X52.0 Z－19.0;	快速接近工件

续表

参考程序	注　释
N30 G75 R0.5；	回退量 0.5mm
N40 G75 X30.0 Z－35.0 P5000 Q3600 F40；	循环切槽
N50 G00 X100.0 Z100.0；	快速退至换刀点
N60 M05；	主轴停
N70 M30；	主程序结束并复位

① 零件加工中，槽的定位是非常重要的，编程时要引起重视。
② 切槽刀通常有三个刀位点，编程时可根据基准标注情况进行选择。
③ 切宽槽时应注意计算刀宽与槽宽的关系。
④ G75 用于切槽就等于用数个 G94 指令组成循环加工，Δk 不能大于刀宽。

3.4.3 多槽加工

(1) 应用 G75 加工多槽

如图 3-69 所示工件，试编制工件上槽的加工程序。

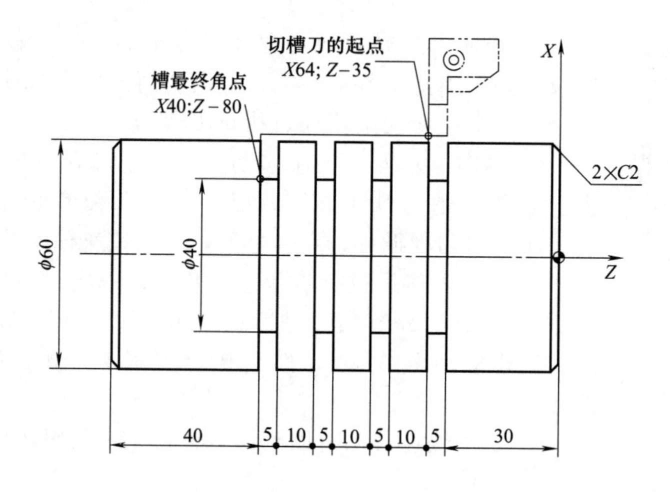

图 3-69　应用 G75 加工轴向等距槽

① 图样分析

图 3-69 所示工件槽结构是等距多个径向槽，右边第一个槽由长度 30mm 定位，共有 4 个槽，槽间距 10mm，槽宽 5mm，槽深 10mm（从 ϕ60mm 至 ϕ40mm）。对等距多个径向槽亦可用 G75 循环编程加工，给编程带来方便。

② 程序编制

由于槽的精度要求不高，各槽拟用刃宽为 5mm 的外切槽刀一次加工完成，刀具起点设在（X64，Z－35）点，刀具在 X 向与工件有 2mm 的安全间隙，刀具 Z 向处于起始位置时，刀刃与第一个槽正对。第四个槽的终点坐标为（X40，Z－80）。应用 G75 指令编制该工件槽的加工参考程序，如表 3-33 所示。

表 3-33 应用 G75 加工轴向等距槽参考程序

参考程序	注 释
O3027;	程序名(以工件右端面为编程原点)
N10 T0202;	换 02 号切槽刀(刀宽为 5mm,左刀尖对刀),执行 02 号刀补
N20 M03 S300;	主轴正转,转速为 300r/min
N30 G00 X64.0 Z－35.0;	刀具快速定位切削起始位置
N40 G75 R1.0;	设置 G75 循环参数,*Q* 值由槽距和槽宽确定
N50 G75 X40.0 Z－80.0 P3000 Q15000 F30;	
N60 G00 X100.0 Z100.0;	快速退刀至换刀点
N70 M30;	程序结束

利用 G75 指令循环加工后，刀具回循环的起点位置。切槽刀要区分是左刀尖还是右刀尖对刀，防止编程出错。

(2) 应用子程序加工多槽

如图 3-70 所示切纸辊槽零件图，试编制加工 18mm×4mm 槽的加工程序。

1) 图样分析

由图 3-70 可知，该工序加工 18 个 4mm 宽的槽，槽深为 14mm（半径值），并且槽与槽之间的距离相等。这种零件槽多且相同，若采用 G01 指令编制其加工程序，大量的程序段会出现内容重复现象，增加了编程的工作量。为此可采用子程序调用指令，来编制该零件的加工程序，减少编程工作量，缩短加工程序的长度。

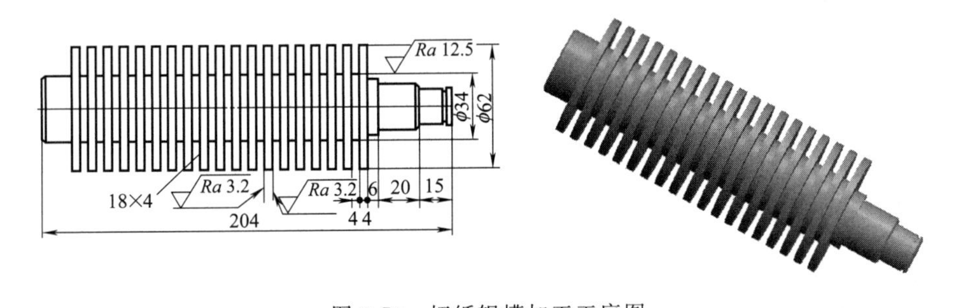

图 3-70 切纸辊槽加工工序图

2) 程序编制

该零件槽多且都是深槽，根据这一特点，我们可以设置两层子程序来加工这些槽。主程序用来选择刀具、控制主轴运行状态、刀具定位、切削液开关、调用第一层子程序。第一层子程序用来确定 18 个槽的 *Z* 向位置，以及调用第二层子程序加工每个槽的次数。第二层子程序用来确定每次加工槽的切削深度。按照上述思路，我们依次编写第二层子程序、第一层子程序、主程序。

① 第二层子程序（表 3-34）

表 3-34 第二层子程序

参考程序	注 释
O2000;	子程序号
N10 G01 U－10.0 F50;	刀具沿 *X* 负向切削 10mm
N20 U3.0 F100;	刀具沿 *X* 正向回退 3mm 断屑
N30 M99;	子程序结束

② 第一层子程序（表 3-35）

表 3-35 第一层子程序

参考程序	注释
O1000；	子程序号
N10 G01 W－8.0 F150；	Z 向定位
N20 M98 P4 2000；	调用子程序(O2000)4 次，刀具沿 X 负向切深 31mm(10＋7＋7＋7＝31)至槽底 ϕ34mm(65－31＝34)
N30 G01 X65.0 F0.1；	切至槽底后退刀
N40 M99；	子程序结束

③ 主程序（表 3-36）

表 3-36 主程序

参考程序	注释
O3028；	程序号(以零件右端面为编程原点)
N10 T0101；	调用 01 号切槽刀(4mm 宽)，执行 01 号刀补
N20 S300 M03；	主轴正转，转速为 300r/min
N30 G00 X65.0 Z－41.0 M08；	左刀尖对刀，刀具定位，切削液开
N40 M98 P18 1000；	调用子程序(O1000)18 次
N50 G00 X150.0 Z0.0 M09；	回安全点，关切削液
N60 M30；	程序结束

应用子程序注意事项：
① 编程时应注意子程序与主程序之间的衔接问题。
② 应用子程序指令的加工程序在试切削阶段应特别注意机床的安全问题。
③ 子程序多是增量方式，编制应注意程序是否闭合、积累及误差对零件加工精度的影响。
④ 使用 G90/G91 绝对/增量坐标转换的数控系统，要注意确定编程方式（绝对/增量）。

3.4.4 端面直槽的加工

（1）端面直槽刀的形状

在端面上车直槽时，端面直槽车刀的几何形状是外圆车刀与内孔车刀的综合，端面槽刀可由外圆切槽刀具刃磨而成，如图 3-71 所示。切槽刀的刀头部分长度＝槽深＋(2～3)mm，刀宽根据需要刃磨。切槽刀主刀刃与两侧副刀刃之间应对称平直。其中，刀尖 a 处的副后刀面的圆弧半径 R 必须小于端面直槽的大圆弧半径，以防左副后刀面与工件端面槽孔壁相碰。

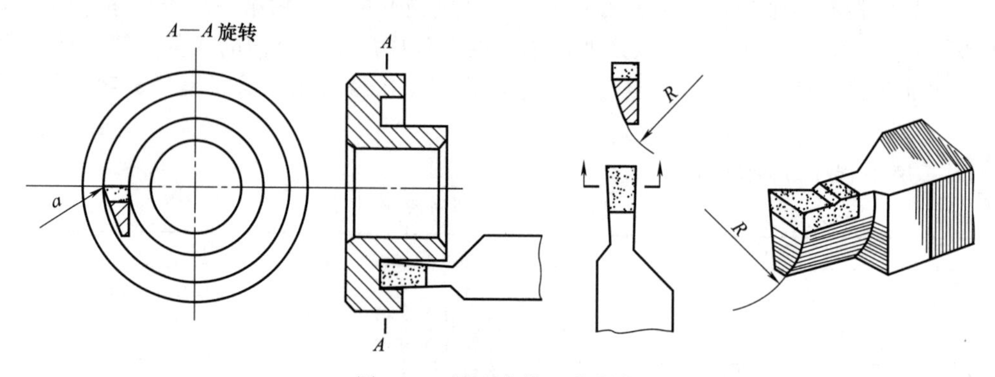

图 3-71 端面直槽刀的形状

(2) 端面切槽循环(G74)

① 指令格式

```
G74  R(e);
G74  X(U) Z(W) P(Δi) Q(Δk) R(Δd) F;
```

式中 e——退刀量，该值是模态值；

X——切槽终点处径向绝对坐标值；

U——切槽终点相对切槽起点的径向坐标增量；

Z——切槽终点处轴向绝对坐标值；

W——切槽终点相对切槽起点的轴向坐标增量；

Δi——刀具完成一次轴向切削后，在径向（X 向）的移动量，该值用不带符号的半径值表示；

Δk——Z 方向每次切削深度，该值用不带符号的值表示；

Δd——刀具在切削底部的退刀量（直径值），无符号，省略 R（Δd）时，系统默认轴向切削终点后，径向（X 轴）的退刀量为 0；为了避免刀具的碰撞，该值一般取 0；

F——切槽进给速度。

该循环可实现断屑加工，如果 X（U）和 P（Δi）都被忽略，则是进行中心孔加工。

② 指令说明

端面切槽循环 G74 轨迹如图 3-72 所示。刀具端面切槽时，以 Δk 的切深量进行轴向切削，然后回退 e 的距离（方便断屑），再以 Δk 的切深量进行轴向切削，再回退 e 距离，如此往复，直至到达指定的槽深度；刀具逆槽宽加工方向移动一个退刀距离 Δd，并沿轴向回到初始加工的 Z 向坐标位置，然后沿槽宽加工方向刀具移动一个距离 Δi，进行第二次槽深方向加工，如此往复，直至达到槽终点坐标。

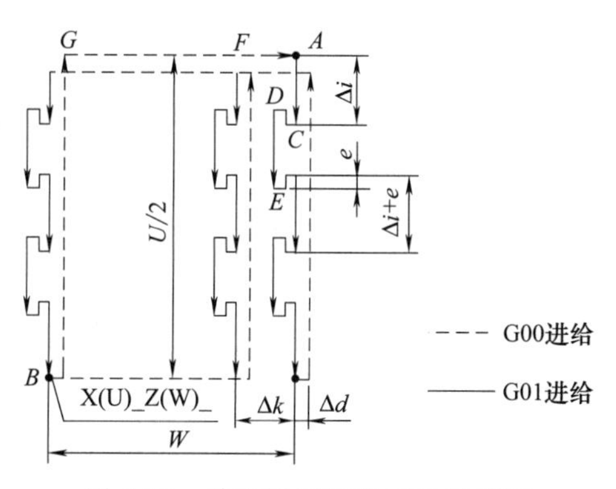

图 3-72 端面切槽循环 G74 轨迹图

③ 编程示例

用 G74 指令编写图 3-73 所示工件的切槽（切槽刀的刀宽为 3mm），加工参考程序见表 3-37。

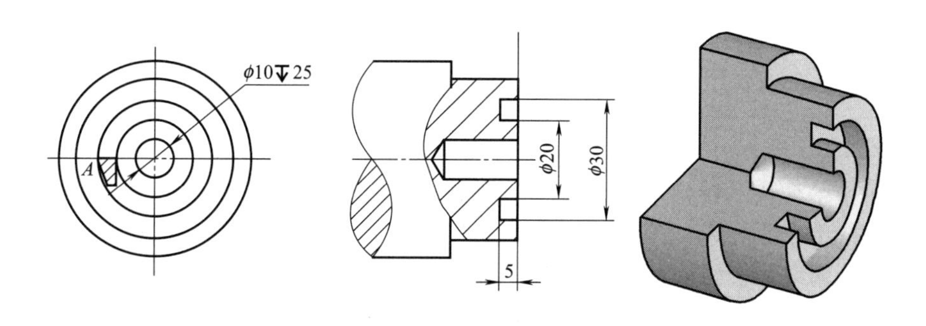

图 3-73 端面槽加工示例

表 3-37 端面槽加工参考程序

参考程序	注　释
O3029;	程序名
N10 T0101;	调用 01 号端面切槽刀，执行 01 号刀补
N20 M03 S500;	主轴正转，转速为 500r/min
N30 G00 X20.0 Z2.0;	快速定位至切槽循环起点
N40 G74 R0.3;	回退量 0.3mm
N50 G74 X24.0 Z−5.0 P1000 Q2000 F50;	端面槽加工循环指令
N60 G00 X100.0 Z100.0;	快速退刀至换刀点
N70 M05;	主轴停
N80 M30;	主程序结束并复位

① 由于 Δi 和 Δk 为无符号值，所以，刀具切深完成后的偏移方向由系统根据刀具起刀点及切槽终点的坐标自动判断。

② 切槽过程中，刀具或工件受较大的单方向切削力，容易在切削过程中产生振动，因此，切槽加工中进给速度 F 的取值应略小（特别是在端面切槽时），通常取 0.1～0.2mm/r。

3.4.5 V 形槽的加工

如图 3-74 所示工件，试编写 V 形槽的加工程序。

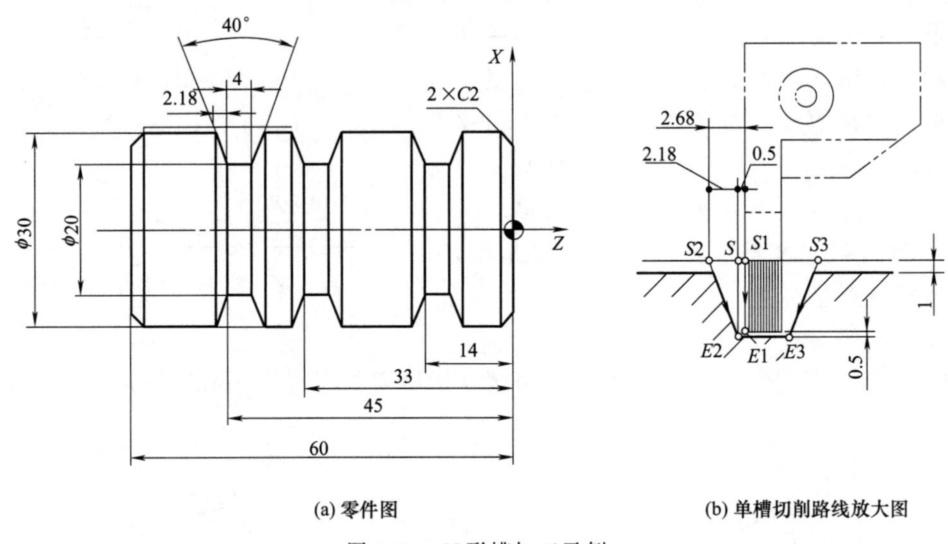

图 3-74 V 形槽加工示例

（1）图样分析

图 3-74 所示工件槽结构是不等距多个径向槽，共有 3 个相同槽：第一个槽由尺寸 14mm 定位；第二个槽由尺寸 33mm 定位；第三个槽由尺寸 45mm 定位。对不等距多个径向槽不可用 G75 循环来简化编程，如果在程序中重复书写不同位置但相同结构大小槽的加工程序，显然是比较繁琐的，在这种情况，我们可用调用子程序的方法来简化编程。编写相同槽的加工程序作为子程序，以便在主程序中重复调用。

(2) 程序编制

⑴ 编写槽加工子程序

如图 3-74 (b) 所示，单个槽的加工方法设计如下：设各槽拟选用刃宽为 3mm 的外切槽刀，刀位点在左刀尖。槽加工刀具的初始位置在 *S* 点，调整左刀尖到达粗加工起点 *S*1 点，向下切除图示粗加工区域，槽底留出 0.5mm 的精加工余量。然后，对槽的左右两侧斜面分别加工。

槽左侧斜面加工起点设在斜面轮廓延长线的 *S*2 点（左刀尖到达 *S*2），刀具沿斜面轮廓切削到槽底，抬刀至 *S* 点径向位置。

槽右侧斜面加工起点设在斜面轮廓延长线的 *S*3 点，调整右刀尖到达 *S*3，刀具沿斜面轮廓切削到槽底，抬刀至 *S* 点径向位置。调整左刀尖回到 *S*。

① 编写切槽及倒角子程序，见表 3-38。

表 3-38 切槽与倒角子程序

参考程序	注 释
O3000；	子程序名
N10 G01 W0.5 F100；	左刀尖从 *S*→*S*1
N20 X21.0 F30；	粗加工槽
N30 G00 X32.0；	左刀尖→*S*1
N40 W−2.68；	左刀尖从 *S*1→*S*2
N50 G01 X20.0 W2.18 F100；	左侧斜面加工
N60 G00 X32.0；	左刀尖→*S*
N70 W3.18；	右刀尖→*S*3
N80 G01 X20.0 W−2.18 F100；	右侧斜面加工
N90 G00 X32.0；	*X* 向退刀
N100 W−1.0；	左刀尖→*S* 点
N110 M99；	子程序结束

② 编写槽加工主程序，见表 3-39。

表 3-39 槽加工主程序

参考程序	注 释
O3030；	主程序名
N10 M03 S300；	主轴正转，转速为 300r/min
N20 T0303；	选用 03 号刀具，执行 03 号刀补
N30 G00 X32.0 Z−14.0 M08；	刀具快速定位至第一个槽处，开切削液
N40 M98 P3000；	调用子程序（O3000）加工第一个槽
N50 G00 Z−33.0；	刀具快速定位至第二个槽处
N60 M98 P3000；	调用子程序（O3000）加工第二个槽
N70 G00 Z−45.0；	刀具快速定位至第三个槽处
N80 M98 P3000；	调用子程序（O3000）加工第三个槽
N90 G00 X100.0 Z100.0；	刀具快速退至换刀点
N100 M30；	主程序结束

3.4.6 梯形槽的加工

如图 3-75 所示梯形槽，试编写其加工程序。

(1) 图样分析

该图中间部位为一带有圆弧倒角的梯形槽，槽底尺寸精度和表面质量要求比较高，若采用偏刀或圆弧刀加工，都很难一次加工成形，中间必然留有接刀痕迹。加工该槽最好选用切槽刀。

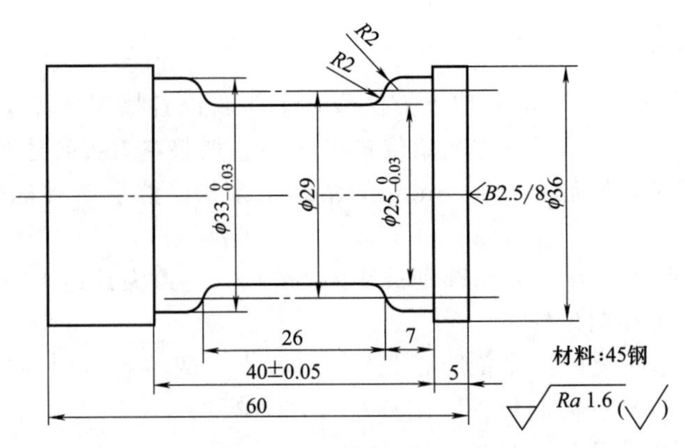

图 3-75 梯形槽加工

(2) 设计加工路线

若选用3mm宽的切槽刀，可设计如图 3-76 所示加工路线。粗加工路线：切 ϕ33mm×40mm 宽槽，以左刀尖为刀位点，循环起点坐标（X38，Z−8），终点坐标（X33，Z−45）；切 ϕ25mm×22mm 宽槽，循环起点坐标（X38，Z−17），终点坐标（X33，Z−36）；粗加工时，X 向留 0.2mm 精车余量（直径值）。精加工切入点坐标（X38，Z−8），向下切深至 A（X33，Z−8），依次沿 B（X33，Z−13）、C（X29，Z−15）、D（X25，Z−17）、E（X25，Z−36）、F（X29，Z−38）、G（X33，Z−40）、H（X33，Z−45）所示轮廓进行精加工，最后切出点坐标设为（X38.0，Z−45）。

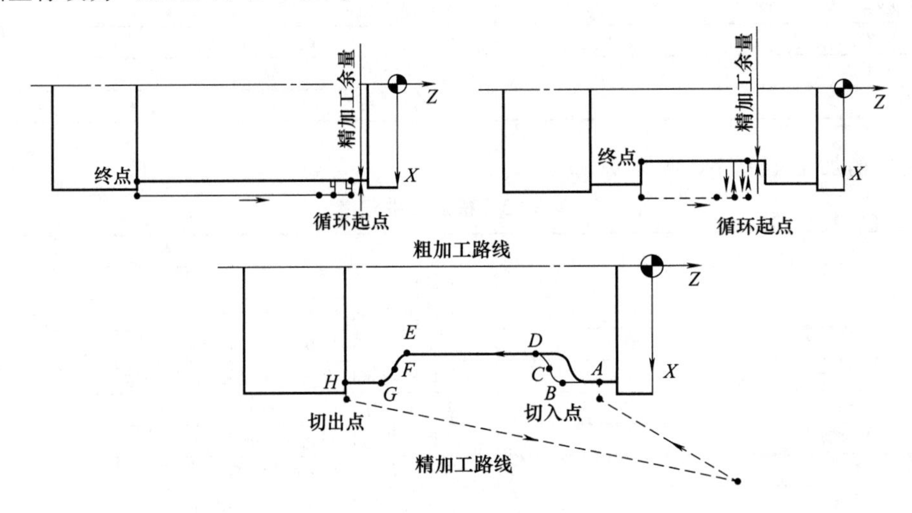

图 3-76 设计加工路线

(3) 编制加工程序（表 3-40）

表 3-40 梯形槽加工参考程序

参考程序	注释
O3031;	程序号
N10 T0202;	调用 02 号切槽刀，执行 02 号刀补
N20 M03 S400 M08;	主轴正转，转速为 400r/min，切削液开
N30 G00 X38.0 Z−8.0;	定位至粗加工循环起点
N40 G75 R0.5;	循环切 ϕ33mm×40mm 宽槽，直径方向留 0.2mm 精车余量
N50 G75 X33.2 Z−45.0 P2000 Q2400 F50;	
N60 G00 X38.0 Z−17.0;	定位至循环起点

续表

参考程序	注　　释
N70 G75 R0.5；	循环切 ϕ25mm×22mm 宽槽，直径方向留 0.2mm 精车余量
N80 G75 X25.2 Z－36.0 P2000 Q2400 F50；	
N90 G00 X100.0 Z100.0 M09；	退刀
N100 M05；	主轴停转
N110 M00；	程序暂停，检测并修改磨耗值
N120 T0202 S800 M03；	重新调用 02 号切槽刀，执行 02 刀补
N130 G00 X38.0 Z－8.0 M08；	定位至精加工的切入点
N140 G01 X33.0 F50；	进给量为 50mm/min，精加工轮廓
N150 Z－13.0；	
N160 G03 X29.0 Z－15.0 R2.0；	
N170 G02 X25.0 Z－17.0 R2.0；	
N180 G01 Z－36.0；	
N190 G02 X29.0 Z－38.0 R2.0；	
N200 G03 X33.0 Z－40.0 R2.0；	
N210 G01 Z－45.0；	
N220 X38.0；	
N230 G00 X100.0 Z100.0 M09；	程序结束部分
N240 M30；	程序结束

3.4.7　切断

(1) 切断工艺

切断是车床的常见加工操作，切断与凹槽加工的目的略有区别，因为切断是从棒料上分离出完整的工件，而凹槽加工是在工件上加工出有一定宽度、深度和精度的槽。

1）切断刀及选用

切断刀的设计与切槽刀相似，它们之间有一个主要区别，切断刀的伸出长度比切槽刀要长得多，这也使得它可以适用于深槽加工。切断刀刀刃宽度及刀头长度，不可任意确定。

切断刀主切削刃太宽，会造成切削力过大而引起振动，同时也会浪费工件材料；主切削刃太窄，又会削弱刀头强度，容易使刀头折断。通常，切断钢件或铸铁材料时，可用下面公式计算：

$$a=(0.5\sim0.6)\sqrt{D} \tag{3-1}$$

式中　a——主切削刃宽度，mm；

D——工件待加工表面直径。

切断刀太短，不能安全到达主轴旋转中心；刀具过长则没有足够的刚度，且在切断过程中会产生振动甚至折断。刀头长度 L，可用下列公式计算：

$$L=H+(2\sim3\text{mm}) \tag{3-2}$$

式中　L——刀头长度，mm；

H——切入深度，mm。

2）切断刀安装

切断刀安装时，切断刀的中心线必须与工件轴线垂直，以保证两副偏角对称。切断刀主切削刃，不能高于或低于工件中心，否则会使工件中心形成凸台，并损坏刀头。

3）切断工艺要点

① 如同切槽一样，冷却液需要应用在刀刃上，使用的冷却液应具有冷却和润滑的作用，一定要保证冷却液的压力足够大，尤其是加工大直径棒料时，压力可以使冷却液到达刀刃并冲走堆积的切屑。

② 当切断毛坯或不规则表面的工件时，切断前先用外圆车刀把工件车圆，或开始切断毛坯部分时，尽量减小进给量，以免发生“啃刀”。

③ 工件应装夹牢固，切断位置应尽可能靠近卡盘，当切断用一夹一顶装夹工件时，工件不应完全切断，而应在工件中心留一细杆，卸下工件后再用榔头敲断。否则，切断时会造成事故并折断切断刀。

④ 切断刀排屑不畅时，使切屑堵塞在槽内，造成刀头负荷增大而折断。故切断时应注意及时排屑，防止堵塞。

(2) 切断示例

以图 3-77 工件的切断为例，当工件其他结构加工完毕后，选用刃宽为 4mm 的切断刀，选择（X54.0，Z−89.0）为切断起点。刀具的切断时可用 G01 方式直接切断工件，如果切深大，还可用 G75 啄式切削方式。切断时切削速度通常为外圆切削速度的 60%～70%，进给量一般选择 0.05～0.3mm/r。

切断点 X 向应与工件外圆有足够的安全间隙。Z 向坐标与工件长度有关，又与刀位点选择在左或右刀尖有关。如图 3-77 所示，设刃宽 4mm 切断刀的刀位点为左刀尖时，切断的起始点的位置坐标为（X54.0，Z−89.0）；刀位点为右刀尖时，切断的起始点的位置坐标为（X54.0，Z−85.0）。

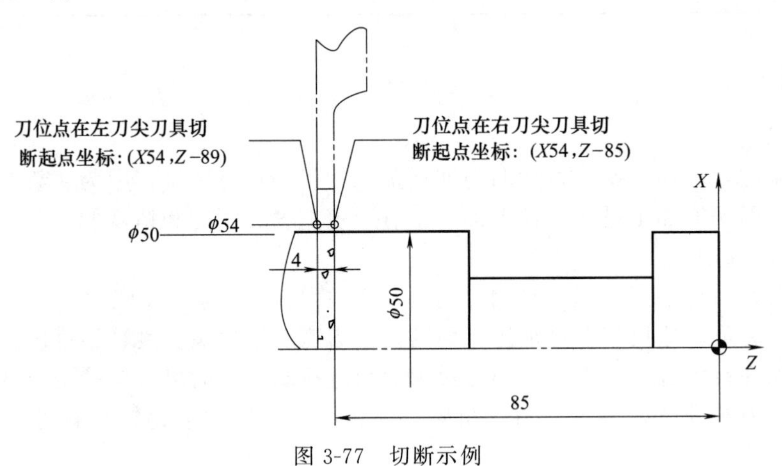

图 3-77 切断示例

① 用 G01 方式切断（表 3-41）

表 3-41 G01 方式切断参考程序

参考程序	注释
O3032；	程序名
N10 T0404；	调用 04 号切断刀，执行 04 号刀补
N20 G96 M03 S40；	恒线速切削，线速度为 40m/min
N30 G50 S1500；	限制主轴最高转速
N40 G00 X54.0 Z−89.0 M08；	快速到达切断起点（左刀尖对刀）开切削液
N50 G01 X0 F50；	切断
N60 G00 X54.0；	快速退至起刀点
N70 G00 X100.0 Z100.0；	快速退至换刀点
N80 M30；	程序结束

② 用 G75 方式切断（表 3-42）

(3) 用切断刀先切倒角，再切断示例

如图 3-78 所示，当工件的右端面上有倒角要求时，一般加工方法是：先切断，然后，掉头装夹车端面，保证 Z 向尺寸，再车倒角。

表 3-42 G75 方式切断参考程序

参考程序	注 释
O3033；	程序名
N10 T0404；	调用 04 号切断刀，执行 04 号刀补
N20 G96 M03 S40；	恒线速切削，线速度为 40m/min
N30 G50 S1500；	限制主轴最高转速
N40 G00 X54.0 Z−89.0 M08；	快速到达切断起点(左刀尖对刀)开切削液
N50 G75 R1.0；	设置 G75 加工参数
N60 G75 X0.0 P3000 F50；	
N70 G00 X100.0 Z100.0 M09；	快速退至换刀点，关切削液
N80 M30；	程序结束

当工件 Z 向尺寸要求不是很高情况下，切断刀切断工件前，可用切断刀先切倒角，然后切断工件，这样的好处是：免除掉头装夹车端面、倒角的麻烦。

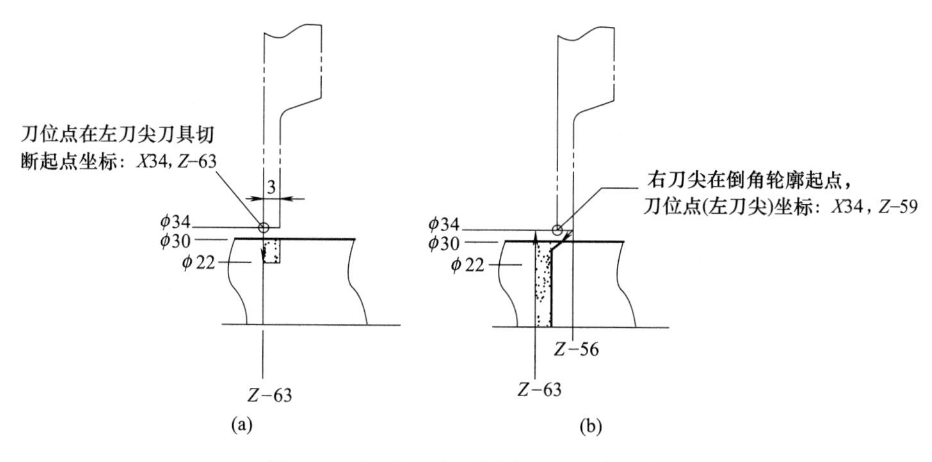

图 3-78 切断刀先切倒角，再切断示例

如图 3-78 所示，选用刃宽为 3mm 的切断刀，选择（X34，Z−63）为切断起点，刀具先切削 4mm 深度的槽，然后，刀具 X 向退到起点，调整刀具右刀尖到倒角轮廓的延长线上的一点，用右刀尖沿倒角轮廓切削，最后切断。参考程序见表 3-43。

表 3-43 先切倒角、再切断参考程序

参考程序	注 释
O3034；	程序名
N10 T0404；	调用 04 号切断刀，执行 04 号刀补
N20 G96 M03 S40；	恒线速切削，线速度为 40m/min
N30 G50 S1500；	限制主轴最高转速
N40 G00 X34.0 Z−63.0 M08；	快速到达切断起点(左刀尖对刀)开切削液
N50 G01 X22.0 F50；	向下切深至 ϕ22mm
N60 X34.0；	X 向退刀至起刀点
N70 Z−59.0	左刀尖至 Z−59.0，右刀尖至 Z−56.0
N80 X26.0 Z−63.0；	倒 C2 角
N90 X0；	切断
N100 G00 X34.0；	X 向退出工件
N110 X100.0 Z100.0 M09；	快速退至换刀点，关切削液
N120 M30；	程序结束

先倒角后切断加工技巧

① 刀具先切削一定深度的槽，槽的深度应大于倒角宽度。

② 刀具 X 向退到槽口上方，调整刀具右刀尖到倒角轮廓的起点。

③ 刀具右刀尖沿倒角轮廓切削，再随后切断工件。

④ 刀具返回起始位置。

3.5 螺纹加工

螺纹的种类很多，有三角螺纹、梯形螺纹、锯齿形螺纹及矩形螺纹等，它们各有特点。在车削螺纹时，要根据螺纹的特点，掌握螺纹车削的要领，车出符合质量要求的螺纹。

3.5.1 普通螺纹加工

(1) 普通螺纹加工概述

数控车床加工最多的是普通螺纹，螺纹牙形为三角形，牙型角为 60°，普通螺纹分粗牙普通螺纹和细牙普通螺纹。粗牙普通螺纹的螺距是标准螺距，其代号用字母“M”及公称直径表示，如 M16、M12 等。细牙普通螺纹代号用字母“M”及“公称直径×螺距”表示，如 M24×1.5、M27×2 等。左旋螺纹在代号末尾加注“左”字，如 M6 左、M16×1.5 左等，未注明的为右旋螺纹。

① 普通螺纹的尺寸计算

普通螺纹的牙型如图 3-79 所示，普通螺纹基本要素的尺寸计算公式见表 3-44。

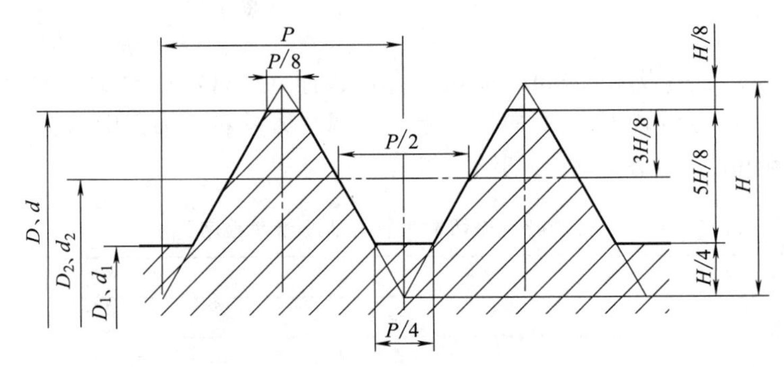

图 3-79 普通螺纹牙型

表 3-44 普通螺纹基本要素的尺寸计算公式

基本参数	外螺纹	内螺纹	计算公式
牙型角	α		$\alpha=60°$
螺纹大径（公称直径）/mm	d	D	$d=D$
螺纹中径/mm	d_2	D_2	$d_2=D_2=d-0.6495P$
牙型高度/mm	h_1		$h_1=0.5413P$
螺纹小径/mm	d_1	D_1	$D_1=d_1=d-1.0825P$

注：螺纹牙型理论高度 $H=0.866P$，当外螺纹牙底在 $H/4$ 处削平时，牙型高度 $h_1=0.5413P$；当外螺纹牙底在 $H/8$ 处削平时，牙型高度 $h_1=0.6495P$。

② 车螺纹前直径尺寸的确定

车外螺纹时，由于受车刀挤压会使螺纹大径尺寸涨大，所以车螺纹前大径一般应车的比基本尺寸小 0.2～0.4mm（约 0.13P），车好螺纹后牙顶处有 0.125P 的宽度（P 为螺距）。同理，车削三角形内螺纹时，内孔直径会缩小，所以车削内螺纹前的孔径要比内螺纹小径略大些，可采用下列近似公式计算：

车削外螺纹： $d_{底}=d-1.3P$ (3-3)

车削塑性金属的内螺纹： $D_{孔}\approx D-P$ (3-4)

车削脆性金属的内螺纹： $D_{孔}\approx D-1.05P$ (3-5)

式中 $d_{底}$——外螺纹的小径；

d——外螺纹公称直径；

$D_{孔}$——车内螺纹前的孔径；

D——内螺纹公称直径；

P——螺距。

③ 普通螺纹刀的选择

普通螺纹加工刀具刀尖角通常为 60°，螺纹车刀片的形状跟螺纹牙型一样，螺纹刀切削不仅用于切削，而且使螺纹成型。要保证螺纹牙型的精度，必须正确刃磨和安装车刀。

一般情况下，螺纹车刀切削部分的材料有高速钢和硬质合金两种。低速车削螺纹时，一般选用高速钢车刀；高速车削螺纹时，一般选用硬质合金车刀。如果工件材料是有色金属、铸钢或橡胶，可选用高速钢或 K 类硬质合金（如 K30）；若工件材料是钢料，则选用 P 类（如 P10）或 M 类硬质合金（M10 类）。

数控车床上车削普通三角螺纹一般选用精密级机夹可转位不重磨螺纹车刀，这种螺纹刀具的使用要根据螺纹的螺距选择刀片的型号，每种规格的刀片只能加工一个固定的螺距。图3-80 所示为数控机夹螺纹车刀。

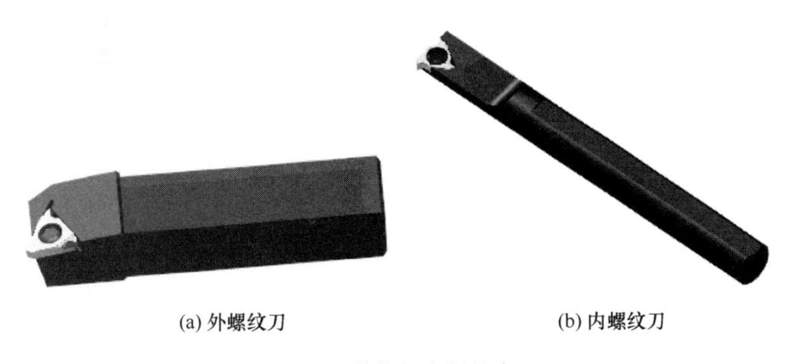

(a) 外螺纹刀　(b) 内螺纹刀

图 3-80 数控机夹螺纹车刀

④ 普通螺纹加工进刀方式

在数控车床上加工螺纹的进刀方式有直进式和斜进式，直进式车螺纹容易保证牙型的正确性，但车削时，车刀刀尖和两侧切削刃同时进行切削，切削力较大，容易产生扎刀现象，因此只适用于车削较小螺距的螺纹。用斜进法车削螺纹，刀具是单侧刃加工，排屑顺利，不易扎刀。当螺距 $P<3$mm 时，一般采用直进法；当螺距 $P\geqslant 3$mm 时，一般采用斜进法。

⑤ 螺纹零件的装夹

螺纹切削过程中，无论采用何种进刀方式，螺纹切削刀具经常是有两个或者两个以上的切削刃同时参与切削，与前面所讨论的槽加工相似，同样会产生较大的径向切削力，容易使工件产生松动现象。

因此，在螺纹类零件的装夹方式上，还是建议采用软卡爪且增大夹持面或者一顶一夹的装夹方式。以保证在螺纹切削过程中不会出现因工件松动、螺纹乱牙、工件报废的现象。

⑥ 螺纹加工过程

一个螺纹的车削需要多次切削加工而成，每次切削逐渐增加螺纹深度，否则，刀具寿命也比预期短得多。为实现多次切削的目的，机床主轴必须恒定转速旋转，且必须与进给运动保持同步，保证每次刀具切削开始位置相同，保证每次切削深度都在螺纹圆柱的同一位置上，最后一次走刀加工出适当的螺纹尺寸、形状、表面质量和公差，并得到合格的螺纹。

如图 3-81 所示，每次螺纹加工走刀至少有 4 次基本运动（直螺纹）。

运动 1：将刀具从起始位置沿径向（*X* 轴）快速移动至螺纹计划切削深度处。

运动 2：沿轴向加工螺纹，进给速度由螺距和主轴转速确定。

运动 3：刀具沿径向（*X* 向）快速退刀至螺纹加工区域外的位置。

运动 4：快速返回至螺纹切削起始位置。

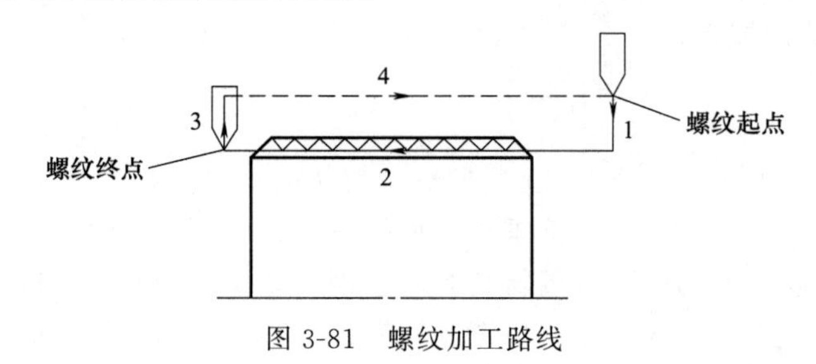

图 3-81 螺纹加工路线

（2）螺纹加工用量的选择

1）背吃刀量的选择

在螺纹加工中，背吃刀量 a_p 等于螺纹车刀切入工件表面的深度，如果其他刀刃同时参与切削应为各刀刃切入深度之和。由此可以看出，随着螺纹车刀的每次切入，背吃刀量在逐步地增加。受螺纹牙型截面大小和深度的影响，螺纹切削的背吃刀量可能是非常大的。而这一点不是操作者和编程人员能够轻易改变的。要使螺纹加工切削用量的选择搭配比较合理，必须合理地选择切削速度和进给量。

螺纹切削的进给量相当于加工中的每次切深。螺纹车削每次切深的确定要根据工件材料、工件刚性、刀具材料和刀具强度等诸多原因综合考虑，依靠经验，通过试车来确定，目前没有科学确定的数值。每次切深过小会增加走刀次数，影响切削效率，同时加剧刀具磨损。过大又容易出现扎刀、崩尖及螺纹掉牙现象。为避免上述现象发生，螺纹加工的每次切深一般都是选择递减型的。即随着螺纹深度步步加深，吃刀量越来越大，要相应地减小进给量。在螺纹切削复合循环指令当中，同样也是经常地采用递减的方式。常用螺纹切削的进给次数与背吃刀量见表 3-45。

表 3-45 常用螺纹切削的进给次数与背吃刀量 mm

螺距		1	1.5	2	2.5	3	3.5	4
牙深(半径值)		0.649	0.974	1.299	1.624	1.949	2.273	2.598
切削次数及背吃刀量（直径值）	1 次	0.7	0.8	0.9	1	1.2	1.5	1.5
	2 次	0.4	0.6	0.6	0.7	0.7	0.7	0.8
	3 次	0.2	0.4	0.6	0.6	0.6	0.6	0.6
	4 次		0.16	0.4	0.4	0.4	0.6	0.6
	5 次			0.1	0.4	0.4	0.4	0.4
	6 次				0.15	0.4	0.4	0.4
	7 次					0.2	0.2	0.4
	8 次						0.15	0.3
	9 次							0.2

2）主轴转速选择

在螺纹车削过程中，主轴速度的选择受到下面几个因素的影响。

① 螺纹加工程序段中指令的螺距值，相当于以 f（mm/r）进给量表示的进给速度 F，如果主轴转速选择得过高，其换算后的进给速度（mm/min）必定大大超过正常值。

② 刀具在位移过程的始、终，都受到伺服驱动系统升、降频率和数控装置插补运算速度的约束，由于升、降频特性满足不了加工需要等原因，则可能引起进给运动产生的“超前”和“滞后”，从而导致部分的螺距不符合要求。

③ 螺纹车削必须通过主轴的同步功能实现，需要有主轴脉冲发生器（编码器）。当主轴速度选择过高，通过编码器发出的定位脉冲将可能因“过冲”而导致工件螺纹产生乱牙现象。

根据上述现象，螺纹加工时主轴转速的确定应遵循以下原则。

① 在保证生产效率和正常切削的情况下，以选择较低的主轴转速。

② 当螺纹加工程序段中的升速进刀段（L_1）和降速退刀段（L_2）的长度值较大时，可选择适当高一些的主轴转速。

③ 当编码器所规定的允许工作转速超过机床所规定主轴的最大转速时，则可选择较高一些的主轴转速。

④ 车床的主轴转速将受到螺纹的螺距 P（或导程）大小、驱动电机的升降频特性，以及螺纹插补运算速度等多种因素影响，故对于不同的数控系统，推荐不同的主轴转速选择范围。

螺纹切削的开始及结束部分，一般由于伺服系统的滞后，螺纹导程会出现不规则现象，为了考虑这部分的螺纹精度，在数控车床上切削螺纹必须设置升速进刀段 L_1 和降速退刀段 L_2（见图 3-82），因此，加工螺纹的实际长度：除了螺纹的有效长度 L 外，还应包括升速段 L_1 和降速段 L_2 的距离（即 $L+L_1+L_2$），其数值与工件的螺距和转速有关，由各系统设定，一般大于一个导程。

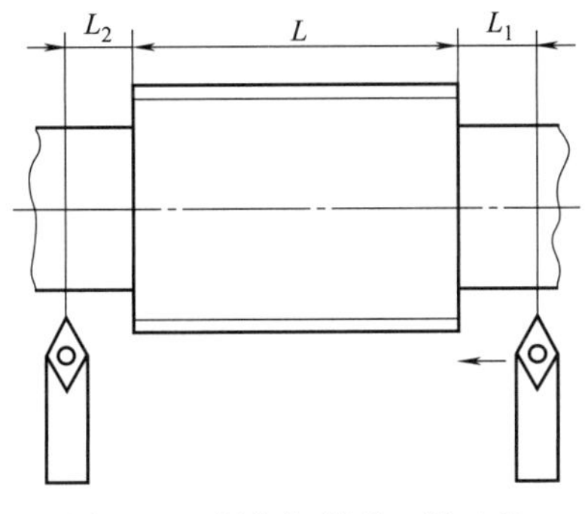

图 3-82 螺纹切削升、降速段

L_1—升速段；L_2—降速段

3.5.2 常用螺纹加工指令

不同的数控系统，车螺纹的编程指令有所不同。对于 GSK980TDi 系统来说，有连续螺纹切削代码 G32、螺纹循环切削代码 G92、螺纹多重循环切削代码 G76 三种指令可用于等螺距直螺纹、锥螺纹的车削。

(1) 等螺距螺纹切削指令（G32）

1）指令格式

```
G32  X(U)__ Z(W)__ F(I)__ J__ K__ Q__;
```

式中 X，Z——螺纹切削终点的绝对坐标值；

U，W——螺纹切削终点相对于螺纹切削起点的增量坐标值；

F——公制螺纹螺距，即主轴每转一圈刀具在长轴方向的进给量，取值范围是0.001～500.00mm，模态参数；

I——指定每英寸螺纹的牙数，为长轴方向1in（25.4mm）长度上螺纹的牙数，也可理解为长轴移动1in（25.4mm）时主轴旋转的圈数，取值范围是0.06～25400牙/in，模态参数；

J——螺纹退尾时在短轴方向的移动量（退尾量），单位为mm，带方向（即正负）；如果短轴是X轴，该值为半径指定；J值是模态参数；

K——螺纹退尾时在长轴方向的退尾起点，单位为mm，如果长轴是X轴，则该值为半径指定；不带方向；K值是模态参数。

Q——起始角，指主轴一转信号与螺纹切削起点的偏移角度。取值范围0～360000（单位为0.001°）。Q值是非模态参数，每次使用都必须指定，如果不指定就认为是0°。

Q的使用规则：

① 如果不指定Q，即默认为起始角0°。

② 对于连续螺纹切削，除第一段的Q有效外，后面螺纹切削段指定的Q无效，即使定义了Q也被忽略。

③ 由起始角定义分度形成的多头螺纹总头数不超过65535头。

④ Q的单位为0.001°，若与主轴一转信号偏移180°，程序中需输入Q180000，如果输入Q180或Q180.0，均认为是0.18°。

2）指令说明

① G32为模态G代码，其轨迹如图3-83所示。

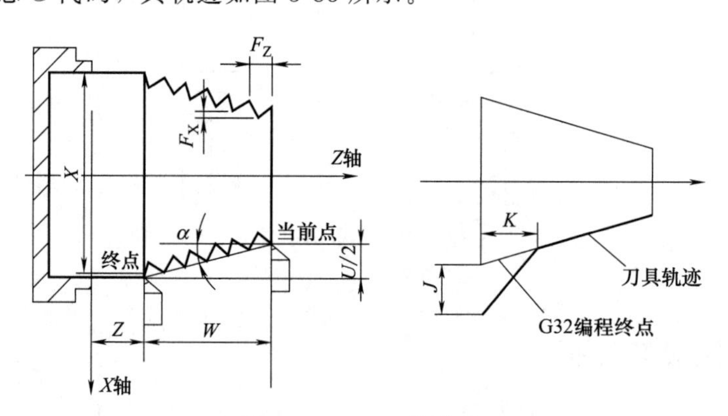

图3-83 G32运行轨迹

② 螺纹的导程是指主轴转一圈长轴的位移量（X轴位移量则按半径值）；起点和终点的X坐标值相同（不输入X或U）时，进行等螺距直螺纹切削；起点和终点的Z坐标值相同（不输入Z或W）时，进行等螺距端面螺纹切削；起点和终点X、Z坐标值都不相同时，进行等螺距锥螺纹切削，如图3-84所示。

③ 长轴、短轴的判断方法。

如图3-85所示，长轴、短轴的判断方法为：当$L_Z \geqslant L_X$（$\alpha \leqslant 45°$）时，Z轴为长轴；当

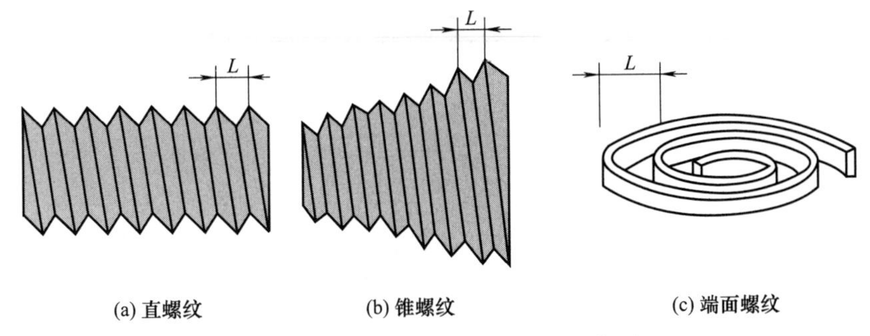

图 3-84 G32 螺纹加工指令适用范围

$L_X > L_Z$（$\alpha < 45°$）时，X 轴为长轴。

④ G32 应用注意事项

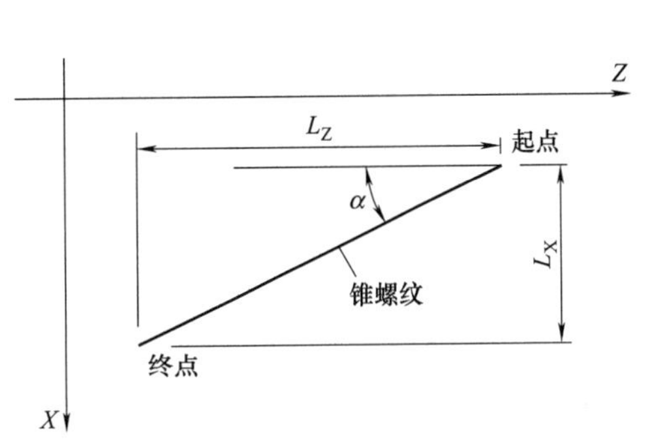

图 3-85 长轴与短轴的关系

a. J、K 是模态代码，连续螺纹切削且下一程序段省略 J、K 时，按前面的 J、K 值进行退尾，在执行非螺纹切削代码时取消 J、K 模态。

b. 省略 J 或 J、K 时，无退尾；省略 K 时，按 $K=J$ 退尾。

c. $J=0$ 或 $J=0$、$K=0$ 时，无退尾。

d. $J \neq 0$，$K=0$ 时，按 $J=K$ 退尾。

e. $J=0$，$K \neq 0$ 时，无退尾。

f. 当前程序段为螺纹切削，下一程序段也为螺纹切削，在下一程序段切削开始时不检测主轴位置编码器的一转信号，直接开始螺纹加工，此功能可实现连续螺纹加工。

g. 执行进给保持操作后，系统显示"暂停"，螺纹切削不停止，直到当前程序段执行完才停止运动；如为连续螺纹加工，则执行完螺纹切削程序段才停止运动，程序运行暂停。

h. 在单段运行，执行完当前程序段停止运动，如为连续螺纹加工，则执行完螺纹切削程序段才停止运动。

i. 系统复位、急停或驱动报警时，螺纹切削减速停止。

3）示例

例 1 如图 3-86 所示，圆柱螺纹 M30×1.5，$\delta_1=3$mm，$\delta_2=2$mm，编程加工该螺纹。

① 相关计算

螺纹牙高 $h=0.6495P=0.6495\times1.5=0.974$mm

螺纹小径 $d_2=D-2h=30-2\times0.974=28.05$mm

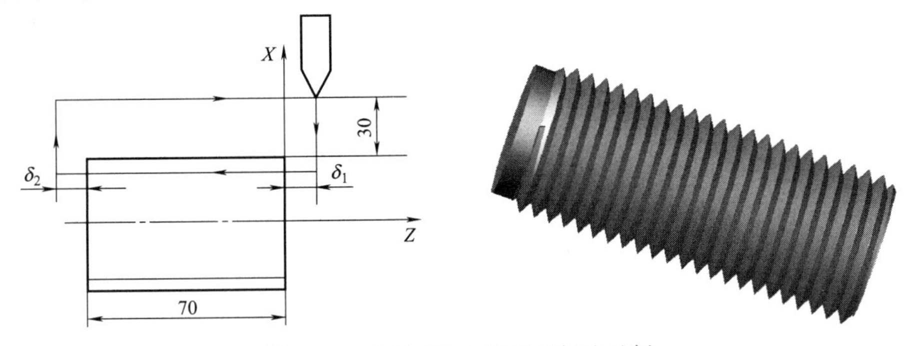

图 3-86 应用 G32 加工圆柱螺纹示例

② 程序编制（表 3-46）

表 3-46 应用 G32 编制圆柱螺纹参考程序

参考程序	注释
O3035；	程序名
N10 M03 S600 T0101；	选 1 号螺纹刀，主轴正转，转速为 600r/min
N20 G00 X32.0 Z3.0；	快速靠近工件
N30 X29.2；	X 向进刀，车第一刀
N40 G32 W－75.0 F1.5；	螺纹插补
N50 G00 X40.0；	X 向退刀
N60 W75.0；	Z 向退刀
N70 X28.6；	车第二刀
N80 G32 W－75.0 F1.5；	
N90 G00 X40.0；	
N100 W75.0；	
N110 X28.2；	车第三刀
N120 G32 W－75.0 F1.5；	
N130 G00 X40.0；	
N140 W75.0；	
N150 X28.05；	车第四刀
N160 G32 W－75.0 F1.5；	
N170 G00 X40.0；	
N180 X100.0 Z50.0；	快速退至安全点
N190 M05；	主轴停转
N200 M30；	程序结束

例 2 如图 3-87 所示，螺纹导程为 3.5mm，δ_1＝2mm，δ_2＝1mm，每次背吃刀量为 1mm。

参考程序如下：

```
……
N100 G00 X12.0；
N110 G32 X41.0 Z－43.0 F3.5；车螺纹第一刀
N120 G00 X50.0；
N130 Z2.0；
N140 X10.0；
N150 G32 X39.0 Z－43.0 F3.5；车螺纹第二刀
N160 G00 X50.0；
N170 Z2.0；
……
```

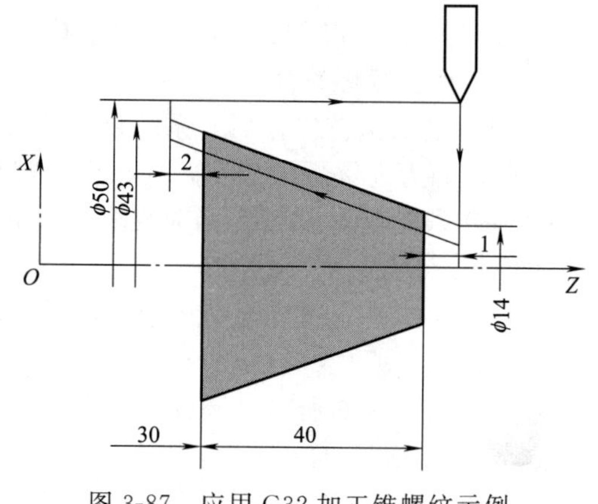

图 3-87 应用 G32 加工锥螺纹示例

（2）螺纹切削循环指令 G92

1）指令格式

```
G92 X(U)__ Z(W)__ R__ F(I)__ J__ K__ L__；
```

式中 X，Z——螺纹切削终点的绝对坐标值；

U，W——螺纹切削终点相对于螺纹循环起点的增量坐标值；

R——切削起点与切削终点 X 轴绝对坐标的差值（半径值）；

L——多头螺纹的头数，该值的范围是 1～99，模态参数，省略 L 时默认为单头螺纹。

其他参数与 G32 中的相同。

2）指令说明

① G92 为模态指令，指令的起点和终点相同，切削轨迹如图 3-88 所示。

② G92 指令轨迹包含下列四个步骤。

a. 刀具沿 X 轴从起点快速移动到切削起点。

b. 沿 Z 轴（或 X、Z 轴同时）从切削起点螺纹插补到切削终点。

c. 沿 X 轴以快速移动速度退刀（与步骤 a 方向相反），返回到 X 轴绝对坐标与起点相同处。

d. 沿 Z 轴快速移动返回到起点，循环结束。

③ 执行 G92 指令，在螺纹加工结束前有螺纹退尾过程，在距离螺纹切削终点固定长度（称为螺纹的退尾长度）处，在 Z 轴继续进行螺纹插补的同时，X 轴沿退刀方向指数式加速退出，Z 轴到达切削终点后，X 轴再以快速移动速度退刀。

④ G92 指令的螺纹退尾功能可用于加工没有退刀槽的螺纹，但仍需要在实际的螺纹起点前留出螺纹引入长度。

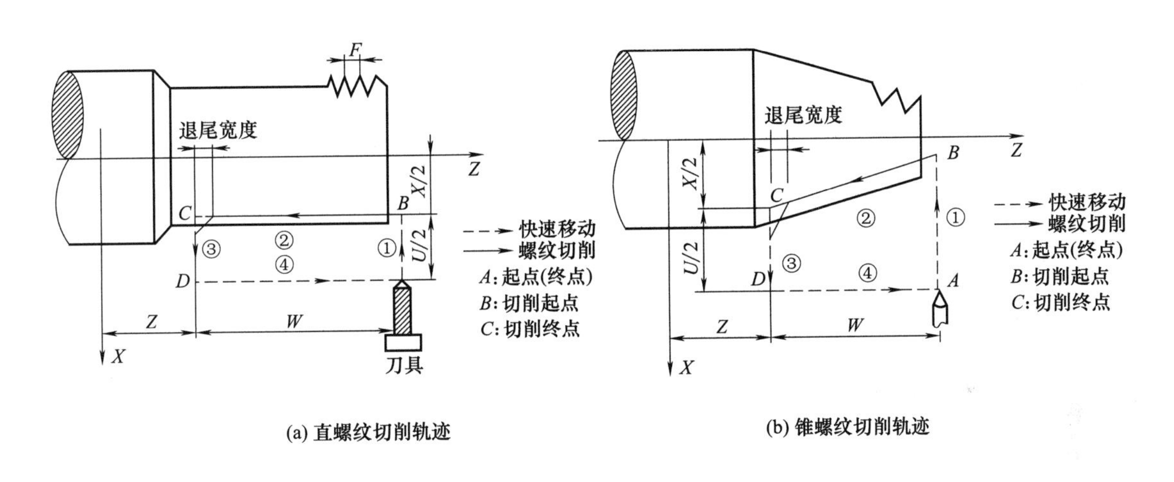

图 3-88　G92 指令轨迹

⑤ G92 指令可以分多次进刀完成一个螺纹的加工，但不能实现两个连续螺纹的加工，也不能加工端面螺纹。

⑥ 关于螺纹切削的注意事项，与 G32 指令相同。

⑦ U、W、R 反映螺纹切削终点与起点的相对位置，在符号不同时刀具轨迹与退尾方向如图 3-89 所示。

3）示例

例 1　加工如图 3-90 所示的 M30×2-6g 普通圆柱螺纹，试用 G92 指令编制螺纹加工程序。

① 相关计算

螺纹牙高：$h=0.6495P=0.6495\times2=1.299\text{mm}$

螺纹小径：$d_2=D-2h=30-2\times1.299=27.402\text{mm}$

(1) $U>0,\ W<0,\ R>0$

(2) $U<0,\ W<0,\ R<0$

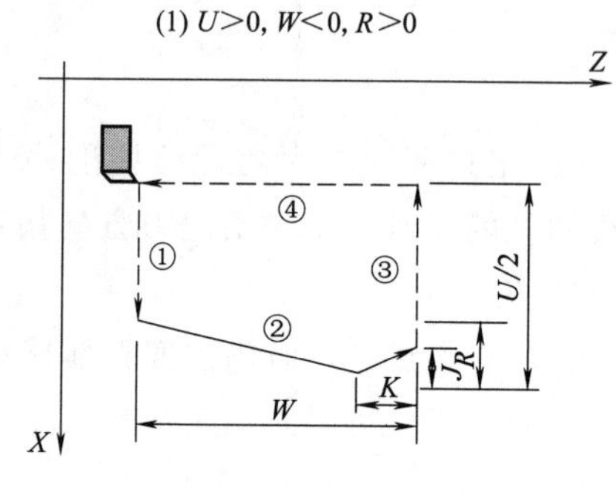

(3) $U>0,\ W>0,\ R<0$、$|R|\leqslant|U/2|$

(4) $U<0,\ W>0,\ R>0$、$|R|\leqslant|U/2|$

图 3-89　U、W、R 参数的符号

② 程序编制（表 3-47）

表 3-47　G92 应用示例加工参考程序

参考程序	注　　释
O3036；	程序名
N5 T0101；	选 1 号刀，执行 1 号刀补
N10 S800 M03；	主轴正转，转速为 800r/min
N20 G00 X35.0 Z104.0；	快速靠近工件
N30 G92 X29.4 Z53.0 F2.0；	车螺纹，第一刀
N40 X28.5；	第二刀
N50 X27.9；	第三刀
N60 X27.5；	第四刀
N70 X27.402	第五刀
N80 G00 X270.0 Z260.0；	快速退至参考点
N90 M05；	主轴停
N100 M30；	程序结束

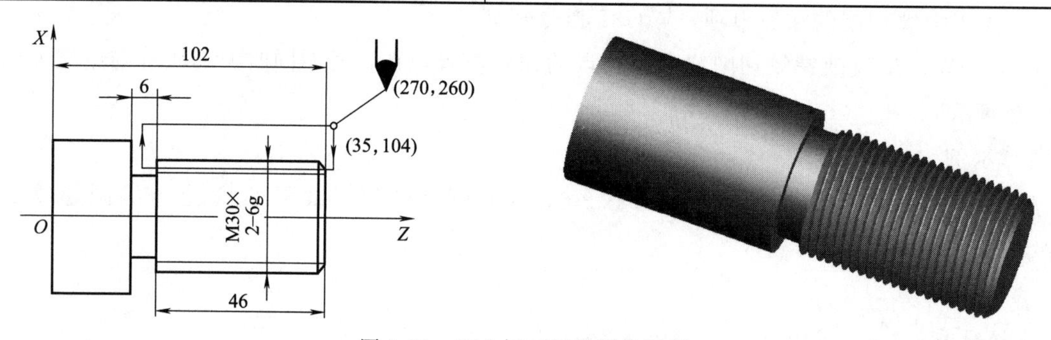

图 3-90　G92 加工圆柱螺纹示例

例2　加工如图3-91所示锥螺纹，螺距为1.5mm。

程序示例：

```
……
N60 G00 X22.0 Z0;
N70 G92 X19.2 Z－20.0 R－2.5 F1.5;        第一刀
N80 X18.8;                                 第二刀
N90 X18.5;                                 第三刀
N100 X18.38;                               第四刀
N110 G00 X50.0 Z30.0;
……
```

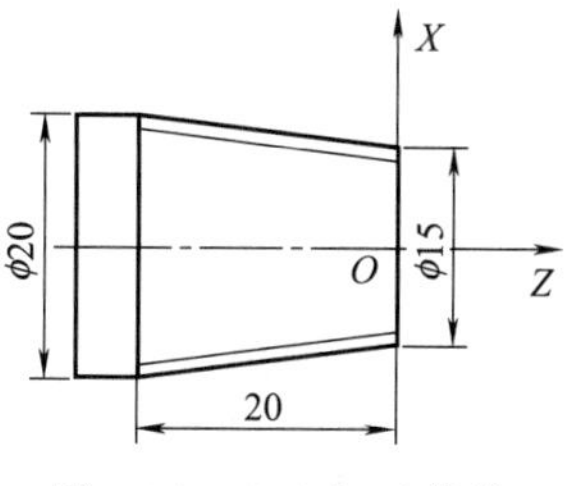

图3-91　G92加工外锥螺纹示例

(3) 复合型螺纹切削循环G76

1）指令格式

```
G76  P(m)(r)(a)  Q(Δdmin)  R(d);
G76  X(U)__  Z(W)__  R(i)  P(k)  Q(Δd)  F(I)__;
```

式中　X，Z——螺纹切削终点的绝对坐标值；

U，W——螺纹切削终点相对于螺纹循环起点的增量坐标值；

P(m)(r)(a)——m为指定最后螺纹精加工重复次数，其范围是1～99；r为螺纹倒角量，即螺纹退尾宽度，单位为$0.1\times L$（L作为导程），其范围是$0.01\sim9.9L$，以$0.1L$为一档，可以用00～99两位数值指定；a为刀尖角度，可从0、29°、30°、55°、60°和80°六个角度中选择合适的一种，用两位数表示，实际螺纹的角度由刀具角度决定，因此a应与刀具角度相同；m、r、α用地址P一次指定，如$m=2$，$r=10$，$\alpha=60°$时，可写成P021060；

Q(Δd_{min})——最小切入量（单位为0.001mm），无符号，半径值，其范围是0～9999999；当一次切入量$(\sqrt{n}-\sqrt{n-1})\times\Delta d$比$\Delta d_{min}$还小时，可用$\Delta d_{min}$作为一次切入量；设置$\Delta d_{min}$的目的是为了避免由于螺纹粗车切削量递减造成粗车切削量过小、粗车次数过多等问题；

R(d)——精加工余量（单位为0.001mm），其范围是0～9999999；

R(i)——螺纹部分的半径差，即螺纹锥度，单位为mm，半径指定，当$i=0$或缺省输入时将进行直螺纹切削；

P(k)——螺纹牙高（X轴方向的距离用半径值指令），单位为0.001mm，无符号；

Q(Δd)——第一次切削深度，单位为0.001mm，半径值，无符号；若缺省输入，系统将报警；

F——螺纹导程，单位为mm，其范围是0.001～500mm；

I——每英寸牙数，单位为牙/in，其范围是0.06～25400牙/in。

2）指令说明

① G76指令根据地址参数所给的数据，自动的计算中间点坐标，控制刀具进行多次螺纹切削循环直至到达编程尺寸。G76指令可加工带螺纹退尾的直螺纹和锥螺纹，可实现单侧刀刃螺纹切削，吃刀量逐渐减少，有利于保护刀具、提高螺纹精度。G76指令不能加工端面螺纹。

② G76指令循环过程如图3-92所示。

a. 从起点快速移动到B_1，螺纹切深为Δd。如果$a=0$，仅移动X轴；如果$a\neq0$，X轴和Z轴同时移动，移动方向与$A\rightarrow D$的方向相同。

b. 沿平行于$C\rightarrow D$的方向螺纹切削到与$D\rightarrow E$相交处（$r\neq0$时有退尾过程）。

c. 沿 X 轴快速移动到 E 点。

d. Z 轴快速移动到 A 点，单次粗车循环完成。

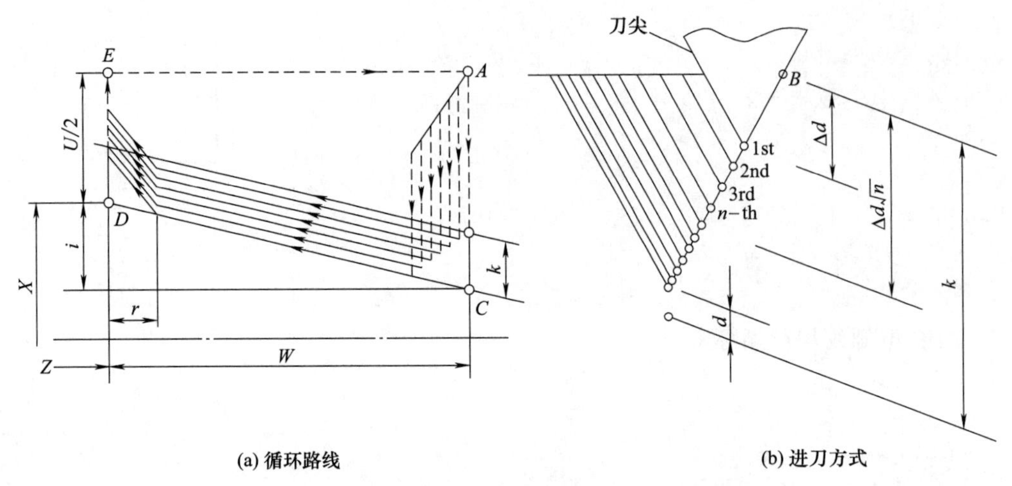

图 3-92 G76 指令的循环和进刀方式示意图

e. 再次快速移动进刀到 B_n（n 为粗车次数），切深取（$\sqrt{n}\times\Delta d$）与（$\sqrt{n-1}\times\Delta d+\Delta d_{\min}$）中的较大值，如果切深小于（$k-d$），转步骤 b 执行；如果切深大于或等于（$k-d$），按切深（$k-d$）进刀到 B_f 点，转步骤 f 执行最后一次螺纹粗车。

f. 沿平行于 $C\to D$ 的方向螺纹切削到与 $D\to E$ 相交处（$r\neq 0$ 时有退尾过程）。

g. X 轴快速移动到 E 点。

h. 沿 Z 轴快速移动到 A 点，螺纹粗车循环完成，开始螺纹精车。

i. 快速移动到 B_e 点（螺纹切深为 k、切削量为 d）后，进行螺纹精车，最后返回 A 点，完成一次螺纹精车循环。

j. 如果精车循环次数小于 m，转步骤 i 进行下一次精车循环，螺纹切深仍为 k，切削量为 0；如果精车循环次数等于 m，G76 复合螺纹加工循环结束。

3）示例

如图 3-93 所示零件，试用 G76 指令编制螺纹加工程序。

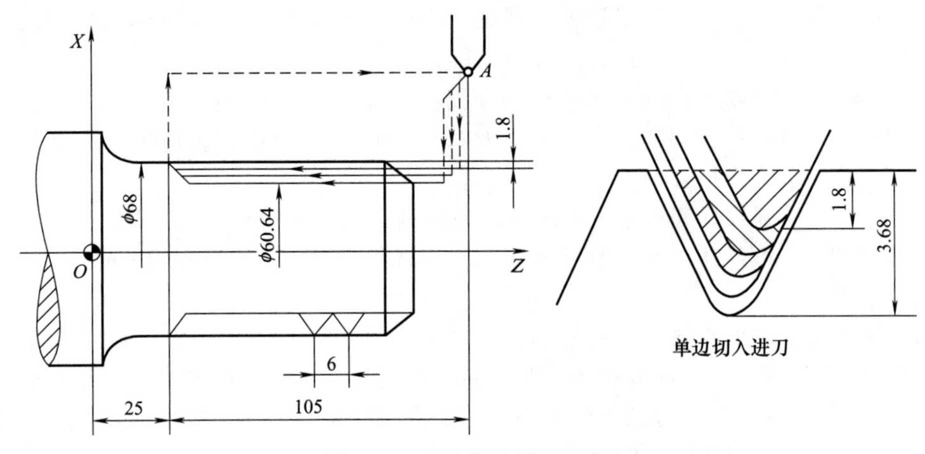

图 3-93 G76 指令编程示例

① 参数的选择

a. A 点位置。A 点应在毛坯之外，以保证快速进给的安全，并且，还应保证螺纹切削精度，Z 轴方向应大于升速进刀段 δ_1。

b. m 值的选取。精加工进给次数，选 $m=1$。

c. r 值的选取。r 值若选得过大，在近似 45°方向上退刀时，不能保证螺纹长度；若选得过小，则收尾部分太短，若用收尾部分进行螺纹密封时，效果欠佳。若设计有要求，则按要求设定，本例按 1 个螺距选取，$r=10$。

d. a 的确定。公制螺纹，牙形角 $a=60°$。

e. Δd_{min} 的确定。最小切入增量为 0.1mm，则 $\Delta d_{min}=100$。

f. d 的确定。精加工余量选 0.2mm，则 $d=200$。

g. k 值的确定。牙形高为 3.68mm，则 $k=3680$。

h. Δd 的确定。第 1 次切入量为 1.8mm，则 $\Delta d=1800$。

② 参考程序（表 3-48）

表 3-48 G76 应用示例参考程序

参考程序	注释
O3037;	程序名
N10 G99 M03 S800;	主轴正转,转速为 800r/min
N20 T0303;	换 3 号螺纹刀
N30 G00 X80.0 Z130.0;	快速移动到 A 点
N40 G76 P011060 Q100 R200;	指令 m、r、a、Δd_{min}、d 值
N50 G76 X60.64 Z25.0 P3680 Q1800 F6.0;	指令螺纹终点坐标值及 k、Δd、F 值
N60 G00 X100.0 Z50.0;	快速退至安全点
N70 M30;	程序结束

3.5.3 梯形螺纹加工

(1) 梯形螺纹加工的工艺分析

1）梯形螺纹的尺寸计算

梯形螺纹的代号用字母“Tr”及公称直径×螺距表示，单位均为 mm。左旋螺纹需在尺寸规格之后加注“LH”，右旋则不用标注。例如 Tr36×6，Tr44×8LH 等。

国标规定，公制梯形螺纹的牙型角为 30°。梯形螺纹的牙型如图 3-94 所示，各基本尺寸计算公式如表 3-49 所示。

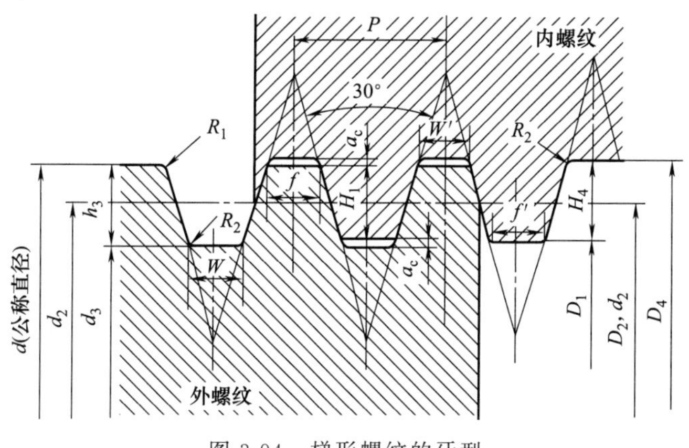

图 3-94 梯形螺纹的牙型

2）梯形螺纹在数控车床上的加工方法

① 直进法

螺纹车刀 X 向间歇进给至牙深处，如图 3-95（a）所示。采用此种方法加工梯形螺纹时，

表 3-49 梯形螺纹基本尺寸计算公式

名称		代号	计算公式			
牙型角		α	$\alpha=30°$			
螺距		P	由螺纹标准确定			
牙顶间隙		a_c	P	2～5	6～12	14～44
			a_c	0.25	0.5	1
基本牙型高度		H_1	$H_1=0.5P$			
牙型高度	外螺纹	h_3	$h_3=H_1+a_c=0.5P+a_c$			
	内螺纹	H_4	$H_4=H_1+a_c=0.5P+a_c$			
牙顶高		Z	$Z=0.25P$			
大径	外螺纹	d	公称直径			
	内螺纹	D_4	$D_4=d+2a_c$			
中径		d_2、D_2	$d_2=D_2=d-0.5P$			
小径	外螺纹	d_3	$d_3=d-2h_3$			
	内螺纹	D_1	$D_1=d-2H_1=d-P$			
外螺纹牙顶圆角		R_1	$R_{1max}=0.5a_c$			
牙底圆角		R_2	$R_{2max}=a_c$			
牙顶宽		f	$f=0.366P$			
齿根槽宽		W	$W=0.366P-0.536a_c$			

螺纹车刀的三面都参加切削，导致加工排屑困难，切削力和切削热增加，刀尖磨损严重。当进刀量过大时，还可能产生“扎刀”和“爆刀”现象。这种方法数控车床可采用指令 G92 来实现，但是很显然，这种方法是不可取的。

② 斜进法

螺纹车刀沿牙型角方向斜向间歇进给至牙深处，如图 3-95（b）所示。采用此种方法加工梯形螺纹时，螺纹车刀始终只有一个侧刃参加切削，从而使排屑比较顺利，刀尖的受力和受热情况有所改善，在车削中不易引起“扎刀”现象。该方法在数控车床上可采用 G76 指令来实现。

③ 交错切削法

螺纹车刀沿牙型角方向交错间歇进给至牙深，如图 3-95（c）所示。该方法类同于斜进法，也可在数控车床上采用 G76 指令来实现。

④ 切槽刀粗切槽法

该方法先用切槽刀粗切出螺纹槽，如图 3-95（d）所示，再用梯形螺纹车刀加工螺纹两侧面。这种方法的编程与加工在数控车床上较难实现。

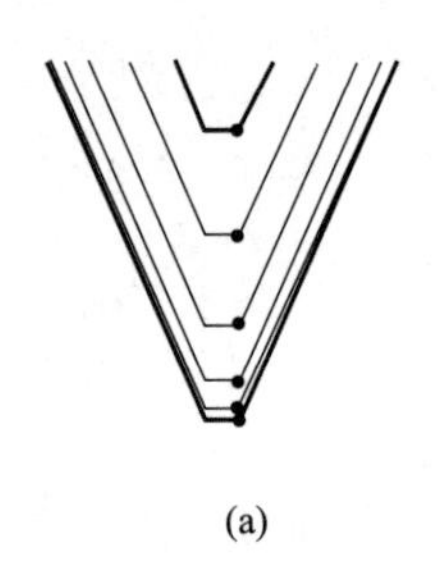
(a)

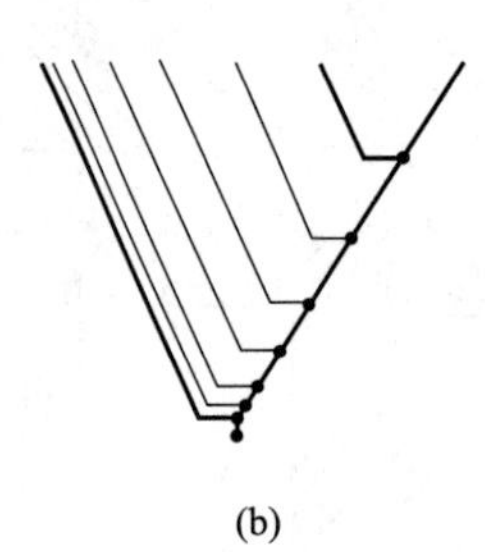
(b)

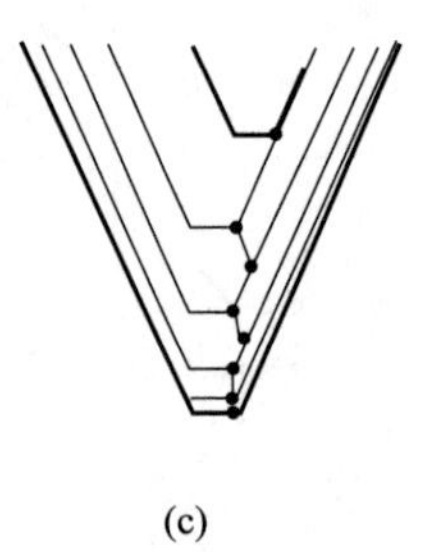
(c)

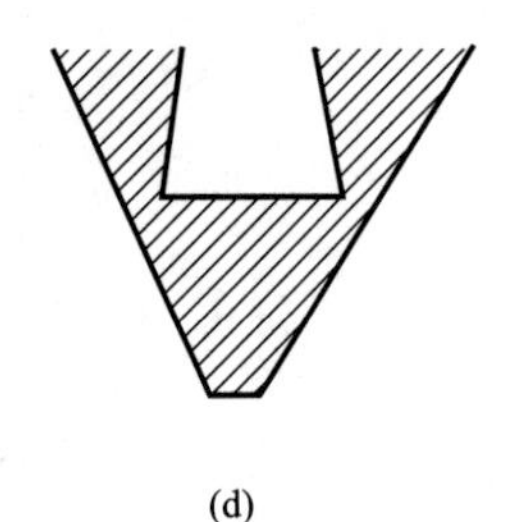
(d)

图 3-95 梯形螺纹的几种切削方法

3）梯形螺纹车刀的安装

① 车刀的主切削刃必须与工件轴线等高。

② 刀头的角平分线要垂直于工件轴线。

③ 用样板找正装夹，以免产生螺纹半角误差，如图 3-96 所示。

4）梯形螺纹的测量

梯形螺纹的测量分综合测量、三针测量和单针测量三种。三针测量螺纹中径用三针测量螺纹中径是一种比较精密的测量方法。测量时将三根量针放置在螺纹两侧相对应的螺旋槽内，用千分尺量出两边量针顶点之间的距离 M（图 3-97）。根据 M 值可以计算出螺纹中径的实际尺寸。三针测量时，M 值和中径 d_D 的计算公式如下：

$$M=d_2+4.864d_D+1.866P \qquad (3\text{-}6)$$

式中　M——测量值；

d_D——测量用量针的直径；

d_2——梯形螺纹的中径。

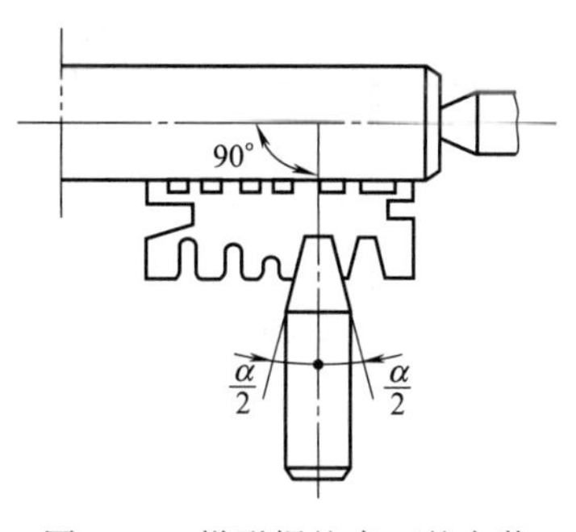

图 3-96　梯形螺纹车刀的安装

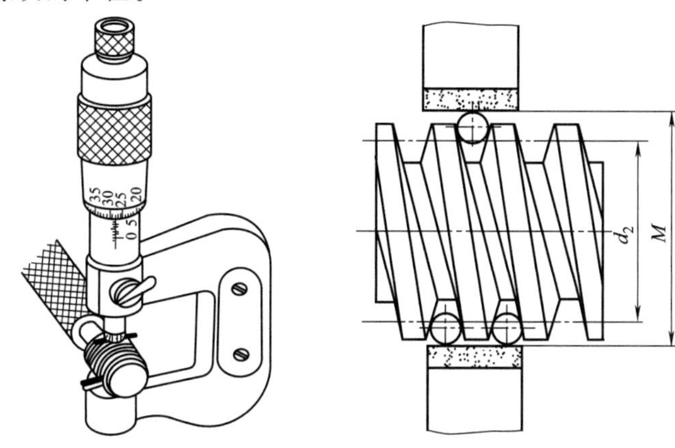

图 3-97　三针测量螺纹中径

测量时所用的三根直径相等的圆柱形量针，是由量具制造厂专门制造的。量针直径 d_D 不能太大或太小。最佳量针直径是指量针横截面与螺纹中径处牙侧相切时的量针直径［图 3-98（b）］。选用量针时，应尽量接近最佳值，以便获得较高的测量精度。

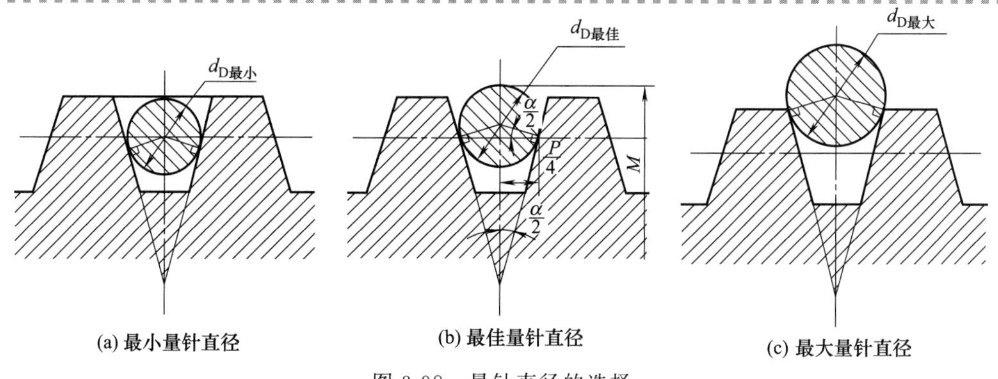

(a) 最小量针直径　(b) 最佳量针直径　(c) 最大量针直径

图 3-98　量针直径的选择

（2）梯形螺纹编程示例

根据图 3-99 所示，编制其梯形螺纹加工程序。

其中：精加工次数为 2，斜向退刀量取 10，实际退刀量为一个导程，刀尖角 30°，最小切深取 0.02mm，即 20，精加工余量 0.1mm，螺纹半径差为 0，牙型高度计算为 3.5mm，第一次的

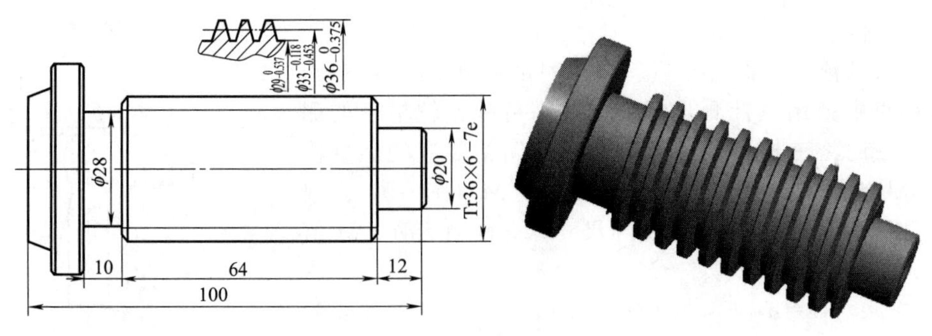

图 3-99 梯形螺纹零件图

切深为 0.7mm，导程即螺距为 6mm，螺纹小径为 29.0mm，螺纹终点坐标（29.0，−81.0）。

梯形螺纹加工程序见表 3-50。

表 3-50 梯形螺纹加工程序

参考程序	注释
O3038；	
N10 T0101 S100 M03；	调用 1 号 T 形螺纹刀及 1 号刀具补偿
N20 G00 X60.0 Z12.0 M08；	快速靠近螺纹车削起始点
N30 G76 P021030 Q20 R100；	多重复合螺纹循环
N40 G76 X29.0 Z−81.0 P3500 Q700 F6.0；	
N50 G00 X100.0 Z100.0 M09；	快速返回换刀点
N60 M30；	程序结束

加工梯形螺纹时 Z 向刀具偏置值的计算

在梯形螺纹的实际加工中，由于刀尖宽度并不等于槽底宽，在经过一次 G76 切削循环后，仍无法正确控制螺纹中径等各项尺寸。为此，可经刀具 Z 向偏置后，再次进行 G76 循环加工，即可解决以上问题。为了提高加工效率，最好只进行一次偏置加工，故必须精确计算 Z 向的偏置量，Z 向偏置量的计算方法如图 3-100 所示，其计算过程如下：

设 $M_{实测}-M_{理论}=2AO_1=\delta$，则 $AO_1=\delta/2$；

在图 3-100（b）中，O_1O_2CE 为平行四边形，则 $\triangle AO_1O_2\cong\triangle BCE$，$AO_2=EB$；$\triangle CEF$ 为等腰三角形，则 $EF=2EB=2AO_2$。

$AO_2=AO_1\times\tan(\angle AO_1O_2)=\tan15°\times\delta/2$

Z 向偏置量 $EF=2AO_2=\delta\times\tan15°=0.268\delta$

实际加工时，在一次循环结束后，用三针测量实测 M 值，计算出刀具 Z 向偏置量，然后在刀补参数中设置 Z 向刀偏量，再次用 G76 循环加工就能一次性精确控制中径等螺纹参数值。

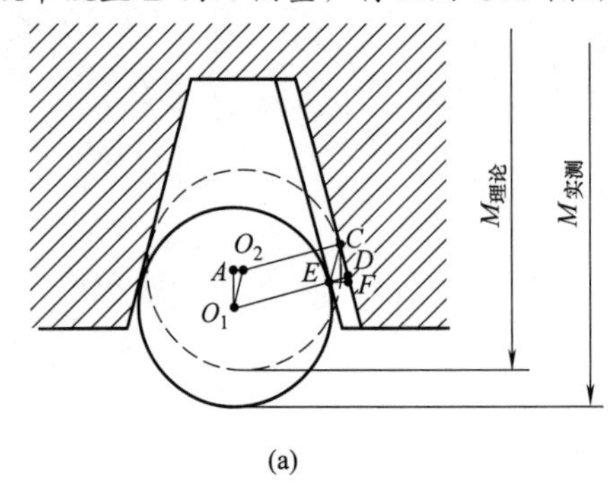

(a)

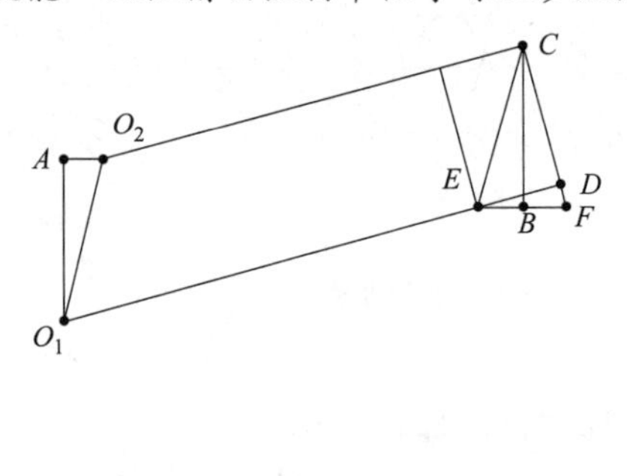

(b)

图 3-100 Z 向刀具偏置量的计算

3.5.4 多线螺纹的加工

(1) 多线螺纹加工工艺分析

1) 多线螺纹的概念

由一条螺旋线形成的螺纹叫单线(单头)螺纹,由两条或两条以上的轴向等距分布的螺旋线所形成的螺纹叫多线(多头)螺纹。多线螺纹每旋转一周时,能移动几倍的螺距,它多用于快速机构中。在数控车床上加工多线螺纹是常用的加工方法之一。

按照 GB/T 197—2018《普通螺纹 公差》的规定,多线螺纹的尺寸代号为"公称直径×Ph(导程)P(螺距)"。例如,Tr10×Ph4P2,表示梯形螺纹,螺距 2mm,导程 4mm。

2) 车削多线螺纹的分线方法

多线螺纹的各螺旋槽在轴向和圆周上都是等距分成的,解决等距分布的问题叫做分线。在数控机床上车削多线螺纹的关键是分线要准确,其工艺、刀具方面与普通机床基本相同。根据各螺旋线在轴向等距或圆周上等角度分布的特点,分线方法有轴向分线法和圆周分线法。

① 轴向分线法

轴向分线法是当车好一条螺旋槽后,把车刀沿工件轴向移动一个螺距,再车削另一条螺旋槽的分线法。这种方法只要精确地控制车刀移动的距离,就能完成分线工作。

② 圆周分线法

多线螺纹的各螺旋线在圆周上是等角度分布的,所以当车好第一条螺旋槽后,工件转过一个角度 α,再车出另外一条螺旋槽,这种分线方法称圆周分线法。这种方法只要精确地控制工件转动的角度,就能完成分线工作。

(2) 多线螺纹编程方法

多线螺纹的编程方法和单线螺纹相似,采用改变切削螺纹初始位置或初始角来实现。

① 应用 G32 指令来加工多线螺纹

通过改变 G32 指令中的 Q 值,来改变切削螺纹的初始角,从而实现多线螺纹的加工。Q 的单位为 0.001°,若与主轴一转信号偏移 180°,程序中需输入 Q180000。如果输入 Q180 或 Q180.0,均认为是 0.18°。

② 应用 G92 指令来加工多线螺纹

G92 指令是简单螺纹切削循环指令,我们可以利用先加工一个单线螺纹,然后根据多线螺纹的结构特性,在 Z 轴方向上移过一个螺距,从而实现多线螺纹的加工。也可以应用 G92 中的螺纹头数进行编程,如加工 M30×3/2 双线螺纹,程序为"G92 X29.2 Z−50.0 F3.0 L2",其中,F3.0 指螺纹的导程是 3mm,L2 指螺纹的头数是 2。

③ 应用 G76 指令加工多线螺纹

应用 G76 指令加工多线螺纹时,也是采用螺纹循环的起点向前或向后移动一个螺距距离的方法编程。广数 980 系列在 G76 程序段中是不能实现多头螺纹加工的。

(3) 编程示例

如图 3-101 所示的零件,编制该零件左端螺纹的加工程序,程序见表 3-51。

表 3-51 多线螺纹加工程序

参考程序	注 释
O3039;	程序名
N10 T0101 S100 M03;	选 01 号内螺纹刀具,执行 01 号刀补
N20 G00 X28.0 Z8.0;	快速接近工件
N30 G01 X34.0 F300;	X 向进刀
N40 G32 Z−26.0.0 F6.0 P0;	螺纹车削 第一头 第一刀
N50 G00 X28.0 F300;	X 向退刀

续表

参考程序	注　　释
N60 Z8.0；	Z 向退刀
N70 X34.0 F300；	X 向进刀
N80 G32 Z－26.0 F6.0 P180000；	第二头 第一刀
N90 G00 X28.0 F300；	X 向退刀
N100 Z8.0；	Z 向退刀
N110 X32.6 F300；	X 向进刀
N120 G32 Z－26.0.0 F6.0 P0；	第一头 第二刀
N130 G00 X28.0 F300；	X 向退刀
N140 Z8.0；	Z 向退刀
N150 X32.6 F300；	X 向进刀
N160 G32 Z－26.0 F6.0 P180000；	第二头 第二刀
N170 G00 X28.0 F300；	X 向退刀
N180 Z8.0；	Z 向退刀
N190 G00 X100.0 Z100.0；	快速返回换刀点
N200 M05；	主轴停
N210 M02；	程序结束

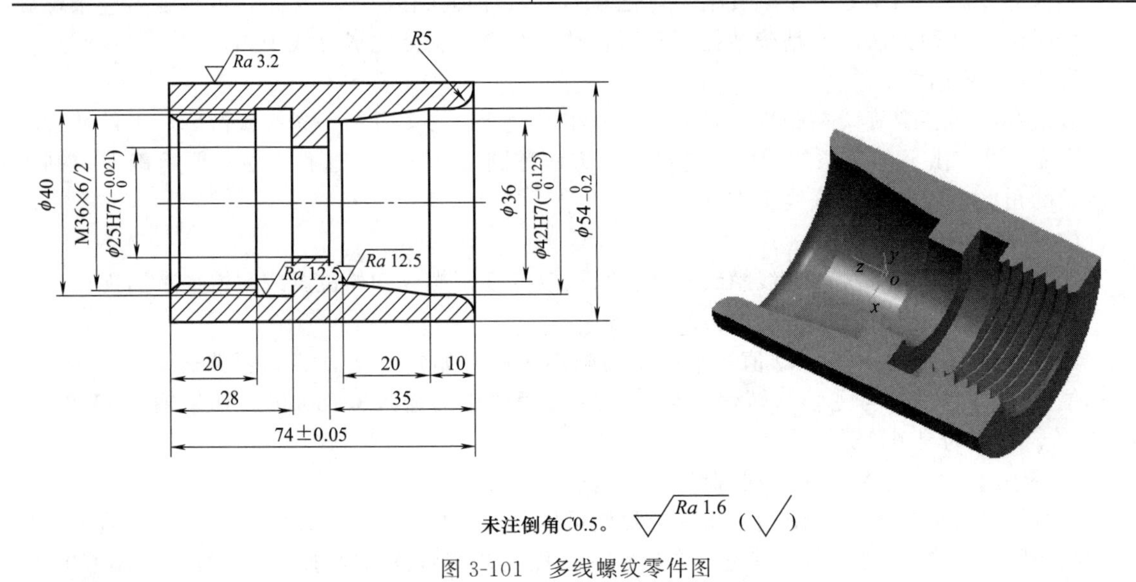

图 3-101　多线螺纹零件图

3.6 非圆曲线的加工

3.6.1 宏程序

(1) 宏程序概念

以一组子程序的形式存储并带有变量的程序称为用户宏程序，简称宏程序；调用宏程序的指令称为“用户宏程序指令”，或宏程序调用指令（简称宏指令）。GSK980TDi 用户宏程序功能有 A、B 两种类型，由于 B 类宏程序，在编程加工中，它更方便、更实用，本书主要介绍 B 类宏程序的基本使用方法。

使用 B 类宏程序编程时，操作者只需会使用用户宏命令即可，而不必记忆用户宏主（本）体。用户宏程序的最大特征有以下几个方面。

① 可以在用户宏程序中使用变量。

② 可以进行变量之间的运算。

③ 用户宏命令可以对变量进行赋值。

(2) 变量

用一个可赋值的代号代替具体的数值，这个代号就称为变量。使用用户宏程序时的主要方便之处在于可以用变量代替具体数值，因而在加工同一类的零件时，只需将实际的值赋予变量即可，而不需要对每一个零件都编一个程序。

1）变量的表示

变量由变量符号“♯”和变量号（阿拉伯数字）组成，如♯1、♯20等。变量也可由变量符号“♯”和表达式组成，如♯［♯1+10］。

2）变量的种类

按变量号可将变量分为空变量、局部（local）变量、公共（common）变量、系统（system）变量，其用途和性质都是不同的，见表3-52。

表3-52　变量种类

变量号	变量类型	功　　能
♯0	空变量	该变量总是空，没有值能赋给该变量
♯1～♯33	局部变量	局部变量只能用在宏程序中存储数据，例如，运算结果。当断电时，局部变量被初始化为空。调用宏程序时，自变量对局部变量赋值
♯100～♯199 ♯500～♯999	公共变量	公共变量在不同的宏程序中的意义相同。当断电时，变量♯100～♯199被初始化为空，变量♯500～♯999的数值被保存，即使断电也不丢失
♯1000～	系统变量	系统变量是根据用途而被固定的变量，它的值决定系统的状态

3）变量的引用

将跟随在地址符后的数值用变量来代替的过程称为引用变量。同样，引用变量也可以用表达式。

① 用变量置换地址后数值。

格式：<地址>＋“♯ I”或<地址>＋“－♯ I”，表示把变量“♯ I”的值或把变量“♯ I”的值的负值作为地址值。

示例：当♯100＝100.0、♯101＝50.0、♯103＝80.0时，程序段“G01 X♯100 Z－♯101 F［♯101＋♯103］”与程序段“G01 X100.0 Z－50.0 F130”表示的含义相同。

② 用变量置换变量号

格式：“♯”＋“9”＋置换变量号。

示例：♯100＝205时，♯205＝500时，“X♯9100”和“X500”代码功能相同；“X－♯9100”和“X－500”代码功能相同。

① 地址O、G和N不能引用变量。如O♯100，G♯101，N♯120为非法引用。

② 如超过地址规定的最大代码值，则不能使用；如当♯130＝120时，M♯230超过了最大代码值。

(3) 运算符

GSK980TDb系统常用的运算符见表3-53。

说明：1）在SIN、COS、TAN、ATAN中所用的角度单位是度，分和秒要换算成带小数点的度。如90°30′表示90.5°，而30°18′表示30.3°。

表 3-53 GSK980TDb 系统常用的运算符

功能	表达式格式	备 注
定义或赋值	#i=#j	#100=#1,#100=30.0
加法	#i=#j + #k	#100=#1+#2
减法	#i=#j − #k	#100=#100.0−#2
乘法	#i=#j * #k	#100=#1*#2
除法	#i=#j / #k	#100=#1/30
或	#i=#j OR #k	用二进制数按位进行逻辑操作
与	#i=#j AND #K	
异或	#i=#j XOR #K	
平方根	#i=SQRT[#j]	#100=SQRT[#1*#1−100] #100=EXP[#1]
绝对值	#i=ABS[#j]	
舍入	#i=ROUND[#j]	
上取整	#i=FUP [#j]	
下取整	#i=FIX [#j]	
自然对数	#i=LN[#j]	
指数函数	#i=EXP[#j]	
正弦	#i=SIN[#j]	#100=SIN[#1] #100=COS[36.3+#2] #100=ATAN[#1]/[#2]
反正弦	#i=ASIN[#j]	
余弦	#i=COS[#j]	
反余弦	#i=ACOS[#j]	
正切	#i=TAN[#j]	
反正切	#i=ATAN[#i]/[#j]	
从 BCD 转为 BIN	#i=BIN[#j]	用于与 PMC 间信号的交换
从 BIN 转为 BCD	#i=BCD[#j]	

2）在 ATAN 之后的两个变量用“/”分开，结果在 0°和 360°之间。如当#1=ATANT[1]/[−1] 时，#1=135.0。

3）当 ROUND 功能包含在算术或逻辑操作、IF 语句、WHILE 语句中时，将保留小数点后一位，其余位进行四舍五入。如#1=ROUND [#2]；其中#2=1.2345，则#1=1.0。

4）上取整和下取整。

例：#1=1.2、#2=−1.2。

则：#3=FUP [#1]，结果#3=2.0，#3=FIX [#1]，结果#3=1.0；

#3=FUP [#2]，结果#3=−2.0，#3=FIX [#2]，结果#3=−1.0。

5）宏程序数学计算的次序依次为：函数运算（SIN、COS、ATAN 等），乘和除运算（*、/、AND 等），加和减运算（+、−、OR、XOR 等）。

6）函数中的括号。括号用于改变运算次序，函数中的括号允许嵌套使用，但最多只允许嵌套 5 级。[例] #1=SIN[[[#2+#3]*4+#5]/#6]。

提示

在加工程序中，方括号用于封闭表达式，圆括号用于注释。

(4) 语句

在程序中，如果有相同轨迹的指令，可通过语句改变程序的流向，让其反复循环运算执行，即可达到简化程序的目的。常用的控制指令有以下几种。

1）无条件转移（GOTO n）

```
例如：N10  G00 X50.0 Z10.0;
      N20  G01 X45.0 F0.2;
      N30  G01 Z0.0;
      N40  GOTO 20;
```

表示执行 N40 程序段时，程序无条件转移到 N20 程序段继续运行。

2）条件语句〈IF 语句〉

① GOTO 格式

IF［条件表达式］GOTO n(n＝顺序号 ）

条件式表达式成立时，从顺序号为 n 的程序段往下执行；条件式表达式不成立时，执行下一个程序段。

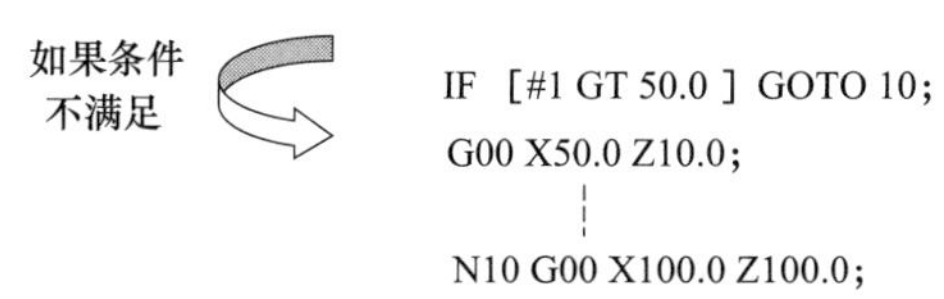

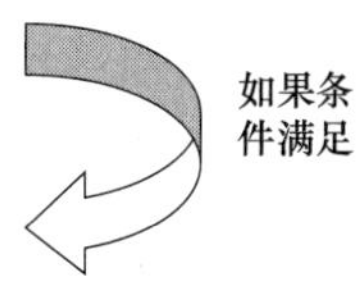

该语句中的条件表达式必须包括运算符，这个运算符插在两个变量或一个变量和一个常量之间，并且要用方括号封闭，常用〈条件式〉运算符见表 3-54。

表 3-54 〈条件式〉运算符

符　号	代　号	示　例
＝	EQ	＃1 EQ 10.0 ＃2 LE 100.0 ＃3 GE 30.0
≠	NE	
＞	GT	
＜	LT	
≥	GE	
≤	LE	

② THEN 格式

IF［条件表达式］THEN〈宏程序语句〉;

如果条件表达式成立，执行 THEN 后面的语句，只能执行一条语句。

例：IF［＃1 EQ ＃2］THEN ＃3＝0;

如果＃1 的值与＃2 的值相等，将 0 赋予变量＃3；如不相等，则顺序往下而不执行 THEN 后的赋值语句。

条件表达式必须包括条件运算符，条件运算符两边可以是变量、常数或表达式，条件表达式要用括号“［ ］”封闭。

③ 循环语句 （WHILE 语句）

WHILE［条件表达式］ DOm（m＝顺序号）

⋮

ENDm

当条件表达式成立时，从 DOm 的程序段到 ENDm 的程序段重复执行；如果条件表达式不成立，则从 ENDm 的下一个程序段执行。

（5）宏程序的调用

宏指令既可以在主程序体中使用，也可以当作子程序来调用，如图 3-102 所示。

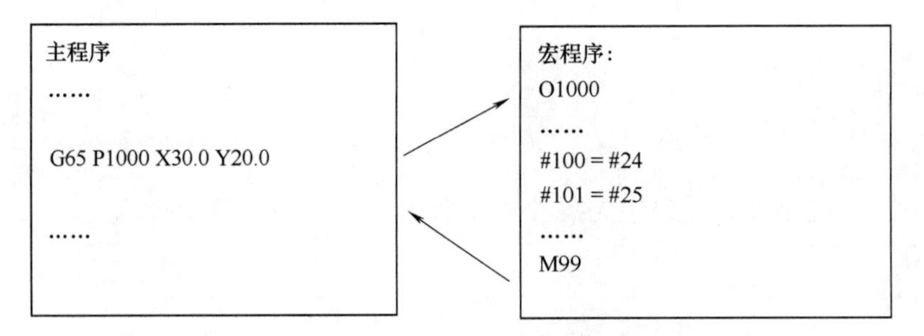

图 3-102　宏程序调用示意图

1）单纯调用

通常宏主体是由下列形式进行一次性调用，也称为单纯调用。

G65 P（程序号）<引数赋值>

G65 是宏调用代码，P 之后为宏程序主体的程序号码。引数赋值是由地址符及数值构成，由它给宏主体中所使用的变量赋予实际数值。引数赋值有以下两种形式。

① 引数赋值 I

除去 G、L、N、O、P 地址符以外都可作为引数赋值的地址符，大部分无顺序要求，但对 I、J、K 则必须按字母顺序排列，对没使用的地址可省略。

例如：

B _ A _ D _…I _ K _…正确。

B _ A _ D _…J _ I _…不正确。

引数赋值 I 所指定的地址和用户宏主体内所使用变量号码的对应关系见表 3-55。

表 3-55　引数赋值 I 的地址和变量号码的对应关系

引数赋值 I 的地址	宏主体中的变量号码	引数赋值 I 的地址	宏主体中的变量号码
A	#1	Q	#17
B	#2	R	#18
C	#3	S	#19
D	#7	T	#20
E	#8	U	#21
F	#9	V	#22
H	#11	W	#23
I	#4	X	#24
J	#5	Y	#25
K	#6	Z	#26
M	#13		

② 引数赋值 Ⅱ

除去表 3-55 所示的引数之外，I、J、K 作为一组引数，最多可指定 10 组。引数赋值 Ⅱ 的地址和宏主体中使用变量号码的对应关系见表 3-56。

表 3-56　引数赋值 Ⅱ 的地址和变量号码的对应关系

引数赋值 Ⅱ 的地址	宏主体中的变量号码	引数赋值 Ⅱ 的地址	宏主体中的变量号码
A	#1	……	……
B	#2	……	……
C	#3	……	……
I_1	#4	……	……
J_1	#5	……	……

续表

引数赋值Ⅱ的地址	宏主体中的变量号码	引数赋值Ⅱ的地址	宏主体中的变量号码
K_1	#6	……	……
I_2	#7	I_{10}	#31
J_2	#8	J_{10}	#32
K_2	#9	K_{10}	#33

表3-56中的下标只表示顺序，并不写在实际命令中。

③ 引数赋值Ⅰ、Ⅱ的混用

在G65程序段的引数中，可以同时用表3-55及表3-56中的两组引数赋值。但当对同一个变量Ⅰ、Ⅱ两组的引数都赋值时，只是后一引数赋值有效，如图3-103所示。

在图3-103中对变量#7，由I4.0及D5.0这两个引数赋值时，只有后边的D5.0才是有效的。

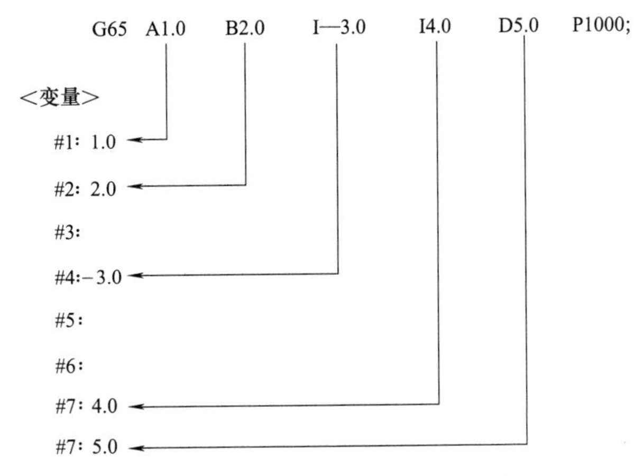

图3-103　引数赋值Ⅰ、Ⅱ的混用

2）模态调用

其调用形式为：G66P（程序号码）L（循环次数）<引数赋值>；

在这一调用状态下，当程序段中有移动指令时，则先执行完这一移动指令后，再调用宏，所以，又称为移动调用指令。

取消用户宏用G67。

3.6.2　典型非圆曲线零件的编程

（1）椭圆类零件的编程

1）椭圆标准方程与参数方程

编制椭圆宏程序要熟悉椭圆标准方程和参数方程，它们均表达出了椭圆上点的坐标及两坐标之间的关系。例如：椭圆的标准方程为$\frac{X^2}{20^2}+\frac{Y^2}{14^2}=1$（20mm为长半轴的长，14mm为短半轴的长，椭圆的中心即为坐标系的原点），参数方程为$X=20\cos\phi$，$Y=14\sin\phi$（ϕ为角度参数）。

宏程序编制中，编程坐标系是Z、X轴，所以在应用椭圆标准方程或参数方程时，要从X、Y轴相应转换为编程坐标系中的Z、X轴。如上例椭圆在X、Z坐标系中的标准方程则为$\frac{X^2}{14^2}+\frac{Z^2}{20^2}=1$，参数方程相应转换为$X=14\sin\phi$，$Z=20\cos\phi$。

变量编程时，注意椭圆上点的坐标在椭圆坐标系和在编程坐标系中的不同表达，两者之间的联系在于椭圆原点在编程坐标系中的值。

2）椭圆加工示例

例1　如图3-104所示，毛坯为ϕ30mm×70mm的棒料，45钢。编程原点设在右端面与中心轴线的交点上，椭圆原点在编程坐标系（0，−20）处。

① 示例分析

三爪卡盘夹住左端，伸出55mm，手动车右端面，选择1号30°外圆车刀加工外轮廓。切削用量的选择：粗加工主轴转速为600r/min，进给量为150mm/min，精加工主轴转速为

800r/min，进给量为 80mm/min。在椭圆坐标系中，其标准方程为$\frac{X^2}{14^2}+\frac{Z^2}{20^2}=1$；参数方程为 $X=14\sin\phi$，$Z=20\cos\phi$。从零件图上可以看出，椭圆轮廓的起点角度为 0°，终点角度为 144°，所以适合采用以 ϕ 参数（角度）为初始变量，应用参数方程来表达椭圆上点的坐标。

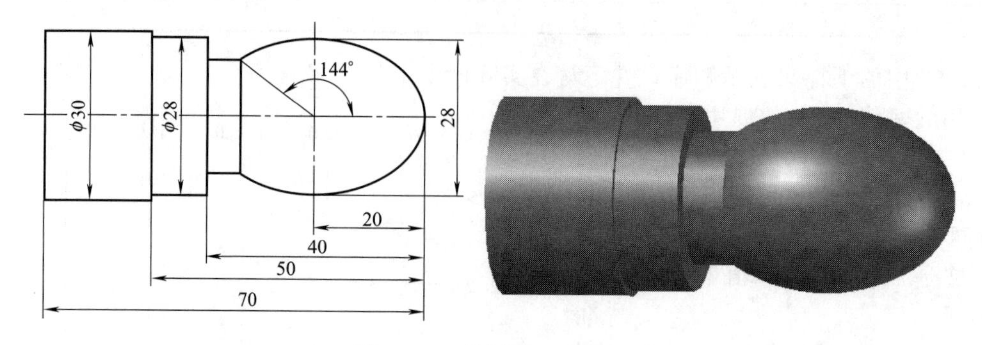

图 3-104 椭圆加工示例一

② 程序编制（表 3-57）

表 3-57 椭圆加工示例一参考程序

参考程序	注释
O3040;	程序名
T0101 M03 S600;	换 01 号刀具，执行 01 号刀补
G00 X60.0 Z2.0;	刀具快速到达循环起点
G73 U14.0 W0 R7 F150;	采用 G73 循环指令进行粗车
G73 P10 Q20 U1.0 W0.05;	
N10 G00 G42 X0;	X 向进刀，刀具圆弧半径右补偿
G01 Z0 F80;	Z 向进刀
#1=0;	设置#1 为角度变量，角度初始值为 0
WHILE [#1 LE 144.0] DO1;	如果#1 中的值小于 144°，则程序在 WHILE 和 END1 之间循环执行，否则执行 END1 之后的语句
#2=14*SIN[#1];	#2 为 X 轴变量
#3=20*COS[#1];	#3 为 Z 轴变量
G01 X[2*#2] Z[#3-20.0];	直线插补，注意椭圆原点在编程坐标系中的位置
#1=#1+0.5;	角度变量增加 0.5°
END 1;	循环结束标志
G01 Z-40.0;	精车外圆
X28.0;	精车端面
W-10.0;	精车 ϕ28mm 外圆
N20 X33.0;	精车端面
M03 S800;	主轴正转，转速为 800r/min
G70 P10 Q20;	采用 G70 精车循环
G00 G40 X150.0 Z150.0;	快速退至换刀点
M30;	程序结束

本例中，#1（角度）为初始变量，椭圆上点的 X（#2）、Z（#3）坐标是因变量，它们之间的关系由参数方程 $X=14\sin\phi$，$Z=20\cos\phi$ 体现，即#2=14*SIN [#1]，#3=20*COS [#1]，在编程坐标系中，点的坐标就表达成 X [2*#2]，Z [#3-20]。

例 2 如图 3-105 所示，毛坯为 ϕ30mm×50mm 的棒料，45 钢。编程原点设在右端面与中心轴线的交点上，椭圆原点在编程坐标系（0，-15）处。

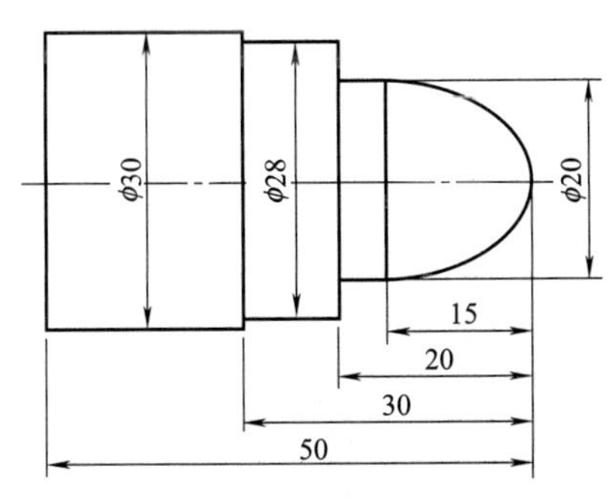

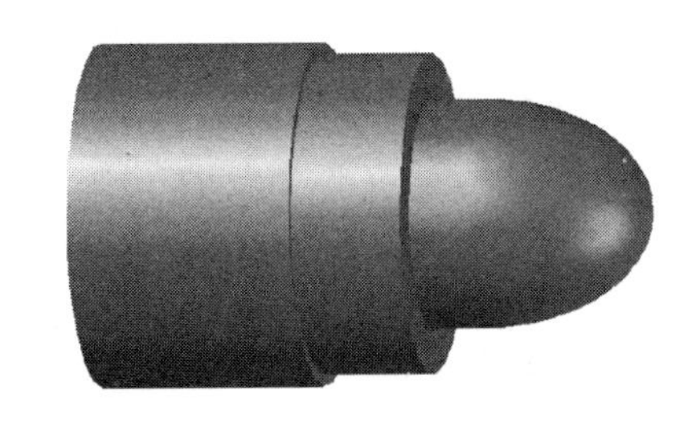

图 3-105　椭圆加工示例二

① 示例分析

工艺分析参见示例一。零件上椭圆曲线只有右边一半，长半轴长 15mm（Z 轴），短半轴长 10mm（X 轴），其椭圆标准方程为$\frac{X^2}{10^2}+\frac{Z^2}{15^2}=1$，参数方程为 $X=10\sin\phi$，$Z=15\cos\phi$，椭圆曲线的起点 Z 坐标为 15，终点坐标为 0，设 Z 坐标为变量＃1，根据椭圆标准方程，有$X=10\sqrt{15^2-Z^2}/15$（设为＃2）。

② 程序编制（表 3-58）

表 3-58　椭圆加工示例二参考程序

参考程序	注　　释
O3041；	程序名
T0101 M03 S600；	换 01 号刀具，执行 01 号刀补
G00 X60.0 Z2.0；	刀具快速到达循环起点
G73 U14.0 W0 R7 F150；	采用 G73 循环指令进行粗车
G73 P10 Q20 U1.0 W0.05；	
N10 G00 G42 X0.；	X 向进刀，刀具圆弧半径右补偿
G01 Z0. F80；	Z 向进刀
＃1=15；	＃1 为 Z 轴变量，其初始值为 15
WHILE [＃1 GE 0] DO1；	如果＃1 中的值大于 15，则程序在 WHILE 和 END1 之间循环执行，否则执行 END1 之后的语句
＃2=10*SQRT[15*15-＃1*＃1]/15；	＃2 为 X 轴变量，通过椭圆方程进行变换
＃3=20*COS[＃1]；	＃3 为 Z 轴变量
G01 X[2*＃2] Z[＃3-20]；	直线插补，注意椭圆原点在编程坐标系中的位置
G01 X[2*＃2] Z[＃1-15] F0.1；	直线插补
＃1=＃1-0.1；	＃1 变量减去一个步长
END 1；	循环结束标志
G01 W-5.0；	精车 φ20mm 外圆
X28.0；	精车端面
Z-30.0；	精车 φ28mm 外圆
N20 X33.0；	精车端面
M03 S800；	主轴正转，转速为 800r/min
G70 P10 Q20；	采用 G70 精车循环
G00 G40 X150.0 Z150.0；	快速退至换刀点
M30；	程序结束

本例也可以用 ϕ（角度）为初始变量，应用椭圆参数方程进行编程，其中 ϕ 的变化范围是 0°～90°。读者可参考上例编写。

例 3　如图 3-106 所示，毛坯为 φ30mm×70mm 的棒料，45 钢。编程原点设在右端面与中心轴线的交点上，椭圆原点在编程坐标系（17.15，－22）处，椭圆轮廓位于零件中间。

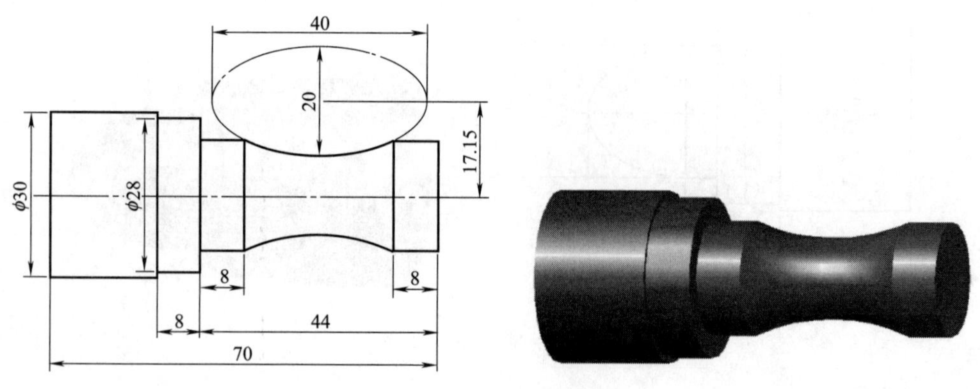

图 3-106 椭圆加工示例三

① 示例分析

椭圆标准方程为$\frac{X^2}{10^2}+\frac{Z^2}{20^2}=1$，长半轴长 20mm（$Z$ 轴），短半轴长 10（X 轴）。与前两例不同，本例中椭圆轮廓的起点不在零件右端面编程坐标系原点处，而位于零件中间部位。需计算椭圆起点坐标：从图中可得 $Z=14$，即$\left(\frac{44}{2}-8=14\right)$，$X=10$（由椭圆标准方程$\frac{X^2}{10^2}+\frac{Z^2}{20^2}=1$得到）。终点坐标：$Z=-14$，$X=10\sqrt{20^2-(-14)^2}/20$，$Z$ 值变化范围是（14～－14）。

所以选择 Z 坐标为初始变量，应用标准方程表达椭圆上点的坐标。为避免重复，下面只给出椭圆轮廓的程序段。

椭圆起点坐标 $Z=14$，设 X 值为＃1，＃1=10＊SQRT [20＊20－14＊14]/20；转换到编程坐标中，起点坐标 $X=2$＊[17.5－＃1]，设＃2=2＊[17.5－＃1]，则椭圆的起点坐标为（＃2，－8）。

② 程序编制（表 3-59）

表 3-59 椭圆加工示例三参考程序

参考程序	注释
O3042；	程序名
…	…
G00 X60.0 Z2.0；	刀具快速到达循环起点
＃1＝10＊SQRT[20＊20－14＊14]/20；	通过变量计算椭圆初始点坐标
＃2＝2＊[17.5－＃1]；	
G00 X[＃2]；	X 向进刀
G01 Z－8.0 F0.1；	车削外圆
＃3＝14；	设置 Z 初始值
WHILE [＃3 GE－14] DO1；	如果＃3 的值大于－14，则程序在 WHILE 和 END1 之间循环执行，否则执行 END1 之后的语句
＃4＝10＊SQRT[20＊20－＃3＊＃3]/20；	＃4 为 X 轴变量，通过椭圆方程进行变换
G01 X[2＊[17.15－＃4]] Z[＃3－22] F0.1；	直线插补
＃3＝＃3－0.1；	＃3 变量减去一个步长
END 1；	循环结束
G01 W－8.0；	精车外圆
…	…

本例引入了 4 个变量，变量＃1 和＃2 的引入是为了表达曲线起点的坐标值，变量＃3 和＃4 表达的是椭圆曲线上点的 Z、X 值。

上面三个示例中，有以角度为初始变量的椭圆宏程序编程，有以 Z（X）坐标为初始变量的椭圆宏程序编程；有的椭圆曲线轮廓位于零件的最右（左）端，有的曲线位于零件中间部位。但不管是什么情况，椭圆宏程序编程都要有以下几个要点。

① 根据零件图中椭圆轮廓的形状和位置，选取合适的初始变量、角度或 Z（X）坐标。

② 正确表达椭圆曲线上点的坐标。根据零件图上的尺寸标注，选择标准方程或参数方程表达椭圆上点的坐标。

③ 找出（有时需计算出）椭圆原点在编程坐标系中的坐标，正确表达椭圆上的点在编程坐标系中的坐标。

椭圆宏程序的编制也可以用 IF 条件语句，复杂的零件图中，还可以考虑子程序编制。

（2）其他非圆曲线零件的加工

其他非圆曲线零件的加工同椭圆零件加工编程思路类似，在此不再赘述，仅给出参考程序。

① 椭圆与双曲线零件的加工

加工图 3-107 所示零件，毛坯为 ϕ50mm×65mm 的棒料，45 钢，试采用 B 类宏程序编写椭圆和双曲线的加工程序。

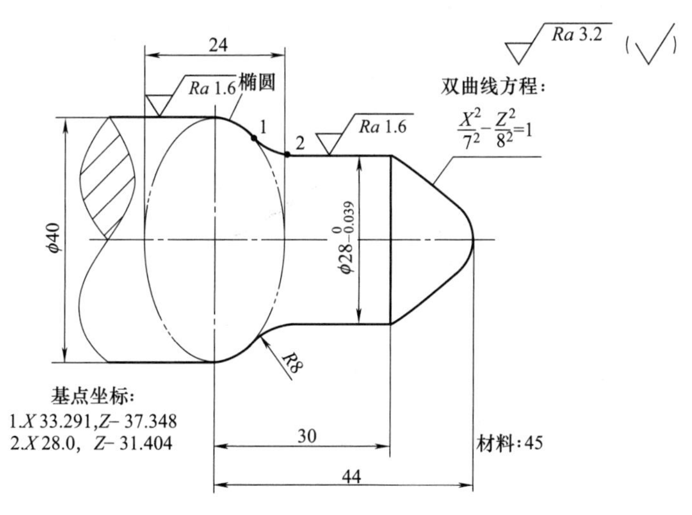

图 3-107 椭圆与双曲线零件

程序编制如表 3-60 所示。

表 3-60 椭圆与双曲线零件加工参考程序

参考程序	注释
O3043;	程序名
G98 G97 G40 G21;	程序初始化
M03 S800;	主轴正转，转速为 800r/min
T0101;	换 01 号菱形外圆车刀，执行 01 号刀补
G00 X80.0 Z5.0;	快速到达循环起点
G73 U20.0 W0 R20 F100.0;	采用 G73 循环进行粗车
G73 P10 Q50 U0.5 W0.0;	
N10 G42 G01 X0.0 F80 S1000;	X 向进刀，执行刀尖半径右补偿

续表

参考程序	注释
Z0.0；	加工双曲线轮廓
#1=0.0；	
N20 #2=15.65*SIN[#1]；	
#3=16.0*COS[#1]；	
G01 X[#2*2.0] Z[#3-16.0] F100.0；	
#1=#1+0.5；	
IF [#1LE90] GOTO20；	
G01 X28.0 Z-14.0；	
Z-31.404；	精车 ϕ28mm 外圆
G02 X33.291 Z-37.348 R8.0；	精车 R8mm 圆弧
#5=6.652；	加工椭圆轮廓
N30 #6=SQRT[12.0*12.0-#5*#5]*20.0/12.0；	
#7=#5-6.65；	
#8=#6*2.0；	
G01 X#8 Z[#7-37.348]；	
#5=#5-0.1；	
IF [#5GE0.0] GOTO30；	
G01 X40.0 Z-44.0；	
Z-60.0；	精车 ϕ40mm 外圆
N50 G01 X45.0；	X 向退刀
G70 P10 Q50；	采用 G70 循环精车
G00 G40 X100.0 Z100.0；	快速退至换刀点，取消刀尖半径补偿
M30；	程序结束

② 抛物线零件的加工

如图 3-108 所示，毛坯直径为 ϕ50mm，总长为 102mm，材料为棒料，45 钢。该零件难点在抛物线的编程上。用公共变量 #101 作为 X 轴变量；#100 作为 Z 轴变量；加工抛物面时，抛物线方程原点与工件零点重合。粗加工刀具路径如图 3-109 所示。此方法避免了 G73 指令产生的“空切”现象，提高了生产效率，有一定的特色（加工左端的程序省略）。

右端加工参考程序见表 3-61。

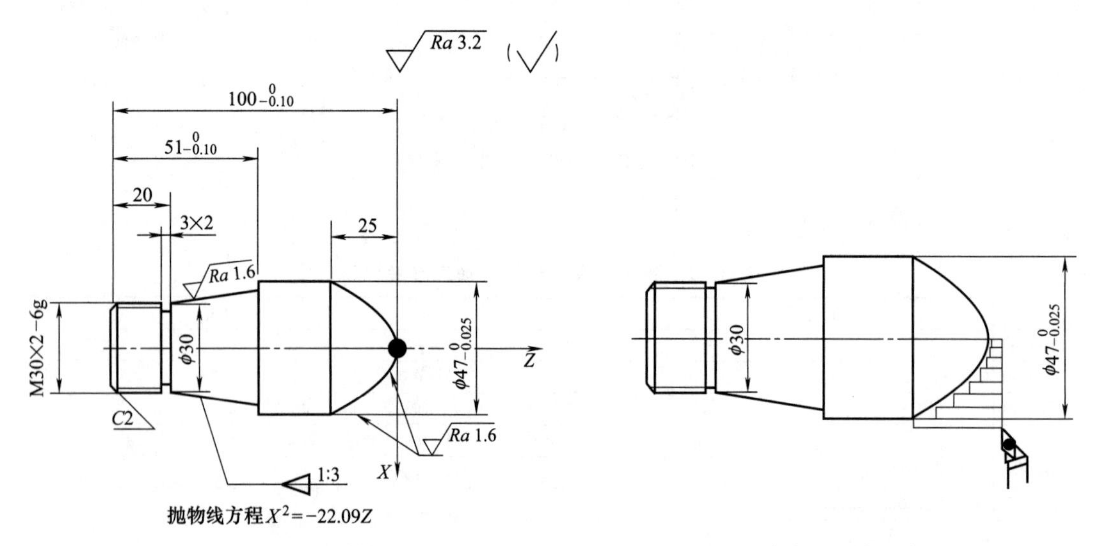

图 3-108　抛物线零件图　　图 3-109　粗加工抛物面部分刀具路径

表 3-61　抛物线加工参考程序

参考程序	注　　释
O3044；	程序名(右端加工程序)
T0101；	换 01 号刀具，执行 01 号刀补
M03 G96 S120；	以 120m/min 的恒线速度切削
G50 S1500；	限制主轴最高转速为 1500r/min
G99 G00 X55.0 Z0 M08；	快速定位，进给量单位为 mm/r
G01 X0 Z0 F0.1；	以 0.1mm/r 的速度车端面
G00 X50.0 Z5.0；	刀具退至设定循环起点
N20；	此部分为粗加工抛物线部分程序
#101=23.5；	#101 为 X 轴变量，置初始值 23.5
#102=1.5；	#102 为 X 方向的步距值变量，设为 1.5
#103=0；	#103 设置为 0
WHILE[#101GT#103]DO1；	如果#101 中的值大于#103 中的值，则程序在 WHILE 和 END1 之间循环执行，否则执行 END1 之后的语句
#101=#101-#102；	X 方向减去一个步距
IF[#101LT#103]THEN#101=#103；	当 X 轴变量在循环的最后一次小于 0 时，将 X 变量置 0
#104=[#101*#101/22.09]；	计算 Z 变量
G01 Z2.0 F1；	Z 方向进给退回加工起点
G42 X[2*#101] F0.12；	X 方向进给
G01 Z[-#104+0.5]；	Z 方向进给，留 0.5mm 精加工余量
G40 U1.0；	沿 X 方向退刀 1mm，取消刀补
END1；	循环结束符
G00 X100.0 Z100.0；	快速退至换刀点
N30；	此部分为精加工抛物面部分程序
T0202；	换 02 号刀具执行 02 号刀补
M03 G96 S120；	恒线速切削
G50 S1200；	限制主轴最高转速
G00 X0 Z1；	精加工抛物面的起刀点
#106=0；	#106 为 X 坐标值变量，置初值为 0
#107=0.1；	#107 为 X 方向的步距值变量，设为 0.1
#108=23.5；	抛物线的最大开口值
WHILE[#106LE#108]DO2；	如果#106 中的值大于#108 中的值，则程序在 WHILE 和 END2 之间循环执行，否则执行 END2 之后的语句
#105=[#106*#106/22.09]；	计算 Z 变量
G01 G42 X[2*#106]Z[-#105]F0.1；	直线插补进给，加刀尖圆弧半径补偿
#106=#106+#107；	X 方向坐标值增加一个步距
END2；	循环结束符
G01 G40 X52.0 F1；	取消刀补
G00 X100.0 Z100.0；	快速退刀
M30；	程序结束

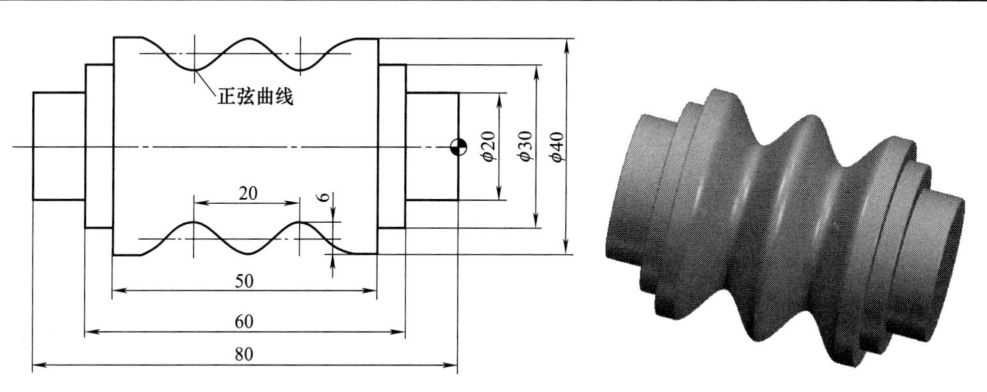

图 3-110　绕线筒零件图

③ 正弦曲线类零件加工

加工图 3-110 所示的绕线筒零件。该零件是由两个周期的正弦曲线组成，总角度为 720°（−630°～90°），将该曲线分成 1000 条线段，用直线段拟合该曲线，每段直线在 Z 轴方向的间距为 0.04mm，相对应正弦曲线的角度增加 720°/1000。根据公式，计算出曲线上每一线段终点的 X 坐标值，$X=34+6\sin\alpha$。

使用以下变量进行运算。#100：正弦曲线起始角；#101：正弦曲线终止角；#102：正弦曲线各点 X 坐标；#103：正弦曲线各点 Z 坐标。参考程序如表 3-62 所示。

表 3-62　正弦曲线加工参考程序

参考程序	注　释
O3045;	程序名
N10 M03 T0101 S600;	主轴正转，选 1 号刀及 1 号刀补
N20 G00 X45.0 Z10.0;	快速定刀
N30 X42.0 Z3.0;	快速移到循环起刀点
N40 G71 U1.0 R2.0 F0.3;	外圆粗车复合循环
N50 G71 P60 Q120 U0.5 W0;	
N60 G00 X20.0;	精加工轮廓起始行
N70 G01 Z−10.0 F0.1;	精加工 ϕ20mm 外圆
N80 X30.0;	精加工端面
N90 Z−15.0;	精加工 ϕ30mm 外圆
N100 X40.0;	精加工端面
N110 Z−66.0;	精加工 ϕ40mm 外圆
N120 X43.0;	退刀
N130 G70 P60 Q120;	精加工循环指令
N140 G00 X43.0 Z5.0;	快速移到循环起刀点
N150 G73 U6.0 W0.0 R4 F0.2;	X 粗加工余量为 6mm
N160 G73 P170 Q260 U0.5 W0;	X 精加工余量为 0.5mm
N170 G00 X42.0 Z−13.0;	精加工轮廓起始点
N180 #100=90.0;	起始角
N190 #101=−630.0;	终止角
N200 #103=−20.0;	Z 坐标初始值
N210 #102=34+6*SIN[#100];	X 坐标初始值
N220 G01 X#102 Z#103 F0.1;	曲线插补
N230 #100=#100−0.72;	角度增量为−0.72°
N240 #103=#103−0.04;	Z 坐标增量为−0.04
N250 IF[#100GE#101] GOTO 210;	循环跳转
N260 G00 X50.0;	退刀
N270 G70 P170 Q260;	精加工循环指令
N280 G00 X100.0 Z100.0;	快速退刀
N290 M30;	程序结束并返回程序开始

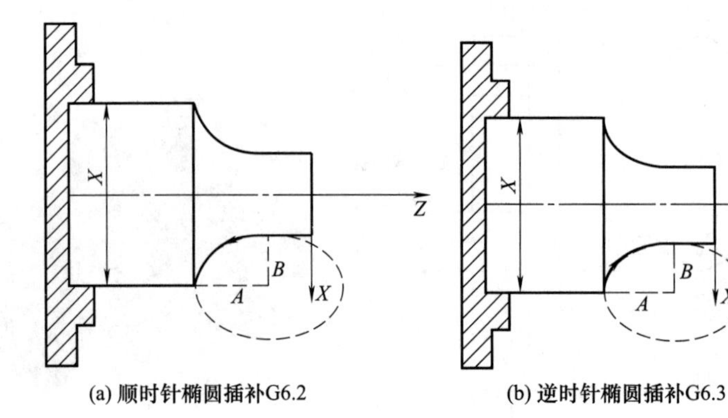

图 3-111　椭圆插补指令

3.6.3 采用特殊指令加工非圆曲线

(1) 椭圆插补指令（G6.2、G6.3）

椭圆插补指令使刀具相对工件以指定的速度从当前点（起始点）向终点进行椭圆插补。G6.2为顺时针椭圆插补，G6.3为逆时针椭圆插补，如图3-111所示。

1）代码格式

```
G6.2/G6.3  X(U)__ Z(W)__ A__ B__ Q__;
```

式中 X，Z——椭圆终点的绝对坐标值；

U，W——椭圆终点相对椭圆起点的坐标增量；

A——椭圆长半轴长（无符号）；

B——椭圆短半轴长（无符号）；

Q——椭圆的长轴与坐标系的 Z 轴的夹角（单位为0.001°，无符号）。Q 值是指在右手直角笛卡儿坐标系中，从 Y 轴的正方向俯视 XZ 平面，Z 轴正方向顺时针方向旋转到与椭圆长轴重合时所经过的角度，如图3-112所示。

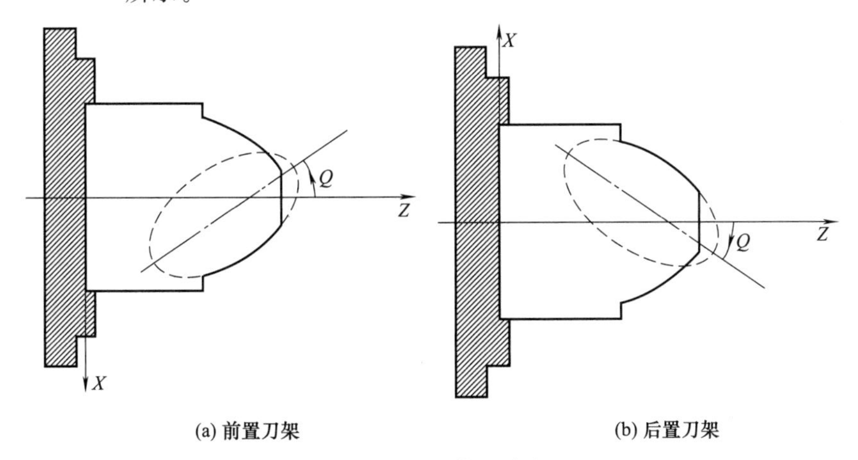

图3-112 Q 值的确定

2）顺时针椭圆与逆时针椭圆的判别

在使用椭圆插补指令时，需要判断刀具是沿顺时针还是逆时针方向加工零件。判别方法是：处在椭圆所在平面（数控车床为 XZ 平面）的另一个轴（数控车床为 Y 轴）的正方向看该椭圆，顺时针方向为G6.2，逆时针方向为G6.3。在判别椭圆的顺逆方向时，一定要注意刀架的位置及 Y 轴的方向。

3）注意事项

① A、B 是非模态参数，如果不输入默认为0，当 $A=0$ 或 $B=0$ 时，系统产生报警；当 $A=B$ 的时候作为圆弧（G02/G03）加工。

② Q 值是非模态参数，每次使用都必须指定，省略时默认为0°，长轴与 Z 轴平行或重合。

③ Q 的单位为0.001°，若与 Z 轴的夹角为180°，程序中需输入Q180000，如果输入Q180或Q180.0，均认为是0.18°。

④ 编程的起点与终点间的距离大于长轴长，系统会产生报警。

⑤ 地址X（U）、Z（W）可省略一个或全部；当省略一个时，表示省略的该轴的起点和终点一致；同时省略表示终点和始点是同一位置，将不做处理。

⑥ 椭圆只加工小于 180°（包含 180°）的椭圆。

⑦ G6.2、G6.3 代码可用于复合循环 G70～G73 中，注意事项同 G02、G03。

⑧ G6.2、G6.3 代码可用于 C 刀补中，注意事项同 G02、G03。

4）示例

例 1 如图 3-113 所示，加工椭圆程序如下：

```
G6.2 X63.82 Z-50.0 A48 B25 Q0;
或 G6.2 U20.68 W-50.0 A48 B25;
```

例 2 如图 3-114 所示，加工椭圆程序如下：

```
G6.2 X63.82 Z-50.0 A48 B25 Q60000;
或 G6.2 U20.68 W-50.0 A48 B25 Q60000;
```

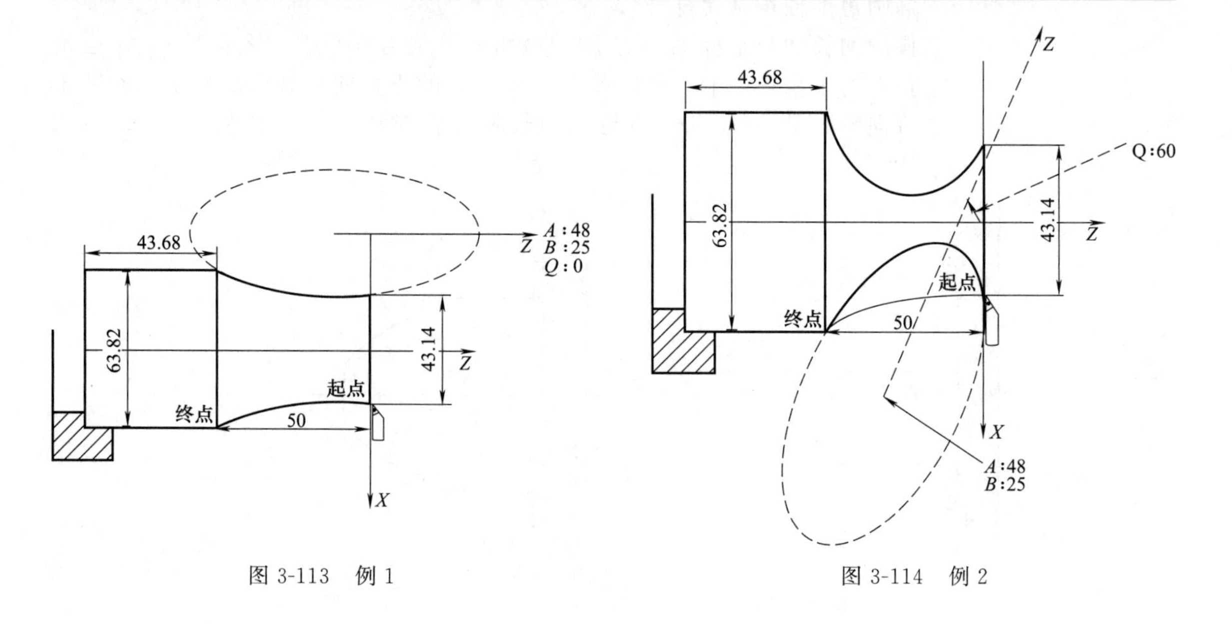

图 3-113 例 1　　图 3-114 例 2

（2）G7.2、G7.3 加工抛物线

抛物线插补指令使刀具相对工件以指定的速度从当前点（起始点）向终点进行抛物线插补。G7.2 为顺时针抛物线插补，G7.3 为逆时针抛物线插补，如图 3-115 所示。

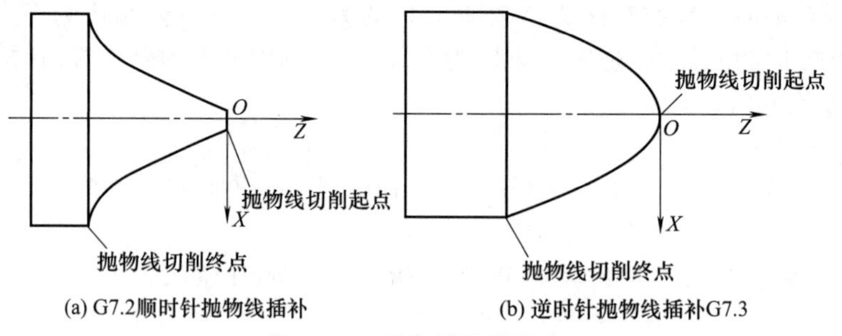

图 3-115 抛物线插补指令

1）代码格式

```
G7.2/G7.3  X(U)__ Z(W)__  P__  Q__;
```

式中 X，Z——抛物线终点的绝对坐标值；

U，W——抛物线终点相对抛物线起点的坐标增量；

P——抛物线标准方程 $Y^2=2PX$ 中的 P 值（单位为最小输入增量，无符号）；

Q——抛物线对称轴与 Z 轴的夹角（单位为 0.001°，无符号）。Q 值是指在右手直角笛卡儿坐标系中，从 Y 轴的正方向俯视 XZ 平面，Z 轴正方向顺时针方向旋转到与抛物线对称轴重合时所经过的角度，见图 3-116。

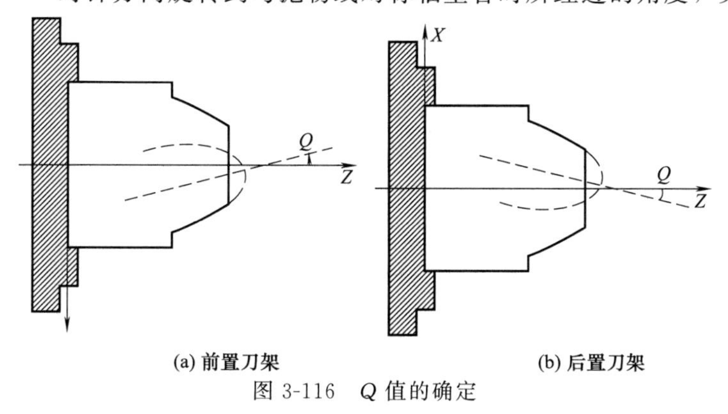

图 3-116　Q 值的确定

2）注意事项

① P 值不可以为零或省略，否则产生报警。

② P 值不含符号，如果输入了负值，则取其绝对值。

③ Q 值可省略，当省略 Q 值时，则抛物线的对称轴与 Z 轴平行或重合，Q 不含符号。

④ 当起点与终点所在的直线与抛物线的对称轴平行时，产生报警。

⑤ G7.2、G7.3 代码可用于复合循环 G70～G73 和 C 刀补中，注意事项同 G02、G03。

3）示例

假如抛物线的 $P=10$mm（系统的最小增量为 0.0001mm），其对称轴与 Z 轴平行，零件的加工尺寸如图 3-117 所示，则抛物线加工参考程序如表 3-63 所示。

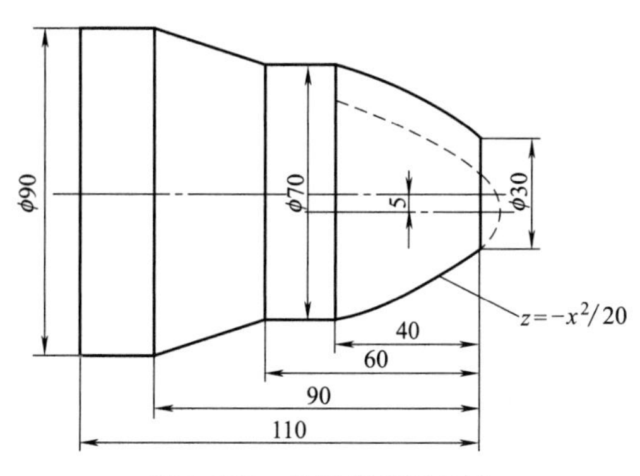

图 3-117　抛物线加工示例

表 3-63　抛物线加工参考程序

参考程序	注释
O3046；	程序名
T0101 M03 S800；	换 01 号刀具执行 01 号刀补，主轴正转，转速为 800r/min
G00 X92.0 Z1.0；	快速到达循环起点
G71 U2.0 R0.5 F100；	设置 G71 参数
G71 P10 Q20 U0.5 W0；	
N10 G00 G42 X30.0；	X 向进刀，执行刀尖圆弧半径右补偿
G01 Z0 F80；	Z 向进刀
G7.3 X70.0 Z−40.0 P100000 Q0；	车削抛物线轮廓
G01 Z−60.0；	车削 ϕ70mm 外圆
X90 Z−90.0；	车削锥体
N20 X92.0；	X 向退刀
G70 P10 Q20 S1000；	精车循环
G00 G40 X120.0 Z50.0；	快速退刀，取消刀具半径补偿
M30；	程序结束

3.7 典型零件编程实例

3.7.1 实例一

加工如图 3-118 所示套类零件，毛坯尺寸为 ϕ50mm×60mm，材料为 45 钢。

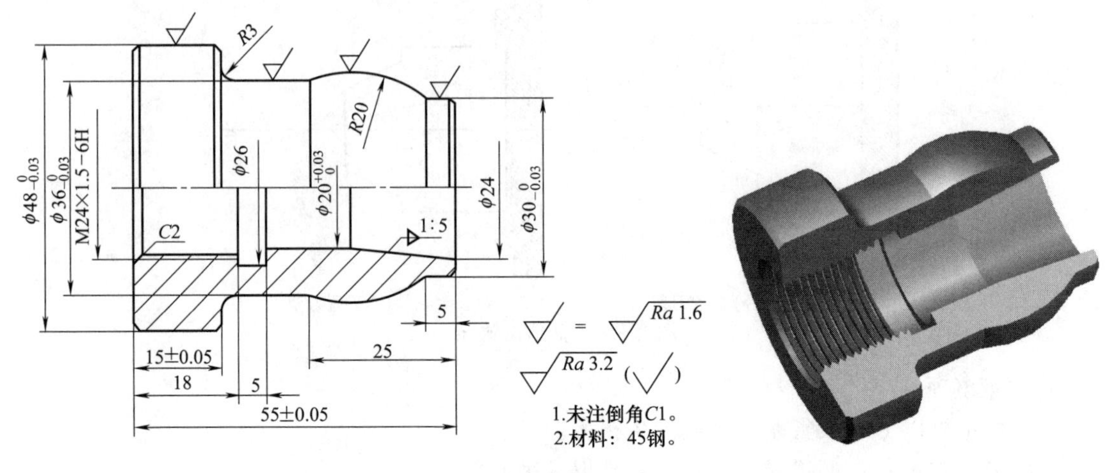

图 3-118 实例一

(1) 确定加工工艺

1）图样分析

该套类零件主要由外圆、圆弧面、端面、内孔、内螺纹、内沟槽、内锥体等轮廓所组成。零件大外圆为 $\phi48_{-0.03}^{0}$ mm，宽为（15±0.05）mm，两边有 C1 倒角。中间外圆直径为 $\phi36_{-0.03}^{0}$ mm，宽由总长（55±0.05）mm、长度尺寸 25mm、（15±0.05）mm 以及 R3mm 确定。小外圆直径为 $\phi30_{-0.03}^{0}$ mm，宽为 5mm，右端有 C1 倒角。小外圆与中间外圆，通过 R20mm 圆弧连接，圆弧 Z 向长度由长度 25mm 和 5mm 确定。中间外圆与端面有 R3mm 过渡圆弧。

M24×1.5-6H 内螺纹的长度为 18mm。内沟槽直径为 ϕ26mm，宽为 5mm，位置由尺寸 18mm 确定。内锥大端直径为 ϕ24mm，小端直径为 $\phi20_{0}^{+0.03}$ mm，锥度为 1∶5。内孔直径为 $\phi20_{0}^{+0.03}$ mm，长度由总长（55±0.05）mm、螺纹尺寸 18mm、内沟槽宽度 5mm 以及内锥长度确定。外轮廓表面粗糙度要求为 Ra1.6μm，其余加工表面为 Ra3.2μm。该零件尺寸标注完整，轮廓描述清楚。零件材料为 45 钢，无热处理和硬度要求，适合在数控车床上加工。

2）工艺分析

该套类零件结构比较复杂，内外尺寸精度、表面加工质量要求比较高，如何保证这些加工要求，是该零件的加工难点。这是制定加工工艺要重点考虑的问题。

通过图样和难点分析可知，为保证零件的尺寸精度和表面加工质量，编制工艺时，应按粗精分开原则进行编制。精加工时，零件的内外圆表面及端面，应尽量在一次安装中加工出来。由此，可制定如下加工步骤。

① 夹住毛坯 ϕ50mm 外圆，伸出长度大于 40mm，车右端面，粗加工右端外圆至 ϕ42mm×40mm。

② 掉头装夹 ϕ42mm 外圆，粗精车左端面，保证总长 56mm，粗精车外圆至尺寸。手动打中心孔进行引钻，用 ϕ18mm 麻花钻钻孔，粗精镗内孔至尺寸。车内沟槽及 M24×1.5 螺纹。

③ 掉头装夹 ϕ48mm 外圆（包铜皮），并用百分表找正，精车右端面及外圆。粗精镗内锥和 $\phi 20^{+0.03}_{0}$ mm 内孔。

3）相关工艺卡片的填写

① 数控加工刀具卡（表 3-64）

表 3-64 套类零件数控加工刀具卡

产品名称或代号		×××	零件名称	×××	零件图号	××
序号	刀具号	刀具规格名称	数量	加工表面	刀尖半径/mm	备注
1	T1	中心钻	1	打中心孔	—	$B2.5$
2	T2	ϕ18mm 麻花钻	1	钻孔	—	
3	T01	90°粗车刀	1	工件外轮廓粗车	0.4	20×20
4	T02	93°精车刀	1	工件外轮廓精车	0.2	20×20
5	T03	内孔镗刀	1	粗精车内孔	0.2	20×20
6	T04	内沟槽刀	1	加工内沟槽	—	20×20
7	T05	60°内螺纹刀	1	加工内螺纹	—	0×20
编制		审核	批准	年 月 日	共 页	第 页

② 数控加工工艺卡（表 3-65）

表 3-65 套类零件数控加工工艺卡

单位名称	×××		产品名称或代号		零件名称		零件图号
			×××		×××		××
工序号	程序编号		夹具名称		使用设备		车间
001	×××		三爪自定心卡盘		CK6140		数控
工步号	工步内容	刀具号	刀具规格/mm	主轴转速/(r/min)	进给速度/(mm/min)	背吃刀量/mm	备注
1	粗车右端面及轮廓	T01	20×20	600	150	2.0	自动
2	粗车左端面及轮廓	T01	20×20	600	150	1.5	自动
3	精车左端面及轮廓	T02	20×20	800	100	0.5	自动
4	手动钻 ϕ18mm 通孔	T1、T2		200			手动
5	粗精镗内孔	T03	20×20	600	60	0.5	自动
6	车内沟槽	T04	20×20	300	50	3	自动
7	车内螺纹	T05	20×20	600	900	—	自动
8	精车右端面及轮廓	T02	20×20	800	100	0.5	自动
9	粗精镗内锥及内孔	T03	20×20	600	60	0.5	自动
编制		审核	批准		年 月 日	共 页	第页

(2) 程序编制

1）粗加工右端面及轮廓

① 建立工件坐标系

夹住毛坯外圆，加工右端面及轮廓，工件伸出长度大于 40mm。工件坐标系设在工件右端面轴线上，如图 3-119 所示。

② 编制加工程序（表 3-66）

2）粗精加工左轮廓及内孔

① 建立工件坐标系

夹住 ϕ42mm 外圆，加工左端面及轮廓，粗精加工内孔，车内沟槽及内螺纹，工件坐标系如图 3-120 所示。

② 编制加工程序（表 3-67）

M24 内螺纹的牙深：$H=0.6495\times1.5=0.974$mm

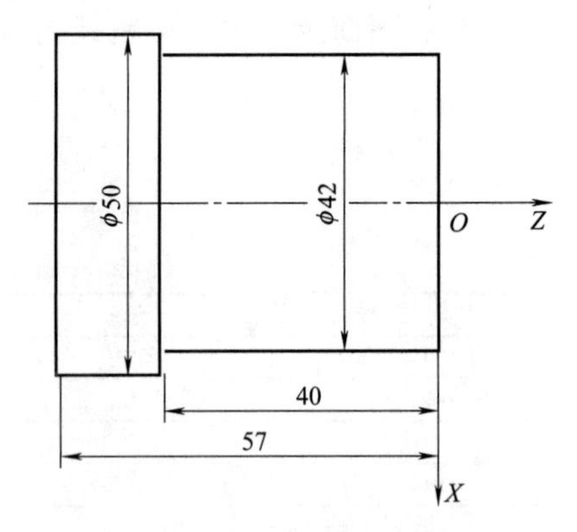

图 3-119 粗加工右端工件坐标系

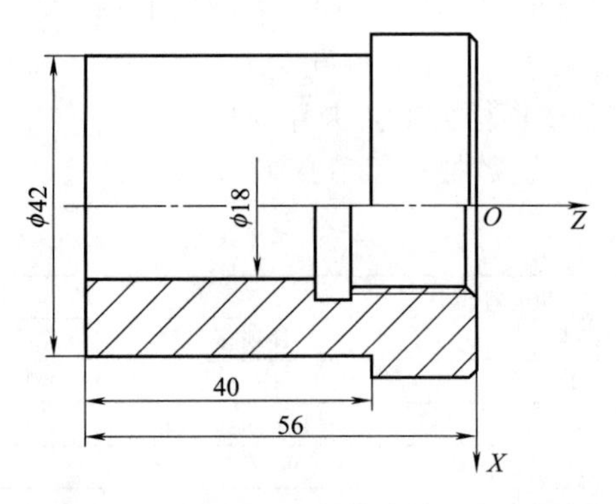

图 3-120 粗精加工左端及内孔工件坐标系

表 3-66 粗加工右轮廓参考程序

右轮廓粗加工参考程序	注　　释
O3047；	程序名
N10 G40 G98 G97 G21；	设置初始化
N20 T0101 S600 M03；	设置刀具、主轴转速
N30 G00 X52.0 Z0.0；	快速到达循环起点
N40 G01 X0 F60；	车端面
N50 G00 X46.0 Z2.0；	退刀
N60 G01 Z－40.0 F150	粗车外圆至 φ46mm
N70 X52.0；	*X* 向退刀
N80 G00 Z2.0；	*Z* 向退刀
N90 G01 X42.0 F150；	*X* 向进刀
N100 Z－40.0；	粗车外圆至 φ42mm
N110 X52.0；	*X* 向退刀
N120 G00 X100.0 Z100.0；	快速退至换刀点
N130 M30；	程序结束

表 3-67 粗精加工左轮廓及内孔参考程序

参 考 程 序	注　　释
O3048；	程序名
N10 G40 G98 G97 G21；	设置初始化
N20T0101 S600 M03；	设置刀具、主轴转速
N30 G00 X52.0 Z0.5；	快速到达循环起点
N40 G01 X0 F60；	齐端面
N50 G00 X48.5 Z2.0；	退刀
N60 G01 Z－17.0 F150；	粗车 φ48mm 外圆
N70 G00 X150.0；	*X* 向退刀
N80 Z100.0；	*Z* 向退刀
N90 T0202 S800 M03；	换 T02 刀具、主轴转速
N100 G00 X52.0 Z0.0；	快速靠近工件
N110 G01 X0 F60；	精车端面
N120 G00 X46.0 Z2.0；	退刀
N130 G01 Z0 F100；	靠近端面
N140 X48.0 Z－1.0；	倒 *C*1 角
N150 Z－17.0；	精车 φ48mm 外圆
N160 G00 X150.0 Z100.0；	快速退至换刀点
N170 T0303 S600 M03；	换内孔刀，设置主轴转速
N180 G00 X16.0；	*X* 向靠近工件
N190 Z2.0；	*Z* 向靠近工件

续表

参考程序	注　释
N200 G71 U0.5 R0.5 F60;	调用G71循环,设置加工参数
N210 G71 P220 Q260 U−0.2 W0;	
N220 G01 X26.38;	轮廓精加工程序段
N230 Z0.0;	
N240 X22.38 Z−2.0;	
N250 Z−23.0;	
N260 X16.0;	
N270 G70 P220 Q260;	
N280 G00 X150.0 Z100.0;	退至换刀点
N290 T0404 S300 M03;	换内沟槽刀
N300 G00 X16.0 Z5.0;	快速靠近工件
N310 Z−23.0;	*Z* 向进刀
N320 X26.0 F60;	切槽
N330 X16.0;	*X* 向退刀
N340 Z−21.0;	*Z* 向移动
N350 X26.0;	切槽
N360 X16.0;	*X* 向退刀
N370 G00 Z5.0;	*Z* 向退刀
N380 X100.0 Z50.0;	退至换刀点
N390 T0505 S600 M03;	换内螺纹刀
N400 G00 X18.0 Z3.0;	快速靠近工件
N410 G92 X22.8 Z−20.0 F1.5;	采用G92指令加工内螺纹
N420 X23.3;	
N440 X23.6;	
N450 X23.9;	
N460 X24.0;	
N470 X24.0;	
N480 G00 X100.0 Z100.0;	刀具快速退至换刀点
N490 M05;	主轴停
N500 M30;	程序结束

3）精加工右端轮廓

① 建立工件坐标系

夹住 ϕ48mm 外圆（用铜皮包住），用百分表找正，精加工右端面及轮廓。工件坐标系设在工件右端面轴线上，如图 3-121 所示。

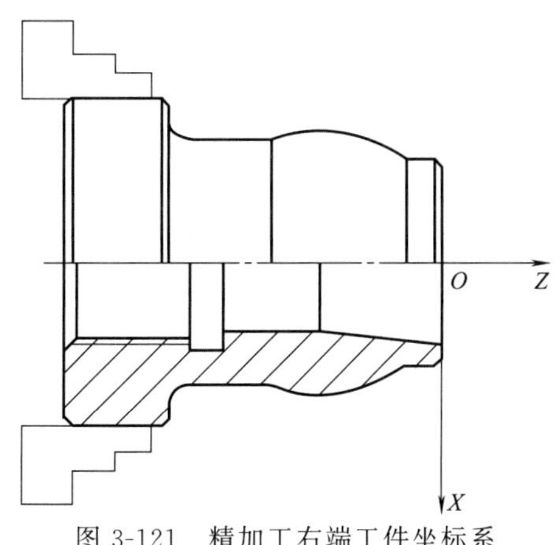

图 3-121　精加工右端工件坐标系

② 编制加工程序（表 3-68）

表 3-68 精加工右轮廓参考程序

参考程序	注释
O3049；	程序名
N10 G40 G98 G97 G21；	设置初始化
N20 T0202 S800 M03；	设置刀具、主轴转速
N30 G00 X44.0 Z0.0；	快速到达循环起点
N40 G01 X16.0 F60；	精车端面
N50 G00 X50.0 Z2.0；	退刀
N60 G73 U7.0 W2.0 R5 F100；	调用循环，设置加工参数
N70 G73 P80 Q160 U0.5 W0；	
N80 G01 G42 X28.0 Z0.0 F100；	轮廓精加工程序段
N90 X30.0 Z−1.0；	
N100 Z−5.0；	
N110 G03 X36.0 Z−25.0 R20.0；	
N120 G01Z−37.0；	
N130 G02 X42.0 Z−40.0 R3.0；	
N140 G01 X46.0；	
N150 X48.0 Z−41.0；	
N160 X50.0；	
N170 G70 P80 Q160；	
N180 G00 G40 X100.0 Z100.0；	快速退至换刀点，取消刀尖圆弧半径补偿
N190 T0303 S600 M03；	换 03 号刀具，执行 03 号刀补
N200 G00 X16.0 Z2.0；	快速靠近工件
N210 G71 U0.5 R0.5 F60；	调用循环，设置加工参数
N220 G71 P230 Q270 U−0.2 W0；	
N230 G00 G42 X24.0；	内孔精加工程序段
N240 G01 Z0；	
N250 X20.0 Z−20.0；	
N260 Z−33.0；	
N270 X16.0；	
N280 G70 P230 Q270；	
N290 G00 G40 X100.0 Z100.0；	快速退至换刀点
N300 M30；	程序结束

3.7.2 实例二

加工如图 3-122 所示零件，毛坯尺寸为 $\phi 40\text{mm}\times 150\text{mm}$，材料为 45 钢。

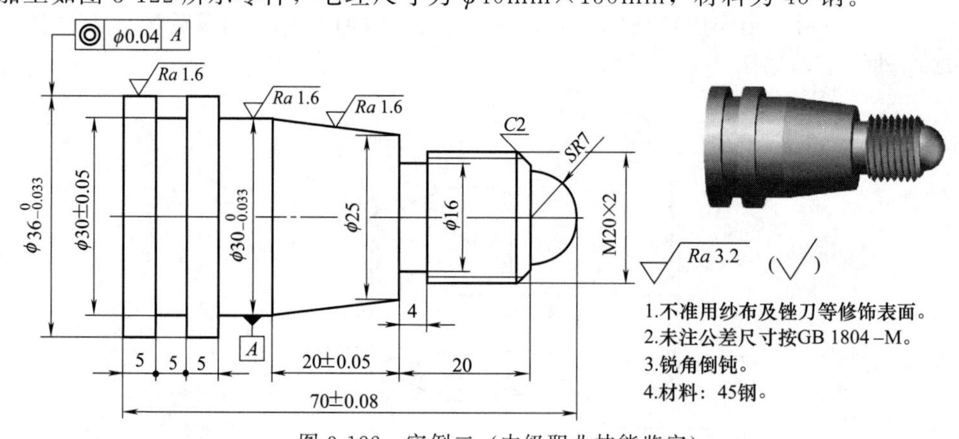

图 3-122 实例二（中级职业技能鉴定）

(1) 确定加工工艺

1）图样分析

该零件主要由外圆、圆弧、锥体、槽、螺纹等轮廓组成。零件右端为一半球体，其半径为

$SR7$mm。M20×2mm螺纹长度为16mm，螺纹右端倒角为$C2$。螺纹退刀槽宽为4mm，槽底直径为$\phi16$mm。锥体小端直径为$\phi25$mm，大端直径为$\phi30_{-0.033}^{0}$mm，锥体长度为(20±0.05)mm。$\phi30_{-0.033}^{0}$mm外圆长度由总长及其他长度尺寸确定。最大外圆直径为$\phi36_{-0.033}^{0}$mm，共有两处，长度均为5mm。两最大外圆中间为一窄槽，宽为5mm，槽底直径为($\phi30$±0.05)mm。该零件尺寸标注完整，轮廓描述清楚。零件材料为45钢，无热处理和硬度要求，适合在数控车床上加工。

2）工艺分析

该零件形状相对复杂，需要加工球体、螺纹、锥体、槽、外圆等轮廓。加工该零件有两个难点：一是半球体的加工，如何保证半球体的尺寸精度和表面质量；二是如何保证外圆$\phi36_{-0.033}^{0}$mm、$\phi30_{-0.033}^{0}$mm尺寸精度和表面加工质量要求，以及$\phi36_{-0.033}^{0}$mm对$\phi30_{-0.033}^{0}$mm的同轴度要求。

解决第一个加工难点，编制程序时，需要考虑刀尖圆弧半径对尺寸精度的影响，同时为了半球体表面质量一致性，精加工时必须采用恒线速切削功能。装刀时，刀尖必须与主轴中心等高。为解决第二个加工难点，可采取以下工艺措施：编制加工工序时，应按粗精加工分开原则进行编制；为保证$\phi36_{-0.033}^{0}$mm对$\phi30_{-0.033}^{0}$mm的同轴度要求，$\phi36_{-0.033}^{0}$mm和$\phi30_{-0.033}^{0}$mm外圆，必须在一次装夹时，同时进行加工。

根据上述分析，可制定如下加工步骤。

① 夹住毛坯外圆，伸出长度大于75mm，粗精加工零件轮廓。

② 用切槽刀加工螺纹退刀槽和宽为5mm的槽。

③ 加工M20×2mm螺纹。

④ 切断，保证总长。

3）相关工艺卡片的填写

① 数控加工刀具卡（表3-69）

表3-69 球头螺纹轴数控加工刀具卡

产品名称或代号		×××	零件名称	螺纹轴		零件图号	××
序号	刀具号	刀具规格名称	数量	加工表面		刀尖半径/mm	备注
1	T01	93°粗车刀	1	工件外轮廓粗车		0.4	20×20
2	T02	93°精车刀	1	工件外轮廓精车		0.2	20×20
3	T03	4mm宽切槽刀	1	槽与切断		—	20×20
4	T04	60°外螺纹刀	1	螺纹		—	20×20
编制		审核	批准		年 月 日	共 页	第 页

② 数控加工工艺卡（表3-70）

表3-70 球头螺纹轴数控加工工艺卡

单位名称		×××	产品名称或代号		零件名称		零件图号	
			×××		×××		××	
工序号		程序编号	夹具名称		使用设备		车间	
001		×××	三爪自定心卡盘		CK6140		数控	
工步号	工步内容		刀具号	刀具规格/mm	主轴转速/(r/min)	进给速度/(mm/min)	背吃刀量/mm	备注
1	粗车外轮廓		T01	20×20	600	150	1.5	自动
2	精车外轮廓		T02	20×20	G96 S200	100	0.5	自动
3	切槽		T03	20×20	300	60	4	自动
4	粗精车螺纹		T04	20×20	800	—	—	自动
5	切断		T03	20×20	300	60	4	自动
编制		审核		批准		年 月 日	共 页	第页

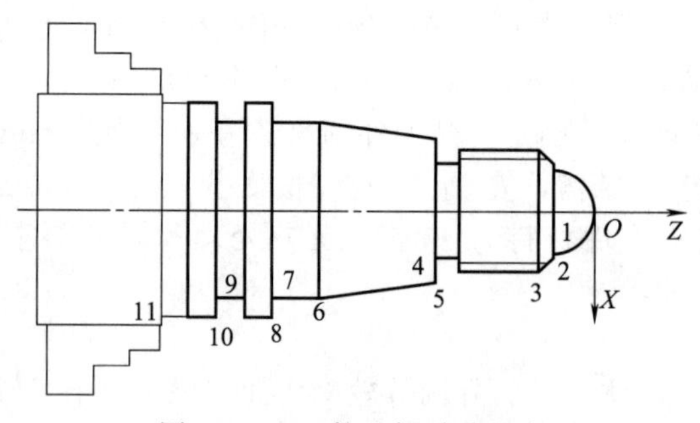

图 3-123　工件坐标系及基点

(2) 程序编制

1）建立工件坐标系

加工零件时，夹住毛坯外圆，工件坐标系设在工件左端面轴线上，如图 3-123 所示。

2）基点的坐标值（见表 3-71）

3）轮廓加工参考程序（见表 3-72）

螺纹牙深：$H=0.6495P=0.6495\times 2=1.299\text{mm}$

4）切断参考程序（表 3-73）

表 3-71　左端基点坐标值

基点	坐标值(X,Z)	基点	坐标值(X,Z)
O	(0,0)	6	(30.0,−47.0)
1	(14.0,−7.0)	7	(30.0,−55.0)
2	(16.0,−7.0)	8	(38.0,−55.0)
3	(19.74,−9.0)	9	(30.0,−65.0)
4	(16.0,−27.0)	10	(38.0,−65.0)
5	(25.0,−27.0)	11	(38.0,−75.0)

表 3-72　轮廓加工参考程序

参考程序	注释
O3050;	程序名
N10 G40 G98 G97 G21;	设置初始化
N20 T0101 S600 M03;	设置刀具、主轴转速
N30 G00 X42.0 Z2.0;	快速到达循环起点
N40 G71 U1.5 R0.5 F150; N50 G71 P60 Q170 U1.0 W0;	调用毛坯外圆循环，设置加工参数
N60 G00 X0.0 F100;	轮廓精加工程序段
N70 G01 Z0;	
N80 G03 X14.0 Z−7.0 R7.0;	
N90 G01 X15.74;	
N100 X19.74 Z−9.0;	
N110 Z−27.0;	
N120 X25.0;	
N130 X30.0 Z−47.0;	
N140 Z−55.0;	
N150 X36.0;	
N160 Z−75.0;	
N170 X42.0;	
N180 G00 X100.0 Z50.0;	刀具快速退至换刀点
N190 M05;	主轴停
N200 M00;	程序暂停
N210 T0202 G96 S200 M03;	调用精车刀，恒线速切削
N220 G50 S2000;	限制主轴最高转速
N230 G00 G42 X42.0 Z2.0;	刀具快速靠近工件
N240 G70 P60 Q170;	采用 G70 进行精加工
N250 G00 G40 X100.0 Z50.0;	刀具退至换刀点，取消刀具半径补偿
N260 M05;	主轴停
N270 M00;	程序暂停
N280 G97 T0303 S300 M03;	换切槽刀
N290 G00 X30.0 Z−27.0;	快速靠近工件
N300 G01 X16.0 F50;	车 4mm 宽槽

续表

参考程序	注释
N310 X30.0;	X 向退刀
N320 G00 X38.0 Z−64.0;	快速到达 5mm 槽处
N330 G01 X30.0 F50;	车槽
N340 X38.0;	X 向退刀
N350 Z−65.0;	Z 向进刀
N360 X30.0;	车槽
N370 X38.0;	X 向退刀
N380 G00 X100.0 Z50.0;	快速退至换刀点
N390 M05;	主轴停
N400 M00;	程序暂停
N410 T0404 S600 M03;	换 4 号刀，设置主轴转速
N420 G00 X22.0 Z−3.0;	快速移至循环起点
N430 G76 P011060 Q100 R50; N440 G76 X17.84 Z−25.0 R0 P1299 Q350 F2;	调用螺纹加工循环，设置螺纹加工参数
N450 G00 X100.0 Z50.0;	刀具退回换刀点
N460 M05;	主轴停
N470 M30;	程序结束

表 3-73 切断参考程序

参考程序	注释
O3051;	程序名
N10 T0303 G96 S60 M03;	换切槽刀
N20 G50 S800;	限制主轴最高转速
N30 G00 X42.0 Z2.0;	快速靠近工件
N40 Z−74.0;	快速到达切断点
N50 G01 X0 F50;	切断
N60 G00 X100.0;	X 向退刀
N70 Z50.0;	Z 向退刀
N80 M05;	主轴停
N90 M30;	程序结束

3.7.3 实例三

如图 3-124 所示工件，毛坯为 ϕ50mm×105mm，材料为 45 钢。

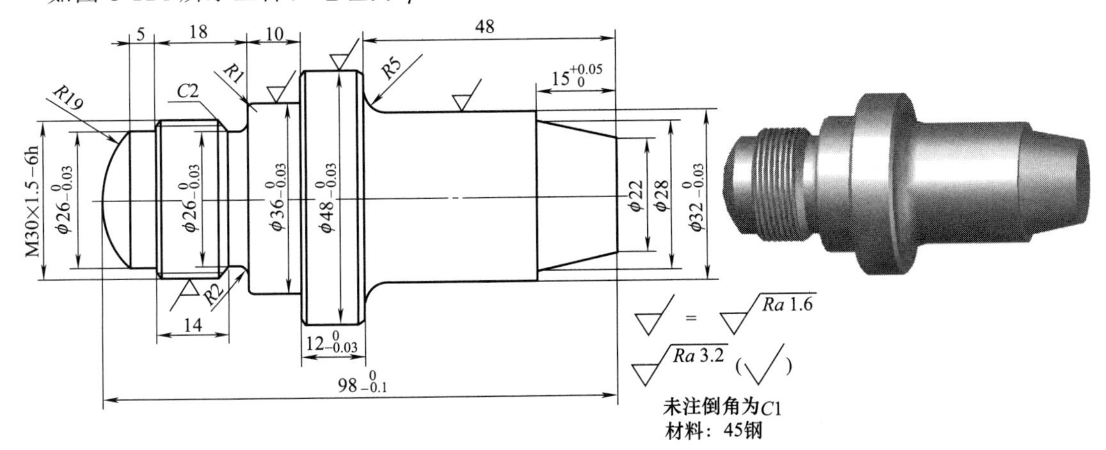

图 3-124 实例三（高级职业技能鉴定）

(1) 确定加工工艺

1）图样分析

该零件主要加工外轮廓表面，零件轮廓包括球头、外圆、螺纹、沟槽、锥体等表面，其中多个外圆尺寸与长度尺寸有较高的尺寸精度，各主要外圆表面的表面粗糙度值均为 $Ra1.6\mu m$，其余表面的表面粗糙度值均为 $Ra3.2\mu m$，说明该零件对尺寸精度和表面粗糙度有比较高的要求，因此，加工工艺应安排粗车和精车。零件左右两端的轮廓不能同时加工完成，需要掉头装夹。

2）确定装夹方式及工艺路线

① 用三爪自动定心卡盘夹持毛坯面（图 3-125），粗精加工工件右端轮廓（端面、锥体、$\phi32_{-0.03}^{\ 0}$mm 外圆、$R5$mm 圆弧面、$\phi48_{-0.03}^{\ 0}$mm 外圆）至要求的尺寸。

② 掉头装夹，用铜皮包住，三爪自定心卡盘夹持 $\phi32_{-0.03}^{\ 0}$mm 外圆（图 3-126），粗精加工左端轮廓（$R19$mm 球头、$\phi26_{-0.03}^{\ 0}$mm 外圆、M30 螺纹牙顶圆、退刀槽、$\phi36_{-0.03}^{\ 0}$mm）至尺寸。

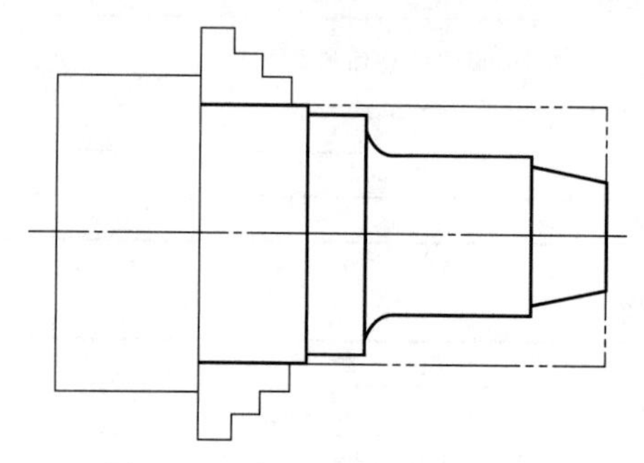

图 3-125 加工右端装夹示意图

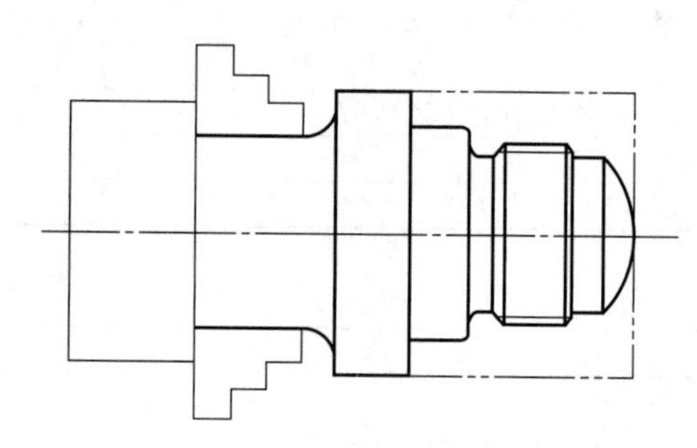

图 3-126 加工左端装夹示意图

③ 最后再用螺纹刀加工 M30×1.5 螺纹。

3）填写相关工艺卡片

① 数控加工刀具卡（表 3-74）

表 3-74 数控加工刀具卡片

产品名称或代号		×××	零件名称	××	零件图号	××
序号	刀具号	刀具规格名称	数量	加工表面	刀尖半径/mm	备注
1	T01	90°偏刀	1	工件外轮廓	0.4	25×25
2	T02	35°棱形机夹刀	1	工件外轮廓	0.2	25×25
3	T03	60°外螺纹车刀	1	车 M30 螺纹	0.1	25×25
编制		审核	批准	年 月 日	共 页	第 页

② 数控加工工艺卡（表 3-75）

表 3-75 数控加工工艺卡

单位名称	×××	产品名称或代号		零件名称		零件图号	
		×××		×××		××	
工序号	程序编号	夹具名称		使用设备		车间	
001	×××	三爪自定心卡盘				数控中心	
工步号	工步内容	刀具号	刀具规格/mm	主轴转速/(r/min)	进给速度/(mm/min)	背吃刀量/mm	备注
1	平端面	T01	25×25	600	80	1	手动
2	粗车右端轮廓	T01	25×25	600	150	1.5	自动
3	精车右端轮廓	T02	25×25	900	80	0.5	自动
4	粗车左端轮廓	T01	25×25	600	150	1.5	自动
5	精车左端轮廓	T02	25×25	200	80	0.5	自动
6	粗精车螺纹	T03	20×20	600	900		自动
编制		审核	批准		年 月 日	共 页	第 页

(2) 相关计算

螺纹大径

$$d_{大}=D-0.13P=30-0.13\times1.5\approx29.8$$

螺纹小径

$$d_{小}=D-2\times0.6495P=30-2\times0.6495\times1.5=28.05$$

(3) 程序编制

① 零件右端加工程序（表 3-76）

表 3-76 零件右端加工参考程序

参考程序	注释
O3052;	程序名
N10 M03 T0101 S600;	启动主轴正转，选择 1 号刀及 1 号刀补
N20 G00 X52.0 Z2.0;	快速移到循环起刀点
N30 G94 X0.0 Z0.0 F80;	车端面
N40 G71 U2.0 R1.0 F150;	外圆粗车复合循环
N50 G71 P60 Q140 U0.5 W0.0;	
N60 G00 X22.0;	精车轮廓起始行
N70 G01 Z0.0 F80;	*Z* 向进刀
N80 G01 X28.0 Z−15.0;	精车外圆锥
N90 X32.0;	精车端面
N100 Z−43.0;	精车 ϕ32mm 外圆
N110 G02 X42.0 W−5.0 R5.0;	精车 *R*5mm 圆弧
N120 G01 X48.0;	精车端面
N130 Z−62.0;	精车 ϕ48mm 外圆
N140 X55.0;	退刀
N150 G00 X100.0 Z100.0;	退刀
N160 T0202 S800;	换 2 号精车刀
N170 G00 X52.0 Z2.0;	快速移到循环起刀点
N180 G70 P60 Q140;	精加工循环指令
N190 G00 X100.0 Z100.0;	退刀
N200 M30;	主程序结束并复位

② 零件左端加工程序（表 3-77）

表 3-77 零件左端加工参考程序

参考程序	注释
O3053;	
N10 M03 S500 T0101;	主轴正转，选择 1 号刀及 1 号刀补
N20 G00 X52.0 Z2.0;	快速移到循环起刀点
N30 G94 X0.0 Z0.0 F80;	循环车削端面
N40 G73 U25.0 W0.0 R10 F150;	外圆粗车复合循环
N50 G73 P60 Q180 U0.5 W0.0;	
N60 G00 X0.0;	精车定刀
N70 G01 Z0.0 F80;	
N80 G03 X26.0 Z−5.0 R19.0;	精车 *R*19mm 圆弧
N90 G01 Z−10.0;	精车 ϕ26mm 外圆
N100 X29.8 W−2.0;	倒角
N110 Z−22.0;	精车螺纹外圆
N120 X26.0 Z−24.0;	倒角
N130 Z−16.0;	精车槽底
N140 G02 X30.0 Z−28.0 R2.0;	精车 *R*2mm 圆弧
N150 G01 X34.0;	精车端面
N160 G03 X36.0 W−1.0 R1.0;	精车 *R*1 圆弧

续表

参考程序	注释
N170 G01 W－9.0；	精车 ϕ36mm 外圆
N180 G01 X52.0；	X 向退刀
N190 G00 X100.0 Z50.0；	快速退刀
N200 T0202 M03 S800；	换 2 号精车刀
N210 G00 X50.0 Z5.0；	快速移到循环起刀点
N220 G70 P60 Q180；	精加工循环指令
N230 G00 X100.0 Z50.0；	快速退刀
N240 T0303 S600；	换 3 号外螺纹车刀
N250 G00 X52.0 Z5.0；	快速定刀
N260 G00 X32.0 Z0.0；	
N270 G92 X29.0 Z－25.0 F1.5；	螺纹加工
N280 X28.5；	
N290 X28.2；	
N300 X28.05；	
N310 G00 X100.0 Z50.0；	快速退刀
N320 M30；	程序结束并返回程序开始

3.8 数控车床基本操作

3.8.1 GSK980TDi 操作面板介绍

（1）面板划分

GSK980TDi 采用集成式操作面板，共分为显示屏（LCD）、状态指示灯、编辑键盘、显示菜单和机床控制面板等几大区域，如图 3-127 所示。

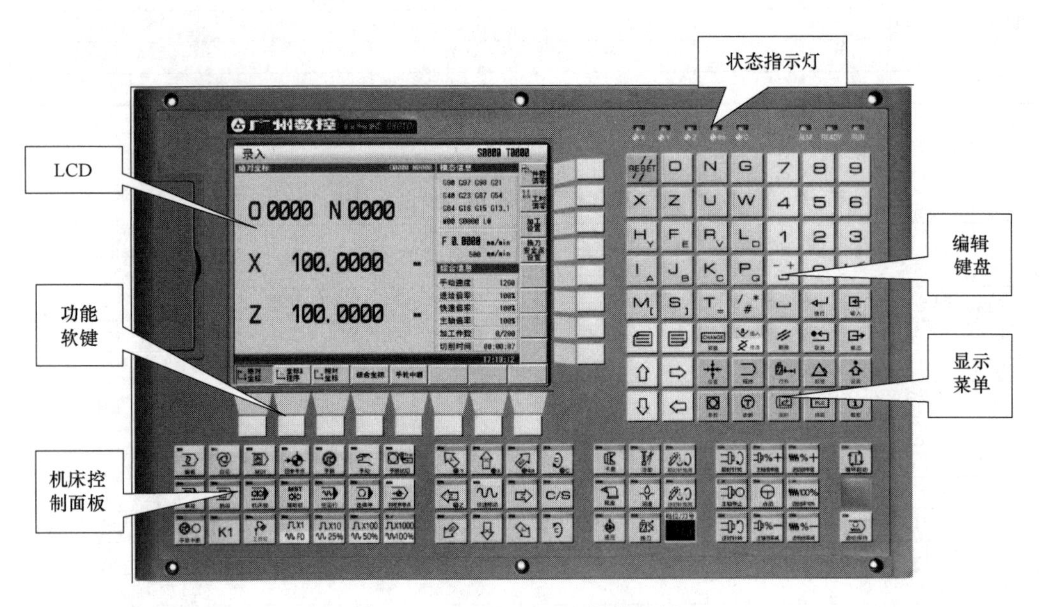

图 3-127 GSK980TDi 操作面板

（2）操作方式

GSK980TDi 有编辑、自动、录入、机床回零、手脉/单步、手动、程序回零、手脉试切共 8 种操作方式，如表 3-78 所示。

表 3-78　GSK980TDi 操作方式及其功能

操作方式	操作按键	功　能
编辑	编辑	在编辑操作方式下，可以进行加工程序的建立、删除和修改等操作
自动	自动	在自动操作方式下，自动运行程序
录入	MDI	在录入操作方式下，可进行参数的输入以及代码段的输入和执行
机床回零	回参考点	在机床回零操作方式下，可分别执行进给轴回机床零点操作
手脉/单步	手脉	在手脉/单步进给方式中，CNC 按选定的增量进行移动
手动	手动	在手动操作方式下，可进行手动进给、手动快速、进给倍率调整、快速倍率调整及主轴启停、冷却液开关、润滑液开关、主轴点动、手动换刀等操作
程序回零	回程序零点	在程序回零操作方式下，可分别执行进给轴回程序零点操作
手脉试切	Trial 手脉试切	在手脉试切方式下，可以通过转动手脉来控制程序的执行速度，从而达到检测加工程序程序是否正确的目的

(3) 显示菜单

GSK980TDi 系统编辑键盘板上包含了位置、程序、设置等功能键，每个功能键对应一个页面集，每个页面集下又有多个子页面和操作软键，如表 3-79 所示。

表 3-79　GSK980TDi 系统菜单显示键功能说明

菜单显示键	功 能 说 明
位置	按此键进入位置页面。位置页面有绝对坐标、坐标 & 程序、相对坐标、综合坐标、手轮中断等 5 个页面
程序	按此键进入程序页面。程序界面有程序内容、MDI 程序、本地目录、U 盘目录、轨迹预览等 5 个页面
刀补	按此键进入刀补页面。刀补页面有刀补、宏变量、工件坐标系、宏变量注释、刀具寿命 5 个页面。刀补界面可显示刀具偏置磨损；宏变量界面可显示 CNC 宏变量；刀具寿命管理可显示当前刀具寿命的使用情况并设置刀具的组号
报警	按此键进入报警页面。报警页面有报警信息、报警日志两个页面。报警界面有 CNC 报警、PLC 报警两个页面；报警日志可显示产生报警和消除报警的历史记录
设置	按此键进入设置页面。设置页面有 CNC 设置、系统时间、文件管理、机床功能调试、GSKlink、设置 IP 等 6 个页面

续表

菜单显示键	功能说明
参数	按此键进入参数页面。参数页面有状态参数、数据参数、分类参数、螺距补偿、伺服参数等5个页面
诊断	按此键进入诊断页面。诊断页面有系统诊断、系统信息、机床诊断、伺服诊断4个页面
图形	按此键进入图形页面。在此页面可显示程序加工的图形轨迹，可对图形轨迹进行放大或缩小，可调整图形轨迹的移动距离，也可清除当前的图形轨迹
PLC 梯图	按此键进入梯图页面。梯图页面有PLC状态、PLC数据、PLC监控、程序列表4个页面

(4) 机床面板按键

GSK980TDi机床面板中按键的功能是由PLC程序（梯形图）定义，各按键功能如表3-80所示。

表3-80 GSK980TDi机床控制面板各按键名称及其功能

按键	名称	功能说明
进给保持	进给保持键	按此键，系统停止自动运行
循环起动	循环启动键	按此键，程序自动运行
进给倍率增 进给倍率100% 进给倍率减	进给倍率键	在手动进给时，可按进给倍率键可修改手动进给倍率，倍率从0至150%，共16级
X1 F0　X10 25%　X100 50%　X1000 100%	增量选择和快速倍率键	在手脉/单步工作方式时，可选择移动增量，移动增量有0.0001mm、0.001mm、0.01mm、0.1mm四种。在手动快速移动时，可按快速倍率键修改手动快速移动的倍率，快速倍率有F0、25%、50%、100%四档
换刀	手动换刀键	按此键，进行相对换刀
润滑	润滑液开关键	按此键，进行机床润滑开/关转换
冷却	冷却液开关键	按此键，进行冷却液开/关转换
液压	液压控制键	任何方式下，按此键，液压电机输出在打开/关闭之间切换
点动	点动开关键	主轴点动状态开/关
逆时针转 主轴停止 顺时针转	主轴控制键	可进行主轴正转、停止、反转控制

续表

按键	名称	功能说明
卡盘	卡盘控制键	任何方式下，按此键，卡盘在松开/夹紧之间切换
尾座	尾座控制键	任何方式下，按此键，机床尾座在进/退之间切换
X　Z	进给轴及方向选择键	可选择进给轴及方向
快速移动	快速移动选择键	手动状态下，此键指示灯亮时，可使 X 轴或 Z 轴向负向或正向快速移动，快速倍率实时修调有效；此键指示灯不亮时，快速移动无效
选择停	选择停按键	选择停有效时，执行 M01 暂停
单段	单段键	按此键至单段运行指示灯亮，系统单段运行
跳段	跳段键	程序段首标有“/”号的程序段是否跳过状态切换，程序段选跳开关打开时，跳段指示灯亮
机床锁	机床锁住键	按此键至机床锁住指示灯亮，机床进给锁住
MST 辅助锁	辅助功能锁住键	按此键至辅助功能锁住指示灯亮，M、S、T 功能锁住
空运行	系统空运行键	按此键至空运行指示灯亮，系统空运行，常用于检验程序

3.8.2　GSK980TDi 数控车床基本操作

(1) 开机与关机及安全防护

1) 开机

系统上电前，应检查机床状态是否正常、电源电压是否符合要求、接线是否正确等。开机步骤如下：按下机床电源按钮→按下系统开按钮→开启急停按钮（顺时针旋转急停按钮即可开启）。

接通电源后系统自检、初始化，此时液晶显示器显示如图 3-128 所示。系统自检正常、初始化完成后，显示绝对坐标位置页面，如图 3-129 所示。

图 3-128　系统自检、初始化界面

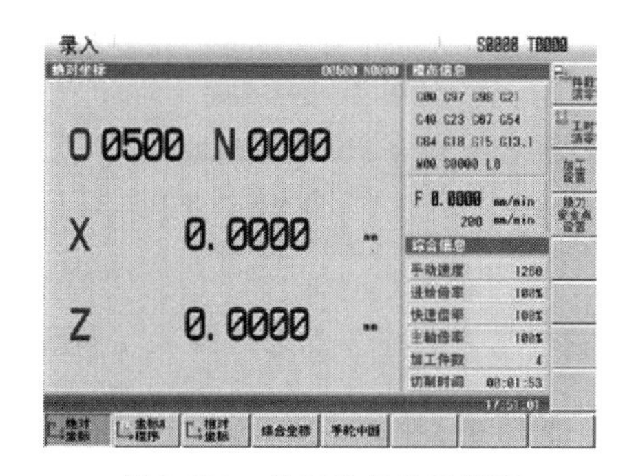

图 3-129　绝对坐标位置页面

2) 关机

关机前，应确认 CNC 的 X、Z 轴是否处于停止状态，辅助功能（如主轴、水泵等）是否关闭。关机时先切断 CNC 电源，再切断机床电源。

3）紧急操作

在加工过程中，由于用户编程、操作以及产品故障等原因，可能会出现一些意想不到的结果，此时必须使 GSK980TDi 立即停止工作。

① 复位。GSK980TDi 异常输出、坐标轴异常动作时，按复位键 //，使 CNC 处于复位状态。此时，所有轴运动停止，M、S 功能输出无效，自动运行结束。

② 急停。机床运行过程中在危险或紧急情况下按急停按钮（外部急停信号有效时），CNC 即进入急停状态，此时机床停止运动，主轴的转动、冷却液等输出全部关闭。松开急停按钮解除急停报警，CNC 进入复位状态。

① 机床在运动中产生急停报警，报警解除后应重新执行回机床零点操作，以确保坐标位置的正确性。

② 只有将状态参数 No. 172 的 Bit3 设置为 0，外部急停才有效。

③ 在上电和关机之前按下急停按钮可减少设备的电冲击。

③ 进给保持。机床运行过程中可按“进给保持键”使运行暂停。需要特别注意的是：在螺纹切削、攻螺纹循环中，此功能不能使运行立即停止。

④ 切断电源。机床运行过程中在危险或紧急情况下可立即切断机床电源，以防事故发生。但必须注意，在未使用绝对式电机时，切断电源后 CNC 显示坐标与实际位置可能有较大偏差，必须进行重新对刀等操作。

（2）回零操作

1）程序回零

① 程序零点

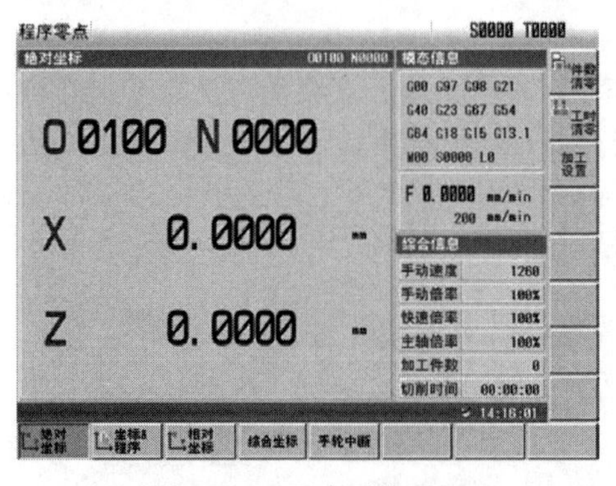

图 3-130　程序零点页面

当零件装夹到机床上后，根据刀具与工件的相对位置用 G50 代码设置刀具当前位置的绝对坐标，就在 CNC 中建立了工件坐标系。刀具当前位置称为程序零点，执行程序回零操作后就回到此位置。

② 程序回零的操作步骤

a. 按回程序零点键进入程序回零操作方式，显示页面的左上角显示“程序零点”，如图 3-130 所示。

b. 按 X、Z 轴的任意方向键，即可回 X、Z 轴程序零点。

c. 拖板沿着程序零点方向移动，回到程序零点后，轴停止移动，回零结束指示灯亮。

进行回程序零点操作后，不改变当前的刀具偏置状态，如有刀具偏置，则回到的位置是用 G50 设定的位置，也是含有刀具偏置的位置。

2）机械回零

⑴ 机械零点

机床坐标系是CNC进行坐标计算的基准坐标系，是机床固有的坐标系，机床坐标系的原点称为机械零点（或机床参考点），机械零点由安装机床上的零点开关或回零开关决定，通常零点开关或回零开关安装在各轴正方向的最大行程处。

② 返回机械零点的操作步骤

a. 按回参考点键，进入机床返回机械零点的操作方式，显示页面的左上角显示“机械零点”，如图3-131所示。

b. 按“＋X、＋Z”键，选择回X轴、Z轴机械零点。

c. 拖板沿着机械零点方向移动，配增量式编码器电机时，经过减速信号、零点信号检测后回到机床零点；配绝对式编码器电机时，直接以机械回零的速度定位到设定的机械零点处，此时轴停止移动，回零结束指示灯亮。

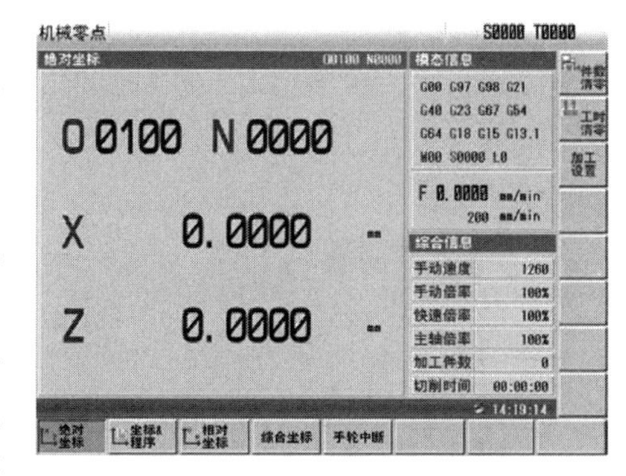

图3-131　机械零点页面

① 如果数控机床未安装机床零点，不得使用机床回零操作。

② 回零结束指示灯在下列情况下熄灭：从零点移出，CNC断电。

③ 进行回机械零点操作后，CNC取消刀具长度补偿。

④ 执行机械回零操作后，原工件坐标系被重置，需要重新用G50进行设置。

(3) 手动操作

按手动键进入手动操作方式，手动操作方式下可进行手动进给、主轴控制、倍率修调、换刀等操作。

1）坐标轴移动

在手动操作方式下，可以使两轴手动进给、手动快速移动。

① 手动进给

按、、、键可使X轴或Z轴向负向或正向进给，松开按键时轴运动停止。

② 手动快速移动

按键使按快速移动键指示灯亮，按、、、键可使X轴或Z轴向负向或正向快速移动，松开按键时轴运动停止。快速倍率实时修调有效。当进行手动快速移动时，按键，使按键指示灯熄灭，快速移动无效，以手动速度进给。

① 在接通电源后，如没有返回参考点，当快速移动按键指示灯亮时，快速移动速度是手动进给速度还是快速移动速度由系统状态参数No.012的Bit0位选择。

② 在编辑/手脉方式下，快速移动键无效。

③ 速度修调

在手动进给时，可按、、键修改手动进给倍率，倍率从 0 至 150%，共 16 级。

在手动快速移动时，可按、、、键修改手动快速移动的倍率，快速倍率有 F0、25%、50%、100%四档。快速倍率选择在下列情况有效：G00 快速移动、固定循环中的快速移动、G28 时的快速移动、手动快速移动。

2）主轴控制操作

在手动操作方式下，可手动控制主轴的正转、反转和停止。手动操作时要使主轴启动，必须用录入方式设定主轴转速。按手动操作按钮、、可控制主轴正转、反转、停止。调节主轴倍率按键，对主轴转速进行倍率修调。

3）刀架的转位操作

装卸刀具、测量切削刀具的位置以及对工件进行试切削时，都要靠手动操作实现刀架的转位。在手动操作方式下，按刀具选择按钮，回转刀架按顺序依次换刀（若当前为第 1 把刀具，按此键后，刀具换至第 2 把；若当前为最后一把刀具，按此键后，刀具换至第 1 把）。

4）冷却液控制

任何方式下，按键，冷却液在开关之间切换。

(4) 手脉/单步操作方式

① 单步进给

设置系统参数 No. 001 的 Bit3 位为 0，按键进入单步操作方式。按、、、键选择移动增量，移动增量会在页面中显示。如按键，页面显示如图 3-132 所示。

按一次或键，可使 X 轴向负向或正向按单步增量进给一次；按一次或键，可使 Z 轴向负向或正向按单步增量进给一次。

② 手脉（手摇脉冲发生器）进给

设置系统参数 No. 001 的 Bit3 位为 1，按键进入手脉操作方式。按、、、键选择移动增量，按、键选择相应的轴。如按键，显示页面如图 3-133 所示。

图 3-132 单步页面

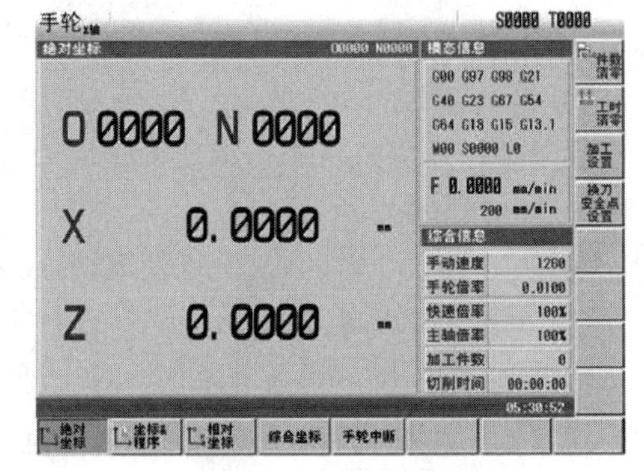

图 3-133 手轮页面

手脉进给方向由手脉旋转方向决定。一般情况下，手脉顺时针为正向进给，逆时针为负向进给。

③ 手脉试切

可以在编制完加工程序后使用手脉（手摇脉冲发生器）试切功能，检查程序的运行轨迹。在手脉试切方式下，可以通过转动手脉控制程序的执行速度，顺/逆时针转动手脉时可以顺序执行程序或回退已执行的程序段，即可简单、方便地检查程序的错误。

选择好加工程序后，按[手脉试切]键进入手脉试切方式。此时按[循环起动]键，显示如图 3-134 所示。此时，顺时针转动手脉，则程序开始顺序执行；逆时针旋转手脉时，可以回退已经执行的程序段。程序的执行速度与手脉的转速成比例，只要使手脉快速转动，程序执行的速度就会加快；使手脉慢速转动，程序执行的速度就会放慢。

当处于手脉试切方式时，如果再次按[手脉试切]键，操作方式返回自动方式下。手脉试切方式下的所有操作同自动方式。

（5）MDI 录入操作

在录入操作方式下，可进行参数的设置、单程序段的输入以及单程序段的执行等操作。

1）程序段的录入

选择录入操作方式，进入“程序→MDI 程序”页面，输入一个程序段“G50 X100 Z50”，操作步骤如下。

① 按[MDI]键进入录入操作方式。

②按[程序]键，再按[MDI 程序]软键进入 MDI 程序页面，在页面中输入程序段“G50 X100 Z50”，如图 3-135 所示。注：MDI 程序最多可输入 10 段程序。

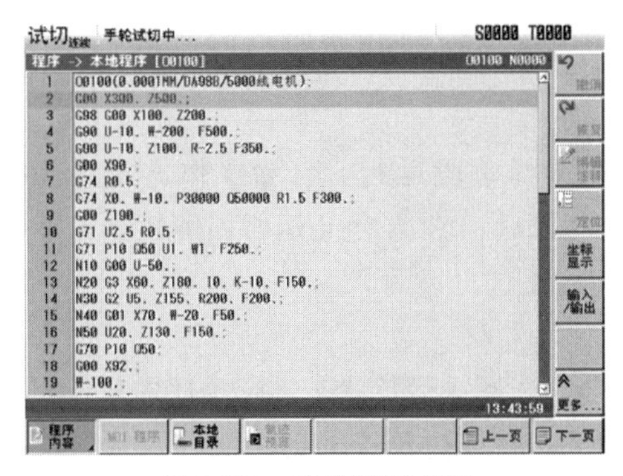

图 3-134　手脉试切页面

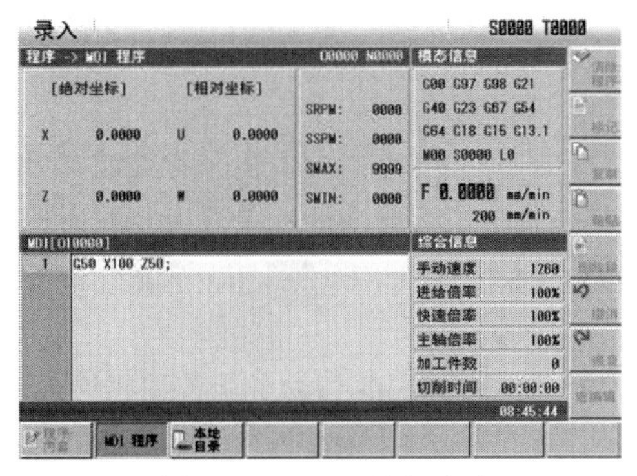

图 3-135　MDI 程序页面

2）程序段的执行

程序段输入后，可移动光标到任意段，按[输入]键，再按[循环起动]键执行输入的程序段。运行过程中可按[进给保持]键、[复位]键以及急停按钮使程序段停止运行。

3）数据的修改

在 MDI 程序页面有[清除程序]、[标记]、[复制]、[粘贴]、[删除段]、[撤消]、[恢复]、[宏编辑]程序编辑操作项。

（6）自动操作

1）自动运行

① 设定工件坐标系 G54～G59，在程序中选择坐标系，未选择时，默认 G54。

② 设定刀具偏置和刀具磨损值，在程序中选择刀具和刀偏。

③ 在编辑方式下，打开选中程序后，在程序内容页面，移动光标至准备开始运行的程序段处，如图 3-136 所示。

④ 按[自动]键切换至自动方式，如图 3-137 所示。

⑤ 按[循环起动]键启动程序，程序自动运行。

⑥ 必要时，可按[进给保持]键暂停程序，按[循环起动]键后程序继续执行；按[复位]键自动运行结束；按急停按钮，CNC 即进入急停状态，此时机床移动立即停止，所有的输出（如主轴的转动、冷却液等）全部关闭。松开急停按钮解除急停报警，CNC 进入复位状态。

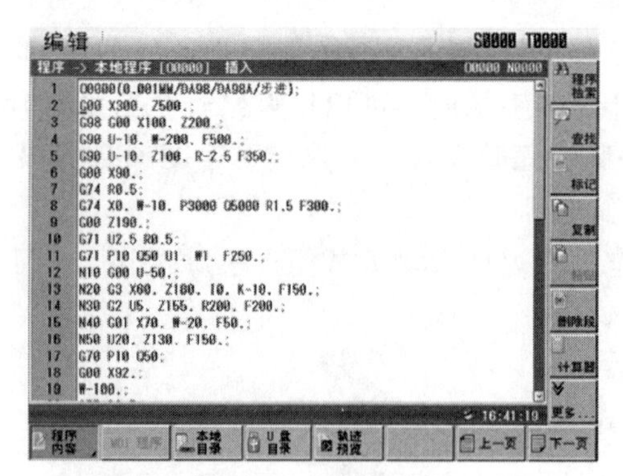

图 3-136 编辑页面

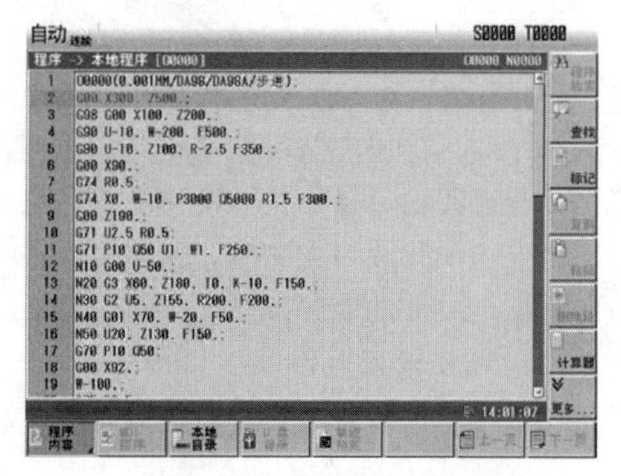

图 3-137 自动运行页面

① 在自动运行过程中转换为机床回零、手脉/单步、手动、程序回零方式时，当前程序段立即“暂停”。

② 在自动运行过程中转换为编辑、录入方式时，在运行完当前程序段后才显示“暂停”。

2）运行时的状态

① 单段运行

首次执行程序时，为防止编程错误出现意外，可选择单段运行。自动操作方式下，按键选择单段运行功能；单段运行时，执行完当前程序段后，CNC 停止运行；继续执行下一个程序段时，需再次按键，如此反复直至程序运行完毕。

② 空运行

自动运行程序前，为了防止编程错误出现意外，可以选择空运行状态进行程序的校验。自动操作方式下，按键进入空运行状态；空运行状态下，机床进给、辅助功能有效（如果机床锁住、辅助锁住开关处于关状态），也就是说，空运行开关的状态对机床进给、辅助功能的执行没有任何影响，程序中指定的速度无效，CNC 以快速速度运动。

③ 机床锁住运行

自动操作方式下，按键进入机床锁住运行状态；机床锁住运行常与辅助功能锁住功能一起用于程序校验。机床锁住运行时：

a. 机床拖板不移动，位置界面下的综合坐标页面中的“机床坐标”不改变，“相对坐标”“绝对坐标”和“余移动量”显示不断刷新，与机床锁住开关处于关状态时一样。

b. M、S、T 代码能够正常执行。

c. 再次按下系统操作面板的键，关闭机床锁，系统自动恢复各轴的绝对坐标值，即工件坐标系自动恢复。

① 机床锁打开、关闭系统自动恢复各轴的绝对坐标、相对坐标。

② 机床锁住前后，刀具的状态不影响工件坐标系的自动恢复。

③ 机床锁住前后，C 刀补的状态不影响工件坐标系的自动恢复。

④ 机床锁住前后，系统通断电的状态不影响工件坐标的自动恢复。如断电前机床是锁住状态，重新上电后，系统能够自动恢复工件坐标系。

⑤ 为避免自动运行过程中，刀具间断运行，请不要在程序启动后改变机床锁的状态。

④ 辅助功能锁住运行

自动操作方式下，按键进入辅助功能锁住运行状态；此时 M、S、T 代码不执行，机床拖板移动。通常与机床锁住功能一起用于程序校验。

注：辅助功能锁住有效时，不影响 M00、M01、M02、M29、M30、M98、M99 的执行。

⑤ 程序段选跳

在程序中不想执行某一段程序而又不想删除时，可选择程序段选跳功能。当程序段段首具有“/”号且程序段选跳开关打开（机床面板按键或程序选跳外部输入有效）时，在自动运行时此程序段跳过不运行。

自动操作方式下，按键进入程序跳到有效的状态。注：当程序段选跳开关未开时，程序段段首具有“/”号的程序段在自动运行将不会被跳过。

(7) 编辑操作方式

在编辑操作方式下，可建立、打开、修改、复制、删除程序，也可实现 CNC 与 PC 机的双向通信。为防程序被意外修改、删除，GSK980TDi 设置了程序开关。编辑程序前，必须打开程序开关。

1) 程序的建立

① 程序段号的生成

按键，按 CNC 设置 软键，按 自动段号开(L) 软键，编辑时，按或键自动生成下一程序段的程序段号，程序段号的增量值由 CNC 数据参数 No. 042 设置。

② 程序的建立

按键，按键进入程序页面集，要输入加工程序，首先要建立一个加工程序，建立加工程序的方法如下。

a. 按 本地目录 软键，进入本地目录子页面，再按 打开新建 软键，如输入 O0001 [图 3-138 (a)]。

b. 按（或键）键建立新程序，当前页面自动切换为程序内容页面 [图 3-138 (b)]。

注：建立加工程序时，如果输入的程序名已经存在，则会打开该文件，否则自动新建一个。

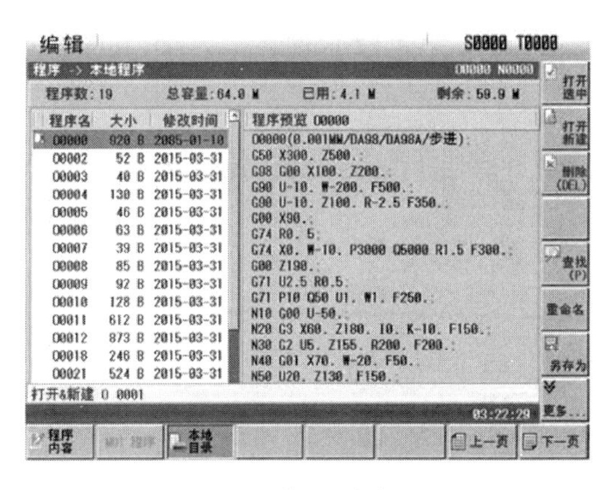

(a) 输入程序名

(b) 新程序页面

图 3-138 建立新程序

③ 程序的打开

a. 按键进入程序页面集，按 本地目录 软键，或插入 U 盘后显示的 U盘目录 软键。

b. 按、、、键移动光标到需要打开的程序名处，按 打开选中 软键或或键进入程序。

④ 程序内容的输入

打开一个程序后，每输入一个字符，在屏幕上立即显示输入的字符（复合键的处理是反复按此复合键，实现交替输入），一个程序段输入完毕，按[换行]或[输入]键结束。

注：程序录入时，如果发生意外断电，可能导致正在编辑的程序不能完全保存。

⑤ 字符的检索

按[CHANGE 转换]键或按[查找]软键，在弹出的对话框中输入欲查找的字符（也可输入一行程序段）。如查找“G00 X90.”，如图 3-139（a）所示。

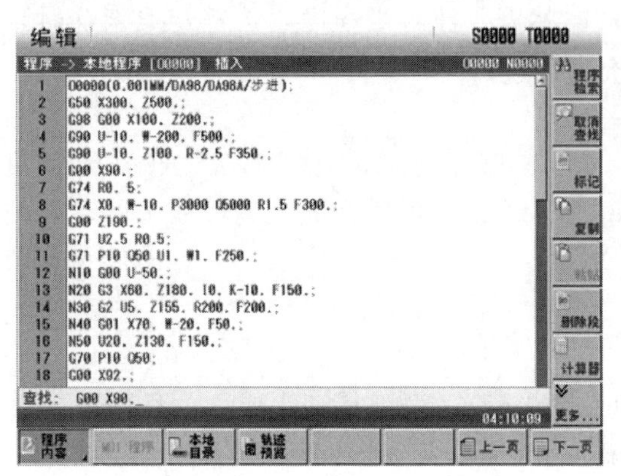

(a) 输入查找内容

(b) 查找结果

图 3-139 字符的检索

a. 按[↓]键（根据欲查找字符与当前光标所在字符的位置关系确定是按键[↑]还是[↓]键），结果如图 3-139（b）所示。

b. 查找完毕，CNC 仍然处于查找状态，再次按[↓]键或[↑]键，可以查找下一位置的字符，也可按[CHANGE 转换]键退出查找状态。

c. 如未查找到，则出现“找不到指定的字符串”提示。

注：在字符检索中，不检索被调用的子程序中的字符，子程序中的字符在子程序中检索。

⑥ 行号的检索

(a) 输入行号10

(b) 快速定位至第10行

图 3-140 行号检索

按[定位]软键，在弹出的对话框中输入行号（程序段的物理行号，即左边一列标注的行号），如光标要定位到第 10 行，如图 3-140（a）所示；按![换行]键或![输入]键，光标快速定位到第 10 行，如图 3-140（b）所示。按![编辑]键进入编辑操作方式，按![//]键，光标回到程序开头。

⑦ 字符的插入

按![插入/修改]键进入插入状态（光标为一下划线，标题栏显示“插入”），如图 3-141（a）所示；输入插入的字符，如 G50 前插入 G98 代码，结果如图 3-141（b）所示。

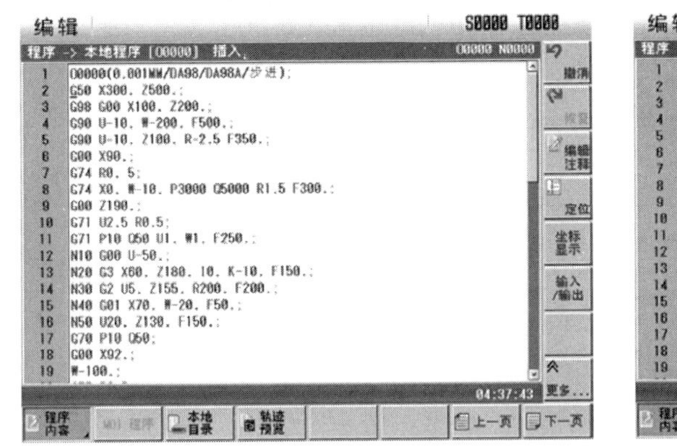

(a) 插入页面

(b) 插入结果

图 3-141　字符的插入

提示

① 插入状态下，如光标不在行首，插入代码地址时会自动生成空格，如光标在行首，不会自动生成空格，必须手动插入空格。

② 插入状态下，若光标前一位为小数点且光标不在行末时，输入地址字，小数点后自动补空格。

⑧ 字符的删除

按![取消]键删除光标处的前一字符；按![删除]键删除光标处的后一字符，如果是插入状态下，则删除光标所在处字符。

⑨ 字符的修改

(a) 修改页面

(b) 修改结果

图 3-142　字符的修改

按键进入修改状态（光标为一矩形反显框，并且闪烁，标题栏显示“修改”），如图3-142（a)所示：输入修改后的字符（如将X300修改成X250），如图3-142（b）所示。

2）程序的删除

① 单个程序的删除

a. 按键，按键，按本地目录软键进入本地程序子页面。

b. 按、、、（上一页、下一页）键，选择要删除的程序，如选择O0001程序，如图3-143所示。

c. 按删除(DEL)软键，弹出询问对话框，按键，则O0001程序被删除；按键，则取消删除。

② 全部程序的删除

a. 按键，按键，按本地目录软键进入本地程序子页面。

b. 按更多...键进入下一页功能菜单，如图3-144所示。按删除全部软键，再按键，全部程序被删除。

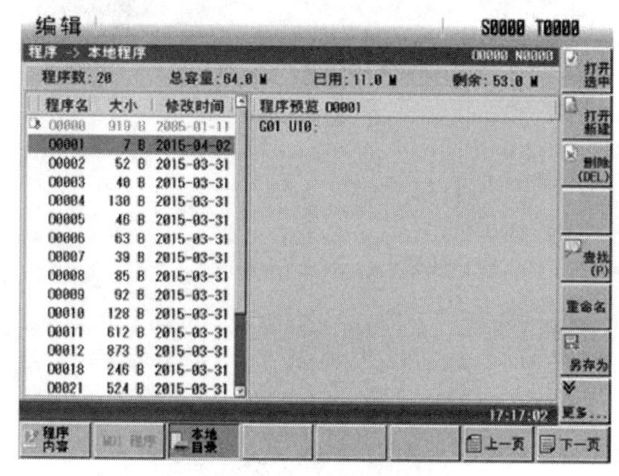

图3-143 选择要删除的程序

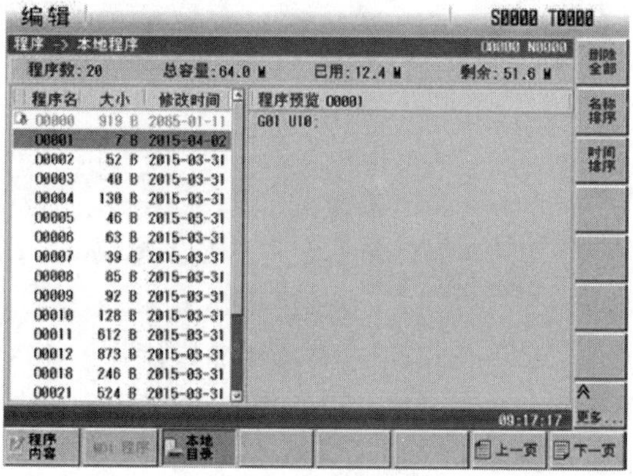

图3-144 “删除全部”页面

3）程序的改名

① 按键，按键，按本地目录软键进入本地程序页面。

② 将光标移至要修改的程序，按重命名软键，在弹出的对话框中输入新的程序名，按键即可。

4）程序的复制

① 按键，按键，按本地目录软键进入本地程序页面。

② 将光标移至要修改的程序，按另存为软键，在弹出的对话框中输入新的程序名，按键。

（8）对刀操作

为简化编程，允许在编程时不考虑刀具的实际位置，GSK980TDi提供了定点对刀、试切对刀及回机床零点对刀三种对刀方法，通过对刀操作来获得刀具偏置数据。本章主要讲解试切对刀。

1）试切对刀

试切对刀，采用的是绝对刀偏法对刀，实质就是使某一把刀的刀位点与工件原点重合时，找出刀架的转塔中心在机床坐标系中的坐标，并把它存储到刀补寄存器中。这种对刀方法是把工件坐标系的建立和刀具补偿值的设置合二为一，在加工程序中不需要进行坐标系的设置和调用，可以在任何安全位置启动加工程序进行自动运行加工。对刀步骤如下。

① 在手动方式中试切端面，沿 X 轴正方向退刀，不要移动 Z 轴，停止主轴旋转，如图3-145所示。或直接按记录Z轴坐标软键，CNC记录该位置的绝对坐标值，此时可直接移开刀具。

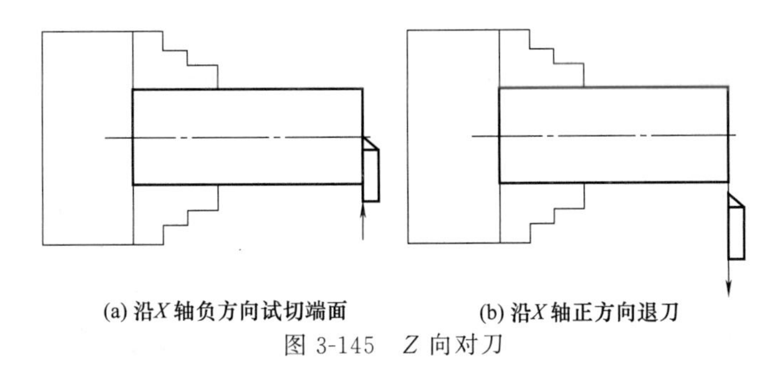

(a) 沿X轴负方向试切端面　　(b) 沿X轴正方向退刀

图 3-145　Z 向对刀

② 测量工件坐标系的零点至端面的距离 β（或 0）。

③ 按刀补菜单键，进入刀补页面集，再按软键，进入刀具偏置页面，如图 3-146 所示。

④ 按键或键移动光标，选择与刀具号对应的偏置号，输入 Zβ（或 Z0）。按输入键，Z 向刀具偏置参数会自动存入。

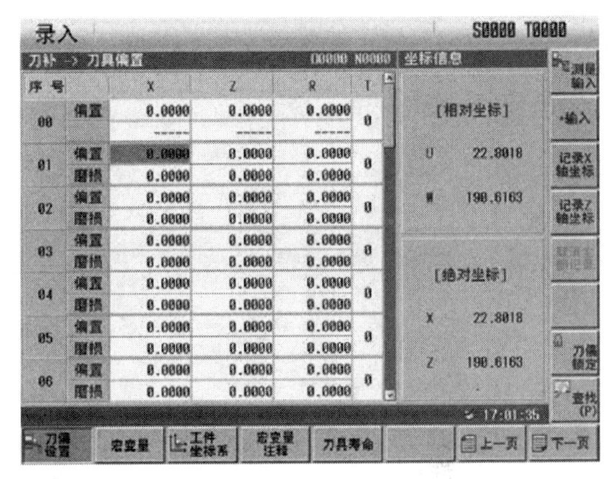

图 3-146　刀具偏置页面

⑤ 按图 3-147 所示，试切工件外圆。然后沿 Z 轴退刀，不要移动 X 轴，停止主轴旋转，测量被车削部分的直径 D。

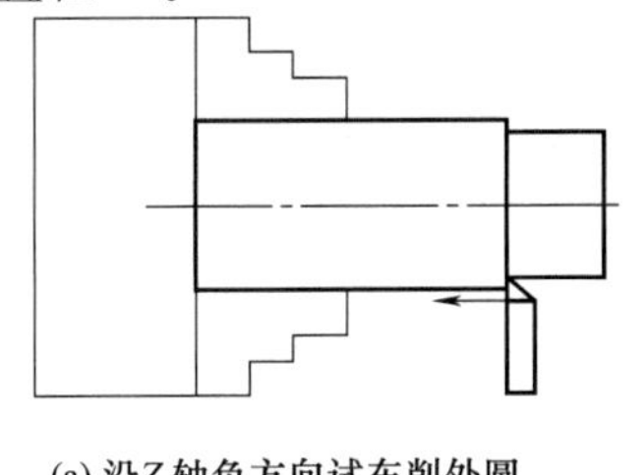

(a) 沿Z轴负方向试车削外圆

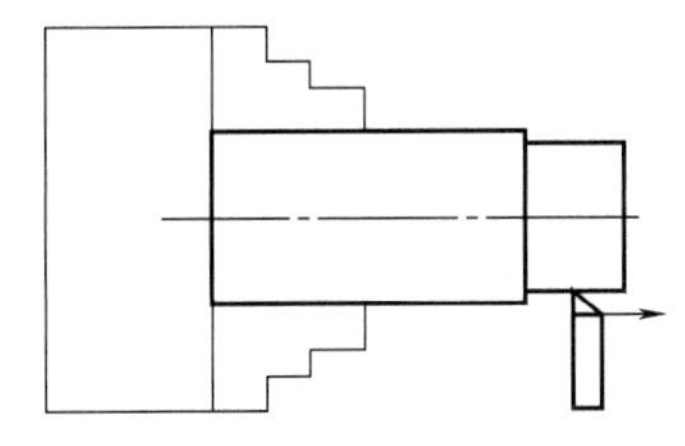

(b) 沿Z轴正方向退刀

图 3-147　X 向对刀

⑥ 按键或键移动光标，选择与刀具号对应的偏置号，输入 XD，按输入键，X 向刀具偏置参数即自动存入。

⑦ 其他刀具按照相同的方法对刀即可。

2）输入刀具磨损参数

刀具使用一段时间后磨损，会使产品尺寸产生误差，因此需要对刀具设定磨损量补偿。刀具磨损参数位于刀具偏置序号中的第二行。输入步骤如下。

① 通过测量，确定 X 向和 Z 向刀具磨损量。

② 将光标移至所需刀具序号的第二行，用地址 U 和 W，分别键入 X 和 Z 向刀具磨损量，按键，磨损量被输入到指定区域。

3）输入刀具半径 R 和刀具方位 T

将光标移至所需输入刀具半径的刀具偏置号上，键入字母 R 及刀具半径值，然后按键输入。刀具方位 T 的输入方法相同。

第4章 数控铣床和加工中心编程与操作

广州数控设备生产数控铣床系统有25i系列、218系列、988系列和990系列。各种数控系统编程指令格式和使用方法基本相同，但有些系统差别较大，因而，编程时应查阅机床所用数控系统编程说明书，避免编程错误。本章以GSK990MC数控系统为例，讲解常用指令格式及应用技巧。

4.1 概述

4.1.1 准备功能

GSK990MC数控系统的准备功能由指令地址G和其后2位数字组成，用来规定刀具相对工件的运动方式、进行坐标设定等多种操作，如表4-1所示。

表4-1 GSK990MC系统常用G代码及功能表

指令字	组别	功能	备注
*G00	01	快速移动	模态G代码
G01		直线插补	
G02		圆弧插补(顺时针)	
G03		圆弧插补(逆时针)	
G04	00	暂停、准停	非模态G代码
G10	00	可编程数据输入	模态G代码
*G11		可编程数据输入取消	
*G12	16	存储行程检测功能接通	模态G代码
G13		存储行程检测功能断开	
*G15	11	极坐标代码取消	模态G代码
G16		极坐标代码	

续表

指令字	组别	功　　能	备　　注
* G17	02	*XY* 平面选择	模态 G 代码
G18		*ZX* 平面选择	
G19		*YZ* 平面选择	
G20	06	英制数据输入	模态 G 代码
G21		公制数据输入	
G22	09	逆时针圆内凹槽粗铣	模态 G 代码
G23		顺时针圆内凹槽粗铣	
G24		逆时针方向全圆内精铣循环	
G25		顺时针方向全圆内精铣循环	
G26		逆时针外圆精铣循环	
G27	00	返回参考点检测	非模态 G 代码
G28		返回参考点	
G29		从参考点返回	
G30		返回第 2,3,4 参考点	
G31		跳转功能	
G32	09	顺时针外圆精铣循环	模态 G 代码
G33		逆时针矩形凹槽粗铣	
G34		顺时针矩形凹槽粗铣	
G35		逆时针矩形凹槽内精铣循环	
G36		顺时针矩形凹槽内精铣循环	
G37		逆时针矩形外精铣循环	
G38		顺时针矩形外精铣循环	
G39	00	拐角偏置圆弧插补	非模态 G 代码
* G40	07	取消刀尖半径补偿	模态 G 代码
G41		刀尖半径左补偿	
G42		刀尖半径右补偿	
G43	08	正方向刀具长度偏移	模态 G 代码
G44		负方向刀具长度偏移	
* G49		刀具长度偏移注销	
* G50	12	比例缩放取消	模态 G 代码
G51		比例缩放	
G53	00	选择机床坐标系	非模态 G 代码
G54	05	工件坐标系 1	模态 G 代码
G55		工件坐标系 2	
G56		工件坐标系 3	
G57		工件坐标系 4	
G58		工件坐标系 5	
G59		工件坐标系 6	
G60	00/01	单方向定位	非模态 G 代码
G61	14	准停方式	模态 G 代码
G62		自动拐角倍率	
G63		攻螺纹方式	
* G64		切削方式	
G65	00	宏程序代码	非模态 G 代码
G68	13	坐标旋转	模态 G 代码
* G69		坐标旋转取消	
G73	09	高速深孔加工循环	非模态 G 代码
G74		左旋攻螺纹循环	
G76		精镗循环	
* G80		固定循环注销	
G81		钻孔循环(点钻循环)	

续表

指令字	组别	功　能	备　注
G82	09	钻孔循环(镗阶梯孔循环)	非模态G代码
G83		排屑钻孔循环	
G84		右旋攻螺纹循环	
G85		镗孔循环	
G86		镗孔循环	
G87		背镗循环	
G88		镗孔循环	
G89		镗孔循环	
* G90	03	绝对值编程	模态G代码
G91		相对值编程	
G92	00	浮动坐标系设定	模态G代码
* G94	04	每分进给	模态G代码
G95		每转进给	
G96	15	周速恒定控制	模态G代码
* G97		周速恒定控制取消	
* G98	10	在固定循环中返回初始平面	模态G代码
G99		在固定循环中返回到R平面	

注：1. 若模态代码与非模态代码同段，则以非模态代码优先，同时根据同段中的其他模态代码改变相应模态，但不执行它们。

2. 带有*记号的G代码，当电源接通时，系统处于这个G代码的状态。

3. 00组的G代码除了G10、G11、G92外，都是非模态G代码。

4. 如果使用了G代码一览表中未列出的G代码，则出现报警，或指令了不具有的选择功能的G代码，也报警。

5. 在同一个程序段中可以指令几个不同组的G代码，原则上不能在同一个程序段中指令两个以上的同组G代码，若设置了同组代码在同一段不报警，则以后面出现的G代码为准。

6. 01组和09组G代码同段时，将以01组为准。在固定循环模态中，如果指令了01组的G代码，固定循环则自动被取消，变成G80状态。

7. G代码根据类型的不同，分别用各组号表示。由位参数No：35#0～7和No：36#0～7设定复位或急停时是否清除各组G代码。

8. 旋转缩放代码和01组或09组代码同段时将以旋转缩放代码为准，同时改变01或09组的模态。旋转缩放代码和00组代码同段时系统将报警。

4.1.2 辅助功能

辅助功能由代码地址M和其后的数字组成，用于控制程序执行的流程或输出M代码到PLC。GSK990MC系统常用的M指令如表4-2所示。

表4-2 GSK990MC系统常用M指令

代码	功能	说　明
M00	程序停止	自动方式运行时，程序运行到M00时暂停自动运行状态，此时将保存前面的模态信息。当按循环启动键后则继续运行。其作用相当于进给保持键按下
M01	选择停止	自动方式运行时，程序运行到M01时有选择的暂停自动运行状态，若“选择停”开关置为开位，则M01与M00代码有同样效果，如果“选择停”有效开关置为关位，则M01代码不起任何作用
M02	程序结束	自动方式运行时，程序运行到M02时停止自动运行状态，其后若有程序将不被执行，并且将停止主轴和冷却运转，工件加工数加1
M03	主轴逆时针转	功能互锁，状态保持
M04	主轴顺时针转	
M05	主轴停止	
M08	冷却液开	功能互锁，状态保持
M09	冷却液关	
M10	*A*轴松开	功能互锁，状态保持
M11	*A*轴夹紧	

续表

代码	功能	说　明
M18	取消主轴定向	功能互锁,状态保持
M19	主轴定向	
M20	主轴空挡指令	
M26	启动冲屑水阀	功能互锁,状态保持
M27	关闭冲屑水阀	
M28	取消刚性攻螺纹	功能互锁,状态保持
M29	刚性攻螺纹指令	
M30	程序结束	自动方式运行时,程序运行到M30时停止自动运行状态,其后若有程序将不被执行,并且将停止主轴和冷却运转,工件加工数加1
M35	启动排屑提升传输器	功能互锁,状态保持
M36	关闭排屑提升传输器	
M44	主轴吹气开启	功能互锁,状态保持
M45	主轴吹气关闭	
M98	子程序调用	在自动方式下,执行M98代码时,当前程序段的其他代码执行完成后,CNC去调用执行P指定的子程序
M99	子程序结束	该指令表示子程序运行结束,返回主程序

注：1. 当移动代码与辅助功能在同一程序段指定时，移动代码与辅助功能代码同时执行。

2. 当地址M之后指定数值时，代码信号和选通信号被送到机床，机床使用这些信号去接通或断开这些功能。通常在一个程序段中只能指定一个M代码，通过设定位参数No：33#7可以使一段程序中最多指定三个M代码。但是，由于机械操作的限制，某些M代码不能同时指定，有关机械操作对同一程序段指定多个M代码的限制，见机床厂的说明书。

4.2 常用G指令及其应用

4.2.1 坐标系相关指令

(1) 选择机床坐标系位置G53

当指令机床坐标系的位置，刀具就以快速移动速度运动到该位置。

1）代码格式

```
G53 X__Y__Z__;
```

式中　X__，Y__，Z__——各轴在机床坐标系中的坐标值，必须用绝对值指定。

2）示例

指定的轴从当前工件坐标系下的 *A* 点（*X*10，*Y*10）快速移动到机床坐标系下的 *B* 点（*X*－8，*Y*－5），如图4-1所示。

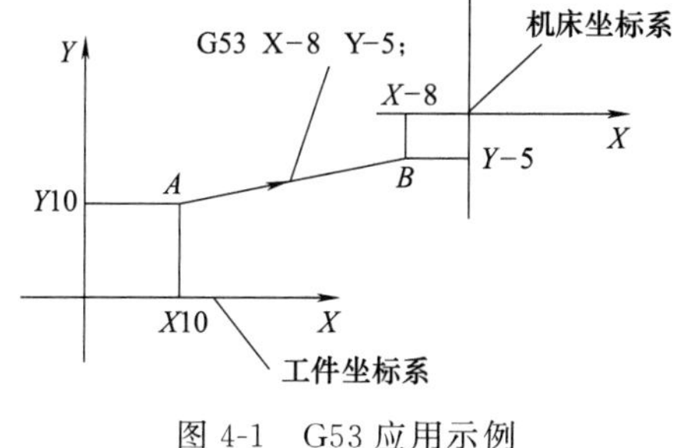

图4-1　G53应用示例

3）注意事项

① G53为非模态代码，只在当段有效，且不影响之前定义的坐标系。

② G53代码的是机床坐标系中的绝对位置值。当指定增量值（G91）时，G53指令被忽略。

③ 当指定G53时，将暂时取消刀具半径补偿和刀具长度偏置，并在被缓存的下一个补偿轴程序段中恢复。

(2) 工件坐标系设定指令（G54～G59）

GSK990MC系统为用户提供了强大的坐标系设定功能，可以同时建立6个工件坐标系。

用户可以根据使用需要先行建立工件坐标系，加工时再进行调用。此类代码通过对刀操作使工件坐标系的原点与机床坐标系联系起来，把机床坐标系中的一点设为工件坐标系的原点。

1）指令格式

```
G54;工件坐标系 1
G55;工件坐标系 2
G56;工件坐标系 3
G57;工件坐标系 4
G58;工件坐标系 5
G59;工件坐标系 6
```

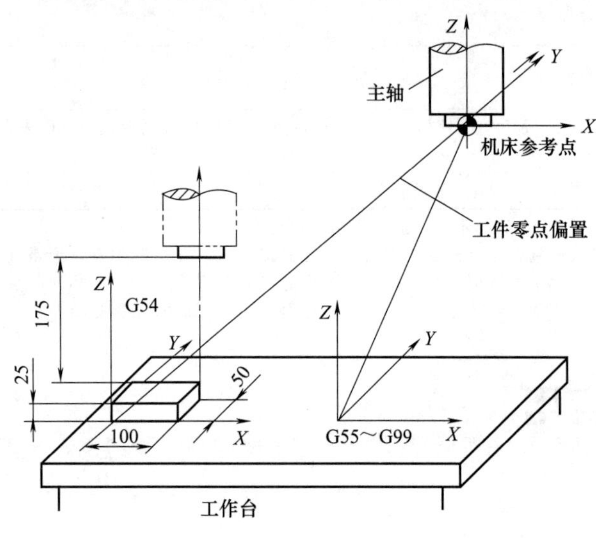

图 4-2 工件坐标系与机床坐标系的关系

2）指令说明

① 工件坐标系设定过程：选择工件上的编程原点，找出该点在机床坐标系中的绝对值，将这些值通过机床面板输入工件坐标系设置页面（设置→工件坐标系设置）中，从而将工件零点偏移至此点，工件坐标系与机床坐标系的关系如图 4-2 所示。

② 开机时系统显示断电前执行过的工件坐标系 G54～G59，G92 或附加工件坐标系。

③ 当程序段中调用不同工件坐标系时，指令移动的轴，将定位到新的工件坐标系下的坐标点；没有指令移动的轴，坐标将跳变到新工件坐标系下对应的坐标值，而实际机床位置不会发生改变。如 G54 的坐标系原点对应的机床坐标为（10，10，10），G55 的坐标系原点对应的机床坐标为（30，30，30），顺序执行程序时，终点的绝对坐标与机床坐标显示如表 4-3 所示。

表 4-3 调用不同工件坐标时，绝对坐标与机床坐标的显示

程序	绝对坐标	机床坐标
G0 G54 X50 Y50 Z50；	50,50,50	60,60,60
G55 X100 Y100；	100,100,30	130,130,60
X120 Z80；	120,100,80	150,130,110

(3) 附加工件坐标系

系统除了 6 个工件坐标系（G54～G59），还可使用 50 个附加工件坐标系。

1）代码格式

G54 Pn；附加工件坐标系。

2）代码说明

① Pn 为指定附加工件坐标系的代码，其范围是 1～50。

② 附加工件坐标系的设置和限制与工件坐标系 G54～G59 一致。

(4) 浮动坐标系 G92

1）代码格式

```
G92 X__ Y__ Z__;
```

式中 X——当前位置新的 X 轴绝对坐标；
Y——当前位置新的 Y 轴绝对坐标；
Z——当前位置新的 Z 轴绝对坐标。

2）代码功能

设置浮动工件坐标系。X __、Y __、Z __指定当前刀具在新的浮动工件坐标系下的绝对坐标值。该代码不会产生运动轴的移动。

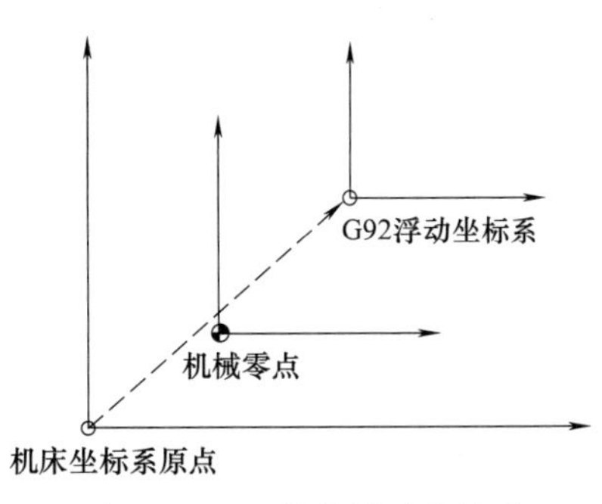

图 4-3 G92 设定浮动坐标系

3）指令说明

① 如图 4-3 所示，G92 浮动坐标系对应的原点为机床坐标系下的值，与工件坐标系没有关系。对于 G92 设定后的有效性，在以下情况有效：调用工件坐标系前，机床回零操作前。G92 浮动坐标系通常用于临时工件加工时的找正，通常运行在程序开始处或自动运行程序之前 MDI 方式下指令 G92。

② 确定浮动坐标系的方法有以下两种。

a. 以刀尖定坐标系。

如图 4-4 所示，利用“G92 X25 Z23;”指令将刀尖所在的位置设为浮动坐标系下（X25，Z23）点。

b. 以刀柄上的某一固定点为基准定坐标系。

如图 4-5 所示，利用“G92 X60 Z120;”指令进行坐标系设定（以刀柄上某基准点为起刀点时）。把刀柄上某一基准点作为起点，如果按程序中的绝对值代码运动，则基准点移到被指令的位置，必须加刀具长度补偿，其值为基准点到刀尖的差。

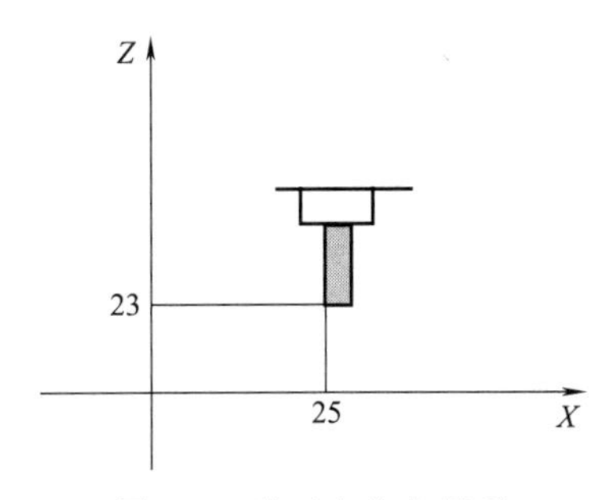

图 4-4 以刀尖定坐标系

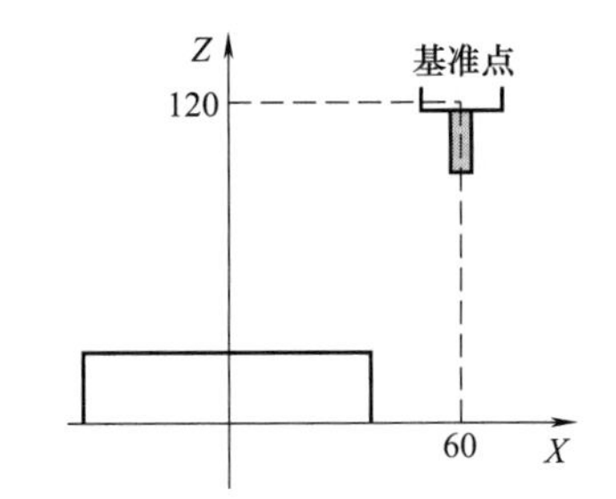

图 4-5 以刀柄上的某一固定点为基准定坐标系

4）注意事项

① 如果在刀偏中用 G92 设定坐标系，则对刀具长度补偿来说是没加刀偏前，用 G92 设定的坐标系。

② 使用 G92 代码之前，必须先取消刀具半径补偿。

（5）绝对值指令 G90 与相对值指令 G91

1）指令格式

```
G90;绝对值编程
G91;相对值编程
```

2）指令说明

① G90 为绝对值编程指令，每个编程坐标轴上的编程值是相对于工件坐标系的原点，如图 4-6 所示。

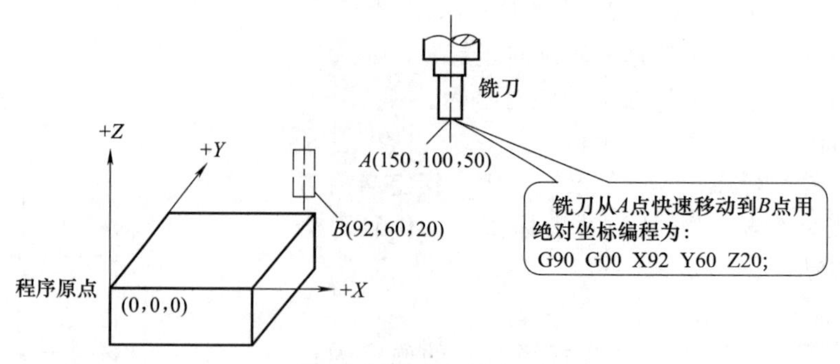

图 4-6 绝对坐标编程

② G91 为增量值编程指令，每个编程坐标轴上的编程值是相对于前一位置而言的，该值等于沿轴移动的距离，如图 4-7 所示。对于旋转轴而言，就是对当前轴的位置而转过的角度。

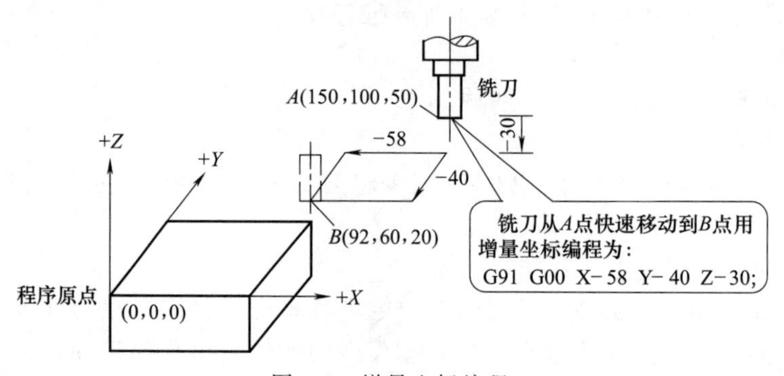

图 4-7 增量坐标编程

③ G90、G91 为模态功能，可相互注销，G90 为缺省值。

(6) 坐标平面选择指令（G17、G18、G19）

如图 4-8 所示，当机床坐标系及工件坐标系确定后，对应地就确定了三个坐标平面，即 *XY* 平面、*ZX* 平面和 *YZ* 平面，分别用 G17、G18、G19 表示这三个平面。

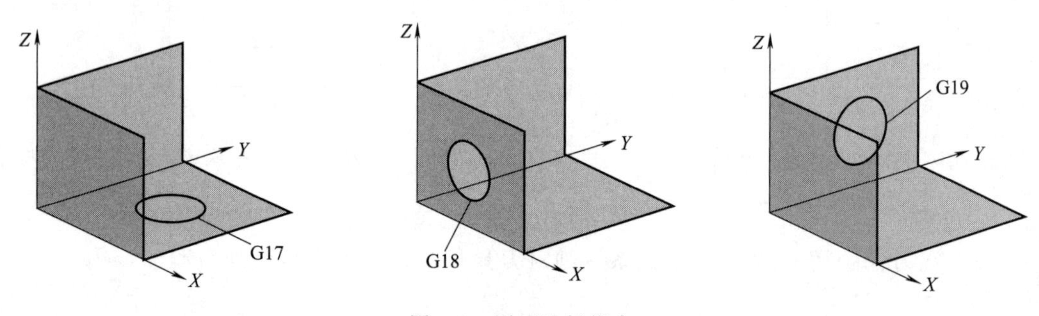

图 4-8 平面选择指令

1）代码功能

通过 G 代码来选择进行圆弧插补、刀具半径补偿的平面。

2）代码格式

```
G17:选择 XY 平面
G18:选择 ZX 平面
G19:选择 YZ 平面
```

3）代码说明

① 系统上电时，初始默认为G17状态，即 XY 平面。

② 运动代码与平面选择无关，除了圆弧插补和刀尖半径补偿代码之外，如果指令了指定平面以外的轴，系统不出现报警，该轴可以移动；如果在圆弧插补代码中选定平面外的轴运动，系统进行螺旋线插补。例如：

```
……;
G17;
G01 X100 Y50 Z20 F100;        系统不出现报警,Z 轴发生移动
……;
G02 X20 Z50 R100;             系统进行螺旋线插补
……;
```

4.2.2 基本编程指令及应用

(1) 快速点定位指令G00

1) 指令格式

```
G00 X__Y__Z__;
```

式中 X__，Y__，Z__——刀具目标点坐标，当使用增量方式时，X__、Y__、Z__为目标点相对于起始点的增量坐标，不运动的坐标可以不写，如“G00 X30.0 Y10.0”。

2) 指令说明

① G00不用指定移动速度，其移动速度由机床系统参数设定。在实际操作时，也能通过机床面板上的按钮“F0”“F25”“F50”和“F100”对G00移动速度进行调节。

② 快速移动的轨迹通常为折线型轨迹，如图4-9所示，图中快速移动轨迹 OA 和 AD 的程序段如下所示：

```
OA:G00 X30.0 Y10.0;
AD:G00 X0 Y30.0;
```

③ 对于 OA 程序段，刀具在移动过程中先在 X 和 Y 轴方向移动相同的增量，即图中的 OB 轨迹，然后再从 B 点移动至 A 点。同样，对于 AD 程序段，则由轨迹 AC 和 CD 组成。

④ 由于G00的轨迹通常为折线型轨迹。因此，要特别注意采用G00方式进、退刀时，刀具相对于工件、夹具所处的位置，以避免在进、退刀过程中刀具与工件、夹具等发生碰撞。

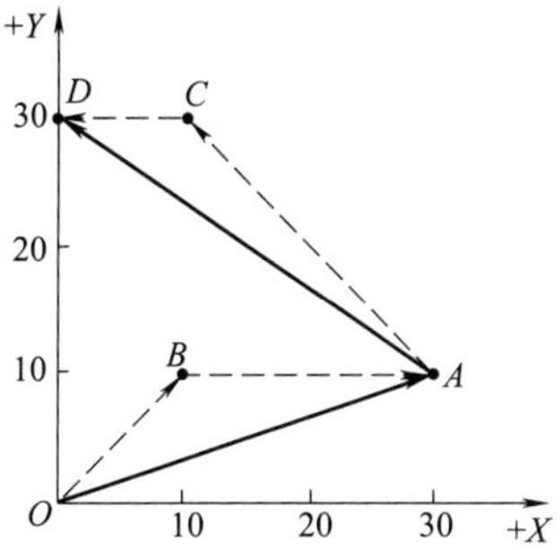

+Y
D C
30
20
10 B A
O 10 20 30 +X

图4-9 G00移动轨迹

(2) 直线插补指令G01

1) 指令格式

```
G01 X__Y__Z__F__;
```

式中 X__，Y__，Z__——刀具目标点坐标，当使用增量方式时，X__、Y__、Z__为目标点相对于起始点的增量坐标，不运动的坐标可以不写；

F__——刀具切削进给的进给速度。

2) 指令说明

① G01指令是直线运动指令，它命令刀具在两坐标或三坐标轴间以插补联动的方式按指

定的进给速度作任意斜率的直线运动。因此，执行 G01 指令的刀具轨迹是直线型轨迹，它是连接起点和终点的一条直线。

② 在 G01 程序段中必须含有 F 指令。如果在 G01 程序段中没有 F 指令，而在 G01 程序段前也没有指定 F 指令，则机床不运动，有的系统还会出现系统报警。

3）示例

图 4-10 中切削运动轨迹 *CD* 的程序段为：

```
G01 X0 Y20.0 F100;
```

(3) 圆弧加工指令 G02、G03

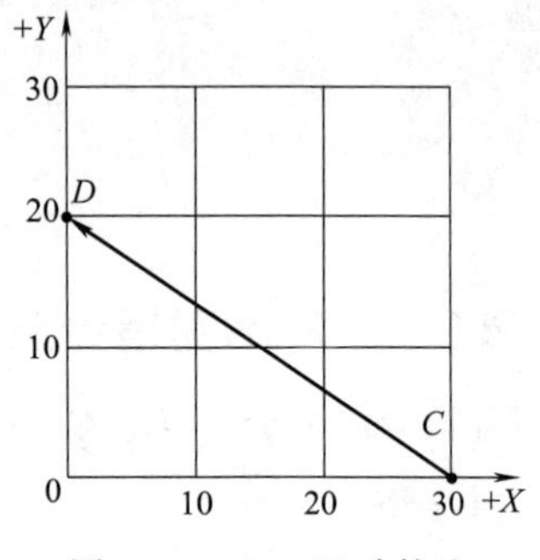

图 4-10 G01 运动轨迹

圆弧插补任何时候都是只有两个轴参与联动，用来控制刀具沿圆弧在选择的平面中运动；若同时指定第三轴，则此时第三轴以直线插补方式参与联动，构成螺旋线插补。G02 代码运动轨迹为从起点到终点的顺时针；G03 代码运动轨迹为从起点到终点的逆时针。

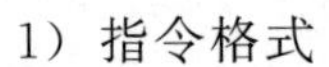

1）指令格式

① *XY* 平面的圆弧：

$$G17\begin{Bmatrix}G02\\G03\end{Bmatrix}X\_\ Y\_\begin{Bmatrix}R\_\\I\_\ J\_\end{Bmatrix}F\_;$$

② *ZX* 平面的圆弧：

$$G18\begin{Bmatrix}G02\\G03\end{Bmatrix}X\_\ Z\_\begin{Bmatrix}R\_\\I\_\ K\_\end{Bmatrix}F\_;$$

③ *YZ* 平面圆弧：

$$G19\begin{Bmatrix}G02\\G03\end{Bmatrix}Y\_\ Z\_\begin{Bmatrix}R\_\\J\_\ K\_\end{Bmatrix}F\_;$$

式中 X __，Y __，Z __——圆弧的终点坐标值，其值可以是绝对坐标，也可以是增量坐标。在增量方式下，其值为圆弧终点坐标相对于圆弧起点的增量值；

R __——圆弧半径；

I __，J __，K __——圆弧的圆心相对其起点并分别在 *X*、*Y* 和 *Z* 坐标轴上的增量值。

2）指令说明

① 圆弧插补的顺逆方向的判断方法是：沿圆弧所在平面（如 *XY* 平面）的另一根轴（*Z* 轴）的正方向向负方向看，顺时针方向为顺时针圆弧，逆时针方向为逆时针圆弧，如图 4-11 所示。

② 在计算 *I*、*J*、*K* 值时，一定要注意它们为矢量值。如图 4-12 所示圆弧在编程时的 *I*、

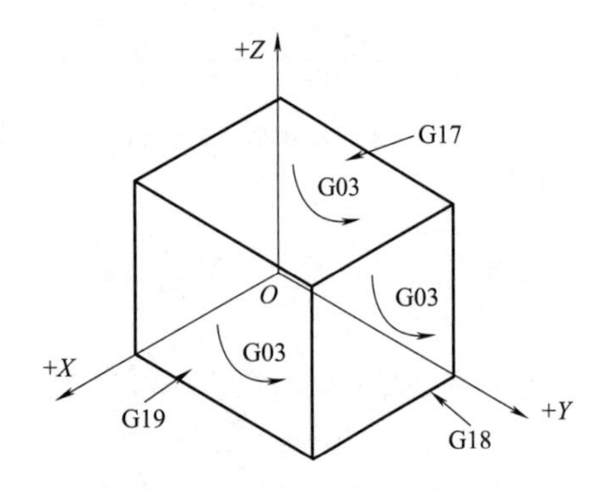

图 4-11 圆弧的顺逆判断

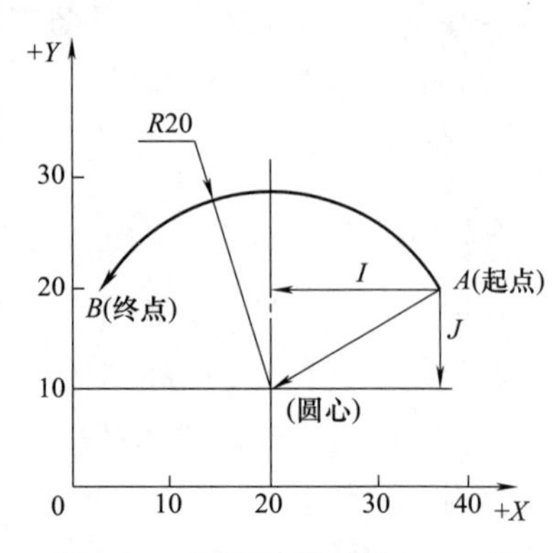

图 4-12 圆弧编程中的 *I*、*J* 值

J 值均为负值。

示例 图 4-13 所示轨迹 AB，其程序如下：

```
A1B:G03 X2.68 Y20.0 R20.0;
    G03 X2.68 Y20.0 I- 17.32 J- 10.0;
A2B:G02 X2.68 Y20.0 R20.0;
    G02 X2.68 Y20.0 I- 17.32 J10.0;
```

③ 圆弧半径 R 有正值与负值之分。当圆弧圆心角小于或等于 180°（如图 4-14 中圆弧 $A1B$）时，程序中的 R 用正值表示。当圆弧圆心角大于 180°并小于 360°（如图 4-14 中圆弧 $A2B$）时，R 用负值表示。需要注意的是，R 指令格式不能用于整圆插补的编程，整圆插补需用 I、J、K 方式编程。

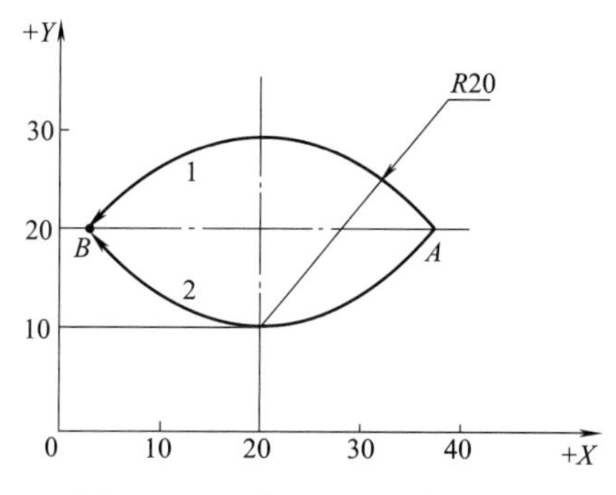

图 4-13 R 及 I、J、K 编程举例

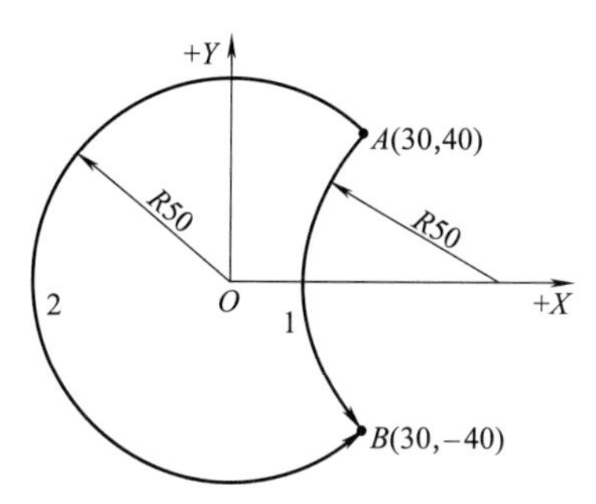

图 4-14 R 值的正负判别

3）示例

例 1 使用 G02 对如图 4-15 所示圆心角小于 180°的圆弧 a 和大于 180°的圆弧 b 编程。

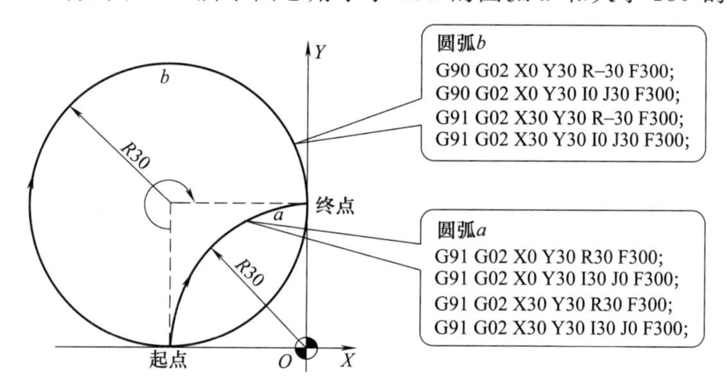

图 4-15 G02 应用示例

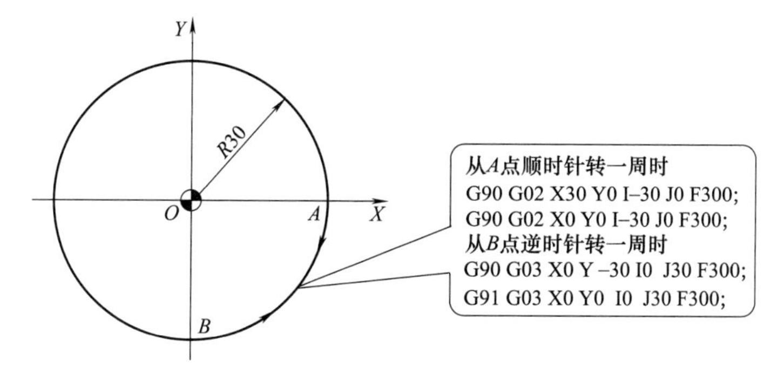

图 4-16 整圆编程

例 2　使用 G02/G03 对如图 4-16 所示的整圆编程。

(4) G02/G03 的螺旋线轨迹加工应用

指令圆弧插补时再指定一个圆弧平面之外的轴移动指令，就可实现螺旋线的插补功能，如图 4-17 所示。

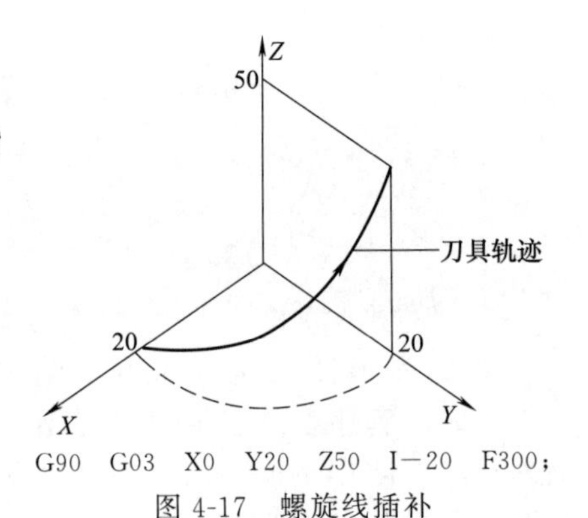

图 4-17　螺旋线插补

1）指令格式

① *XY* 平面内圆弧插补，*Z* 轴直线插补联动：

$$\mathrm{G17}\left\{\begin{matrix}\mathrm{G02}\\\mathrm{G03}\end{matrix}\right\}\mathrm{X}\_\ \mathrm{Y}\_\ \mathrm{Z}\_\left\{\begin{matrix}\mathrm{R}\_\\\mathrm{I}\_\ \mathrm{J}\_\end{matrix}\right\}\mathrm{F}\_;$$

② *ZX* 平面内圆弧插补，*Y* 轴直线插补联动：

$$\mathrm{G18}\left\{\begin{matrix}\mathrm{G02}\\\mathrm{G03}\end{matrix}\right\}\mathrm{X}\_\ \mathrm{Z}\_\ \mathrm{Y}\_\left\{\begin{matrix}\mathrm{R}\_\\\mathrm{I}\_\ \mathrm{K}\_\end{matrix}\right\}\mathrm{F}\_;$$

③ *YZ* 平面内圆弧插补，*X* 轴直线插补联动：

$$\mathrm{G19}\left\{\begin{matrix}\mathrm{G02}\\\mathrm{G03}\end{matrix}\right\}\mathrm{Y}\_\ \mathrm{Z}\_\ \mathrm{X}\_\left\{\begin{matrix}\mathrm{R}\_\\\mathrm{J}\_\ \mathrm{K}\_\end{matrix}\right\}\mathrm{F}\_;$$

2）指令说明

以 G17 选定平面为例说明每个参数含义。

① G17：选定 *XY* 平面为圆弧平面，G02 表示顺时针圆弧插补，G03 表示逆时针圆弧插补。

② X __ Y __：绝对值方式（G90）时指定圆弧终点位置，增量值方式（G91）时指定刀具从当前位置到圆弧终点的距离。

③ Z __：绝对值方式（G90）时指定平移轴的终点位置，增量值方式（G91）时指定平移轴的移动距离。

④ I __ J __：指定圆心到圆弧起始位置的距离。

⑤ R __：指定圆弧半径。

⑥ F __：指定沿螺旋线的进给速度。

(5) 暂停指令 G04

1）指令格式

```
G04 X __；或 G04 P __；
```

式中　X 后面可用带小数点的数，单位为 s（秒）；

P 后面的数字不允许用小数点，单位为 ms（毫秒）。

2）指令说明

执行此指令时，加工进给将暂停 X 或 P 所设定的时间，然后自动开始执行下一程序段。

机床在执行程序时，一般并不等到上一程序段减速到达终点后才开始执行下一个程序段，因此，可能导致刀具在拐角处的切削不完整。如果拐角精度要求很严，其轨迹必须是直角时，可在拐角处前后两程序段之间使用暂停指令。暂停动作是等到前一程序段的进给速度达到零之后才开始的。如：欲停留 1.5s 时，程序段为：G04 X1.5；或 G04 P1500；

3）注意事项

① G04 为非模态代码，只在当前行有效。

② 当 X、P 参数同时出现时，*X* 值有效。

③ X、P 值设为负值时，将报警。

④ 当 X、P 都不指定时，系统不执行暂停。

4.2.3　参考点 G 代码

参考点是机床上的一个固定点，用参考点返回功能，刀具可以很容易地移动到该位置。对于参考点，有三种代码操作方式，如图 4-18 所示；通过 G28，可以使刀具经过中间点，沿着代码中的指定轴，自动地移动到参考点；通过 G29，可以使刀具从参考点，经过中间点，沿着代码中的指定轴，自动地移动到指定点。

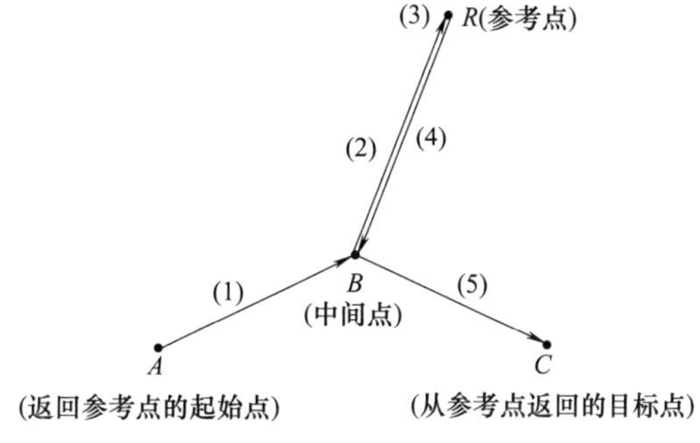

图 4-18　G28、G29 运动轨迹

(1) 返回参考点 G28

G28 代码用于执行通过中间点返回参考点（机床上某一特定位置）的操作。

1）指令格式

```
G28 X__Y__Z__;
```

2）指令说明

① 中间点是通过 G28 中的代码参数来指定，可以用绝对值代码或增量值代码来表示。在执行这个程序段时，还存储了代码轴中间点的坐标值，以供 G29（从参考点返回）代码使用。

② 中间点的坐标是储存在 CNC 中的，但每次只存储 G28 指令轴的坐标值，而对于没有指令的其他轴，则是用以前 G28 指令过的坐标值。因此，用户使用 G28 指令时，如果对目前系统中默认的中间点不清楚，最好对各个轴均进行指定。

③ G28 程序段的动作可分解成如下（见图 4-18）：

a. 以快速移动速度从当前位置定位到指令轴的中间点位置（A 点→B 点）。

b. 以快速移动速度从中间点定位到参考点（B 点→R 点）。

④ G28 为非模态代码，只对当前段有效。

⑤ 支持单轴或多轴的组合返回参考点，在进行工件坐标变换时，系统中保存的中间点的坐标。

⑥ G28 会自动取消刀补。但这个代码一般是在自动换刀时使用（即返回参考点后，在参考点换刀），所以使用这个代码时，原则上要先取消刀具半径补偿和刀具长度补偿。

(2) 从参考点自动返回 G29

G29 执行从参考点（或当前点）经 G28、G30 中指令的中间点返回指定点的操作。

1）指令格式

```
G29 X__Y__Z__;
```

2）指令说明

① G29 程序段的动作可分解成如下步骤（见图 4-18）。

a. 以快速移动的速度从参考点（或当前点）定位到 G28、G30 中定义的中间点（R 点→B 点）。

b. 以快速移动速度从中间点定位到指令的点（B 点→C 点）。

② G29 为非模态信息，只对当前段有效。一般情况下在 G28、G30 代码后，应立即指定从参考点返回代码。

③ G29 代码格式中的可选参数 *X*、*Y* 和 *Z*，用于指定从参考点返回的目标点（即图 4-18 中的 *C* 点），可以用绝对值代码或增量值代码来表示。对增量值编程，代码值指定离开中间点的增量值。当对某些轴没有指定时，则表示此轴相对中间点没有移动量。如 G29 后只跟一个轴的指令，则为单轴返回，其余轴将不动作。

3）示例（表 4-4）

表 4-4　G28、G29 应用示例

程　序	注　释
N1 G90 G54 X0 Y10；	应用 G54 设定工件坐标系
N2 G28 X40；	设定 *X* 轴上的中间点为 G54 工件坐标系下的 *X*40，经点(40,10)返回参考点，即 *X* 轴单独返回参考点
N3 G29 X30；	从参考点经点(40,10)返回点(30,10)，即 *X* 轴单独回到目标点
N4 G01 X20；	由点(30,10)直线插补至(*X*20,*Y*10)
N5 G28 Y60；	中间点 Y60
N6 G55；	工件坐标系变换，则中间点由 G54 工件坐标系下的点(40,60)更换为 G55 工件坐标系下的点(40,60)
N7 G29 X60 Y20；	从参考点经 G55 工件坐标系下的中间点(40,60)，返回点(60,20)

（3）返回参考点检测 G27

1）指令格式

```
G27 X __ Y __ Z __;
```

2）指令功能

G27 执行返回参考点检测，X __、Y __、Z __指定参考点的代码。

3）指令说明

① G27 代码，刀具以快速移动速度定位。如果刀具到达参考点的话，则返回参考点指示灯亮；但是，如果刀具到达的位置不是参考点的话，则显示报警。

② 机床锁住状态，即使指定 G27 代码，刀具已经自动返回参考点，返回完成指示灯也不亮。

③ 偏置方式中用 G27 指令刀具到达的位置是加上偏置值获得的位置，因此，如果加上偏置值的位置不是参考位置，则指示灯不亮，显示报警。通常在使用 G27 代码前应取消刀具偏置。

④ G27 指定的 *X*、*Y*、*Z* 坐标点位置为机床坐标系下的位置。

（4）返回 2、3、4 参考点 G30

在机床坐标系中设定 4 个参考点，但在没有绝对位置检测器的系统中，只有在执行过自动返回参考点（G28）或手动返回参考点之后，方可使用返回第 2、3、4 参考点功能。

1）指令格式

```
G30 P2 X __ Y __ Z __;返回第 2 参考点(P2 可以省略)
G30 P3 X __ Y __ Z __;返回第 3 参考点
G30 P4 X __ Y __ Z __;返回第 4 参考点
```

2）指令功能

G30 执行通过 G30 中指定的中间点返回到指定参考点的操作。

3）指令说明

① X __ Y __ Z __；指定中间位置的代码（绝对值/增量值代码）。

② G30 代码设置与限制与 G28 一致，第 2、3、4 参考点设置见数据参数 P50～P63。

③ G30 代码也可同 G29（从参考点返回）代码一起使用，设置与限制与 G28 一致。

4.3 平面类零件加工

4.3.1 平面的特征

零件上的平面根据功能特点可分为连接平面、配合平面和普通平面。这些平面按空间结构上的位置又可以分为水平面、垂直面和斜面。如图 4-19 所示，*A* 面与 *B* 面是相互垂直的平面；*C* 面是与水平面成一定夹角的斜平面。

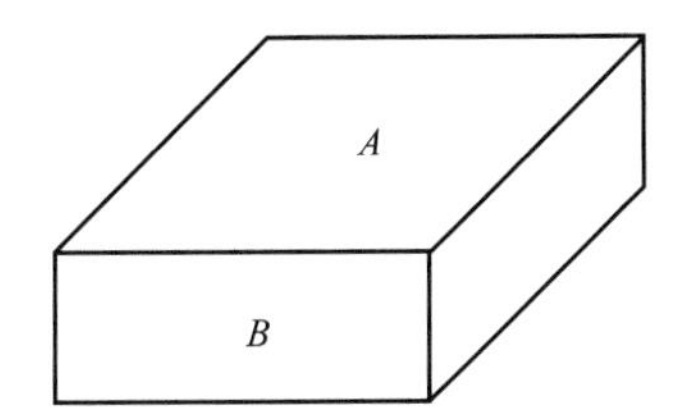

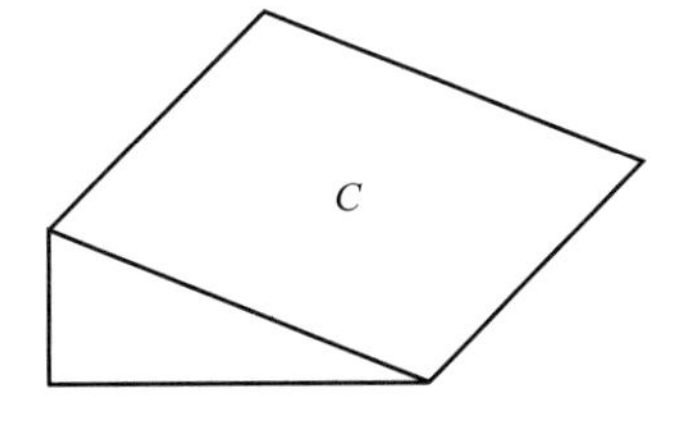

图 4-19 平面示意图

4.3.2 平面的技术要求

平面类零件的技术要求包括平面度、平面的尺寸精度、平面的位置精度和表面粗糙度。数控铣床加工平面能达到的尺寸精度等级和表面粗糙度见表 4-5。

表 4-5 数控铣床加工平面能达到的尺寸精度等级和表面粗糙度

加工方法	表面粗糙度/μm	公差等级	加工余量/mm	备注
粗铣	*Ra*12.5～25	IT11～IT13	0.9～2.3	加工余量是指平面最大尺寸在 500mm 以下的钢件的平面余量
半精铣	*Ra*3.2～12.5	IT8～IT11	0.25～0.3	
精铣	*Ra*0.8～3.2	IT7～IT9	0.16	

4.3.3 平面加工刀具

数控铣/加工中心上常用硬质合金可转位式平面铣刀来加工平面，如图 4-20 所示。这种铣刀是由刀体和刀片组成，刀片的切削刃在磨钝后，只需将刀片转位或更换新的刀片即可继续使用，硬质合金可转位式面铣刀具有加工质量稳定、切削效率高、刀具寿命长、刀片的调整和更换方便以及刀片重复定位精度高等特点，因此，在数控加工中得到了广泛的应用。

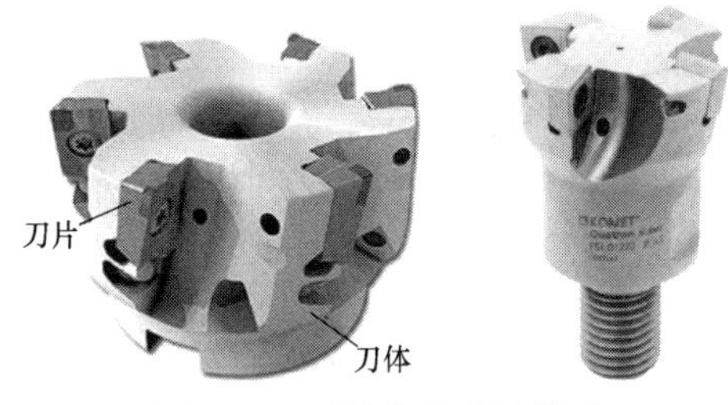

图 4-20 可转位式平面铣刀

4.3.4 平面铣削的路线

对于较大的平面，刀具的直径相对较小，不能一次切除整个平面，因此，需要采用多次走刀来完成平面的加工。在确定加工路线时，应根据加工平面的大小、刀具直径以及加工精度来设计铣削路线。

数控铣床上大平面的铣削一般可以采用单向铣削和双向铣削的方法。单向铣削是指每次的进刀路线都是从零件一侧向另一侧加工，即刀具从每条刀具路径的起始位置到终止位置后，抬刀快速返回下一个刀具路径的起始位置，再次加工，如图 4-21 所示。双向铣削路线如图 4-22

所示，它比单向铣削的效率高，加工时刀具从每行的起始位置到结束位置后，不抬刀，沿着另一个轴的方向移动一个距离，然后再沿着反向移动到另一侧。

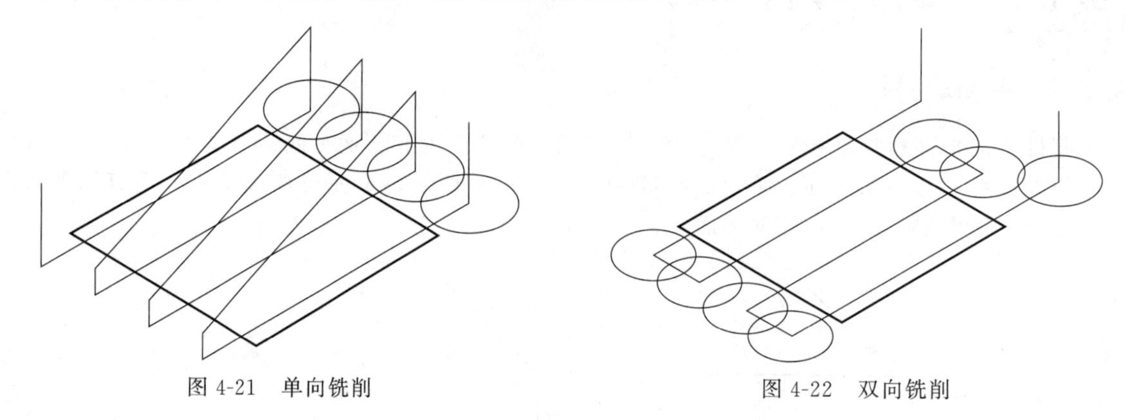

图 4-21　单向铣削　　　图 4-22　双向铣削

在设计大平面刀具路线时，要根据零件平面的长度和宽度来确定刀具起始点的位置以及相邻两条刀具路线的距离（又称步距）。

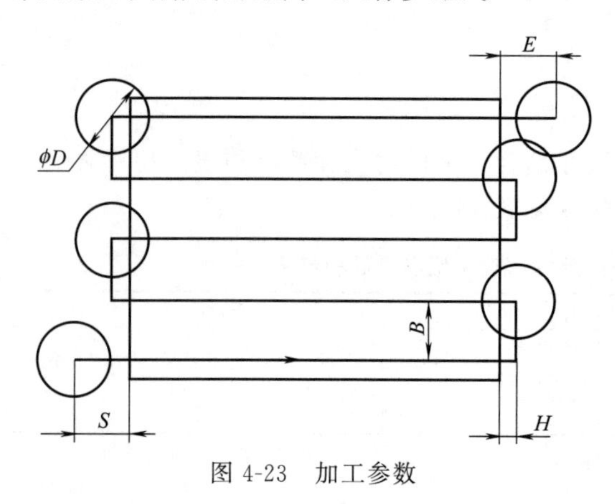

图 4-23　加工参数

由于面铣刀一般不允许 Z 向切削，故起始点的位置应选在零件轮廓以外。一般来说，粗铣和精铣时起始点的位置 $S>D/2$（D 为刀具直径），如图 4-23 所示。为了保证刀具在下刀时不与零件发生切削，通常 S 的取值为刀具半径加上 3～5mm。终止点位置 E 在粗加工时 $E>0$即可，精加工时，为了保证零件的表面质量，$E>D/2$，使刀具完全离开加工面。

两条刀具路径之间的间距 B，一般根据表面粗糙度的要求取（0.6～0.9)D，如刀具直径为 ϕ20mm，路径间距取 0.8D 时，则两条路径的间距为 16mm，这样就保证了两刀之间有 4mm 的重叠量，防止平面上因刀具间距太大留有残料。

铣削过程中，刀具中心距零件外侧的间隙距离为 H。粗加工时，为了减小刀具路径长度，提高加工效率，$H\geqslant 0$；精加工时，为了保证加工平面质量，$H>D/2$，使刀具移出加工面。

4.3.5　平面类零件的装夹方法

数控铣床上平面的铣削，一般根据零件的大小选用夹具，零件尺寸较小选择平口钳，尺寸较大选择螺栓、压板进行装夹。在大批量生产中，为了提高生产效率，可以使用专用夹具来装夹。

4.3.6　平面类零件加工实例

如图 4-24 所示，基准 A 面及四个侧面是已加工表面，上表面的加工余量是 2mm。现要在数控铣床上保证工件厚度（28mm），并且满足零件的几何公差和表面质量要求。

(1) 工艺分析

1）选择刀具

选用 ϕ50mm 数控硬质合金可转位面铣刀，刀齿数为 3 齿。

2）确定切削用量

① 背吃刀量（a_p）

工件上表面的加工余量为 2mm，有一定的粗糙度（$Ra3.2\mu m$）要求，为保证工件上表面的质量。加工时分粗、精方式进行加工。

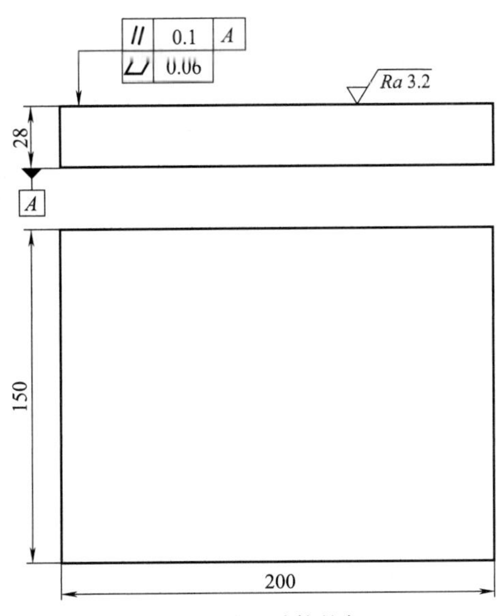

图 4-24 平面零件的加工

粗加工背吃刀量取 $a_p=1.75mm$。

精加工背吃刀量取 $a_p=0.25mm$。

② 主轴转速（n）

粗加工时切削速度 v_c取 120m/min。

$$n=\frac{1000v_c}{\pi D}=\frac{1000\times120}{3.14\times50}\approx760r/min$$

精加工时切削速度 v_c取 150m/min。

$$n=\frac{1000v_c}{\pi D}=\frac{1000\times150}{3.14\times50}\approx950r/min$$

③ 进给速度（v_f）

粗加工时每齿进给量 f_z取 0.05mm/z。

$$v_f=f_zzn=0.05\times3\times760\approx110mm/min$$

精加工时每齿进给量 f_z取 0.04mm/z

$$v_f=f_zzn=0.04\times3\times950\approx110mm/min$$

3）确定刀具路径

工件的上表面宽度为 150mm，刀具直径为 50mm，需要采用单向铣削或双向铣削的方法对平面进行加工。粗加工时，以快速去除毛坯余量为原则，选用双向铣削的方法；精加工时，以保证工件表面质量为原则，选用单向铣削的方法。

① 粗加工刀具路径

粗加工刀具路径及编程原点如图 4-25 所示。刀具从 1 点下刀，到达 2 点后以 37.5mm 的刀具间距，依次到达 3 点→4 点→5 点→6 点→7 点→8 点→9 点→到达 10 点后抬刀。各基点的坐标值见表 4-6。

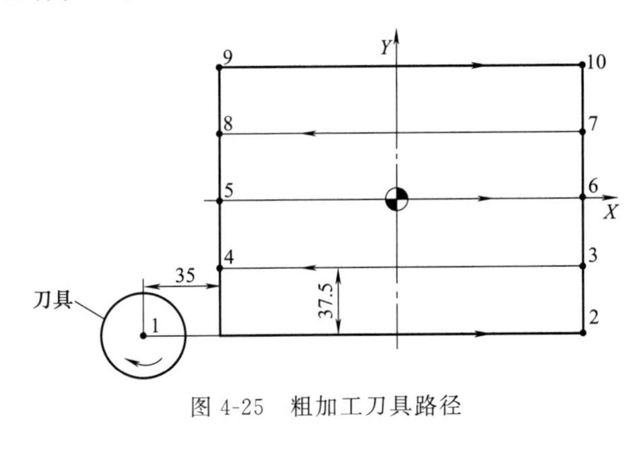

图 4-25 粗加工刀具路径

表 4-6 各基点坐标值

基点	X	Y
1	−135	−75
2	100	−75
3	100	−37.5
4	−100	−37.5
5	−100	0
6	100	0
7	100	37.5
8	−100	37.5
9	−100	75
10	100	75

② 精加工刀具路径

精加工刀具路径及编程原点如图 4-26 所示。刀具从 1 点下刀，到达 2 点后以 37.5mm 的刀具间距，依次到达 3 点→4 点→5 点→6 点→7 点→8 点→9 点→到达 10 点后抬刀。各基点的坐标值见表 4-7。

(2) 程序编制

① 粗加工参考程序（表 4-8）

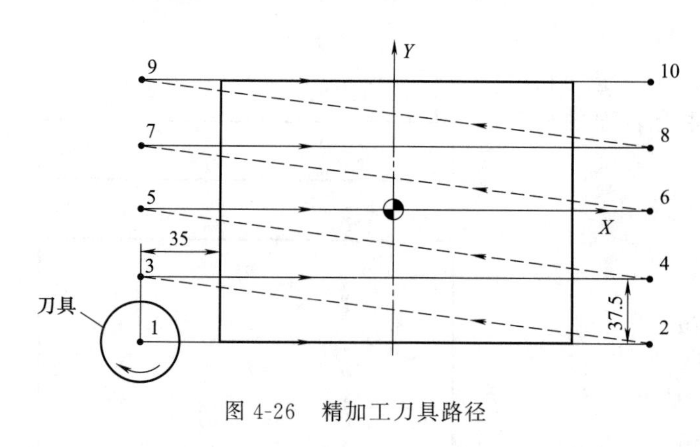

图 4-26 精加工刀具路径

表 4-7 各基点坐标值

基点	X	Y
1	−135	−75
2	135	−75
3	135	−37.5
4	−135	−37.5
5	−135	0
6	135	0
7	135	37.5
8	−135	37.5
9	−135	75
10	135	75

表 4-8 粗加工参考程序

参考程序	注　　释
O4001;	程序名
N10 G92 X0 Y0 Z20.0;	建立工件坐标系
N20 G00 G90 X−135.0 Y−75.0;	刀具移动到 1 点
N30 S760 M03;	主轴正转，转速为 760r/min
N40 Z10.0;	下降到 Z10
N50 G01 Z−1.75 F110;	进给到深度
N60 X100.0;	1 点→2 点
N70 Y−37.5;	2 点→3 点
N80 X−100.0;	3 点→4 点
N90 Y0;	4 点→5 点
N100 X100.0;	5 点→6 点
N110 Y37.5;	6 点→7 点
N120 X−100.0;	7 点→8 点
N130 Y75.0;	8 点→9 点
N140 X100.0;	9 点→10 点
N150 G00 Z20.0;	快速抬刀至安全高度
N160 M05;	主轴停止
N170 X0 Y0;	移动到 X0、Y0
N180 M30;	程序结束

② 精加工参考程序（表 4-9）

表 4-9 精加工参考程序

参考程序	注　　释
O4002;	程序名
N10 G92 X0 Y0 Z20;	建立工件坐标系
N20 G00 G90 X−135.0 Y−75.0;	刀具移动到 1 点
N30 S950 M03;	主轴正转，转速为 950r/min
N40 Z10.0;	下降到 Z10
N50 G01 Z−2.0 F110;	进给到深度
N60 X135.0;	1 点→2 点
N70 G00 Z5.0;	快速抬刀至 Z5
N80 X−135.0 Y−37.5;	快速移动到 3 点
N90 G01 Z−0.25 F110;	进给到深度
N100 X135.0;	3 点→4 点
N110 G00 Z5.0;	快速抬刀至 Z5
N120 X−135.0 Y0;	快速移动到 5 点
N130 G01 Z−0.25 F110;	进给到深度
N140 X135.0;	5 点→6 点

续表

参考程序	注　释
N150 G00 Z5.0;	快速抬刀至 Z5
N160 X－135.0 Y37.5;	快速移动到 7 点
N170 G01 Z－0.25 F110;	进给到深度
N180 X135.0;	7 点→8 点
N190 G00 Z5.0;	快速抬刀至 Z5
N200 X－135.0 Y75.0;	快速移动到 9 点
N210 G01 Z－0.25 F110;	进给到深度
N220 X135.0;	9 点→10 点
N230 G00 Z20.0;	快速抬刀至安全高度
N240 X0 Y0;	移动到 X0、Y0
N250 M05;	主轴停止
N260 M30;	程序结束

(3) 加工操作

1) 机床准备

① 开启机床电源，并松开急停开关。

② 机床各轴回零。

③ 输入数控加工程序。

2) 安装工件

① 平口钳的安装　通常平口钳的安装方式有两种，如图 4-27 所示。

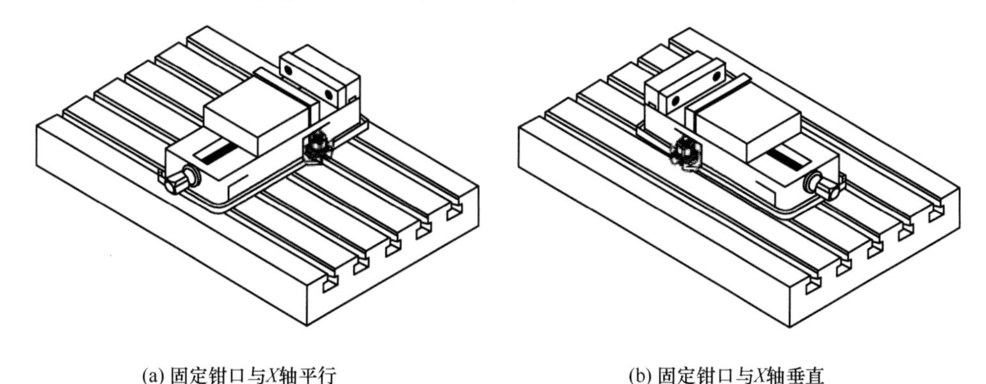

(a) 固定钳口与X轴平行　　(b) 固定钳口与X轴垂直

图 4-27　平口钳的安装方式

② 平口钳的校正　在校正平口钳之前，用螺栓、螺母将其与工作台连接到一起，锁紧螺母时力量不要太大，以用铜棒轻微敲击平口钳能产生微量移动为准。将磁力表座吸附在机床的主轴上，百分表安装在表座连接杆上，通过机床手动操作模式，使表测量触头垂直接触平口钳固定钳口平面，百分表指针压缩量为2mm，来回移动工作台，根据百分表的读数调整平口钳位置，直至表的读数在钳口全长范围内一致，并完全紧固平口钳，如图 4-28 所示。

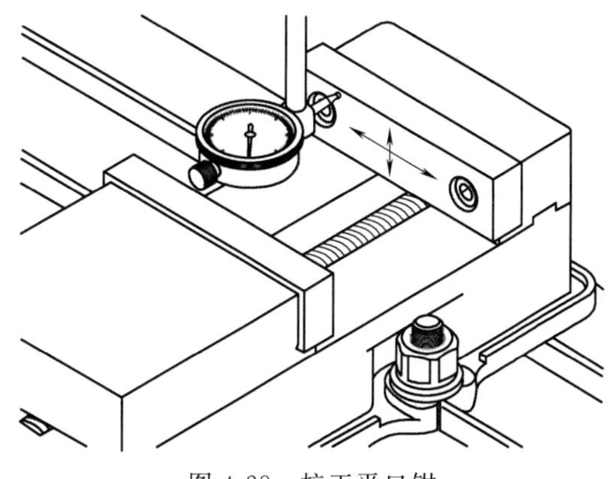

图 4-28　校正平口钳

③ 工件的安装　采用精密平口钳装夹工件，工件以固定钳口和平行垫块为定位面。工件夹

紧后，用铜锤轻敲工件上表面，同时用手移动平行垫铁，直至垫铁不能松动。

工件在平口钳上装夹时的注意事项：

① 工件安装时，应将钳口平面、导轨及工件擦拭干净。

② 应使工件安装在钳口的中间位置，确保钳口受力均匀。

③ 工件安装时，应将铣削部位高出钳口上平面3～5mm，以避免刀具与平口钳发生干涉。

3）对刀

本例采用G92方式建立工件坐标系，对刀时应使刀位点移动到G92指定的位置，即X0、Y0、Z20处，如图4-29所示。

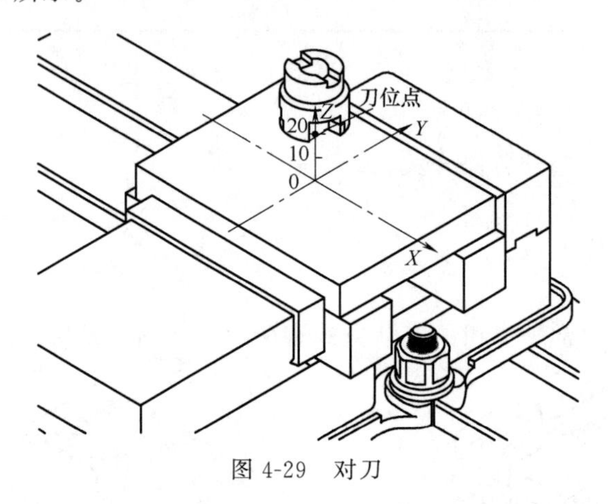

图4-29　对刀

4）加工

① 转入加工模式，对轨迹进行检查。

② 采用单段方式对工件进行试切加工，并在加工过程中密切观察加工状态，如有异常现象及时停机检查。

③ 工件拆下后及时清洁机床工作台。

4.4 槽类零件加工

4.4.1 槽的特征

根据结构特点，槽类零件可以分为通槽、半封闭槽和封闭槽三种，如图4-30所示。槽类零件两侧面均有较高的表面粗糙度要求，以及较高的宽度尺寸精度要求。

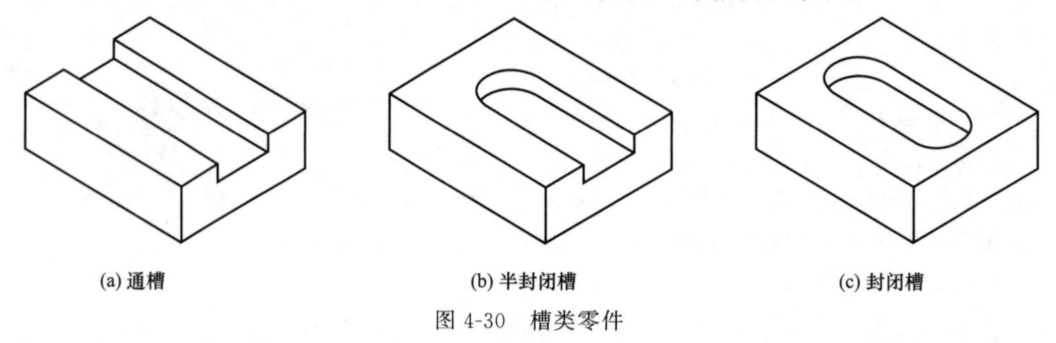

图4-30　槽类零件

4.4.2 槽的技术要求

槽类零件的技术要求包括槽的尺寸精度、槽的位置精度和表面粗糙度，如图 4-31 所示。槽的宽度尺寸精度要求较高（IT9 级），槽两侧面的表面粗糙度值较小（Ra1.6～3.2μm），槽的位置也有较高的精度要求。

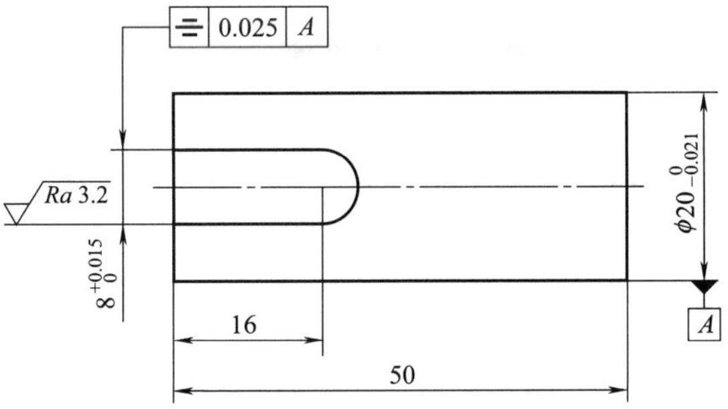

图 4-31　槽的技术要求

4.4.3 槽类零件的加工刀具

在数控铣床加工槽类零件常采用键槽铣刀。键槽铣刀按材料可以分为高速钢键槽铣刀和整体合金键槽铣刀两种，如图 4-32 所示。键槽铣刀一般有两个切削刃，圆柱面上和刀具底面都带有切削刃，底面刀刃延伸至刀具中心，可进行钻孔加工。直柄键槽铣刀的直径范围一般在 0.2～20mm。

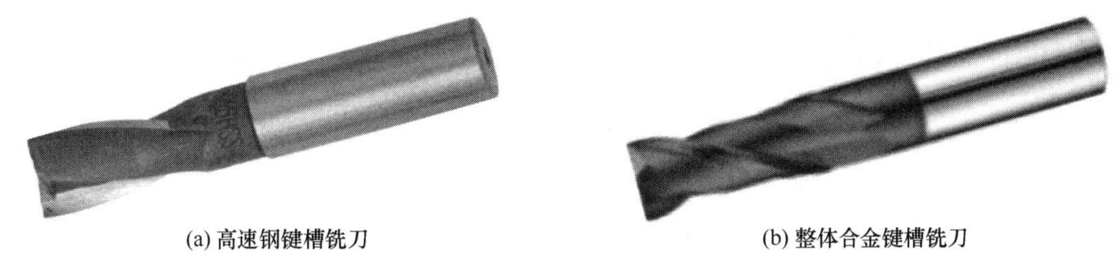

(a) 高速钢键槽铣刀　　(b) 整体合金键槽铣刀

图 4-32　键槽铣刀

4.4.4 槽铣削的路线

数控铣床上槽类零件的铣削一般可以采用行切法和分层铣削法。

行切法轨迹如图 4-33 所示，加工时，选择直径小于槽宽的刀具，先沿轴向进给至槽深，去除大部分余量，然后沿着槽的轮廓加工。

分层铣削法如图 4-34 所示，以较小的层深（每次铣削层的深度在 0.5mm 左右）、较快的进给速度往复进行铣削，直至到预定的深度。

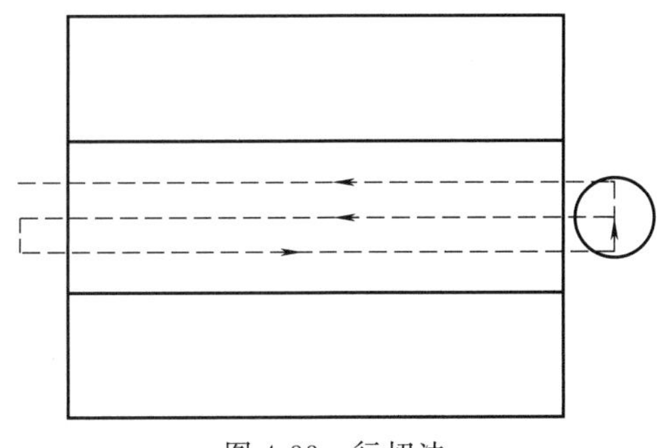

图 4-33　行切法

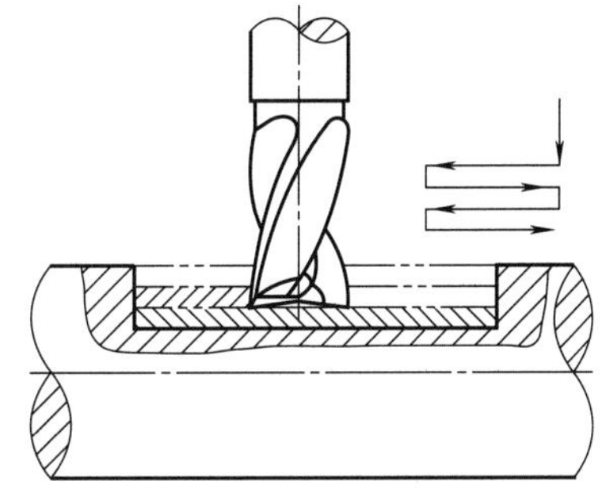

图 4-34　分层铣削法

4.4.5 槽类零件的装夹方法

数控铣床上槽类零件的铣削，一般根据零件的形状选用夹具，立方体零件选择平口钳或压板装夹；轴类零件选择平口钳或 V 形架装夹。

(1) 平口钳装夹轴类零件

装夹方式简单方便，适用于单件生产。批量生产时，当零件直径有变化时，零件中心在上、下和左、右方向上都会产生变动，影响槽的对称度和深度。

（2）V 形架装夹轴类零件

在立式数控铣床上采用 V 形架装夹轴类零件，将轴类零件放入 V 形架内，采用压板压紧来铣削键槽。其特点是零件中心位于 V 形面的角平分线上。当零件直径发生变化时，键槽的深度会发生改变，而不会影响键槽的对称度。

4.4.6 倒角/倒圆角（L/R）

GSK990MC 系统可以在直线与直线、直线与圆弧、圆弧与圆弧插入倒角/倒圆角指令，从而自动倒角或倒圆。

（1）指令格式

```
L__；倒角
R__；倒圆角
```

（2）说明

把上面的指令加在直线插补或圆弧插补程序段的末尾时，加工中自动在拐角处加上倒角或过渡圆弧。

（3）示例

① 倒角 L 后面的数值为假想交点到倒角开始点、终止点的距离。如图 4-35 所示，使用 L 指令编写倒角，要求刀具从当前点（*A* 点）经过假想 *B* 点最后到达 *C* 点。

```
程序段：G90 G01 X90.0 Y30.0 ，L30.0 F100；
       X115.0 Y90.0；
```

② 倒圆角 R 后面的数值为倒圆角 *R* 的半径值。如图 4-36 所示，使用 R 指令编写倒圆角，要求刀具从当前点（*A* 点）经过假想 *B* 点最后到达 *C* 点。

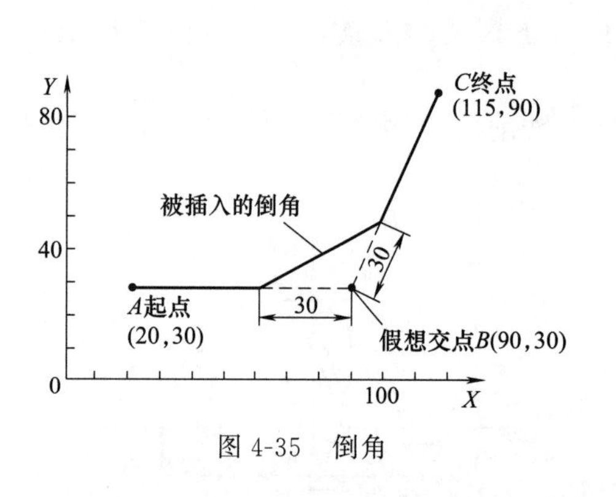

图 4-35 倒角

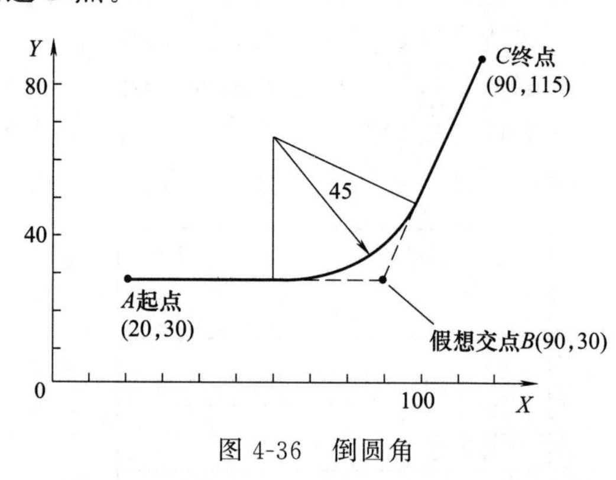

图 4-36 倒圆角

```
程序段：G90 G01 X90.0 Y30.0 ，R45.0 F100；
       X90.0 Y115.0；
```

提示

① 倒角和倒圆角只能在指定的平面内执行，平行轴不能执行这些功能。

② 如果插入的倒角或倒圆角的程序段引起刀具超过原插补移动的范围，则报警。

③ 倒圆角不能在螺纹加工程序段中指定。

④ 指令倒角值和倒圆角值为负时，系统取其绝对值。

4.4.7　槽类零件加工实例

如图 4-37 所示，工件的外形为 100mm×80mm×25mm，是已加工表面。加工内容位于工件上表面宽度为 6mm 的一组槽，试编写槽类零件的加工程序。

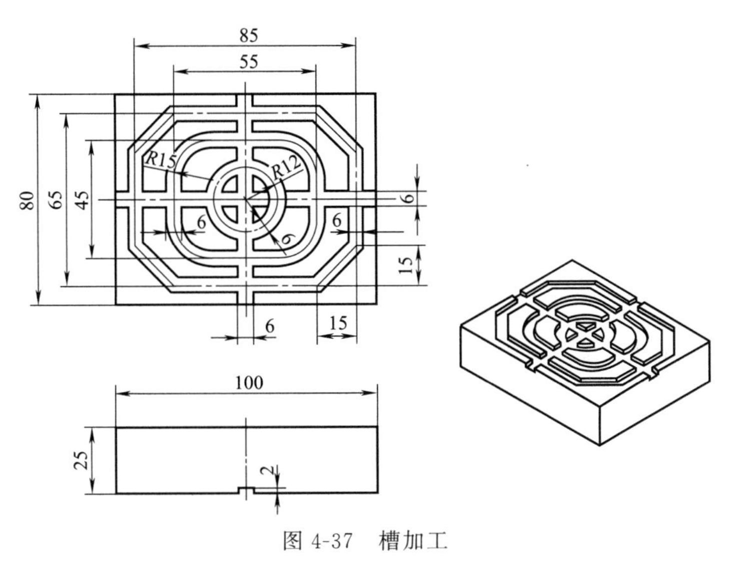

图 4-37　槽加工

(1) 工艺分析

1）选择刀具

选用 ϕ6mm 数控硬质合金可转位面铣刀，刀齿数为 2 齿。

2）确定切削用量

① 背吃刀量（a_p）

槽的加工深度为 2mm，底面和侧面没有粗糙度要求。加工时，Z 向采用一次加工到深度，便可保证加工精度。故选择加工背吃刀量为 $a_p=2$mm。

② 主轴转速（n）

切削速度 v_c取 20m/min。

$$n=\frac{1000v_c}{\pi D}=\frac{1000\times 20}{3.14\times 6}\approx 1100\text{r/min}$$

③ 进给速度（v_f）

每齿进给量 f_z取 0.03mm/z。

$$v_f=f_z zn=0.03\times 2\times 1100\approx 60\text{mm/min}$$

3）确定刀具路径

工件的加工部位是在上表面宽度 6mm、深度 2mm 的一组槽。加工时，可由外向内加工或由内向外加工，本例采用由外向内加工。第一步加工十字形槽，第二步加工八方形槽，第三步加工四方形槽，第四步加工圆形槽。

① 十字形槽加工刀具路径

十字形槽刀具路径及编程原点如图 4-38 所示。刀具从 1 点下刀，到达 2 点后，抬刀至安全高度快速移动到 3 点，然后从 3 点下刀，到达 4 点后抬刀至安全高度。各基点的坐标值见表 4-10。

② 八方形槽加工刀具路径

八方形槽加工刀具路径及编程原点如图 4-39 所示。方法 1 是采用 G01 方式编程，刀具从

1 点下刀，然后依次到达 2 点→3 点→4 点→5 点→6 点→7 点→8 点→9 点→到达 1 点后抬刀。方法 2 是采用 G01 和自动倒角方式编程，刀具从 1 点下刀，然后依次到达 *A* 点→*B* 点→*C* 点→*D* 点→到达 1 点后抬刀。各基点的坐标值见表 4-11。

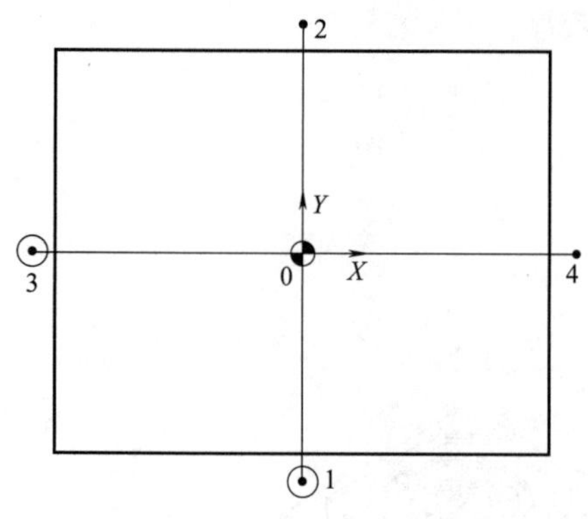

图 4-38　十字形槽刀具路径

表 4-10　十字形槽刀具各基点坐标值

基点	*X*	*Y*
1	0	−45
2	0	45
3	−50	0
4	50	0

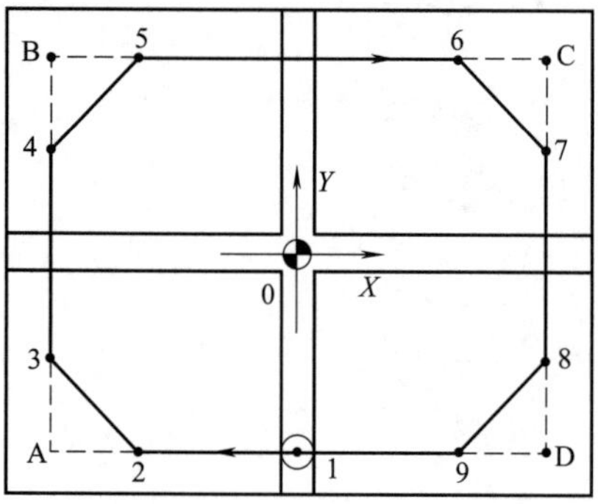

表 4-11　八方形槽刀具各基点坐标值

基点	*X*	*Y*
1	0	−32.5
2	−27.5	−32.5
3	−42.5	−17.5
4	−42.5	17.5
5	−27.5	32.5
6	27.5	32.5
7	42.5	17.5
8	42.5	−17.5
9	27.5	−32.5
A	−42.5	−32.5
B	−42.5	32.5
C	42.5	32.5
D	42.5	−32.5

图 4-39　八方形槽刀具路径

③ 四方形槽加工刀具路径

四方形槽加工刀具路径及编程原点如图 4-40 所示。方法 1 是采用 G01 方式编程，刀具从 1 点下刀，然后依次到达 2 点→3 点→4 点→5 点→6 点→7 点→8 点→9 点→到达 1 点后抬刀。方法 2 是采用 G01 和自动倒圆角方式编程，刀具从 1 点下刀，然后依次到达 *A* 点→*B* 点→*C* 点→*D* 点→到达 1 点后抬刀。各基点的坐标值见表 4-12。

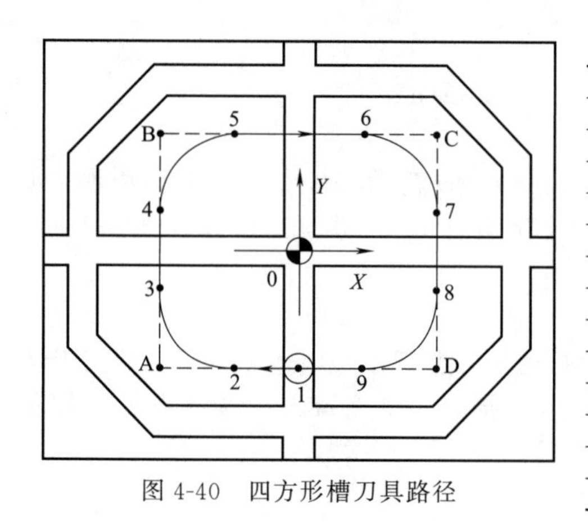

图 4-40　四方形槽刀具路径

表 4-12　四方形槽刀具各基点坐标值

基点	*X*	*Y*
1	0	−22.5
2	−12.5	−22.5
3	−27.5	−7.5
4	−27.5	7.5
5	−12.5	22.5
6	12.5	22.5
7	27.5	7.5
8	27.5	−7.5
9	12.5	−22.5
A	−27.5	−22.5
B	−27.5	22.5
C	27.5	22.5
D	27.5	−22.5

④ 圆形槽加工刀具路径

圆形槽刀具路径及编程原点如图 4-41 所示。刀具从 1 点下刀，然后顺圆插补刀 1 点抬刀。1 点的坐标为（X0，Y−12.0）。

(2) 程序编制

1）十字形槽参考程序（表 4-13）

表 4-13　十字形槽参考程序

参考程序	注　　释
O4003;	程序名
N10 G00 G17 G21 G40 G49 G80 G90;	程序初始化
N20 G54 X0 Y−45.0;	建立工件坐标系
N30 Z20.0 S1100 M03;	主轴正转，转速为 1100r/min
N40 Z5.0 M08;	下降到 Z5，冷却液开
N50 G01 Z−2.0 F60;	下降到 Z−2
N60 Y45.0;	1 点→2 点
N70 G00 Z5.0;	抬刀至 Z5
N80 X−50.0 Y0;	快速移动到 3 点
N90 G01 Z−2.0 F60;	下降到 Z−2
N100 X50.0;	3 点→4 点
N110 G00 Z20.0;	快速抬刀至安全高度
N120 M09;	冷却液关
N130 M30;	程序结束

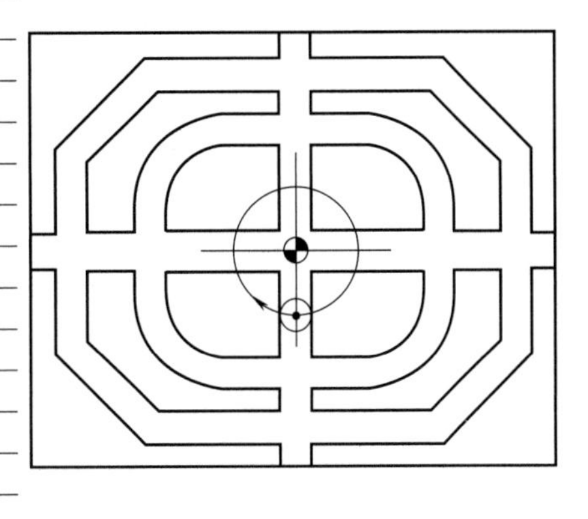

图 4-41　圆形槽刀具路径

2）八方形槽参考程序

① 方法 1（表 4-14）

表 4-14　八方形槽参考程序（方法 1）

参考程序	注　　释
O4004;	程序名
N10 G00 G17 G21 G40 G49 G80 G90;	程序初始化
N20 G54 X0 Y−32.5;	建立工件坐标系
N30 Z20.0 S1100 M03;	主轴正转，转速为 1100r/min
N40 Z5.0 M08;	下降到 Z5，冷却液开
N50 G01 Z−2.0 F60;	下降到 Z−2
N60 X−27.5;	1 点→2 点
N70 X−42.5 Y−17.5;	2 点→3 点
N80 Y17.5;	3 点→4 点
N90 X−27.5 Y32.5;	4 点→5 点
N100 X27.5;	5 点→6 点
N110 X42.5 Y17.5;	6 点→7 点
N120 Y−17.5;	7 点→8 点
N130 X27.5 Y−32.5;	8 点→9 点
N140 X0;	9 点→1 点
N150 G00 Z20.0;	快速抬刀至安全高度
N160 M09;	冷却液关
N170 M30;	程序结束

② 方法 2（表 4-15）

表 4-15　八方形槽参考程序（方法 2）

参考程序	注　　释
O4005;	程序名
N10 G00 G17 G21 G40 G49 G80 G90;	程序初始化
N20 G54 X0 Y−32.5;	建立工件坐标系

续表

参考程序	注　释
N30 Z20.0 S1100 M03;	主轴正转,转速为1100r/min
N40 Z5.0 M08;	下降到Z5,冷却液开
N50 G01 Z−2.0 F60;	下降到Z−2
N60 X−42.5,C15.0;	1点→2点→3点
N70 Y32.5,C15.0;	3点→4点→5点
N80 X42.5,C15.0;	5点→6点→7点
N90 Y−32.5,C15.0;	7点→8点→9点
N100 X0;	9点→1点
N110 G00 Z20.0;	快速抬刀至安全高度
N120 M09;	冷却液关
N130 M30;	程序结束

3）四方形槽参考程序

①方法1（表4-16）

表4-16　四方形槽参考程序（方法1）

参考程序	注　释
O4006;	程序名
N10 G00 G17 G21 G40 G49 G80 G90;	程序初始化
N20 G54 X0 Y−22.5;	建立工件坐标系
N30 Z20.0 S1100 M03;	主轴正转,转速为1100r/min
N40 Z5.0 M08;	下降到Z5,冷却液开
N50 G01 Z−2.0 F60;	下降到Z−2
N60 X−12.5;	1点→2点
N70 G02 X−27.5 Y−7.5 R15.0;	2点→3点
N80 G01 Y7.5;	3点→4点
N90 G02 X−12.5 Y22.5 R15.0;	4点→5点
N100 G01 X12.5;	5点→6点
N110 G02 X27.5 Y7.5 R15.0;	6点→7点
N120 G01 Y−7.5;	7点→8点
N130 G02 X12.5 Y−22.5 R15.0;	8点→9点
N140 G01 X0;	9点→1点
N150 G00 Z20.0;	快速抬刀至安全高度
N160 M09;	冷却液关
N170 M30;	程序结束

② 方法2（表4-17）

表4-17　四方形槽参考程序（方法2）

参考程序	注　释
O4007;	程序名
N10 G00 G17 G21 G40 G49 G80 G90;	程序初始化
N20 G54 X0 Y−22.5;	建立工件坐标系
N30 Z20.0 S1100 M03;	主轴正转,转速为1100r/min
N40 Z5.0 M08;	下降到Z5,冷却液开
N50 G01 Z−2.0 F60;	下降到Z−2
N60 X−27.5,R15.0;	1点→2点→3点
N70 Y22.5,R15.0;	3点→4点→5点
N80 X27.5,R15.0;	5点→6点→7点
N90 Y−22.5,R15.0;	7点→8点→9点
N100 X0;	9点→1点
N110 G00 Z20.0;	快速抬刀至安全高度
N120 M09;	冷却液关
N130 M30;	程序结束

4）圆形槽参考程序（表 4-18）

表 4-18 圆形槽参考程序

参考程序	注　释
O4008；	程序名
N10 G00 G17 G21 G40 G49 G80 G90；	程序初始化
N20 G54 X0 Y－12.0；	建立工件坐标系
N30 Z20.0 S1100 M03；	主轴正转，转速为 1100r/min
N40 Z5.0 M08；	下降到 Z5，冷却液开
N50 G01 Z－2.0 F60；	下降到 Z－2
N60 G02 J12.0；	圆弧插补指令
N70 G00 Z20.0；	快速抬刀至安全高度
N80 M09；	冷却液关
N90 M30；	程序结束

4.5 轮廓零件加工

4.5.1 内外轮廓加工

(1) 轮廓零件的特征

零件的轮廓表面一般是由直线、圆弧或曲线组成，是一个连续的二维表面，该表面展开后可以形成一个平面。二维轮廓类零件主要包括内轮廓、外轮廓、键槽、凹槽、沟槽、型腔等。

(2) 轮廓类零件的铣削刀具

内外轮廓的加工刀具一般选用键槽铣刀、立铣刀或硬质合金可转位立铣刀。

① 立铣刀

立铣刀主要用于在数控铣床上加工台阶面、凹槽等，其结构如图 4-42 所示。其主切削刃分布在铣刀的圆柱表面上，副切削刃分布在铣刀的端面上，因此，铣削时一般不能沿铣刀径向作进给运动。立铣刀有粗齿和细齿之分，粗齿铣刀的刀齿为 3～6 个，一般用于粗加工；细齿铣刀的刀齿为 5～10 个，一般用于精加工。

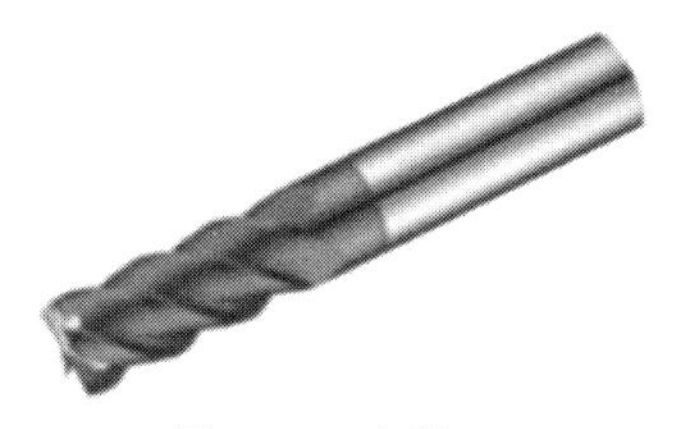

图 4-42 立铣刀

图 4-43 可转位立铣刀

② 可转位立铣刀

可转位立铣刀是由刀体和刀片组成，如图 4-43 所示。由于刀片耐用度高，切削效率大大提高，是高速钢铣刀的 2～4 倍。另外，刀片的切削刃在磨钝后，无须刃磨刀片，只需更换新刀片，因此，在数控加工中得到了广泛的应用。

立铣刀的刀具形状与键槽铣刀大致相同，不同之处在于刀具底面中心没有切削刃，因此，立铣刀在加工型腔类零件时，不能直接沿着刀轴的轴向下刀，只能采用斜插式或螺旋式进行下刀，如图 4-44 所示。

(3) 轮廓加工路线

加工路线是指刀具的刀位点相对于零件运动的轨迹和方向。铣削平面轮廓时，一般采用立

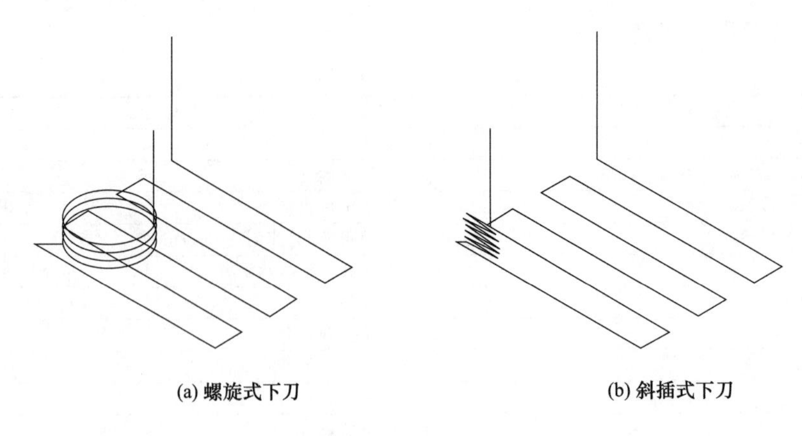

图 4-44　下刀方式

铣刀的圆周刃进行切削。在切入和切出零件轮廓时，为了减少切入和切出痕迹，保证零件表面质量，应对切入和切出的路线进行合理设计。其主要确定原则如下。

① 加工路线的设计应保证零件的精度和表面的粗糙度，如轮廓加工时，应首先选用顺铣加工。

② 减少进、退刀时间和其他辅助时间，在保证加工质量的前提下尽量缩短加工路线。

③ 方便数值计算，尽量减少程序段数，减少编程工作量。

④ 进、退刀时，应根据零件轮廓的形状选择直线或圆弧的方式切入或切出，以保证零件表面的质量。图 4-45 所示为零件外轮廓切入和切出的几种设置方法。

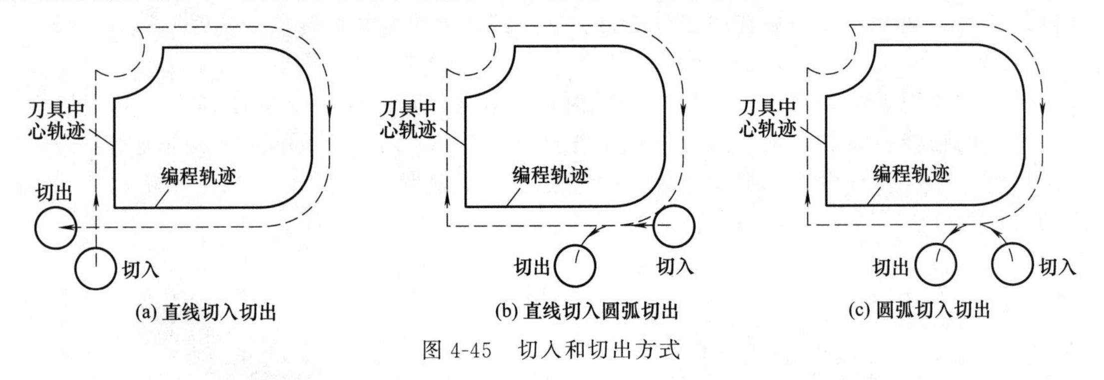

图 4-45　切入和切出方式

(4) 刀具补偿 G 指令

1）刀具半径补偿指令（G40、G41、G42）

在数控铣床上进行轮廓的铣削加工时，由于刀具半径的存在，刀具中心（刀位点）轨迹和工件轮廓不重合。如果数控系统不具备刀具半径自动补偿功能，则只能按刀心轨迹进行编程，即在编程时给出刀具中心运动轨迹，如图 4-46 所示的点画线轨迹，其计算相当复杂，尤其当刀具磨损、重磨或换新刀而使刀具直径变化时，必须重新计算刀心轨迹，修改程序，这样既烦琐，又不易保证加工精度。当数控系统具备刀具半径补偿功能时，只需按工件轮廓进行编程，如图 4-46 中的粗实线轨迹，数控系统会自动计算刀心轨迹，使刀具偏离工件轮廓一个半径值，即进行刀具半径补偿。数控系统的这种编程功能称为刀具半径补偿功能。通过运用刀具补偿功能来编程，可以实现简化编程的目的。

刀具半径补偿指令共有三个：G41 为刀具半径左补偿［图 4-47（a)］；G42 为刀具半径右补偿［图 4-47（b)］；G40 为取消刀具半径补偿。

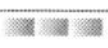

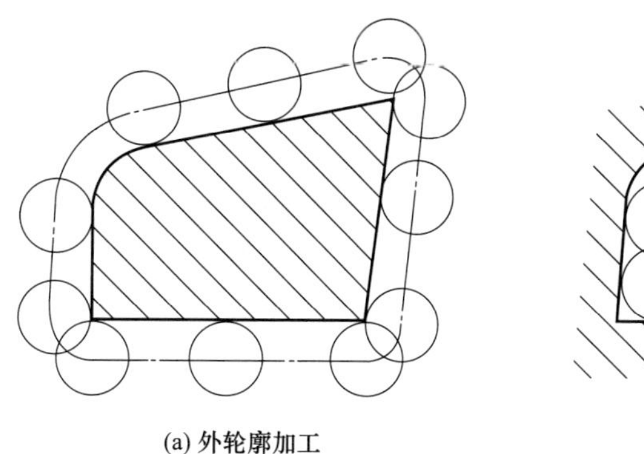

图 4-46 刀具半径补偿

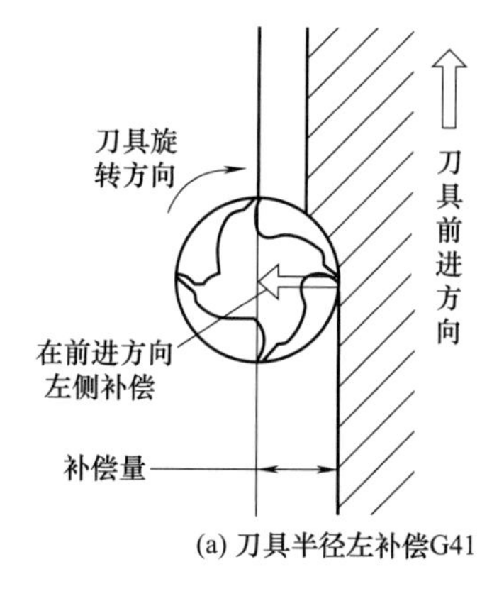

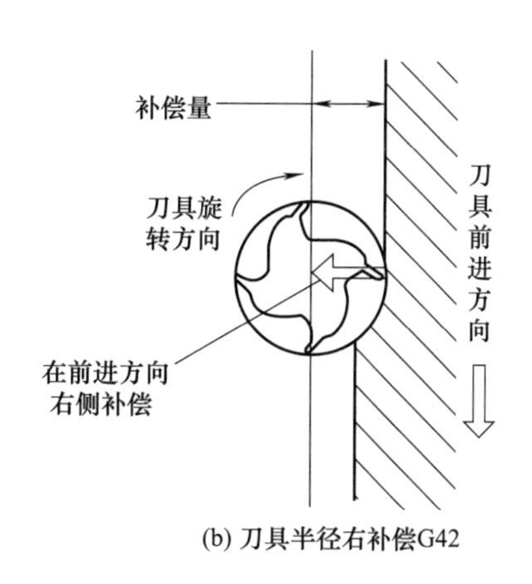

图 4-47 刀具半径补偿

① 指令格式

a. 建立刀具半径补偿指令。

```
G17 G41/G42 G00/G01 X __ Y __ D __;
G18 G41/G42 G00/G01 X __ Z __ D __;
G19 G41/G42 G00/G01 Y __ Z __ D __;
```

b. 取消刀具半径补偿指令。

```
G40 G00/G01 X __ Y __;
G40 G00/G01 X __ Z __;
G40 G00/G01 Y __ Z __;
```

式中 D __——用于存放刀具半径补偿值的存储器号。

② 指令说明

a. G41 与 G42 的判断方法是：处在补偿平面外另一根轴的正方向，沿刀具的移动方向看，当刀具处在切削轮廓左侧时，称为刀具半径左补偿；当刀具处在切削轮廓的右侧时，称为刀具半径右补偿，如图 4-48 所示。

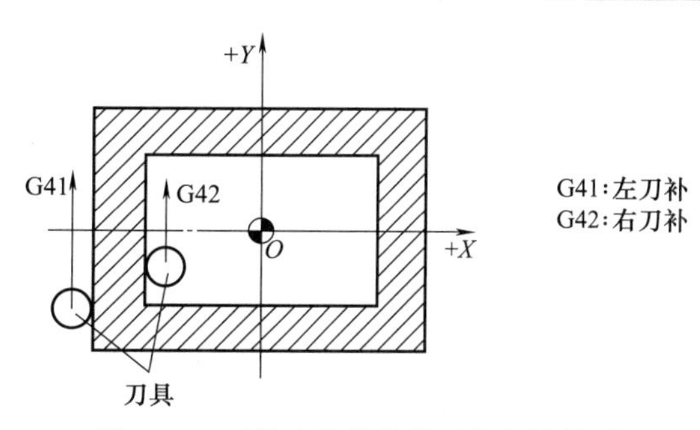

图 4-48 刀具半径补偿偏置方向的判别

b. 在进行刀具半径补偿前，必须用 G17、

G18、G19 指定刀具半径补偿是在哪个平面上进行。平面选择的切换必须在补偿取消的方式下进行，否则将产生报警。

c. 无刀具半径补偿指令时，刀具中心是走在工件轮廓线上的；有刀径半径补偿指令时，刀具中心是走在工件轮廓线的一侧，刀具刃口走在工件轮廓线上。

d. 实际编程时，应根据是加工外轮廓形还是加工内轮廓以及整个切削走向等来确定刀具半径补偿。当将刀具半径设置为负值时，G41 和 G42 的执行效果将互相替代。

e. 由 D 代码指定半径偏置号，与该偏置号对应的偏置量与程序中的移动代码值相加或相减，形成新的移动代码。根据需要偏置号可以指定 D00～D255。由位参数 No：40＃7选择半径补偿量是以直径值还是半径值进行设定。用 LCD/MDI 面板，可把偏置号对应的偏置量事先设定在偏置存储器中。其中，D00 的补偿量系统默认为 0，用户不能设置也不能修改。

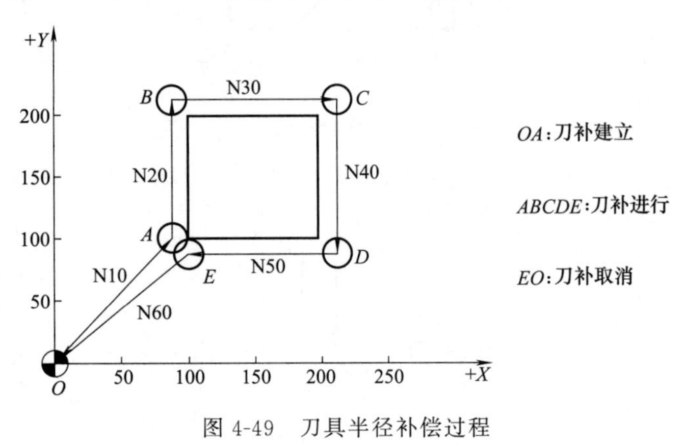

图 4-49　刀具半径补偿过程

f. G41、G42 为模态指令，可以在程序中保持连续有效。G41、G42 的撤销可以使用 G40 进行。

③ 刀具半径补偿过程

刀具半径补偿的过程如图 4-49 所示，共分三步，即刀补建立、刀补进行和刀补取消。

```
O0010;
……
N10 G01G41 X100.0 Y100.0 D01;          刀补建立
N20 Y200.0;  ┐
N30 X200.0;  │
             ├刀补进行
N40 Y100.0;  │
N50 X100.0;  ┘
N60 G00 G40 X0 Y0; 刀补取消
……
```

a. 刀补建立。

刀补建立指刀具从起点接近工件时，刀具中心从与编程轨迹重合过渡到与编程轨迹偏离一个偏置量的过程。该过程的实现必须有 G00 或 G01 功能才有效。

刀具补偿过程通过 N10 程序段建立。当执行 N10 程序段时，机床刀具的坐标位置由以下方法确定：将包含 G41 语句的下边两个程序段（N20、N30）预读，连接在补偿平面内最近两移动语句的终点坐标（图 4-49 中的 *AB* 连线），其连线的垂直方向为偏置方向，根据 G41 或 G42 来确定偏向哪一边，偏置的大小由偏置号 D01 地址中的数值决定。经补偿后，刀具中心位于如图 4-49 中 *A* 点处，即坐标点［（100－刀具半径），100］处。

b. 刀补进行。

在 G41 或 G42 程序段后，程序进入补偿模式，此时刀具中心与编程轨迹始终相距一个偏置量，直到刀补取消。在补偿模式下，数控系统要预读两段程序，找出当前程序段刀位点轨迹与下程序段刀位点轨迹的交点，以确保机床把下一个工件轮廓向外补偿一个偏置量，如图 4-49中的 *B* 点、*C* 点等。

c. 刀补取消。

刀具离开工件，刀具中心轨迹过渡到与编程轨迹重合的过程称为刀补取消，如图 4-49 中的 EO 程序段。刀补的取消用 G40 或 D00 来执行，要特别注意的是，G40 必须与 G41 或 G42 成对使用。

④ 刀具半径补偿注意事项

a. 半径补偿模式的建立与取消程序段只能在 G00 或 G01 移动指令模式下才有效。当然，现在有部分系统也支持 G02、G03 模式，但为防止出现差错，在半径补偿建立与取消程序段最好不使用 G02、G03 指令。

b. 为保证刀补建立与刀补取消时刀具与工件的安全，通常采用 G01 运动方式来建立或取消刀补。如果采用 G00 运动方式来建立或取消刀补，则要采取先建立刀补再下刀和先退刀再取消刀补的编程加工方法。

c. 为了便于计算坐标，采用切线切入方式或法线切入方式来建立或取消刀补。对于不便于沿工件轮廓线方向切向或法向切入切出时，可根据情况增加一个圆弧辅助程序段。

d. 为了防止在半径补偿建立与取消过程中刀具产生过切现象［图 4-50（a）中的 OM 和图 4-50（b）中的 AM］，刀具半径补偿建立与取消程序段的起始位置与终点位置最好与补偿方向在同一侧［图 4-50（a）中的 OA 和图 4-50（b）中的 AN］。

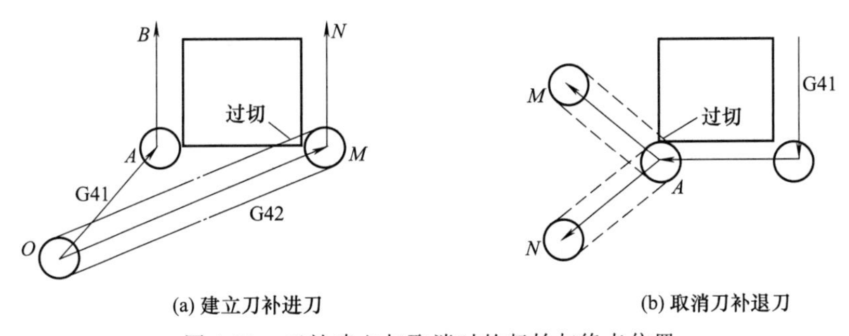

图 4-50 刀补建立与取消时的起始与终点位置

e. 在刀具补偿模式下，一般不允许存在连续两段以上的非补偿平面内移动指令，否则刀具也会出现过切等危险动作。

非补偿平面移动指令通常指：只有 G、M、S、F、T 代码的程序段（如 G90；M05 等）；程序暂停程序段（如 G04 X10.0 等）；G17（G18、G19）平面内的 Z（Y、X）轴移动指令等。

⑤ 刀具半径补偿的应用

除了使编程人员直接按轮廓编程，简化了编程工作外，刀具半径补偿功能在实际加工中还有许多其他方面的应用。

例 1 采用同一段程序，对零件进行粗、精加工。

如图 4-51（a）所示，编程时按实际轮廓 $ABCD$ 编程，在粗加工中时，将偏置量设为 $D=R+\Delta$，其中 R 为刀具的半径，Δ 为精加工余量，这样在粗加工完成后，形成的工件轮廓的加工尺寸要比实际轮廓 $ABCD$ 每边都大 Δ。在精加工时，将偏置量设为 $D=R$，这样，零件加工完成后，即得到实际加工轮廓 $ABCD$。同理，当工件加工后，如果测量尺寸比图样要求尺寸大时，也可用同样的办法进行修整解决。

例 2 采用同一程序段，加工同一公称直径的凹、凸型面。

如图 4-51（b）所示，对于同一公称直径的凹、凸型面，内外轮廓编写成同一程序，在加工外轮廓时，将偏置值设为 $+D$，刀具中心将沿轮廓的外侧切削；当加工内轮廓时，将偏置值设为$-D$，这时刀具中心将沿轮廓的内侧切削。这种编程与加工方法，在模具加工中运用较多。

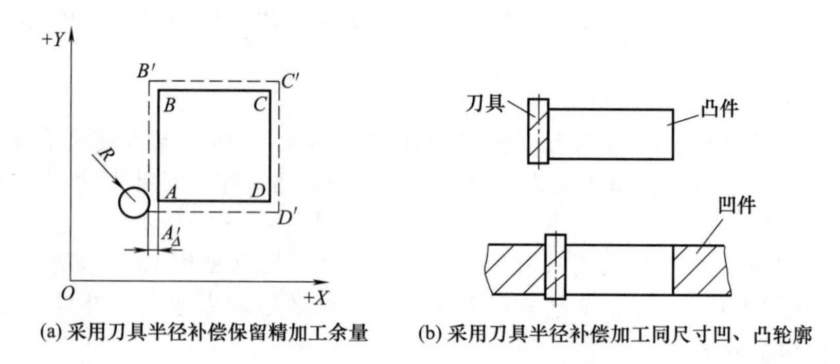

(a) 采用刀具半径补偿保留精加工余量　(b) 采用刀具半径补偿加工同尺寸凹、凸轮廓

图 4-51　刀具半径补偿的应用

2）刀具长度补偿指令（G43、G44、G49）

当使用不同类型及规格的刀具或刀具磨损时，可在程序中重新用刀具长度补偿指令补偿刀具尺寸的变化，而不必重新调整刀具或重新对刀。

① 指令格式

```
G43 G00/G01 Z__ H__;
G44 G00/G01 Z__ H__;
G49;
```

② 指令说明

a. G43 为刀具长度正补偿，G44 为刀具长度负补偿，如图 4-52 所示；G49 为刀具长度补偿取消；Z 值为刀具移动量；H 为刀具长度补偿值设定代码，可由 MDI 操作面板预先设在偏置储存器中。

b. 使用 G43、G44 指令时，无论用绝对值还是增量值编程，程序中指定的 Z 轴移动的终点坐标值，都要与 H 所指定寄存器中的偏移量进行运算，G43 时相加，G44 时相减，然后把运算的结果作为终点坐标值进行加工。G43、G44 均为模态代码。

执行 G43 时：$Z_{实际值}=Z_{指令值}+(\text{H}\times\times)$

执行 G44 时：$Z_{实际值}=Z_{指令值}-(\text{H}\times\times)$

式中，H××是指编号为××寄存器中的刀具长度补偿量。

c. 采取取消刀具长度补偿指令 G49 或用 G43 H00 和 G44 H00 可以撤销刀具长度补偿。

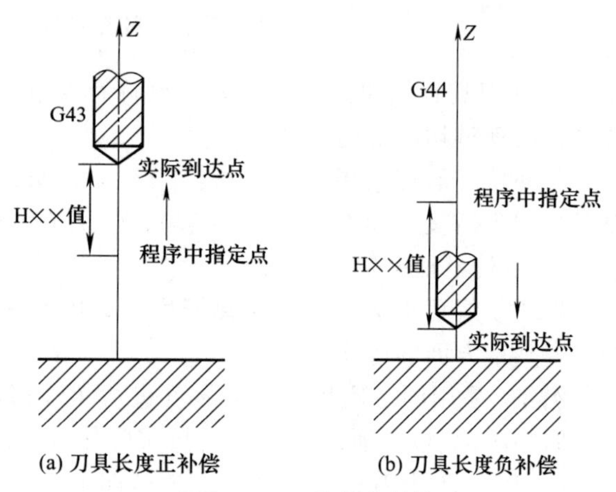

(a) 刀具长度正补偿　(b) 刀具长度负补偿

图 4-52　刀具长度补偿

③ 编程举例

例　如图 4-53 所示，采用 G43 指令进行编程，计算刀具从当前位置移动至工件表面的实际移动量（假定的刀具长度为 0，则 H01 中的偏置值为 20.0；H02 中的偏置值为 60.0；H03 中的偏置值为 40.0）。

刀具 1：

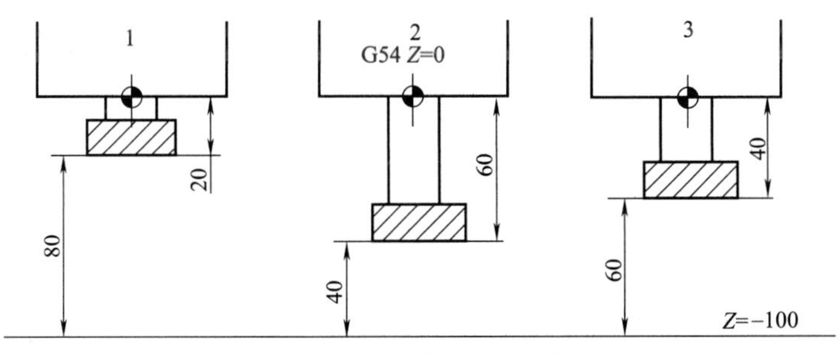

图 4-53　刀具长度补偿值

```
G43 G01 Z- 100.0 H01 F100;
```

刀具的实际移动量＝－100＋20＝－80，刀具向下移 80mm。

刀具 2：

```
G43 G01 Z- 100.0 H02 F100;
```

刀具的实际移动量＝－100＋60＝－40，刀具向下移 40mm。

刀具 3：

刀具 3 如果采用 G44 编程，则输入 H03 中的偏置值应为－40.0，则其编程指令及对应的刀具实际移动量如下：

```
G44 G01 Z- 100.0 H03 F100;
```

刀具的实际移动量＝－100－(－40)＝－60，刀具向下移 60mm。

④ 刀具长度补偿的应用

a. 将 Z 向对刀值设为刀具长度。

对于立式加工中心，刀具长度补偿常被辅助用于工件坐标系零点偏置的设定。即用 G54 设定工件坐标系时，仅在 X、Y 方向偏置坐标原点的位置，而 Z 方向不偏置，Z 方向刀位点与工件坐标系 $Z0$ 平面之间的差值全部通过刀具长度补偿值来解决。

如图 4-54 所示，假设用一标准刀具进行对刀，该刀具的长度等于机床坐标系原点与工件坐标原点之间的距离值。对刀后采用 G54 设定工件坐标系，则 Z 向偏置值设定为“0”。

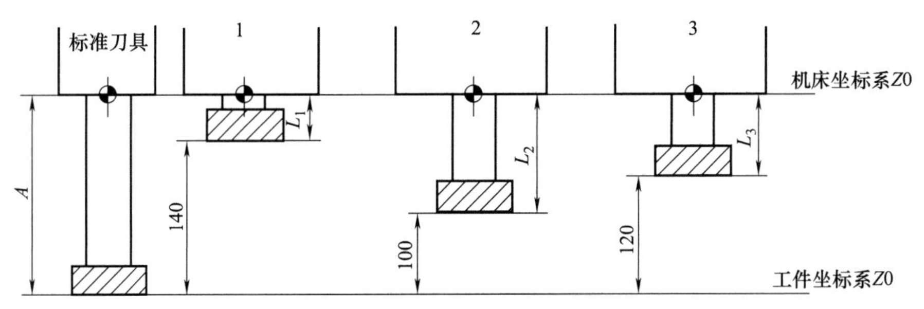

图 4-54　刀具长度补偿的应用

1 号刀具对刀时，将刀具的刀位点移动到工件坐标系的 $Z0$ 处，则刀具 Z 向移动量为“－140”，机床坐标系中显示的 Z 坐标值也为“－140”，将此时机床坐标系中的 Z 坐标值直接输入相对应的刀具长度偏置存储器中去。这样，1 号刀具相对应的偏置存储器“H01”中的值为“－140.0”。采用同样方法，设定在“H02”中的值应为“－100.0”；设定在“H03”中的值应为“－120.0”。采用这种方法对刀的刀具移动编程指令如下：

```
G90 G54 G49 G94;
G43 G00 Z __ H __ F100 M03 S __;
……
G49 G91 G28 Z0;
……
```

注意：采用以上方法加工时，显示的 Z 坐标始终为机床坐标系中的 Z 坐标，而非工件坐标系中的 Z 坐标，也就无法直观了解刀具当前的加工深度。

b. 机外对刀后的设定。

当采用机外对刀时，通常选择其中的一把刀具作为标准刀具，也可将所选择的标准刀具的长度设为“0”，则直接将图 4-54 中测得的机械坐标 A 值（通常为负值）输入 G54 的 Z 偏置存储器中，而将不同的刀具长度（图 4-54 中的 L_1、L_2 和 L_3）输入对应的刀具长度补偿存储器中。

另外，也可以 1 号刀具作为标准刀具，则以 1 号刀具对刀后在“G54”存储器中设定的 Z 坐标值为“－140.0”。设定在刀具长度偏置存储器中的值依次为：H01＝0；H02＝40；H03＝20。

(5) 轮廓加工实例

毛坯为 90mm×55mm×10mm 块料，5mm 深的外轮廓已粗加工过，周边留 2mm 余量，要求加工出如图 4-55 所示的外轮廓及 ϕ20mm 的孔，工件材料为硬铝。

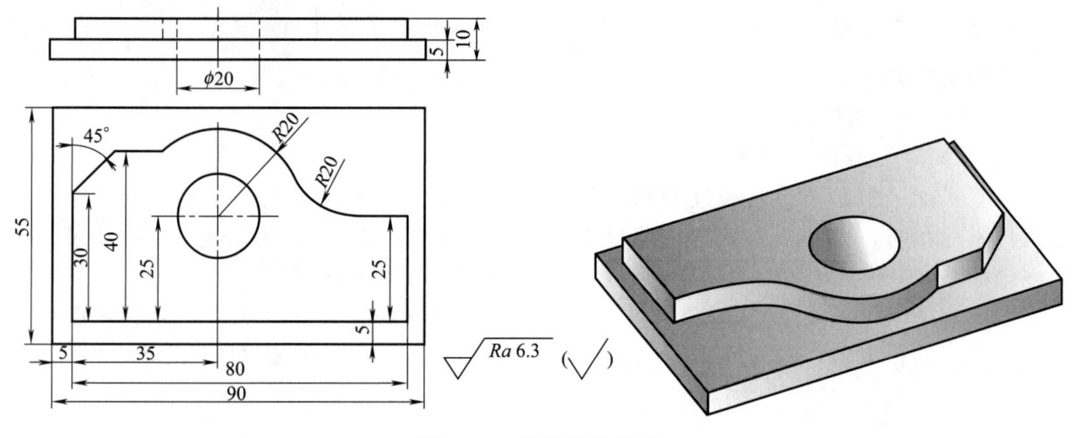

图 4-55 轮廓编程实例

1）图样分析

图 4-55 所示为典型的轮廓类零件，需要加工 ϕ20mm 孔及外轮廓（2mm 的余量），孔的直径为 ϕ20mm，中心位置由图中尺寸 35mm 和 25mm 确定。零件主要由直线及圆弧轮廓构成，如图 4-56 所示。AB、BC、CD、FG、GH、AH 段为直线轮廓，DE、EF 段为圆弧轮廓。AB、BC、GH、AH 直线轮廓可由图中标注的尺寸和角度确定，CD、FG 直线轮廓需要结合 DE、EF 圆弧轮廓求出。DE 段圆弧半径为 R20mm，圆心位置和 ϕ20mm 孔的中心位置相同，EF 段圆弧与 DE 段圆弧和 FG 直线相切，其半径为 R20mm。CD、FG 直线段的长度及 EF 段圆弧与 DE 段圆弧的切点坐标可通过上述关系求出。

2）确定加工方案

根据图样要求、毛坯及前道工序加工情况，确定工艺方案及加工路线。

① 以底面为定位基准，两侧用压板压紧，固定于数控铣床工作台上。

② 工步顺序：

a. 钻 ϕ20mm 孔。

b. 按 $O \to A \to B \to C \to D \to E \to F \to H \to A$ 路线铣削轮廓，如图 4-56 所示。

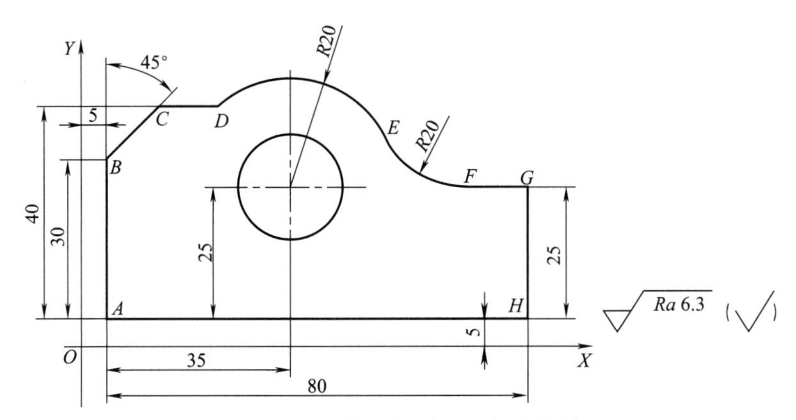

图 4-56　工件坐标系及基点示意图

3）确定装夹方案

以零件底平面定位，采用机用台虎钳装夹。

4）相关工艺卡片的填写

① 数控加工刀具卡（表 4-19）

表 4-19　数控加工刀具卡

零件图号		零件名称		材料	程序编号		车间	使用设备
×××		××××		铝	××××		数控中心	数控铣床
刀号	刀具名称	刀具直径/mm		刀具长度/mm	刀补地址		换刀方式	加工部位
		设定	补偿		直径	长度		
T01	麻花钻	ϕ20		实测		H01		钻孔
T02	立铣刀	ϕ10		实测	D02	H02		外轮廓
编制		审核		批准		年 月 日	共　页	第　页

② 数控加工工艺卡（表 4-20）

表 4-20　数控加工工艺卡

单位名称	×××	产品名称或代号		零件名称		零件图号	
		×××		×××		××	
工序号	程序编号	夹具名称		使用设备		车间	
001	×××	机用台虎钳		数控铣床		数控	
工步号	工步内容	刀具号	刀具规格/mm	主轴转速/(r/min)	进给速度/(mm/min)	背吃刀量/mm	备注
1	钻孔	T01	ϕ20	300	50	10	自动
2	精铣外轮廓	T02	ϕ10	800	40	5	自动
编制	审核		批准		年　月　日	共　页	第　页

5）确定工件坐标系及基点坐标值

在 XOY 平面内确定以 O 点为工件原点，Z 方向以工件下表面为工件原点，建立工件坐标系，如图 4-56 所示。各基点坐标值见表 4-21。

表 4-21　基点坐标值

基点	坐标值	基点	坐标值
A	(5.0,5.0)	E	(57.32,40.0)
B	(5.0,35.0)	F	(74.64,30.0)
C	(15.0,45.0)	G	(85.0,30.0)
D	(26.77,45.0)	H	(85.0,5.0)

6）编写程序（表 4-22）

表 4-22 参考程序

参考程序	注　　释
O4010；	程序名
N10 G40 G49 G98 G17 G54；	程序初始化
N20 G28；	回机床参考点
N30 T01 M06；	换 01 号刀(ϕ20mm 麻花钻)
N40 M03 S800；	主轴正转，转速为 800r/min
N50 G90 G00 G43 Z100.0 H01；	Z 向快速进刀，并执行刀具长度补偿
N60 Z5.0；	Z 向进刀至安全点
N70 G98 G81 X40.0 Y30.0 Z－15.0 R5.0 F50；	钻孔循环
N80 G00 G49 Z50.0 M09；	Z 向退刀，并取消刀具长度补偿
N90 M05；	主轴停
N100 G28；	回参考点
N110 T02 M06；	换 ϕ10mm 立铣刀
N120 S600 M03；	主轴正转，转速为 600r/min
N130 G41 G00 X－20.0 Y－10.0 Z50.0 D02；	执行刀具半径左补偿
N140 G00 G43 Z－5.0 H02；	执行刀具长度补偿
N150 G01 X5.0 Y－10.0 F150；	刀具快速靠近工件
N160 G01 Y35.0 F40；	$A \to B$
N170 X15.0 Y45.0；	$B \to C$
N180 X26.77；	$C \to D$
N190 G02 X57.32 Y40.0 R20.0；	$D \to E$
N200 G03 X74.64 Y30.0 R20.0；	$E \to F$
N210 G01 X85.0 Y30.0；	$F \to G$
N220 Y5.0；	$G \to H$
N230 X－5.0；	$H \to A$
N240 G40 G49 G00 Z50.0 M09；	取消刀具半径补偿，退至换刀点
N250 G28；	主轴停
N260 M30；	程序结束

4.5.2 轮廓加工与子程序

（1）子程序的概念

编程时，当一个零件上有相同的或经常重复的加工内容时，为了简化编程，将这些加工内容编成一个单独的程序，再通过程序调用这些程序进行多次或不同位置的重复加工。在系统中调用程序的程序称为主程序，被调用的程序称为子程序。

（2）子程序的格式

① 指令格式

```
O□□□□；      子程序号
…
              子程序内容
…
M99；         程序结束
```

② 说明

子程序的程序名与普通数控程序完全相同，由英文字母“O”和其后的四位数字组成，数字前的“O”可以省略不写。子程序的结束与主程序不同，用 M99 指令来表示，子程序在执行到 M99 指令时，将自动返回主程序继续执行主程序下面的程序段。

（3）子程序的调用

子程序由主程序或子程序调用代码调出执行。

1）指令格式

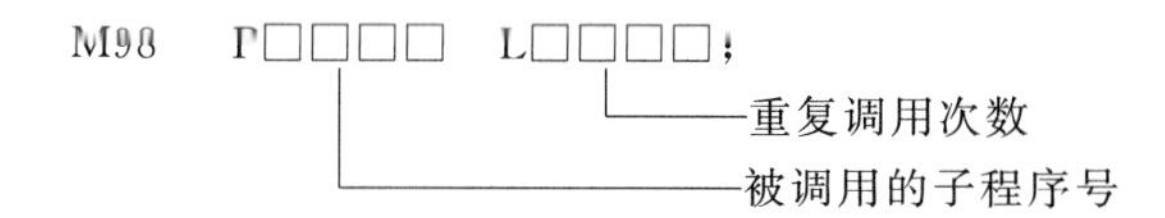

2）说明

① 如果省略了重复次数，则认为重复次数为 1 次。如 M98 P1002 表示调用子程序 1002 一次，M98 P1002 L5 表示号码为 1002 的子程序连续调用 5 次。

② 主程序可以调用子程序，同时子程序也可调用另一个子程序，即子程序的嵌套，如图 4-57 所示。在 GSK990MC 系统中，子程序最多可嵌套 4 级。

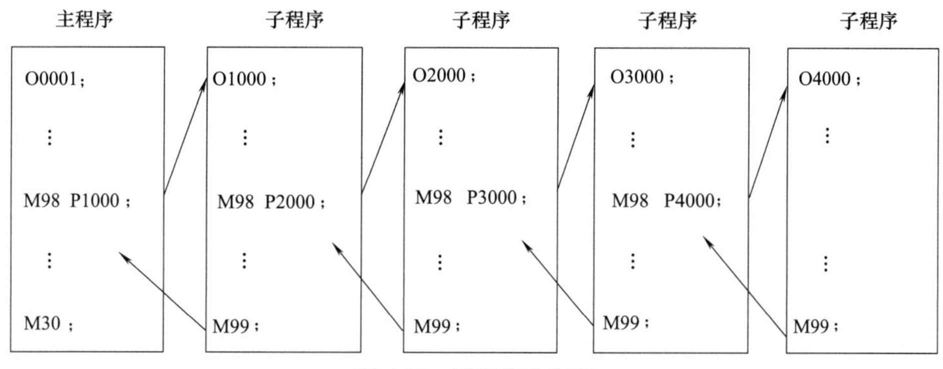

图 4-57　子程序的嵌套

（4）编程实例

如图 4-58 所示的零件，上下面以及外形为已加工表面，加工部位是三个外形轮廓相同高度为 5mm 的台阶，试使用子程序编程。

1）工艺分析

① 选择刀具

如图 4-58 所示，在两个台阶之间存在一个宽度为 15mm 的直槽，故选择刀具时，刀具的直径必须小于 15mm，本例选择刀齿数为 2，直径 12mm 的平底铣刀。

② 确定切削用量

a. 背吃刀量（a_p）。

台阶外形轮廓的加工深度为 5mm，底面没有粗糙度要求。加工时，Z 向选择背吃刀量为 5mm，一次加工到深度。

b. 主轴转速（n）。

切削速度 v_c取 20m/min。

$$n=\frac{1000v_c}{\pi D}=\frac{1000\times 20}{3.14\times 12}\approx 530\text{r/min}$$

c. 进给速度（v_f）。

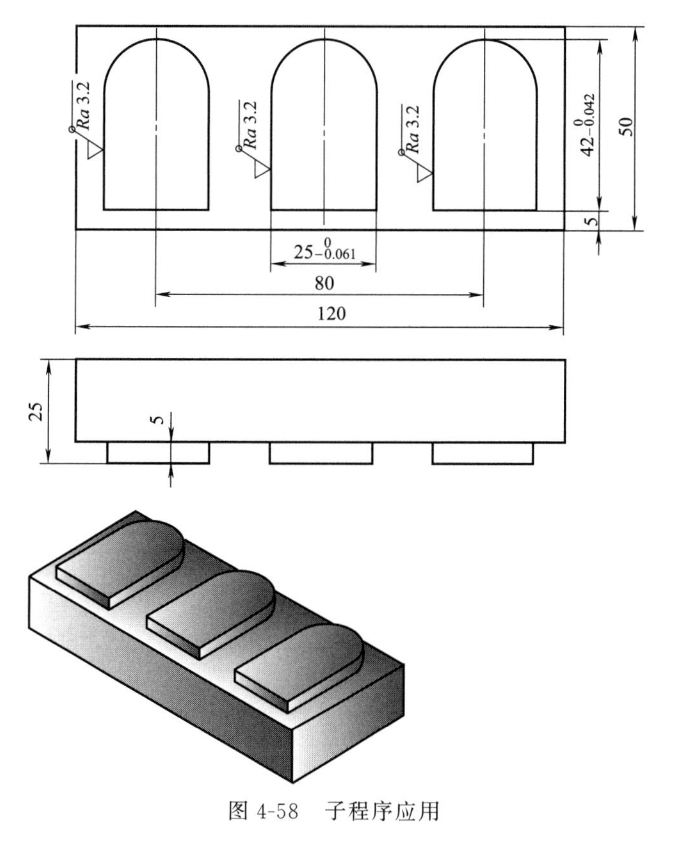

图 4-58　子程序应用

每齿进给量 f_z取 0.04mm/z。

$v_f = f_z z n = 0.04 \times 2 \times 530 \approx 40(mm/min)$

③ 确定刀具路径

台阶刀具路径及编程原点如图 4-59所示。编程时，采用子程序方式实现三个台阶的加工，在主程序中采用G90 方式编程，只定位刀具的起始点（“1 点”“1′点”和“1″点”）；在子程序中采用G91 方式编写轮廓的加工程序。各个基点的绝对坐标和相对坐标见表 4-23。

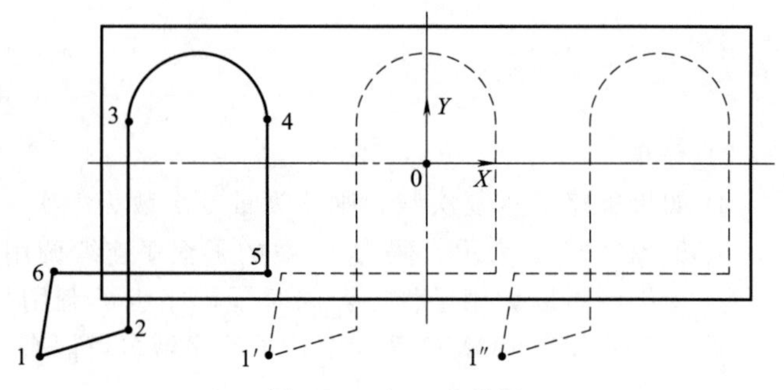

图 4-59　加工路线图

表 4-23　各基点坐标值

基点	X	Y
1(G90 方式相对于编程原点)	−68	−33
2(G91 方式相对于 1 点)	15.5	3
3(G91 方式相对于 2 点)	0	39.5
4(G91 方式相对于 3 点)	25	0
5(G91 方式相对于 4 点)	0	−29.5
6(G91 方式相对于 5 点)	−37.5	0
1(G91 方式相对于 6 点)	−3	−13
1′(G90 方式相对于编程原点)	−28	−33
1″(G90 方式相对于编程原点)	12	−33

2）程序编制

① 主程序（表 4-24）

表 4-24　主程序

参考程序	注　释
O4011;	程序名
N10 G00 G17 G21 G40 G49 G90 G54;	程序初始化
N20 G43 Z20.0 H01;	建立刀具长度补偿
N30 X−68.0 Y−33.0 M08;	快速到 1 点,冷却液开
N40 S530 M03;	主轴正转,转速为 530r/min
N50 Z5.0;	快速下降到 Z5
N60 M98 P1000;	调用 1000 子程序
N70 G00 X−28.0 Y−33.0;	快速到 1′点
N80 M98 P1000;	调用 1000 子程序
N90 G00 X12.0 Y−33.0;	快速到 1″点
N100 M98 P1000;	调用 1000 子程序
N110 G00 Z5.0;	抬刀至 Z5
N120 G49 G91 G28 Z0;	取消刀具长度补偿,回参考点
N130 M09;	冷却液关
N140 M30;	程序结束

② 子程序（表 4-25）

表 4-25　子程序

参考程序	注　释
O1000;	子程序名
N10 G90 G01 Z−5.0 F40;	下降到 Z−5

续表

参考程序	注　释
N20 G91 G41 X15.5 Y3.0 D01；	建立刀具半径左补偿
N30 G01 Y39.5；	2 点→3 点
N40 G02 X25.0 I12.5；	3 点→4 点
N50 G01 Y−29.5；	4 点→5 点
N60 X−37.5；	5 点→6 点
N70 G40 X−3.0 Y−13.0；	6 点→1 点
N80 G90 G00 Z5.0；	抬刀至 Z5
N90 M99	子程序结束

4.5.3 轮廓加工与坐标变换指令

(1) 极坐标指令 G16、G15

一般二维轮廓的基点坐标可以从图中或经过简单计算得到，编程时采用 G00、G01、G02 和 G03 指令。当工件的轮廓尺寸是以半径和角度来标注时，如图 4-60 所示，要用数学方法计算出各基点的坐标值，计算量很大，并容易出错。GSK990MC 系统提供了一种坐标点指定方式，即极坐标指令，可直接以半径和角度的方式指定编程。

1）指令格式

```
G16；极坐标指令
G15；极坐标指令取消
```

2）说明

① 极坐标指令以极坐标半径和极坐标角度来确定点的坐标，如图 4-61 所示。选择加工平面后，用平面的第一个坐标轴地址来指令极坐标半径，如 G17 平面用 X 地址来指定极坐标半径。用选定平面的第二个坐标地址来指定极坐标角度，极坐标的零度方向为第一个坐标轴的正方向，逆时针方向为角度方向的正向，反之为负向。

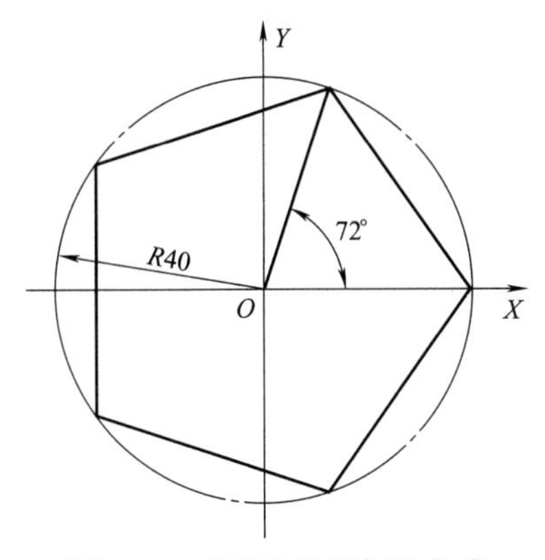

图 4-60 半径和角度标注方式

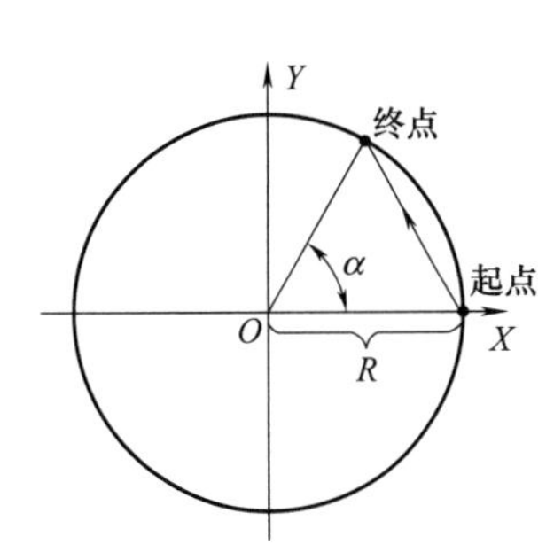

图 4-61 极坐标指令

② 设置 G15，则可以取消极坐标方式，使坐标值返回用直角坐标输入。

3）极坐标系的原点

极坐标原点指定方式有两种：一种是以工件坐标系的零点作为极坐标系的原点；另一种是以当前位置作为极坐标系的原点。

① 以工件坐标系的零点作为极坐标系的原点。当使用绝对值编程指令指定极坐标半径时，工件坐标系的零点即为极坐标系的原点，如图 4-62 所示。

极坐标的半径值是指终点坐标到编程原点的距离，角度值是指终点坐标与编程原点的连线与 X 轴的夹角。

② 当前位置作为极坐标系的原点。当使用增量值编程指令指定极坐标半径时，刀具当前位置即是极坐标系的原点，如图 4-63 所示。

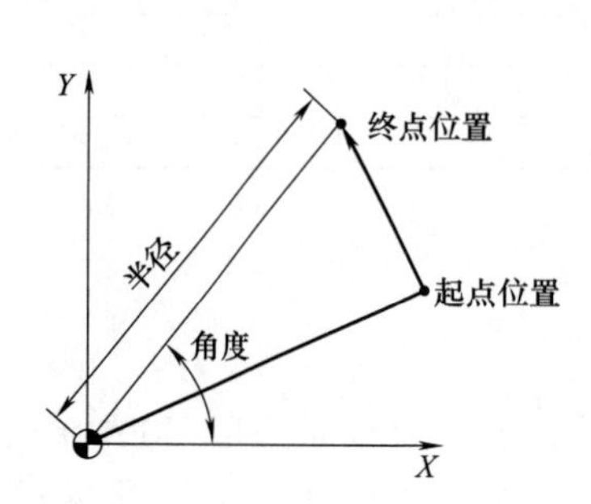

图 4-62　极坐标系原点（G90 方式）

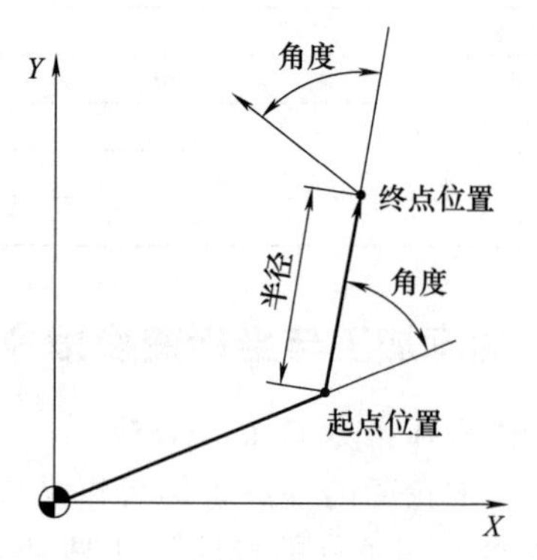

图 4-63　极坐标系原点（G91 方式）

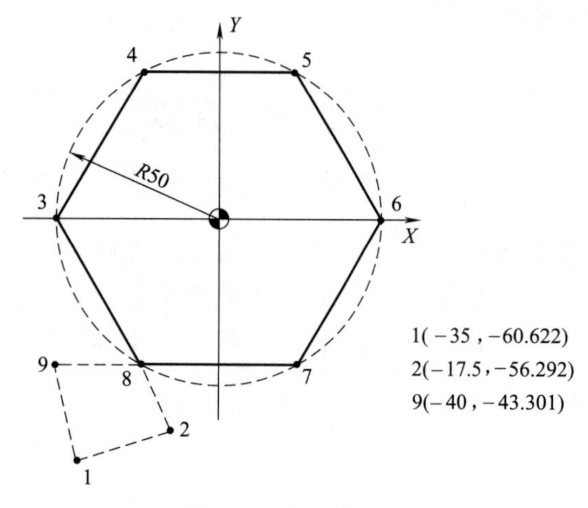

图 4-64　极坐标编程

极坐标的半径值是指终点坐标到刀具当前位置的距离，角度值是指前一坐标原点与当前极坐标系原点的连线与当前轨迹的夹角。

4）示例

① 试用极坐标编程指令编写如图 4-64 所示正六边形外形轮廓轨迹。

a. G90 方式确定极点编程。加工路线如图 4-64 所示，刀具快速定位到“1 点”后，由“1 点”到“2 点”建立刀具左补偿，然后依次到达“3 点”→“4 点”→“5 点”→“6 点”→“7 点”→“8 点”→“9 点”，最后由“9 点”到“1 点”取消刀具半径左补偿。各点极坐标见表 4-26，参考程序见表 4-27。

表 4-26　各点极坐标半径及角度

基点	程序段	极坐标半径	极坐标角度
3 点	X50.0 Y180.0	50.0	180°
4 点	X50.0 Y120.0	50.0	120°
5 点	X50.0 Y60.0	50.0	60°
6 点	X50.0 Y0	50.0	0°
7 点	X50.0 Y−60.0	50.0	−60°
8 点	X50.0 Y120.0	50.0	−120°

表 4-27　参考程序（G90 方式）

参考程序	注　　释
O4012；	程序名
N10 G00 G17 G21 G40 G49 G90 G54；	程序初始化
N20 G43 Z20.0 H01；	建立刀具长度补偿
N30 X−35.0 Y−60.622；	快速到 1 点
N40 S530 M03；	主轴正转，转速为 530r/min
N50 Z5.0；	快速下降到 $Z5$
N60 G01 Z−5.0；	下降到 $Z-5$

续表

参考程序	注　释
N70 G41 G01 X－17.5 Y－56.292 D01；	建立刀具半径左补偿
N80 G90 G17 G16；	极坐标系生效
N90 G01 X50.0 Y180.0；	极坐标半径为50，极坐标角度为180°
N100 Y120.0；	极坐标角度为120°
N110 Y60.0；	极坐标角度为60°
N120 Y0；	极坐标角度为0°
N130 Y－60.0；	极坐标角度为－60°
N140 Y－120.0；	极坐标角度为－120°
N150 G15；	极坐标指令取消
N160 G01 X－40.0；	到9点
N170 G40 X－35.0 Y－60.622；	取消刀具半径左补偿
N180 G00 Z5.0；	抬刀至 $Z5$
N190 G49 G91 G28 Z0；	取消刀具长度补偿，回参考点
N200 M30；	程序结束

b. G91方式确定极点编程。各点极坐标见表4-28，参考程序见表4-29。

表4-28　各点极坐标半径及角度

基点	程序段	极坐标半径	极坐标角度
3点	X50.0 Y180.0	50.0	180°
4点	X50.0 Y－60.0	50.0	－60°
5点	X50.0 Y－60.0	50.0	－60°
6点	X50.0 Y－60.0	50.0	－60°
7点	X50.0 Y－60.0	50.0	－60°
8点	X50.0 Y－60.0	50.0	－60°

表4-29　参考程序（G91方式）

参考程序	注　释
O4013；	程序名
N10 G00 G17 G21 G40 G49 G90 G54；	程序初始化
N20 G43 Z20.0 H01；	建立刀具长度补偿
N30 X－35.0 Y－60.622；	快速到1点
N40 S530 M03；	主轴正转，转速为530r/min
N50 Z5.0；	快速下降到 $Z5$
N60 G01 Z－5.0；	下降到 $Z-5$
N70 G41 G01 X－17.5 Y－56.292 D01；	建立刀具半径左补偿
N80 G90 G17 G16；	极坐标系生效
N90 G01 X50.0 Y180.0；	极坐标半径为50，极坐标角度为180°
N100 G91 Y－60.0；	极坐标角度为60°
N110 Y－60.0；	极坐标角度为60°
N120 Y－60.0；	极坐标角度为60°
N130 Y－60.0；	极坐标角度为60°
N140 Y－60.0；	极坐标角度为60°
N150 G15；	极坐标指令取消
N160 G01 X－40.0；	到9点
N170 G40 X－35.0 Y－60.622；	取消刀具半径左补偿
N180 G00 Z5.0；	抬刀至 $Z5$
N190 G49 G91 G28 Z0；	取消刀具长度补偿，回参考点
N200 M30；	程序结束

② 利用极坐标指令编写图4-65的加工程序。

G90方式确定极点编程。加工路线如图4-65所示，刀具快速定位到“1点”后，由“1

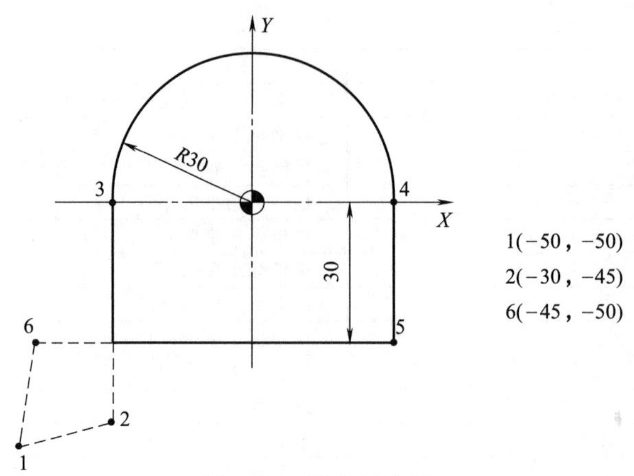

图 4-65 极坐标编程

点”到“2 点”建立刀具左补偿，然后依次到达“3 点”→“4 点”→“5 点”→“6 点”，最后由“6 点”到“1 点”取消刀具半径左补偿。各点极坐标见表 4-30，参考程序见表 4-31。

表 4-30 各点极坐标半径及角度

基点	程序段	极坐标半径	极坐标角度
3 点	X30.0 Y180.0	30.0	180°
4 点	X30.0 Y0	30.0	0°

表 4-31 参考程序（G90 方式）

参考程序	注 释
O4014；	程序名
N10 G00 G17 G21 G40 G49 G90 G54；	程序初始化
N20 G43 Z20.0 H01；	建立刀具长度补偿
N30 X−50.0 Y−50.0；	快速到 1 点
N40 S530 M03；	主轴正转，转速为 530r/min
N50 Z5.0；	快速下降到 Z5
N60 G01 Z−5.0；	下降到 Z−5
N70 G41 G01 X−30.0 Y−45.0 D01；	建立刀具半径左补偿
N80 G90 G17 G16；	极坐标系生效
N90 G01 X30.0 Y180.0；	极坐标半径为 30，极坐标角度为 180°
N100 G02 X30.0 Y0 R−30；	3 点→4 点
N110 G15；	极坐标指令取消
N120 G01 Y−30.0；	4 点→5 点
N130 X−45.0；	5 点→6 点
N140 G40 X−50.0 Y−50.0；	取消刀具半径左补偿
N150 G00 Z5.0；	抬刀至 Z5
N160 G49 G91 G28 Z0；	取消刀具长度补偿，回参考点
N170 M30；	程序结束

（2）比例缩放 G51、G50

G51 使编程的形状以指定位置为中心，放大和缩小相同或不同的比例。需要指出的是，建议 G51 以单独的程序段进行指定（否则可能出现意想不到的状况，造成工件损坏和人员伤害），并以 G50 取消。

1）指令格式

```
G51 X__ Y__ Z__ P__；或 G51 X__ Y__ Z__ I__ J__ K__；
……
G50；
```

式中 G51——比例缩放指令；

X__，Y__，Z__——比例缩放中心坐标值；

P __——缩放比例；

I __，J __，K __　X、Y 和 Z 各轴对应的缩放比例；

G50——缩放取消。

2）说明

① 缩放中心。G51 可以带 3 个定位参数 X __、Y __、Z __，为可选参数。定位参数用以指定 G51 的缩放中心。如果不指定定位参数，系统将刀具当前位置设为比例缩放中心。不论当前定位方式为绝对方式还是增量方式，缩放中心都是以绝对定位方式指定。此外，在极坐标 G16 的方式下，G51 代码中的参数也是以直角坐标系表示的。例如：

```
G17 G91 G54 G0 X10 Y10；增量方式
G51 X40 Y40 P2；        缩放中心仍然为 G54 坐标系下的绝对坐标（40，40）
G1 Y90；                参数 Y 仍然采用增量方式
```

② 缩放比例。不论当前为 G90 还是 G91 方式，缩放的比例总是以绝对方式表示。缩放比例除了在程序中指定外，还可以在参数中设定，数据参数 P331～P333 分别对应第 1 轴、第 2 轴、第 3 轴的缩放倍率，如无缩放倍率代码时，用数据参数 P330 设定值进行缩放。

如果指定参数 P 或 I、J、K 的参数值为负值，则相应轴进行镜像。

③ 缩放取消。在使用 G50 代码取消比例缩放后，紧跟移动代码时，则默认取消坐标缩放时，刀具所在位置为此移动代码的起始点。

④ 缩放状态，不能指令返回参考点的 G 代码（G27～G30 等）和指令坐标系的 G 代码（G53～G59、G92 等）。若必须指定这些 G 代码，应在取消缩放功能后指定。

⑤ 即使对圆弧插补和各轴指定不同的缩放比例，刀具也不画出椭圆轨迹。当各轴的缩放比不同，圆弧插补用半径 R 编程时，其插补的图形如图 4-66 所示（示例中，X 轴的比例为 2，Y 轴的比例为 1）。

```
G90 G0 X0 Y100；
G51 X0 Y0 Z0 I2 J1；
G02 X100 Y0 R100 F500；
```

上面的指令等效于下面的指令：

```
G90 G0 X0 Y100；
G02 X200 Y0 R200 F500；
```

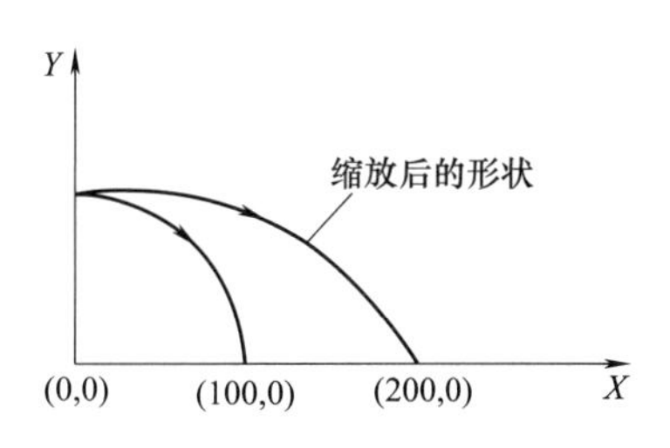

图 4-66　圆弧缩放示例

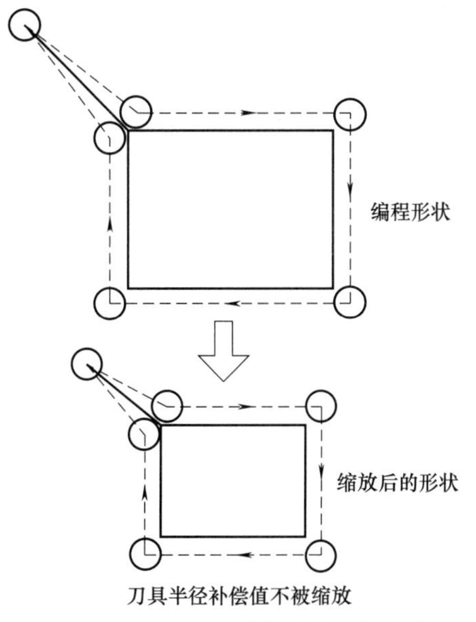

图 4-67　刀具半径补偿时的比例缩放

半径 R 的比例按 I 或 J 中的较大者缩放。

当各轴的缩放比不同，圆弧插补用 I、J、K 编程时，若圆弧不成立，系统将报警。

⑥ 比例缩放对刀具偏置值无效，见图 4-67。

3）示例

① 试用比例缩放编程指令编写如图 4-68 所示外形轮廓轨迹。

如图 4-69 所示，刀具在“1 点”下刀，由“1 点”到“2 点”建立刀具左补偿，然后依次经过“3 点”→“4 点”→“5 点”→“6 点”，最后由“6 点”到“1 点”取消刀具补偿。参考程序见表 4-32 和表 4-33。

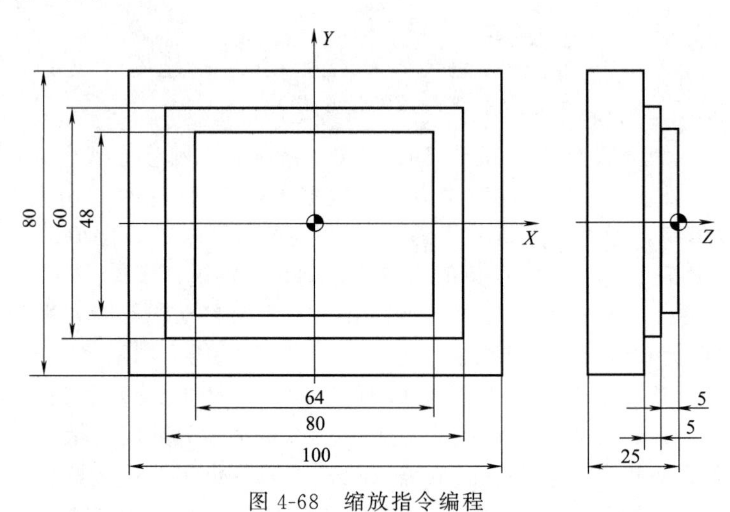

图 4-68 缩放指令编程

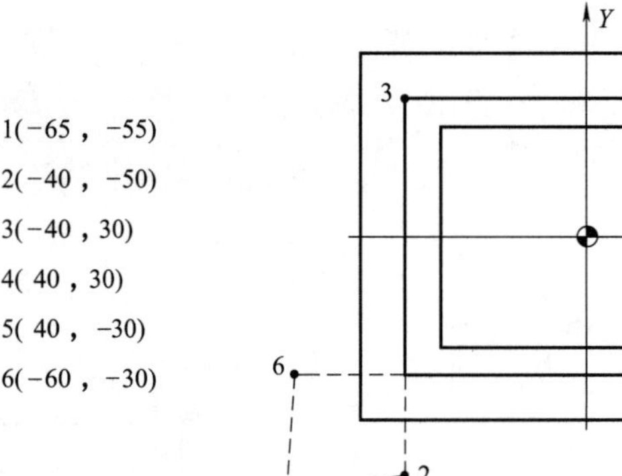

图 4-69 加工轨迹

表 4-32 主程序

参考程序	注 释
O4015；	主程序
N10 G00 G17 G21 G40 G49 G90 G54；	程序初始化
N20 G43 Z20.0 H01；	建立刀具长度补偿
N30 X−65.0 Y−55.0；	快速到 1 点
N40 S530 M03；	主轴正转，转速为 530r/min
N50 Z5.0；	快速下降到 $Z5$
N60 G01 Z−10.0；	下降到 $Z-10$
N70 M98 P1000；	调用子程序 1000
N80 Z−5.0；	抬刀至 $Z-5$

续表

参考程序	注　　释
N90 G51 X0 Y0 P0.8；	相对于编程原点缩放，比例 0.8
N100 M98 P1000；	调用子程序 1000
N110 G00 Z5.0；	抬刀至 Z5
N120 G50；	取消缩放指令
N130 G49 G91 G28 Z0；	取消刀具长度补偿，回参考点
N140 M30；	程序结束

表 4-33　子程序

参考程序	注　　释
O1000；	子程序名
N10 G41 G01 X－40.0 Y－50.0 D01 F40；	建立刀具半径左补偿
N20 Y30.0；	2 点→3 点
N30 X40.0；	3 点→4 点
N40 Y－30.0；	4 点→5 点
N50 X－60.0；	5 点→6 点
N60 G40 G01 X－65.0 Y－55.0；	取消刀具半径左补偿
N70 M99；	子程序结束

② 当 G51 指令格式中的 P 或 I、J、K 的参数值为负值，则相应轴进行镜像。试用镜像功能编写如图 4-70 所示外形轮廓轨迹的加工程序。

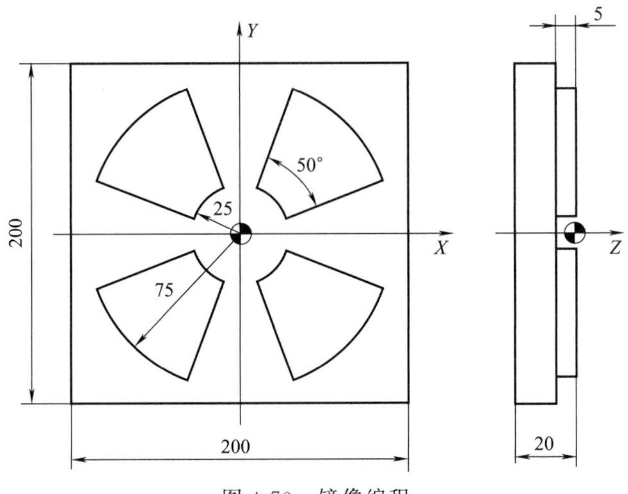

图 4-70　镜像编程

如图 4-71 所示，刀具在编程原点下刀，由原点到“1 点”建立刀具左补偿，由“1 点”到“2 点”圆弧切入，然后依次经过“3 点”→“4 点”→“5 点”→“6 点”→“2 点”，由“2 点”到“7 点”圆弧切出，最后由“7 点”到原点取消刀具补偿。参考程序见表 4-34 和表 4-35。

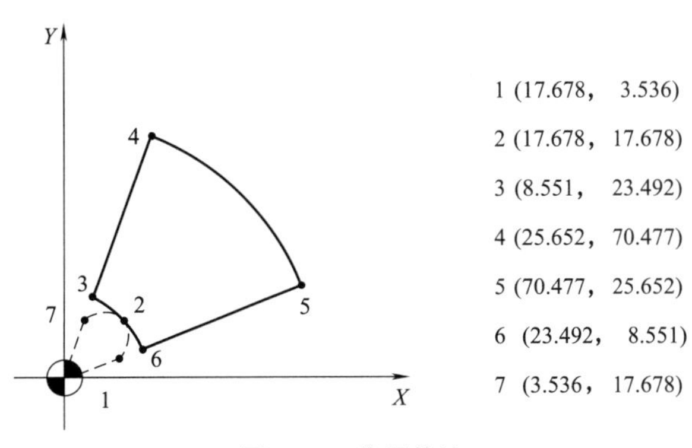

图 4-71　编程轨迹

(3) 坐标系旋转

坐标系旋转指令是将程序中指定的轮廓加工轨迹，以某点为中心旋转指定的角度，从而得到旋转后的加工图形。

表 4-34　主程序

参考程序	注　释
O40016；	主程序
N10 G00 G17 G21 G40 G49 G90 G54；	程序初始化
N20 G43 Z20.0 H01；	建立刀具长度补偿
N30 X0 Y0；	快速到原点
N40 S530 M03；	主轴正转，转速为 530r/min
N50 Z5.0；	快速下降到 Z5
N60 M98 P2000；	调用子程序 2000
N70 G51 X0 Y0 I−1 J1；	Y 轴镜像加工第二象限的轮廓
N80 M98 P2000；	调用子程序 2000
N90 G51 X0 Y0 I−1 J−1；	X、Y 轴镜像加工第三象限的轮廓
N100 M98 P2000；	调用子程序 2000
N110 G51 X0 Y0 I1 J−1；	取消 Y 轴镜像加工第四现象的轮廓
N120 M98 P2000；	调用子程序 2000
N130 G50；	取消 Y 轴镜像
N140 G00 Z50；	抬刀至 Z50
N150 G49 G91 G28 Z0；	取消刀具长度补偿，回参考点
N160 M30；	程序结束

表 4-35　子程序

参考程序	注　释
O2000；	子程序
N10 G01 Z−5.0 F40；	下降到 Z−5
N20 G41 G01 X17.678 Y3.536 D01；	建立刀具半径左补偿
N30 G03 X17.678 Y17.678 R10.0；	圆弧切入
N40 X8.551 Y23.492 R25.0；	2 点→3 点
N50 G01 X25.652 Y70.477；	3 点→4 点
N60 G02 X70.477 Y25.652 R75.0；	4 点→5 点
N70 G01 X23.492 Y8.551；	5 点→6 点
N80 G03 X17.678 Y17.678 R25.0；	6 点→2 点
N90 X3.536 Y17.678 R10.0；	2 点→7 点
N100 G40 G01 X0 Y0；	取消刀具左补偿
N110 G00 Z5.0；	抬刀至 Z5
N120 M99；	子程序结束

1）指令格式

```
G17 G68 X__ Y__ R__;
G18 G68 X__ Z__ R__;
G19 G68 Y__ Z__ R__;
……
G69;
```

式中　G68——坐标系旋转指令；

X__，Y__，Z__——旋转中心的坐标值；

R——旋转角度；

G69——取消坐标系旋转指令。

2）说明

① G68 可以带两个定位参数（为可选参数）。定位参数用以指定旋转操作的中心。如果不指定旋转中心，系统以当前刀具位置为旋转中心。定位参数与当前坐标平面相关，G17 下选择 X、Y；G18 下选择 X、Z；G19 下选择 Y、Z。

② 当前定位方式为绝对方式时，系统以指定点作为旋转中心。定位方式为相对方式时，系统指定当前点为旋转中心。G68 还可以带一个命令参数 *R*，其参数值为进行旋转的角度，正值表示逆时针旋转。旋转角度单位为度。坐标旋转中无旋转角度指令时使用的旋转角度由数据参数 P329 设定。

③ 在 G91 方式下，系统以当前刀具位置为旋转中心；旋转角度是否执行增量，由位参数 No：47＃0（坐标旋转的旋转角度，0：绝对代码，1：G90/G91 代码）进行设置。

④ 系统处于旋转模态时，不可进行平面选择操作，否则出现报警。编制程序时应注意。

⑤ 坐标系旋转方式中，不能指令返回参考点的 G 代码（G27～G30 等）和指令坐标系的 G 代码（G53～G59、G92 等）。若必须指定这些 G 代码，应在取消旋转功能后指定。

⑥ 坐标系旋转之后，执行刀具半径补偿、刀具长度补偿、刀具偏置和其他补偿操作。

⑦ 比例缩放方式（G51）中执行坐标系旋转代码，旋转中心的坐标值也被缩放，但是，不缩放旋转角，当发出移动代码时，比例缩放首先执行，然后坐标旋转。

3）示例

试用旋转编程指令编写如图 4-72 所示外形轮廓轨迹。

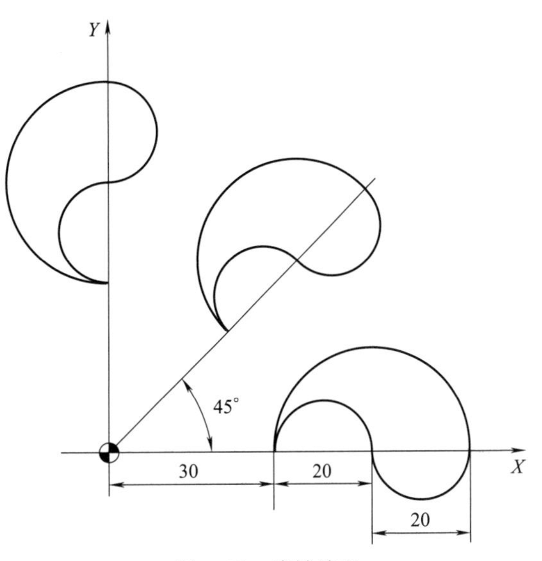

图 4-72 旋转编程

如图 4-73 所示，刀具在“1 点”下刀，由“1 点”到“2 点”建立刀具左补偿，由“2 点”到“3 点”直线切入，然后依次经过“4 点”→“5 点”→“3 点”，由“3 点”到“2 点”直线切出，最后由“2 点”到“1 点”取消刀具补偿。参考程序见表 4-36 和表 4-37。

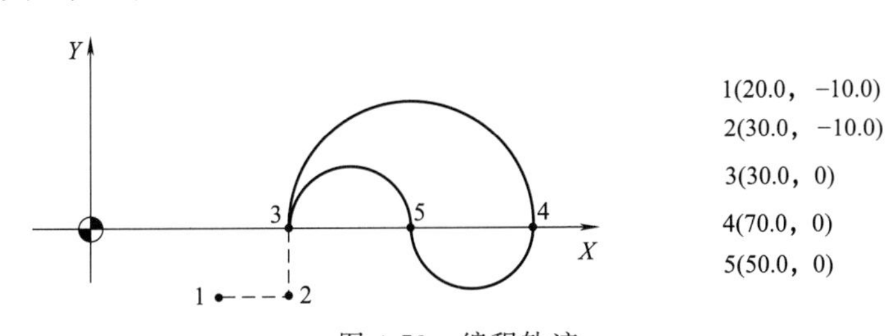

图 4-73 编程轨迹

表 4-36 主程序

参考程序	注　释
O4017；	主程序
N10 G00 G17 G21 G40 G49 G90 G54；	程序初始化
N20 G43 Z20.0 H01；	建立刀具长度补偿
N30 X20.0 Y−10.0；	快速到 1 点
N40 S530 M03；	主轴正转，转速为 530r/min
N50 Z5.0；	快速下降到 *Z*5
N60 G01 Z−5.0 F40；	下刀至 *Z*−5
N70 M98 P3000；	调用子程序 3000
N80 G01 Z−5.0 F40；	下刀至 *Z*−5
N90 G68 X0 Y0 R45.0；	坐标系相对原点旋转 45°

续表

参考程序	注　释
N100 M98 P3000；	调用子程序 3000
N110 G01 Z－5.0 F40；	X、Y 轴镜像加工第三象限的轮廓
N120 G68 X0 Y0 R90.0；	坐标系相对原点旋转 90°
N130 M98 P3000；	调用子程序 3000
N140 G69；	取消旋转指令
N150 G00 Z5.0；	抬刀至 Z5
N160 G49 G91 G28 Z0；	取消刀具长度补偿，回参考点
N170 M30；	程序结束

表 4-37　子程序

参考程序	注　释
O3000；	子程序
N10 G41 G01 X30.0 D01 F40；	建立刀具半径左补偿
N20 Y0；	2 点→3 点
N30 G02 X70.0 I20.0；	3 点→4 点
N40 X50.0 I－10.0；	4 点→5 点
N50 G03 X30.0 I－10.0；	5 点→3 点
N60 G01 Y－10.0；	3 点→2 点
N70 G40 G0 1X20.0 Y－10.0；	取消刀具半径左补偿
N80 M99；	子程序结束

4.6 孔类零件加工

4.6.1 孔的加工方法

孔的加工方法比较多，有钻孔、扩孔、铰孔和镗孔等。大直径孔还可采用圆弧插补方式进行铣削加工。

(1) 钻孔

钻孔是用钻头在工件上加工孔的一种方法。数控铣床钻孔时，工件固定不动，刀具作旋转运动（主运动）的同时沿轴向移动（进给运动）。由于钻削的精度较低，表面较粗糙，一般加工精度在 IT10 以下，表面粗糙度 Ra 值大于 12.5μm，生产效率也比较低，因此，钻孔主要用于粗加工，例如精度和粗糙度要求不高的螺钉孔、油孔和螺纹底孔等。但精度和粗糙度要求较高的孔，也要以钻孔作为预加工工序。表面粗糙度要求较高的中小直径孔，在钻孔后，常采用扩孔和铰孔来进行半精加工和精加工。

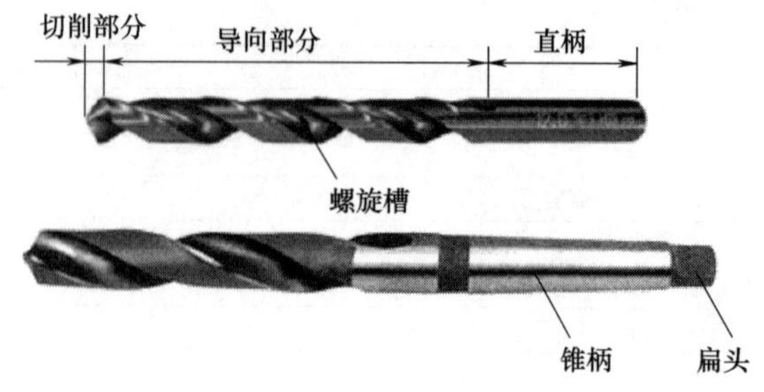

图 4-74　直柄、锥柄麻花钻

1）麻花钻

麻花钻是应用最广的孔加工刀具，通常用高速钢或硬质合金材料制成，整体式结构。柄部有直柄和锥柄两种，如图 4-74 所示。直柄主要用于小直径麻花钻，锥柄用于直径较大的麻花钻。

2）钻削用量的选择

钻削用量主要指的是钻头的切削用量，其切削参数包括钻孔切削深度 a_p、进给量 f、切削速度 v_c。

① 切削深度 a_p。切削深度即为钻削时的钻头半径。

② 进给量 f。钻削的进给量有三种表示方式。

a. 每齿进给量 f_z。指钻头每转一个刀齿，钻头与工件间的相对轴向位移量，单位为mm/z。

b. 每转进给量 f_o。指钻头或工件每转一转，它们之间的轴向位移量，单位为 mm/r。

c. 进给速度 v_f。是在单位时间内钻头相对于工件的轴向位移量，单位为 mm/min 或mm/s。

每齿进给量 f_z、每转进给量 f_o和进给速度 v_f之间的关系是：

$$v_f = nf_o = znf_z$$

式中 n——主轴转速；

z——刀具齿数。

高速钢和硬质合金钻头的每转进给量可参考表 4-38 进行确定。

表 4-38 钻削进给量

工件材料	钻头直径 D_c/mm	钻削进给量 f/(mm/r)	
		高速钢钻头	硬质合金钻头
钢	3～6	0.05～0.10	0.10～0.17
	>6～10	0.10～0.16	0.13～0.20
	>10～14	0.16～0.20	0.15～0.22
	>14～20	0.20～0.32	0.16～0.28
铸铁	3～6	—	0.15～0.25
	>6～10	—	0.20～0.30
	>10～14	—	0.25～0.50
	>14～20	—	0.25～0.50

③ 切削速度 v_c

采用高速钢麻花钻对钢铁材料进行钻孔时，切削速度常取 10～40m/min，用硬质合金钻头钻孔时速度可提高 1 倍。表 4-39 列出了钻削时的切削速度，供选择时参考。

表 4-39 钻削时的切削速度

工件材料	切削速度 v_c/(m/min)	
	高速钢钻头	硬质合金钻头
钢	20～30	60～110
不锈钢	15～20	35～60
铸铁	20～25	60～90

在选择切削速度 v_c时，钻头直径较小取大值，钻头直径较大取小值；工件材料较硬取小值，工件材料较软取大值。

(2) 扩孔

用扩孔工具扩大工件孔径的加工方法称为扩孔。常用的扩孔工具有麻花钻和扩孔钻。一般精度要求的孔，可使用麻花钻扩孔，精度要求较高的孔，其半精加工则使用扩孔钻扩孔。用扩孔钻扩孔，加工经济精度可达 IT11～IT10，表面粗糙度值为 Ra6.3～3.2μm。

扩孔钻按其切削部分材料不同，分高速钢扩孔钻和硬质合金扩孔钻两种（图 4-75）。按其柄部结构分为直柄和锥柄。扩较大直径的孔时，可使用套式扩孔钻。

(3) 铰孔

铰孔是用铰刀从工件孔壁上切除微量金属层，以提高其尺寸精度和减小其表面粗糙度值的方法。铰孔一般在孔径半精加工（扩孔或半精镗）后，用铰刀进行加工。按孔的精度要求不同，铰孔可一次铰削完成，或分粗铰、精铰两次完成。铰孔的尺寸精度可达 IT9～IT7，表面

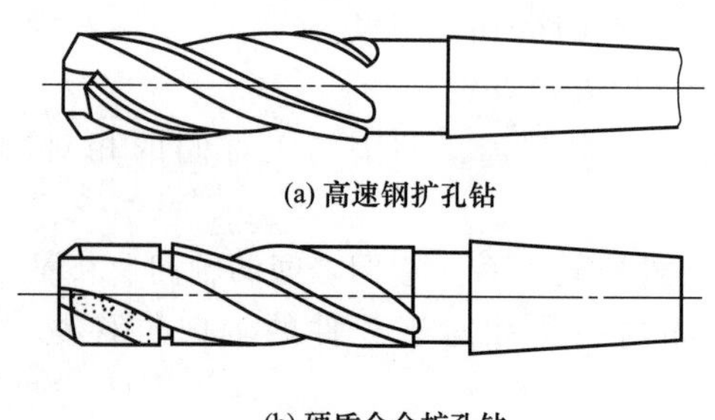

(a) 高速钢扩孔钻

(b) 硬质合金扩孔钻

图 4-75 扩孔钻

粗糙度值 Ra 为 1.6～0.4μm。铰孔是应用较普遍的孔的精加工方法之一，常作为直径不很大、硬度不太高的工件上孔加工的最后工序。

常用的铰刀多是通用标准铰刀（图 4-76）。此外，还有机夹硬质合金刀片单刃铰刀和浮动铰刀等。加工精度为 IT8～IT9 级、表面粗糙度 Ra 为 0.8～1.6μm 的孔时，多选用通用标准铰刀。

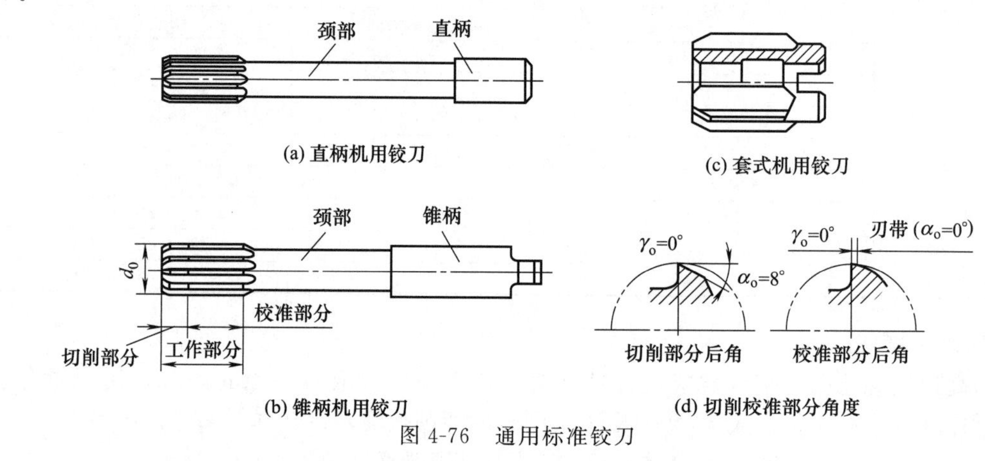

图 4-76 通用标准铰刀

(4) 镗孔

镗孔指的是对锻出、铸出或钻出孔的进一步加工。镗孔可扩大孔径，提高精度，减小表面粗糙度，还可以较好地纠正原来孔轴线的偏斜。镗孔可以分为粗镗、半精镗和精镗。精镗孔的尺寸精度可达 IT8～IT7，表面粗糙度 Ra 值为 1.6～0.8μm。

镗孔所用刀具为镗刀。镗刀种类很多，按加工精度可分为粗镗刀和精镗刀；按切削刃数量可分为单刃镗刀［图 4-77（a）］和双刃镗刀［图 4-77（b）］。

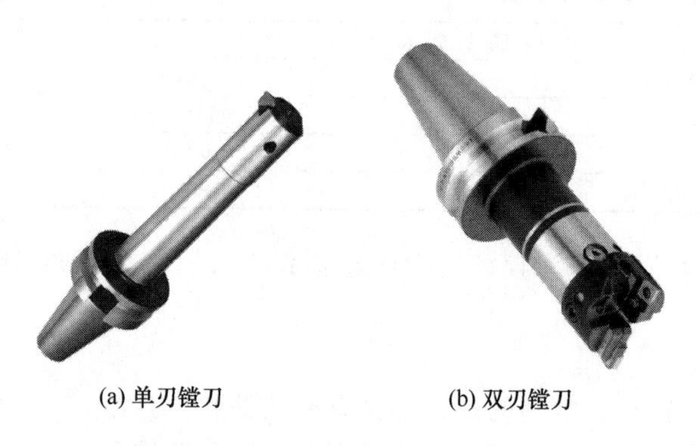

(a) 单刃镗刀　　(b) 双刃镗刀

图 4-77 镗刀

4.6.2 孔加工固定循环指令

GSK990MC 系统配备的孔加工固定循环指令主要用于孔加工，包括钻孔、镗孔、攻螺纹等。使用一个程序段可以完成一个孔加工的全部动作（钻孔进给、退刀、孔底暂停等），如果孔的动作无须变更，则程序中所有模态数据可以不写，从而达到简化程序，减少编程工作量的目的。孔加工固定循环指令如表 4-40 所示。

表 4-40　孔加工固定循环指令一览表

G 代码	加工动作(－Z 方向)	孔底部动作	退刀动作(＋Z 方向)	用途
G73	间歇进给	—	快速进给	高速深孔加工循环
G74	切削进给	暂停、主轴正转	切削进给	攻左螺纹循环
G76	切削进给	主轴准停	快速进给	精镗
G80	—	—	—	取消固定循环
G81	切削进给	—	快速进给	钻孔
G82	切削进给	暂停	快速进给	锪孔、镗阶梯孔
G83	间歇进给	—	快速进给	深孔加工循环
G84	切削进给	暂停、主轴反转	切削进给	攻右螺纹循环
G85	切削进给	—	切削进给	镗孔
G86	切削进给	主轴停止	快速进给	镗孔
G87	切削进给	主轴正转	快速进给	反镗孔
G88	切削进给	暂停、主轴停	手动→主轴正转	镗孔
G89	切削进给	暂停	切削进给	镗孔

(1) 孔加工固定循环动作

孔加工固定循环如图 4-78 所示，通常有以下六个动作组成。

① 动作 1（*AB* 段）快速在 G17 平面定位。

② 动作 2（*BR* 段）*Z* 向快速进给到 *R* 点。

③ 动作 3（*RZ* 段）*Z* 轴切削进给，进行孔加工。

④ 动作 4（*Z* 点）孔底部的动作。

⑤ 动作 5（*ZR* 段）*Z* 轴退刀。

⑥ 动作 6（*RB* 段）*Z* 轴快速回到起始位置。

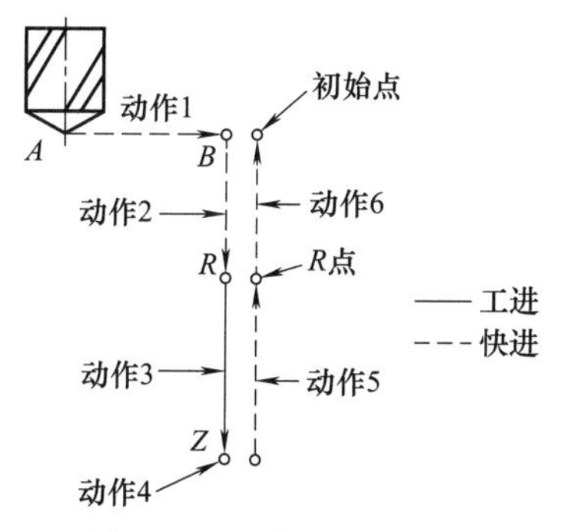

图 4-78　固定循环动作图

(2) 孔加工固定循环的基本格式

孔加工循环的通用编程格式如下所示：

```
G73～G89 X__ Y__ Z__ R__ Q__ P__ F__ K__;
```

式中　X__，Y__——指定孔在 *XY* 平面内的定位；

Z__——孔底平面的 *Z* 坐标位置；

R__——*R* 点平面所在的 *Z* 坐标位置；

Q__——当有间隙进给时，刀具每次加工深度；

P__——指定刀具在孔底的暂停时间，数字不加小数点，以 ms 作为时间单位；

F__——孔加工切削进给时的进给速度；

K__——指定孔加工循环的次数。

对于以上孔加工循环的通用格式，并不是每一种孔加工循环的编程都要用到以上格式的所有代码。

以上格式中，除 K 代码外，其他所有代码都是模态代码，只有在循环取消时才被清除，因此这些指令一经指定，在后面的重复加工中不必重新指定。

取消孔加工循环采用代码 G80。另外，如在孔加工循环中出现 01 组的 G 代码，则孔加工方式也会自动取消。

(3) 孔加工固定循环的平面

① 初始平面

初始平面是为安全下刀而规定的一个平面。初始平面可以设定在任意一个安全高度上。当使用同一把刀具加工多个孔时，刀具在初始平面内的任意移动将不会与夹具、工件凸台等发生干涉。

② *R* 点平面

R 点平面又叫 *R* 参考平面。这个平面是刀具下刀时，自快进转为工进的高度平面，距工件表面的距离主要考虑工件表面的尺寸变化，一般情况下取 2～5mm，如图 4-79 所示。

③ 孔底平面

加工不通孔时，孔底平面就是孔底的 *Z* 轴高度。而加工通孔时，除要考虑孔底平面的位置外，还要考虑刀具的超越量（如图 4-79 中 *Z* 点），以保证所有孔深都加工到尺寸。

(4) 刀具从孔底的返回方式

当刀具加工到孔底平面后，刀具从孔底平面以两种方式返回，即返回 *R* 点平面和返回初始平面，分别用指令 G98 与 G99 来决定。

① G98 方式

G98 表示返回初始平面，如图 4-80 所示。一般采用固定循环加工孔系时不用返回初始平面，只有在全部孔加工完成后或孔之间存在凸台或夹具等干涉件时，才回到初始平面。G98 编程格式如下：

```
G98 G81 X__ Y__ Z__ R__ F__ K__;
```

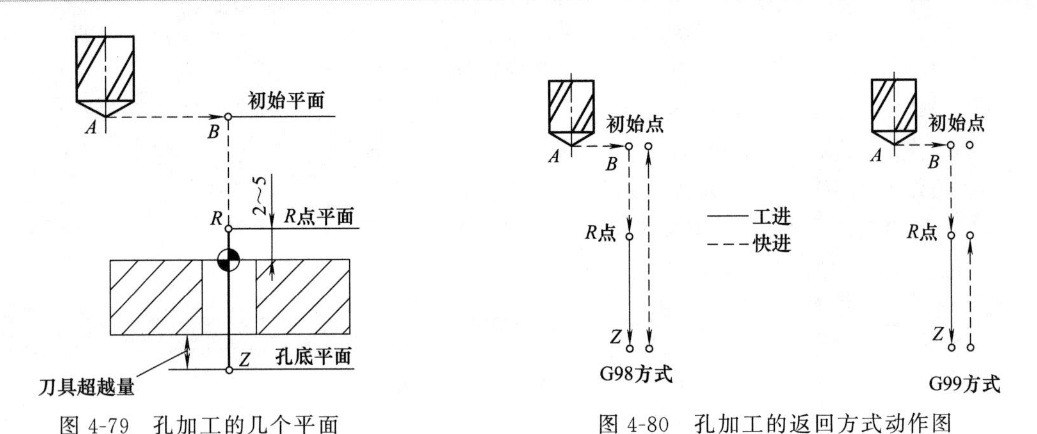

图 4-79 孔加工的几个平面

图 4-80 孔加工的返回方式动作图

② G99 方式

G99 表示返回 *R* 点平面，如图 4-80 所示。在没有凸台等干涉情况下，加工孔系时，为了节省孔系的加工时间，刀具一般返回 *R* 点平面。G99 编程格式如下：

```
G99 G81 X__ Y__ Z__ R__ F__ K__;
```

(5) 固定循环中的绝对坐标与增量坐标

固定循环中 *R* 值与 *Z* 值数据的指定与 G90 与 G91 的方式选择有关。而 *Q* 值与 G90 与 G91 方式无关。

① G90 方式

G90 方式中，*R* 值与 *Z* 值是指相对于工件坐标系的 *Z* 向坐标值，如图 4-81 所示，此时 *R* 一般为正值，而 *Z* 一般为负值。如下例所示：

```
G90 G99 G83 X__ Y__ Z-20.0 R5.0 Q5.0 F__ K__;
```

② G91 方式

G91 方式中，*R* 值是指从初始点到 *R* 点矢量值。而 *Z* 值是指从 *R* 点到孔底平面的矢量值。

如图 4-81 所示，R 值与 Z 值（G87 例外）均为负值。例如：

```
G91 G99 G83 X__ Y__ Z- 20.0 R- 30.0 Q5.0 F__ K__;
```

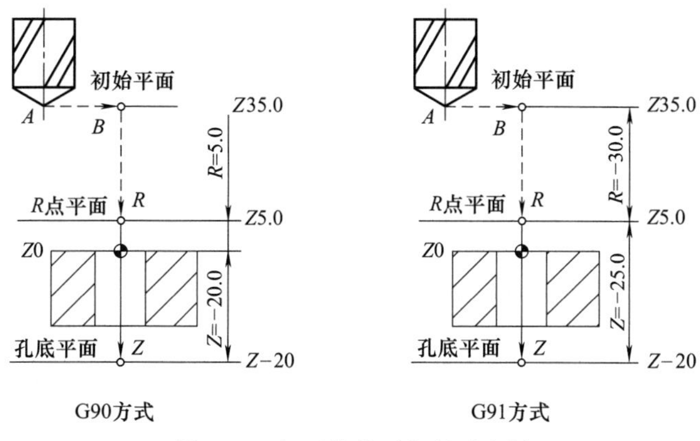

图 4-81 加工的绝对与相对坐标

4.6.3 固定循环指令

(1) 钻孔与锪孔循环（G81、G82）

① 指令格式

```
G81 X__ Y__ Z__ R__ F__;          （钻孔循环）
G82 X__ Y__ Z__ R__ P__ F__;      （锪孔循环）
```

② 动作说明

钻孔加工动作如图 4-82 所示，说明如下。

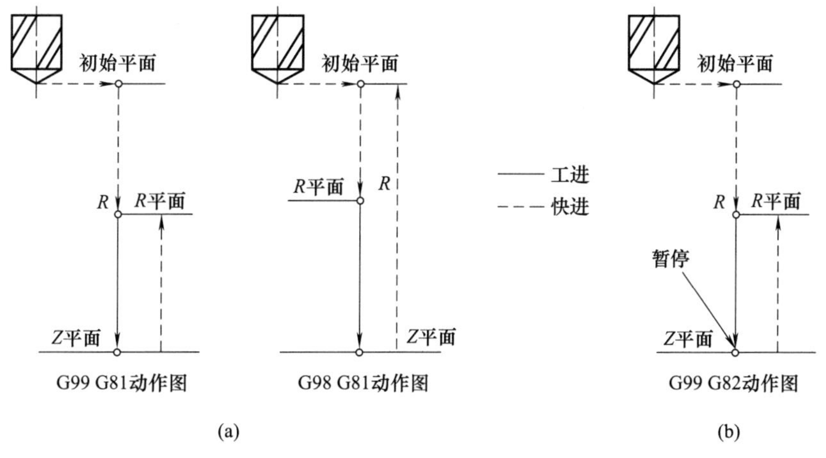

图 4-82 钻孔与锪孔循环动作图

G81 指令用于正常的钻孔，切削进给执行到孔底，然后刀具从孔底快速移动退回。

G82 动作类似于 G81，只是在孔底增加了进给后的暂停动作。因此，在盲孔加工中，提高了孔底表面粗糙度。该指令常用于锪孔或阶台孔的加工。

③ 程序示例

例 加工如图 4-83 所示孔，试用 G81 或 G82 指令及 G90 方式进行编程。

加工程序如表 4-41 所示。

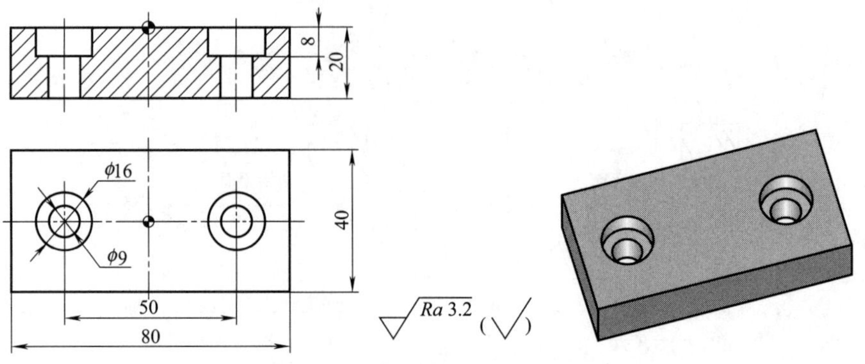

图 4-83 钻孔与锪孔加工示例

表 4-41 参考程序

参考程序	注 释
O4018；	程序名
N10 G90 G94 G40 G80 G21 G54；	程序初始化
N20 G91 G28 Z0；	返回参考点
N30 T01 M06；	换 1 号刀，φ9mm 钻头
N40 G90 G00 X0 Y0；	G17 平面快速定位
N50 M03 S800；	主轴正转，转速为 800r/min
N60 G43 Z20.0 H01 M08；	Z 向快速定位到初始平面
N70 G99 G81 X25.0 Y0 Z−25.0 R5.0 F80； N80 X−25.0；	加工两个孔
N90 G80 G49 M09；	取消固定循环，取消长度补偿
N100 G91 G28 Z0；	返回参考点
N110 T02 M06；	换 φ16mm 立铣刀
N120 G90 G00 X0 Y0；	G17 平面快速定位
N130 M03 S600；	主轴正转，转速为 600r/min
N140 G43 Z20.0 H02 M08；	Z 向快速定位到初始平面
N150 G99 G82 X25.0 Y0 Z−8.0 R5.0 P1000 F80；	加工两个孔，孔底暂停 1s
N160 X−25.0；	
N170 G80 G49 M09；	取消固定循环，取消长度补偿
N180 G91 G28 Z0；	返回参考点
N190 M30；	程序结束

(2) 深孔钻循环（G83、G73）

G73 和 G83 一般用于较深孔的加工，又称为啄式孔加工指令。

① 指令格式

```
G73 X__ Y__ Z__ R__ Q__ F__；(断屑深孔加工)
G83 X__ Y__ Z__ R__ Q__ F__；(排屑深孔加工)
```

② 动作说明

孔加工动作如图 4-84 所示，说明如下。

G73 指令通过 Z 轴方向的啄式进给可以较容易地实现断屑与排屑。指令中的 Q 值是指每一次的加工深度（均为正值）。d 值由机床系统指定，无须用户指定。

G83 指令同样通过 Z 轴方向的啄式进给来实现断屑与排屑的目的。但与 G73 指令不同的是，刀具间隙进给后快速回退到 R 点，再快速进给到 Z 向距上次切削孔底平面 d 处，从该点处，快进变成工进，工进距离为 $Q+d$。此种方式多用于加工深孔。

③ 程序示例

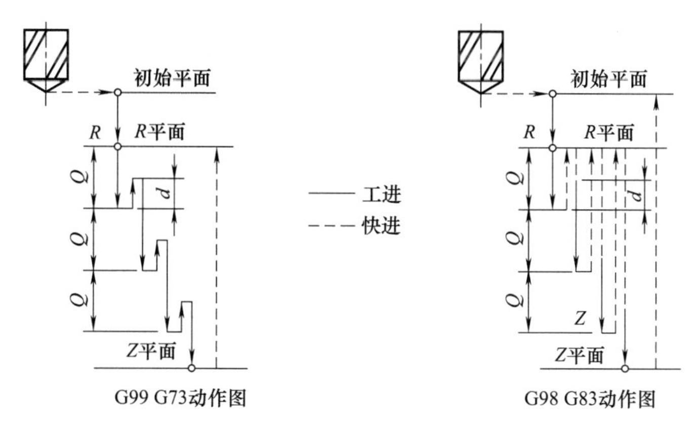

图 4-84　深孔钻动作图

例　加工如图 4-85 所示孔，试用 G73 或 G83 指令及 G90 方式进行编程。

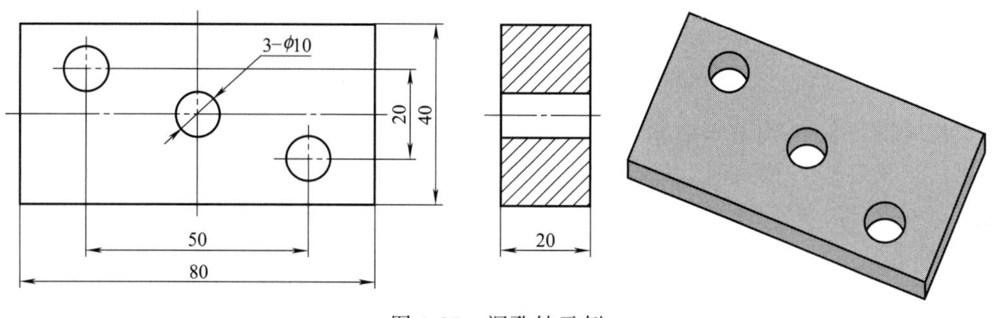

图 4-85　深孔钻示例

加工程序如表 4-42 所示。

表 4-42　参考程序

参考程序	注　释
O4019；	程序名
N10 G90 G94 G40 G80 G21 G54；	程序初始化
N20 G91 G28 Z0；	退刀至 Z 向参考点
N30 M03 S600；	主轴正转
N40 G90 G00 X−25.0 Y10.0；	G17 平面快速定位
N50 G43 Z30.0 H01 M08；	Z 向快速定位到初始平面
N60 G99 G73 X−25.0 Y10.0 Z−25.0 R3.0 Q5.0 F60；	钻(X−25.0,Y10.0)点孔
N70 X0 Y0；	钻(X0 ,Y0)点孔
N80 X25.0 Y−10.0；	钻(X25.0,Y−10.0)点孔
N90 G80 G49 M09；	取消固定循环,取消刀具长度补偿
N100 G91 G28 Z0；	返回参考点
N110 M30；	程序结束

(3) 左旋螺纹攻螺纹与右旋螺纹攻螺纹循环（G74、G84）

① 指令格式

```
G84 X__ Y__ Z__ R__ P__ F__；(右旋螺纹攻螺纹)
G74 X__ Y__ Z__ R__ P__ F__；(左旋螺纹攻螺纹)
```

② 动作说明

指令动作说明如图 4-86 所示，说明如下。

G74 循环为左旋螺纹攻螺纹循环，用于加工左旋螺纹。执行该循环时，主轴反转，在 G17 平面快速定位后快速移动到 R 点，执行攻螺纹到达孔底后，主轴正转退回到 R 点，完成攻螺纹动作。

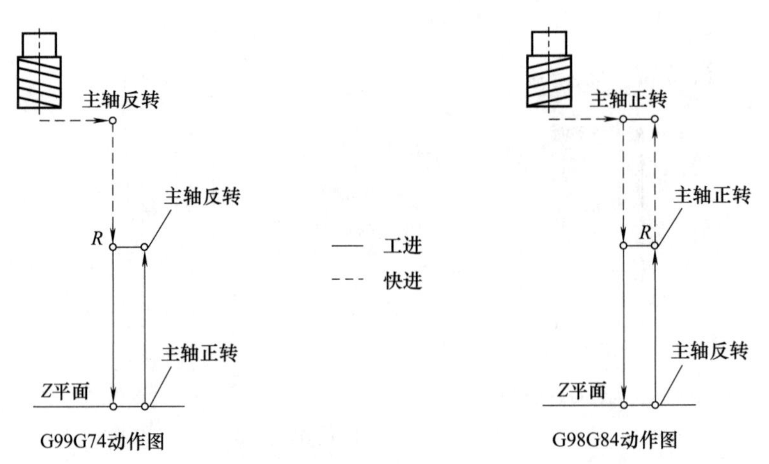

图 4-86 攻螺纹动作图

G84 动作与 G74 基本类似，只是 G84 用于加工右旋螺纹。执行该循环时，主轴正转，在 G17 平面快速定位后快速移动到 R 点，执行攻螺纹到达孔底后，主轴反转退回到 R 点，完成攻螺纹动作。

攻螺纹时进给量 F 的指定根据不同的进给模式指定。当采用 G94 模式时，进给量 F=导程×转速。当采用 G95 模式时，进给量 F=导程。

在指定 G74 前，应先使主轴反转。另外，在 G74 与 G84 攻螺纹期间，进给倍率、进给保持均被忽略。

③ 程序示例

例 攻螺纹循环编写如图 4-87 中两螺纹孔的加工程序。

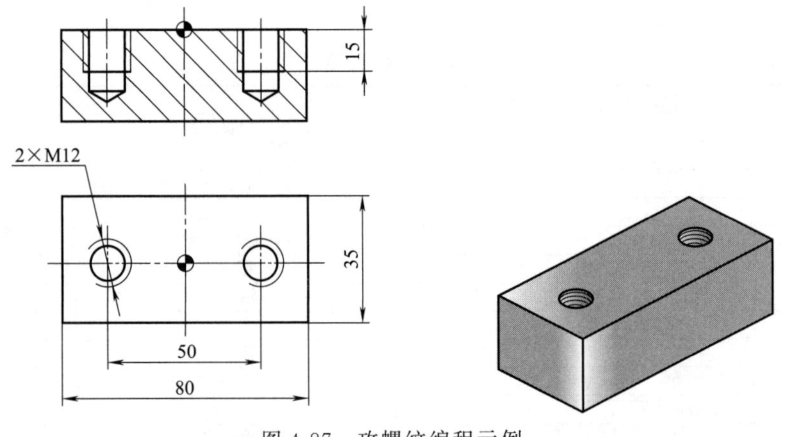

图 4-87 攻螺纹编程示例

```
O0004;
……
G95 G90 G00 X0 Y0;
G99 G84 X25.0 Z-15.0 R3.0 F1.75;     (粗牙螺纹,螺距为 1.75mm)
X-25.0;
G80 G94 G49 M09;
G91 G28 Z0;
M30;
```

(4) 粗镗孔循环(G85、G86、G88、G89)

常用的粗镗孔循环有G85、G86、G88、G89四种，其指令格式与孔加工动作基本相同。

① 指令格式

```
G85 X__Y__Z__R__F__;
G86 X__Y__Z__R__P__F__;
G88 X__Y__Z__R__P__F__;
G89 X__Y__Z__R__P__F__;
```

② 动作说明

粗镗孔加工动作如图4-88所示。

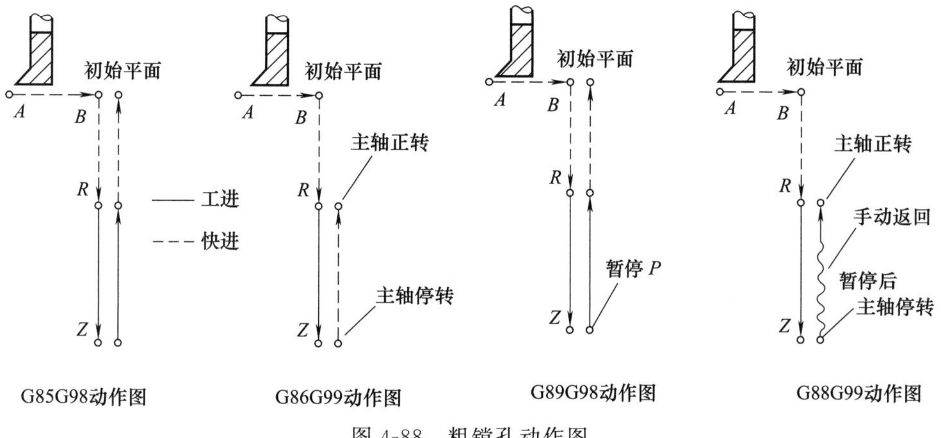

图4-88 粗镗孔动作图

执行G85循环，刀具以切削进给方式加工到孔底，然后以切削进给方式返回R平面。因此该指令除可用于较精密的镗孔外，还可用铰孔、扩孔的加工。

执行G86循环，刀具以切削进给方式加工到孔底，然后主轴停转，刀具快速退到R点平面后，主轴正转。由于刀具在退回过程中容易在工件表面划出条痕，所以该指令常用于精度或粗糙度要求不高的镗孔加工。

G89动作与G85动作基本类似，不同的是G89动作在孔底增加了暂停，因此该指令常用于阶梯孔的加工。

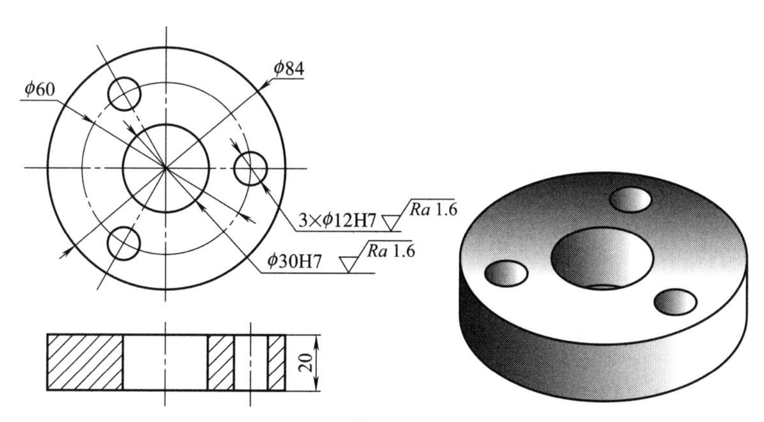

图4-89 铰孔和镗孔示例

执行G88循环，刀具以切削进给方式加工到孔底，刀具在孔底暂停后主轴停转，这时可通过手动方式从孔中安全退出刀具，再开始自动加工，Z轴快速返回R点或初始平面，主轴恢复正转。此种方式虽能相应提高孔的加工精度，但加工效率较低。

③ 程序示例

例 精加工如图 4-89 所示零件中的四个孔（加工前底孔直径已分别加工至 ϕ11.8mm 和 ϕ29.5mm），试编写该零件的数控加工程序。

加工程序如表 4-43 所示。

表 4-43 参考程序

参考程序	注释
O4020；	程序名
N10 G90 G94 G80 G21 G17 G54；	程序开始部分
N20 G91 G28 Z0；	
N30 M06 T01；	换 ϕ12mm 铰刀
N40 S200 M03；	换转速
N50 G90 G43 G00 Z30.0 H01；	刀具定位
N60 G85 X30.0 Y0 Z−22.0 R5.0 F60 M08；	铰孔
N70 X−15.0 Y25.98；	
N80 Y−25.98；	
N90 G80 G49 M09；	取消固定循环
N100 G91 G28 Z0 M05；	换 ϕ30mm 镗刀
N110 M06 T02；	
N120 S1200 M03；	刀具换转速并定位
N130 G90 G00 X0 Y0 M08；	
N140 G43 Z30.0 H02；	
N150 G85 X0 Y0 Z−22.0 R5.0 F60；	镗孔
N160 G80 G49 M05；	取消固定循环
N170 G91 G28 Z0 M09；	返回参考点，切削液停
N180 M30；	程序结束

（5）精镗孔循环（G87、G76）

① 指令格式

```
G76 X__ Y__ Z__ R__ Q__ P__ F__;
G87 X__ Y__ Z__ R__ Q__ F__;
```

② 动作说明

G76 指令主要用于精密镗孔加工，镗孔动作如图 4-90 所示。执行 G76 循环，刀具以切削进给方式加工到孔底，实现主轴准停，刀具向刀尖相反方向移动 Q，使刀具脱离工件表面，保证刀具不擦伤工件表面，然后快速退刀至 R 平面或初始平面，刀具正转。

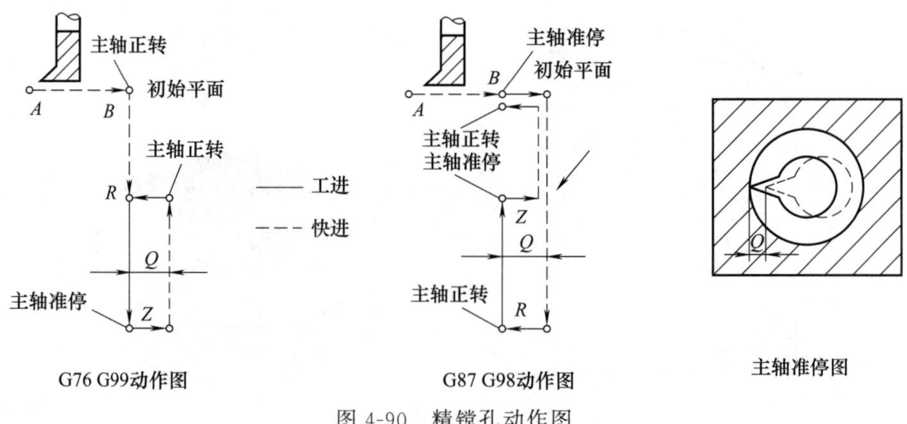

图 4-90 精镗孔动作图

执行 G87 循环，刀具在 G17 平面内定位后，主轴准向停止，刀具向刀尖相反方向偏移 Q，然后快速移动到孔底（R 点），在这个位置刀具按原偏移量反向移动相同的 Q 值，主轴正转并以切削进给方式加工到 Z 平面，主轴再次准向停止，并沿刀尖相反方向偏移 Q，快速提刀至初始平面并按原偏移量返回 G17 平面的定位点，主轴开始正转，循环结束。由于 G87 循环刀尖无须在孔中经工件表面退出，故加工表面质量较好，所以本循环常用于精密孔的镗削加工。该循环不能用 G99 进行编程。

注意：采用 G76 指令进行加工时，务必确认退刀方向后再进行加工，以避免刀具在孔底向相反方向退刀。

③ 程序示例

例　试用精镗孔循环指令编写如图 4-89 中 ϕ30mm 孔的加工程序。

```
O0004;
……
G90 G00 X0 Y0;
Z20.0
G98 G76 X0 Y-60.0 Z-40.0 R-17.0 Q1000 P1000 F60;(精镗孔)
G80 M09;
G91 G28 Z0;
M30;
```

(6) 固定循环编程的注意事项

① 为了提高加工效率，在指令固定循环前，应事先使主轴旋转。

② 由于固定循环是模态指令，因此，在固定循环有效期间，如果 X、Y、Z、R 中的任意一个被改变，就要进行一次孔加工。

③ 固定循环程序段中，如在不需要指令的固定循环下指令了孔加工数据 Q、P，它只作为模态数据进行存储，而无实际动作产生。

④ 使用具有主轴自动启动的固定循环（G74、G84、G86）时，如果孔的 XY 平面定位距离较短，或从起始点平面到 R 平面的距离较短，且需要连续加工，为了防止在进入孔加工动作时，主轴不能达到指定的转速，应使用 G04 暂停指令进行延时。

⑤ 在固定循环方式中，刀具半径补偿机能无效。

4.6.4　示例

加工如图 4-91 所示零件上的 4 个 ϕ12H7mm 和 1 个 ϕ14H7mm 的孔。

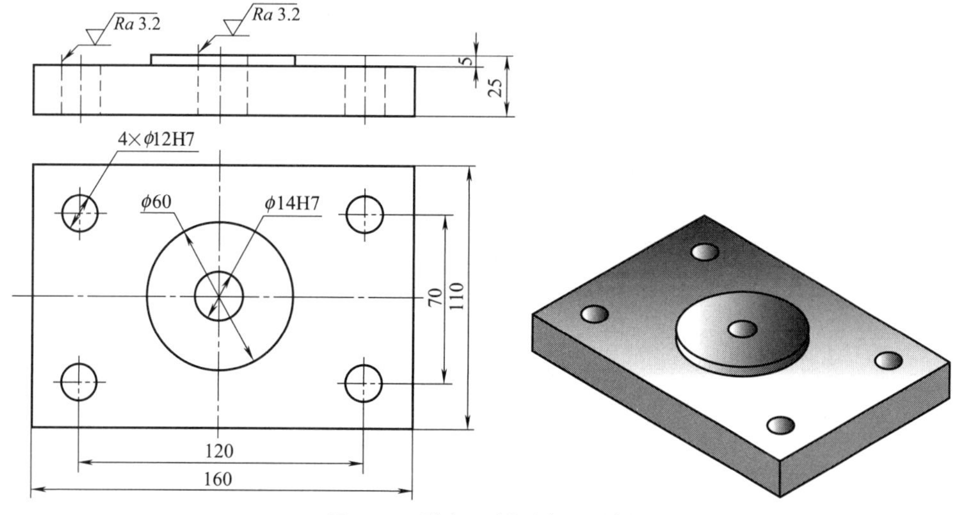

图 4-91　孔加工循环应用示例

(1) 制定加工工艺

由零件图分析可确定加工顺序为：钻 5 个中心孔→钻 4 个 ϕ12mm 和 1 个 ϕ14mm 的通孔→扩1 个 ϕ14mm 的通孔→铰 4 个 ϕ12mm 的通孔→铰 1 个 ϕ14mm 的通孔。

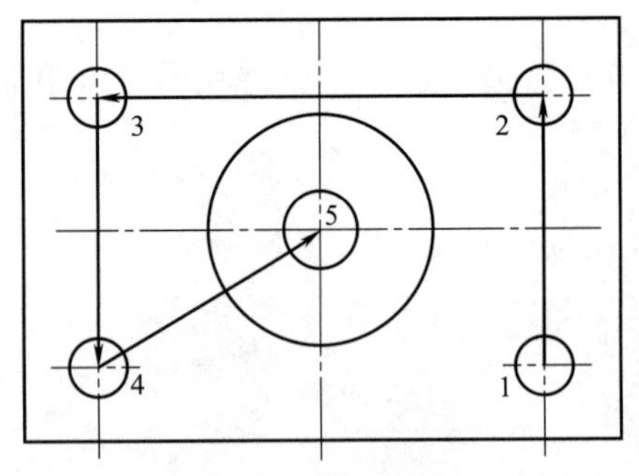

图 4-92 进给路线

由加工顺序可确定如下进给路线（图 4-92)。

① 按 1、2、3、4、5 的顺序钻中心孔。

② 按 1、2、3、4、5 的顺序钻 4 个 ϕ12mm 和 1 个 ϕ14mm 的孔。

③ 扩中心位置 ϕ14mm 的孔。

④ 按 1、2、3、4 的顺序铰 4 个 ϕ12mm 的孔。

⑤ 铰中心位置 ϕ14mm 的孔。

(2) 确定加工刀具

① 用 $A2$ 中心钻钻 4 个 ϕ12mm 和 1 个 ϕ14mm 的中心孔。

② 用 ϕ11.8mm 的麻花钻钻 5 个通孔。

③ 用 ϕ13.8mm 的麻花钻钻、扩 ϕ14mm 的孔。

④ 用 ϕ12mm 的铰刀铰 4 个 ϕ12H7 的孔。

⑤ 用 ϕ14mm 的铰刀铰 ϕ14H7 的孔。

(3) 确定切削用量

① 钻中心孔时，进给速度 $f=80$mm/min，背吃刀量 $a_p=2$mm，主轴转速 $n=$1000r/min。

② 钻 ϕ12mm 和 ϕ14mm 的通孔时，进给速度 $f=50$mm/min，背吃刀量 $a_p=30$mm，主轴转速 $n=560$r/min。

③ 扩 ϕ14mm 的通孔时，进给速度 $f=50$mm/min，背吃刀量 $a_p=30$mm，主轴转速 $n=$500r/min。

④ 铰 ϕ12mm 的通孔时，进给速度 $f=50$mm/min，背吃刀量 $a_p=30$mm，主轴转速 $n=$150r/min。

⑤ 铰 ϕ14mm 的通孔时，进给速度 $f=50$mm/min，背吃刀量 $a_p=30$mm，主轴转速 $n=$100r/min。

(4) 参考程序

选择工件上表面为 $Z=0$ 面，工件中心为程序原点，编制零件加工程序，见表 4-44。

表 4-44 参考程序

参考程序	注　释
O4021；	程序名
N10 G90 G80 G40 G49 G17 G54；	采用 G54 坐标系，取消各种功能
N15 G28；	回机床参考点
N20 M03 S1000；	主轴正转，转速为 1000r/min
N30 M06 T01；	换 T01 号刀
N40 G43 G00 Z50.0 H01；	建立 T01 号长度补偿，快速定位到点 $Z50$
N50 X60.0 Y−35.0 M08；	快速定位到点($X60.0$,$Y-35.0$)
N60 G99 G81 Z−7.0 R3.0 F50；	用 G81 指令钻第一个定位孔
N70 X60.0 Y35.0；	钻第二个定位孔
N80 X−60.0 Y35.0；	钻第三个定位孔
N90 X−60.0 Y−35.0；	钻第四个定位孔
N100 X0 Y0 Z−2.0 R5.0；	钻第五个定位孔
N110 G49 G80 G00 Z150.0 M09；	取消孔加工固定循环，快速退刀到 $Z150.0$

续表

参考程序	注　释
N120 M05；	主轴停止
N125 G28；	回机床参考点
N130 T02 M06；	换 T02 号刀具
N140 M03 S560；	主轴正转，转速为 560r/min
N150 G43 G00 Z50.0 H02 M08；	建立 T02 号长度补偿，快速定位到点 Z50.0
N160 X60.0 Y－35.0；	快速定位到点（X60.0，Y－35.0）
N170 G99 G83 Z－30.0 R5.0 Q3.0 F50；	用 G83 指令钻第一个通孔
N180 X60.0 Y35.0；	钻第二个通孔
N190 X－60.0 Y35.0；	钻第三个通孔
N200 X－60.0 Y－35.0；	钻第四个通孔
N210 X0 Y0；	钻中心位置的通孔
N220 G49 G80 G00 Z150.0 M09；	快速退刀到安全高度，切削液关
N230 M05；	主轴暂停
N235 G28；	回机床参考点
N240 T03 M06；	换 T03 号刀
N250 M03 S500；	取消刀补，主轴正转，转速为 500r/min
N260 G43 G00 Z50.0 H03 M08；	建立 T03 号长度补偿，并快速定位
N270 X0 Y0；	快速定位到点（X0，Y0）
N280 G99 G83 Z－30.0 R3.0 Q3.0 F50；	用 G83 指令扩 ϕ14H7mm 通孔
N290 G49 G80 G00 Z10.00 M09；	快速退刀到安全高度，切削液关
N300 M05；	主轴停转
N305 G28；	回机床参考点
N310 T04 M06；	换 T04 号刀
N320 M03 S150；	主轴正转，转速为 150 r/min
N330 G43 G00 Z50.0 H04 M08；	建立 T04 号长度补偿，并快速定位
N340 X60.0 Y－35.0；	快速定位到点（X60.0，Y－35.0）
N350 G99 G81 Z－30.0 R0 F50；	用 G81 指令铰第一个通孔
N360 X60.0 Y35.0；	铰第二个通孔
N370 X－60.0 Y35.0；	铰第三个通孔
N380 X－60.0 Y－35.0；	铰第四个通孔
N390 G80 G00 Z100.0 M09；	快速退刀到安全高度，切削液关
N400 M05；	主轴停止
N405 G28；	回机床参考点
N410 T05 M06；	换 T05 号刀
N420 G49 M03 S100；	取消刀补，主轴正转，转速为 100 r/min
N430 G43 G00 Z50.0 H05 M08；	建立 T05 号长度补偿，并快速定位到点 Z50
N440 X0 Y0；	快速定位到点（X0，Y0）
N450 G99 G81 Z－30.0 R5.0 F50；	用 G81 指令进行铰孔
N460 G80 G00 G49 Z100.0 M09；	快速退刀到安全高度，切削液关
N470 G28；	回机床参考点
N480 M30；	程序结束

4.7 B类宏程序应用

关于 GSK99MC 系统的用户宏程序基础知识请参阅 3.6 节。本节主要讲解 B 类宏程序在 GSK990MC 系统中的应用。

4.7.1 椭圆加工

下面以图 4-93 所示为例，编写铣椭圆加工宏程序。已知毛坯尺寸为 60mm×50mm×30mm。

(1) 工艺分析

1）选择刀具

如图 4-93 所示，加工部位是一个高度为 5mm 的椭圆形圆柱，轮廓中不存在内圆弧，故对刀具直径没有要求。本例选择直径 16mm 的平底铣刀。

① 背吃刀量（a_p）

台阶外形轮廓的加工深度为 5mm，底面没有粗糙度要求。加工时，Z 向选择背吃刀量为 5mm，一次加工到深度。

② 主轴转速（n）

切削速度 v_c 取 20m/min。

$$n=\frac{1000v_c}{\pi D}=\frac{1000\times 20}{3.14\times 16}\approx 400\ (\text{r/min})$$

③ 进给速度（v_f）

每齿进给量 f_z 取 0.05mm/z。

$$v_f=f_z zn=0.05\times 2\times 400=40\ (\text{mm/min})$$

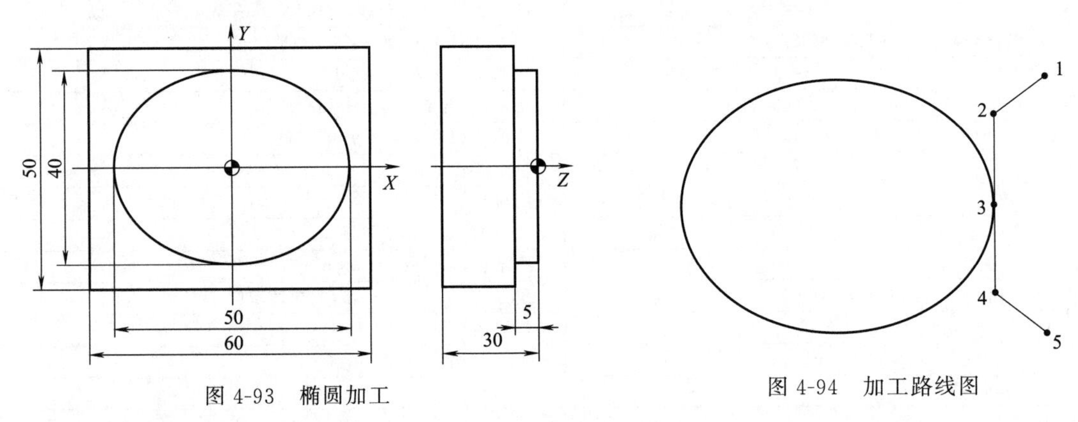

图 4-93　椭圆加工

图 4-94　加工路线图

2）确定刀具路径

椭圆加工刀具路径及编程原点如图 4-94 所示。编程时，采用宏程序方式实现椭圆轮廓的加工，刀具在“1 点”下刀，由“1 点”到“2 点”建立刀具半径左补偿，通过“2 点”到“3 点”直线切入，然后采用宏程序加工工件轮廓，由“3 点”到“4 点”直线切出，最后由“4 点”到“5 点”取消刀具半径左补偿。各个基点的绝对坐标和相对坐标见表 4-45。

表 4-45　各基点坐标值

基点	X	Y
1	35	20
2	25	15
3	25	0
4	25	−15
5	35	−20

(2) 初始变量

① 各初始变量的设置见表 4-46。

表 4-46　变量

名　称	变　量
角度初始值	#1
椭圆上任意点的 X 坐标	#2
椭圆上任意点的 Y 坐标	#3

② 宏程序中的变量及表达式

椭圆加工是采用小段直线拟合方式来进行加工，因此必须计算出在椭圆上任意点的 X、Y 坐标值，根据椭圆的标准方程式：$X^2/a^2+Y^2/b^2=1$；或椭圆的参数方程式：$X=a\times\cos\theta$，$Y=b\times\sin\theta$，就能计算出椭圆轨迹上任意点的 X、Y 坐标值。

(3) 程序编制（表 4-47）

表 4-47 椭圆加工参考程序

参考程序	注 释
O4022；	程序号
N10 G00 G17 G21 G40 G49 G90；	程序初始化
N20 G91 G28 Z0；	返回参考点
N30 T01 M06；	更换 1 号刀
N40 G54 G90 X35.0 Y20.0；	建立工件坐标系
N50 G43 Z20.0 H01；	建立刀具长度补偿
N60 S400 M03；	主轴正转，转速为 400r/min
N70 M08；	冷却液开
N80 Z5.0；	下降到 Z5
N90 G01 Z－5.0 F40；	下降到 Z－5
N100 G41 G01X25.0 Y15.0D01；	建立刀具半径左补偿
N110 Y0；	直线切入
N120 ＃1＝360；	初始角度为 0
N130 WHILE ＃1GE 0；	判断＃1 是否大于 0°
N140 ＃2＝25.0＊COS[＃1]；	计算椭圆上任意点 X 坐标值
N150 ＃3＝20.0＊SIN[＃1]；	计算椭圆上任意点 Y 坐标值
N160 G01 X＃2 Y＃3；	椭圆加工
N170 ＃1＝＃1－1；	自变量
N180 END1；	循环 1 结束
N190 G01 Y－15.0；	直线切出
N200 G40 X35.0 Y－20.0；	取消刀具半径左补偿
N210 G00 Z5.0；	抬刀至 Z5
N220 G49 G91 G28 Z0；	取消刀具长度补偿，回参考点
N230 M30；	程序结束

4.7.2 半圆球加工

完成如图 4-95 所示的凹球面加工。

(1) 编程分析

选择在 XY 平面内，自 $X=R$、$Y=0$、$Z=0$ 开始，每逆时针插补一个整圆弧后，采用自上而下的等角度水平圆弧移刀方式，每次向下面沿 XZ 平面以 $R=40$ 转动 3°移动刀具，如图 4-96 所示，再在 XY 平面内以新的 X 坐标值逆时针插补一个完整圆弧。再次向下转动 3°，以此类推，直到将刀具转动球面最底部 $X=0$、$Y=0$、$Z=40$ 处结束。在编制加工程序时，如图

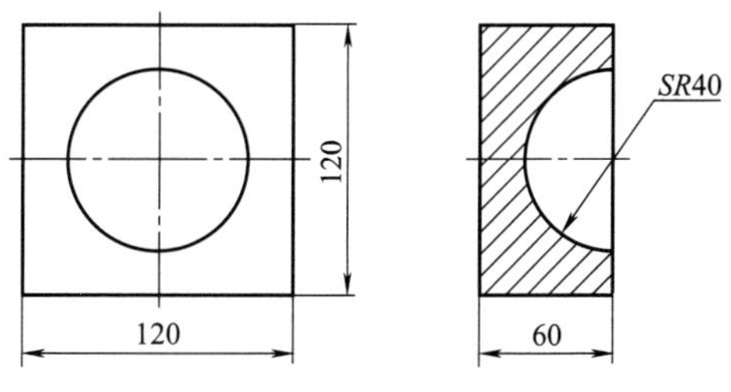

图 4-95 凹球面加工

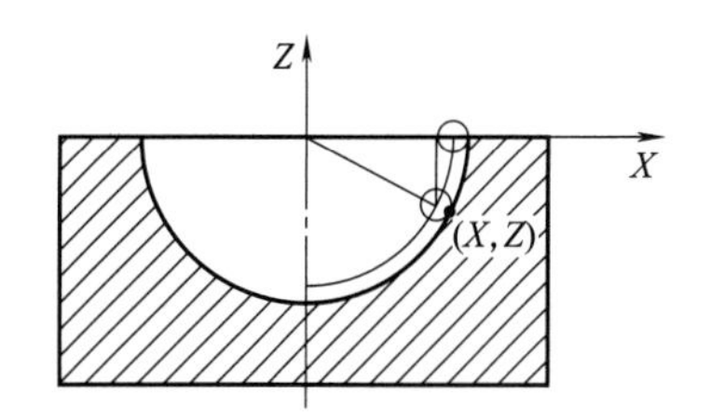

图 4-96 凹半球面上 X、Z 的关系

4-96 所示，通过调整每次旋转的角度大小可以自由调整加工精度和加工效率。每层都以 G03 顺铣的方式走刀。为了描述方便，每层加工时进刀与出刀位置重合，均指定在 XZ 平面的 $+X$ 方向。为了避免过切，采用圆弧进出刀的方式。

核心宏程序编写思路见表 4-48。

表 4-48　凹圆弧程序编写思路

程　序	注　释
#1=40;	刀具起始点 X 值
#2=5;	选用直径为 10mm 的球头铣刀，刀具半径 5mm
#3=0;	刀具起始点球头刀具圆心与坐标原点的连线和 X 轴的夹角
WHILE[#3LE90]DO1;	条件语句
#5=[#1-#2]*COS[#3];	球头刀具圆心的 X 轴坐标
#6=[#1-#2]*SIN[#3];	球头刀具圆心的 Z 轴坐标
G01 X[#5]F100;	G01 方式插补到球头刀具圆心的 X 轴坐标
Z-[#6] F100;	G01 方式插补到球头刀具圆心的 Z 轴坐标
G03 I-[#5] F100;	以每次计算出的球头刀具圆心的 X 轴坐标、Z 轴坐标为起点逆时针差插补一个完整圆弧
#3=#3+3;	从 0°开始每次加 3°，循环返回 WHILE [#3LE90]DO1 检查#3 是否小于等于 90°，如满足条件，继续往下执行计算新的 X 轴坐标、Z 轴坐标
END1;	直到#3=90°结束

（2）确定工艺

① 装夹方式

零件侧壁和高度都已加工，直接用平口钳和等高平行垫铁装夹。

② 加工顺序

假设 120mm×120mm×60mm 长方体毛坯已经有半凹面球体，现只需要进行精加工球坑，一次加工完成。我们采用经过上述分析后确定的加工路径，首先刀具定位至 $X=40$，$Y=0$，$Z=0$，逆时针插补一周后，XZ 平面内向下转过 3°，半径保持 $R=40$，逆时针插补一个完整圆弧，再向下旋转 3°，以此类推，直到 $X=0$，$Y=0$，$Z=40$ 结束。

③ 刀具选择

采用 ϕ12mm 硬质合金球刀完成加工。

④ 切削参数确定

主轴转速和切削进给取决于数控机床的实际工作情况，并依据工件和刀具材料查阅技术手册，主轴转速为 2000r/min，进给速度为 100mm/min。

（3）加工程序（表 4-49）

表 4-49　加工程序

程　序	注　释
O4023;	程序名
G90 G17 G54;	采用 G54 坐标系
M03 S2000;	主轴正转，转速 2000r / min
G00 X0 Y0;	快速定位
Z10;	Z 轴定位
#1=40;	球面的圆弧半径
#2=5;	球头铣刀半径
#3=0;	XZ 平面角度设为自变量，赋初始值
WHILE[#3 LE 90]DO1;	条件判断#3 是否小于或等于 90°，满足则循环
#5=[#1-#2]*COS[#3];	任意角度上刀心在 X 轴上的坐标值
#6=[#1-#2]*SIN[#3];	任意角度上刀心在 Z 轴上的坐标值

续表

程　序	注　释
G01 X[#5]F100；	刀具定位
Z−[#6] F100；	下降至刀心的 Z 轴坐标
G03 I−[#5] F100；	G17 平面内以 G03 圆弧切入
#3=#3+3；	#3 每次以 3°递增(调整每次增加的角度可以自由调整加工精度)
END1；	循环结束
G00 Z100；	G00 提刀到安全高度
M30；	程序结束

4.7.3 倒圆角

加工如图 4-97 所示凸台三边倒圆角 $R3$。

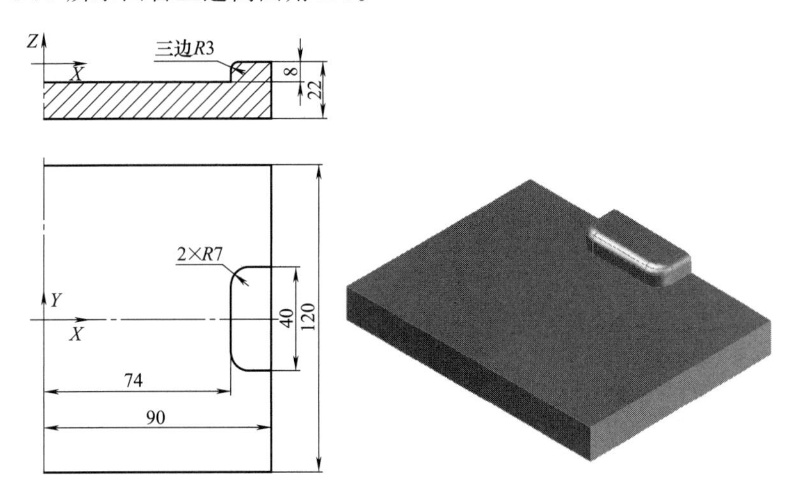

图 4-97　倒圆角

(1) 工艺分析

① 加工顺序

先粗精加工凸台三边轮廓，然后编程加工倒圆角 $R3$mm。

② 刀具选择

由于工件的加工表面质量（$Ra3.2\mu$m）要求比较高，宜选用 $R4$mm 钨钢球头刀，并以球头刀的最底部为刀位点。

③ 铣削方式

为保证加工表面质量，提高刀具的耐用度，宜采用顺铣加工，并以轮廓的切线方向切入和切出。

④ 工艺参数

钨钢刀加工 45 钢时的切削速度为 150m/min 左右，可计算出主轴转速 $n=1000v/(\pi d)=1000\times150/(\pi\times8)=5971$(r/min)，考虑到加工中心的刚性及加工的平稳性，选取主轴转速为 5000r/min。进给速度 F 直接影响着零件的加工精度和表面粗糙度，取每齿进给量 $f_z=0.1$mm/z，$R4$mm 球头刀为 2 个刀刃，则进给速度 $F=nzf_z=5000\times2\times0.1=1000$(mm/min)。每层切削深度受表面粗糙度 $Ra3.2\mu$m 的约束，经计算取角度增量为 3°，如果加工时表面粗糙度达不到要求，可更改程序中的角度增量值。

⑤ 工件零点

工件坐标系的零点如图 4-97 所示（Z 轴的零点取在工件的上表面）。

（2）加工程序

加工程序的编制有两种方法：刀具中心轨迹编程和刀具半径补偿编程。

① 以刀具中心轨迹编制的宏程序

如图 4-98 所示，双点画线为刀具中心轨迹，刀具中心偏离工件轮廓的距离设为变量＃5，此时＃5＝4（刀具半径）。图 4-99 所示为球头刀在任意加工位置时的变量计算关系，加工从顶部向下进行，角度变量＃1 从 0°增大到 90°，刀具中心轨迹和 Z 轴值是动态变化的。加工程序见表 4-50。

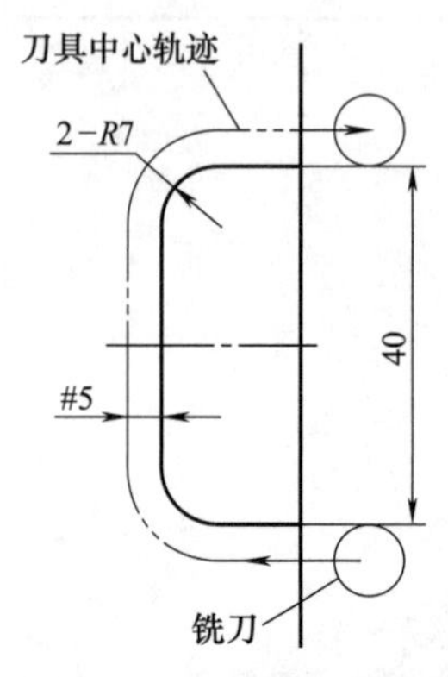

图 4-98　刀具中心轨迹

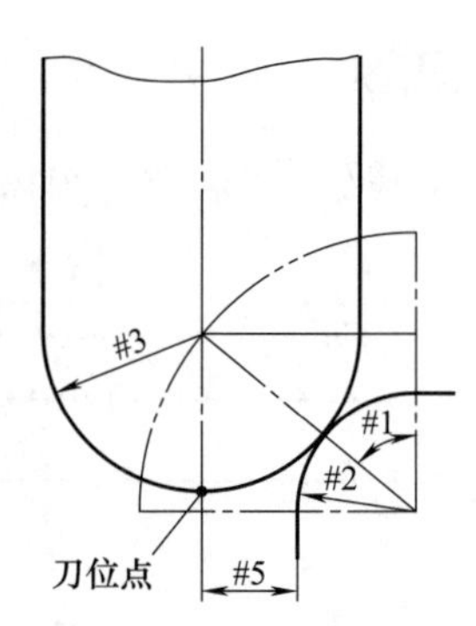

图 4-99　刀具在任意位置时的变量计算关系

表 4-50　以刀具中心轨迹编制的宏程序

程　序	注　释
O4024；	程序名
N02 G54 G90 G17 G40；	工件零点偏置和基本设置
N04 T01 M06；	自动换 R4mm 钨钢球头刀
N06 G43 G00 Z100 H01 S5000 M03；	刀具长度正向补偿，主轴以 5000r/min 正转
N08 X98 Y－24；	X、Y 快速定位至下刀点
N10 Z1 M08；	Z 轴快速定位至安全距离处，冷却液打开
N12 ＃1＝0；	角度增量赋初值
N14 ＃2＝3；	倒圆角半径值
N16 ＃3＝4；	球头刀半径值
N18 WHILE[＃1 L E 90]DO1；	当＃1≤90°时执行循环，否则结束循环
N20 ＃4＝[＃2＋＃3] ＊ [COS[＃1 ＊ PI/ 180]－1]；	球头刀的 Z 轴动态值
N22 ＃5＝[＃2＋＃3] ＊SIN[＃1＊ PI/ 180]－＃2；	球头刀轴线与轮廓的动态偏置值
N24 G01 X98 Y[－20－＃5] F5000；	X 、Y 轴移动至起始点
N26 Z[＃4]；	Z 轴移动至起始点
N28 X81 F1000；	X 向到达圆弧起点
N30 G02 X[74－＃5] Y－13 R[7＋＃5]；	顺时针圆弧插补
N32 G01 Y13；	直线插补至 Y13 处
N34 G02 X81 Y[20＋＃5] R[7＋＃5]；	顺时针圆弧插补
N36 G01 X98；	直线插补至 X98 处
N38 ＃1＝＃1＋3；	角度计数器，增量值 3°
N40 END1；	循环结束
N42 G00 Z100 M05；	主轴停止转动
N44 M09；	冷却液关闭
N46 G49；	取消刀具长度补偿
N48 M30；	程序结束

② 以刀具半径补偿功能编制的宏程序

利用刀具半径补偿功能编制程序时，只需要根据工件轮廓来编程，不必计算刀具中心轨迹，所以编程很方便。如图 4-99 所示，刀具的“半径”＃5 和 Z 轴坐标值是动态变化的。GSK990MC 系统中，可编程的动态变化的刀具“半径”用变量＃100～＃199 表示，刀具半径补偿号必须与“半径”变量中的序号相同，例如，刀具“半径”用变量＃101 时，刀具半径补偿号必须用 D101 。加工程序见表 4-51。

表 4-51 以刀具半径补偿功能编制的宏程序

程 序	注 释
O4025；	程序名
N02 G54 G90 G17 G40；	工件零点偏置和基本设置
N04 T01 M06；	自动换 R4mm 钨钢球头刀
N06 G43 G00 Z100 H01 S5000 M03；	刀具长度正向补偿，主轴以 5000r/min 正转
N08 X98 Y－24；	X，Y 轴快速定位至下刀点
N10 Z1 M07；	Z 轴快速定位至安全距离处，冷却液打开
N12 ＃1＝0；	角度增量赋初值
N14 ＃2＝3；	倒圆角半径值
N16 ＃3＝4；	球头刀半径值
N18 WHILE[＃1 LE 90]DO1；	当＃1≤90°时执行循环，否则结束循环
N20 ＃4＝[＃2＋＃3] * [COS[＃1 * PI/ 180]－1]；	球头刀的 Z 轴动态值
N22 ＃101＝[＃2＋＃3] * SIN [＃1 * PI/180]－＃2；	动态变化的刀具半径补偿值
N24 G01 X98 Y[－20－＃101] F5000；	X，Y 轴移动至起始点
N26 Z[＃4]；	Z 轴移动至起始点
N28 G41 G01 X92 Y－20 D[＃101] F1000；	建立刀具半径补偿，半径值为变量＃101 的值
N30 X81；	X 向到达圆弧起点
N32 G02 X74 Y－13 R7；	顺时针圆弧插补
N34 G01 Y13；	直线插补至 Y13 处
N36 G02 X81 Y20 R7；	顺时针圆弧插补
N38 G01 X92；	直线插补至 X98 处
N40 G40 G01 X98 Y [20＋＃101]；	取消刀具半径补偿
N42 ＃1＝＃1＋3；	角度计数器，增量值 3°
N44 END1；	循环结束
N46 G00 Z100 M05；	主轴停止转动
N48 M09；	冷却液关闭
N50 G49；	取消刀具长度补偿
N52 M30；	程序结束

综上所述，以刀具中心轨迹编制宏程序时比较麻烦，并且容易出错，仅适用于几何形状比较简单工件的编程。以刀具半径补偿功能编制宏程序时比较简单，仅根据工件轮廓编程，无须考虑刀具中心位置，由数控系统自动计算刀具中心坐标，给编程带来极大方便。

4.7.4 内轮廓倒圆角

加工如图 4-100 所示内轮廓周边倒圆角 R2mm。轮廓的基点坐标见表 4-52。

表 4-52 基点坐标

基点	X 坐标	Y 坐标
A1	X＝17.000	Y＝－41.000
A2	X＝－8.034	Y＝32.470
A3	X＝－16.911	Y＝30.396
A4	X＝－50.662	Y＝－13.994
A5	X＝－42.550	Y＝－30.028
A6	X＝－24.704	Y＝－41.000

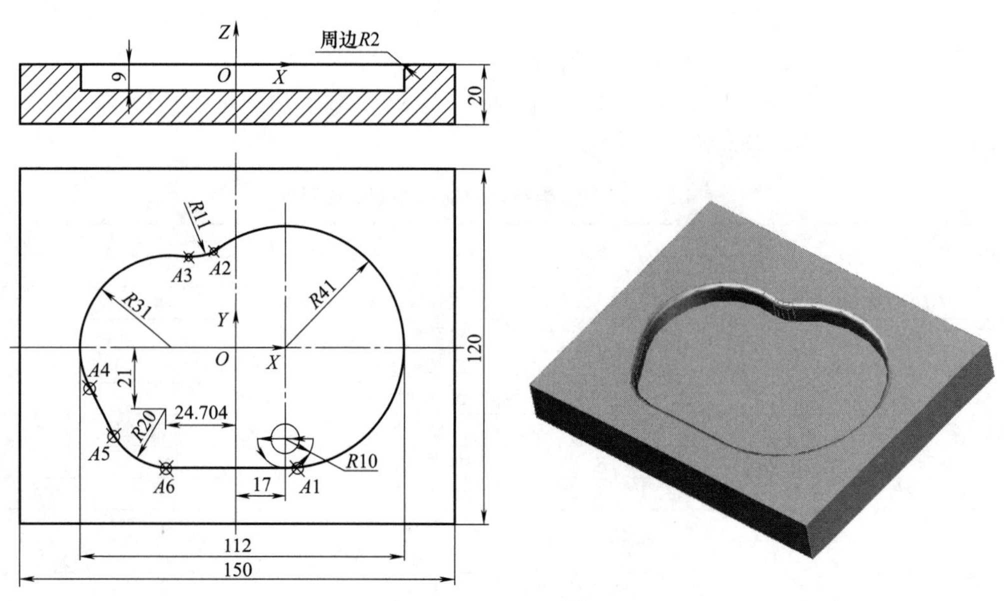

图 4-100　内轮廓倒圆角

(1) 工艺分析

① 加工顺序

先粗精加工凹槽轮廓，然后编程加工轮廓倒圆角 R2mm。

② 刀具选择

由于工件的加工表面质量（Ra3.2μm）要求比较高，可选用 R5mm 钨钢球头刀，并以球头刀的最底部为刀位点。

③ 铣削方式

为保证加工表面质量，提高刀具的耐用度，宜采用顺铣加工。进退刀时以圆弧切入和圆弧切出。

④ 工艺参数

钨钢刀加工 45 钢时的切削速度为 150m/min 左右，可计算出主轴转速 $n=1000v/(\pi d)=1000\times150/(\pi\times10)=4777$(r/min)，考虑到数控铣床的刚性及加工的平稳性，选取主轴转速为 4500r/min。进给速度 F 直接影响着零件的加工精度和表面粗糙度，取每齿进给量 $f_z=0.1$mm/z，R5mm 球头刀为 2 个刀刃，则进给速度 $F=nzf_z=4500\times2\times0.1=900$(mm/min)。每层切削深度受表面粗糙度 Ra3.2μm 的约束，经计算取角度增量为 3°，如果加工时表面粗糙度达不到要求，可更改程序中的角度增量值。

⑤ 工件零点

工件坐标系的零点如图 4-100 所示（Z 轴的零点取在工件的上表面）。

(2) 加工程序

由上述可知，用刀具半径补偿功能编制宏程序的方法比较简便，编程效率高，且不易出错。加工程序见表 4-53。

表 4-53　加工程序

程　　序	注　　释
O4026；	程序名
N02 G54 G90 G17 G64；	工件零点偏置和基本设置
N04 T02；	R5mm 钨钢球头刀

续表

程　　序	注　　释
N06 G43 G00 Z100 H02 S4500 M03;	刀具长度正向补偿,主轴以4500r/min正转
N08 X17 Y-31;	X、Y轴快速定位至下刀点
N10 Z1 M07;	Z轴快速定位至安全距离处,冷却液打开
N12 #1=0;	角度增量赋初值
N14 #2=2;	倒圆角半径值
N16 #3=5;	球头刀半径值
N18 WHILE[#1 LE 90]DO1;	当#1≤90°时执行循环,否则结束循环
N20 #4=[#2+#3] * [COS[#1 * PI/180]-1];	球头刀的Z轴动态值
N22 #101=[#2+#3]* SIN[#1* PI/180]-#2;	动态变化的刀具半径补偿值
N24 G01 Z[#4] F3000;	
N26 G41 G01 X7 Y-31 D[#101];	建立刀具半径补偿,半径值为变量#101的值
N28 G03 X17 Y-41 R10 F500;	圆弧切入
N30 X-8.034 Y32.47 R-41 F800;	内轮廓程序
N32 G02 X-16.911 Y30.396 R11;	
N34 G03 X-50.662 Y-13.994 R31;	
N36 G01 X-42.55 Y-30.028 F900;	
N38 G03 X-24.704 Y-41 R20 F600;	
N40 G01 X17 F900;	
N42 G03 X27 Y-31 R10;	圆弧切出
N44 G40 G01 X17 Y-31 F3000;	取消刀具半径补偿
N46 #1=#1+3;	角度计数器,增量值3°
N48 END1;	循环结束
N50 G00 Z100 M05;	主轴停止转动
N52 M09;	冷却液关闭
N54 G49;	取消刀具长度补偿
N56 M30;	程序结束

4.8 典型零件编程实例

4.8.1 实例一

分析如图4-101所示的平面轮廓零件加工工艺，毛坯尺寸为80mm×73mm×23mm的块料，工件材料为硬铝。试编制其加工程序。

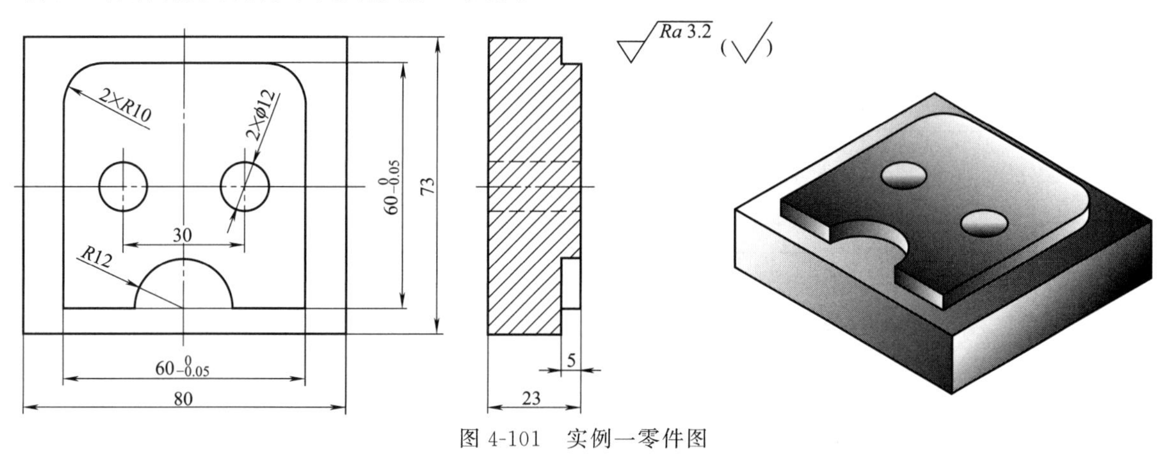

图4-101 实例一零件图

(1) 图样分析

该零件为轮廓和孔复合类零件，需要加工2×ϕ12mm通孔和上表面5mm厚的轮廓。两个孔的中心位置可由零件外形尺寸80mm、73mm及两中心尺寸30mm确定。上表面轮廓主要由

5个直线段和3个圆弧段轮廓组成，R12mm圆弧的圆心角为180°，R10mm圆弧的圆心角为90°。5个直线段端点坐标和3个圆弧段的圆心坐标都可通过图中标注的尺寸求出。

(2) 确定加工方案

根据零件形状、尺寸精度和表面粗糙度要求，确定加工工序如下。

① 铣削外轮廓。

② 钻孔。

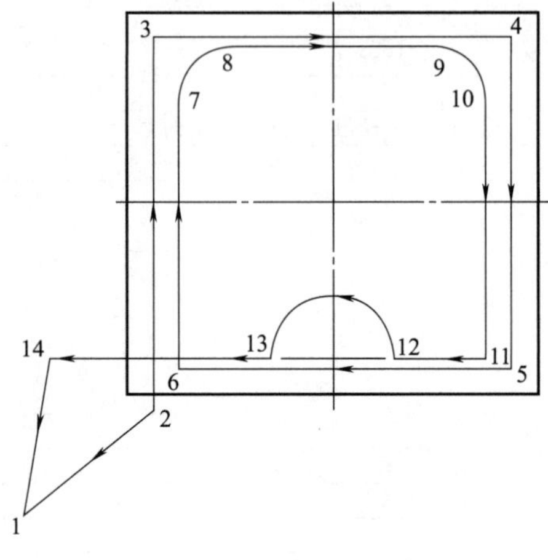

图 4-102 外轮廓加工路线

③ 扩孔。

粗精加工轮廓形状一致，可将轮廓加工编制成子程序；粗精加工时，调用子程序，采用不同的刀补值即可实现。外轮廓加工路线如图4-102所示，加工顺序及各点的坐标如下：

1（X−60.0，Y−60.0）→2（X−35.0，Y−40.0）→3（X−35.0，Y32.0）→4（X35.0，Y32.0）→5（X35.0，Y−32.0）→6（X−30.0，Y−32.0）→7（X−30.0，Y20.0）→8（X−20.0，Y30.0）→9（X20.0，Y30.0）→10（X30.0，Y20.0）→11（X30.0，Y−30.0）→12（X12.0，Y−30.0）→13（X−12.0，Y−30.0）→14（X−55.0，Y−30.0）→1（X−60.0，Y−60.0）

(3) 确定装夹方案

以零件底平面定位，采用机用台虎钳装夹。

(4) 相关工艺卡片的填写

① 数控加工刀具卡（表4-54）

表 4-54 数控加工刀具卡

零件图号		零件名称		材料		程序编号		车间	使用设备
×××		××××		45钢		××××		数控中心	加工中心
刀号	刀具名称	刀具直径/mm		刀具长度/mm	刀补地址		换刀方式		加工部位
		设定	补偿		直径	长度			
T01	立铣刀	ϕ15		实测	D01				外轮廓
T02	麻花钻	ϕ11.8		实测		H01			钻孔
T03	扩孔钻	ϕ12		实测		H02			扩孔
编制		审核		批准		年 月 日	共 页		第 页

② 数控加工工艺卡（表4-55）

表 4-55 数控加工工艺卡

单位名称		×××	产品名称或代号		零件名称		零件图号	
			×××		×××		××	
工序号		程序编号	夹具名称		使用设备		车间	
001		×××	机用台虎钳		加工中心		数控	
工步号	工步内容		刀具号	刀具规格/mm	主轴转速/(r/min)	进给速度/(mm/min)	背吃刀量/mm	备注
1	铣削外轮廓		T01	ϕ15	600	80	5	自动
2	钻孔		T02	ϕ11.8	500	30	—	自动
3	扩孔		T03	ϕ12	800	20	—	自动
编制		审核		批准		年 月 日	共 页	第 页

（5）程序编制

以工件中心为 *X*、*Y* 轴工件原点，以零件上表面为 *Z* 轴工件原点，编制加工程序，见表 4-56。

表 4-56　参考程序

参考程序	注　释
O4027；	程序名
N10 G90 G80 G49 G40 G98 G54；	程序初始化
N20 G28；	回机床参考点
N30 M06 T01；	换用 T01 刀
N40 S600 M03 M08；	主轴启动，切削液开
N50 G00 G41 X－60.0 Y－60.0 Z30.0 D01；	建立刀具半径补偿
N60 G01 Z－5.0 F200；	*Z* 向下刀至加工平面
N70 X－35.0 Y－40.0 F80；	1→2
N80 Y32.0；	2→3
N90 X35.0；	3→4
N100 Y－32.0；	4→5
N110 X－30.0；	5→6
N120 Y20.0；	6→7
N130 G02 X－20.0 Y30.0 R10.0；	7→8
N140 G01 X20.0；	8→9
N150 G02 X30.0 Y20.0 R10.0；	9→10
N160 G01 Y－30.0；	10→11
N170 X12.0；	11→12
N180 G03 X－12.0 Y－30.0 R12.0；	12→13
N190 G01 X－55.0；	13→14
N200 G40 G00 X－60.0 Y－60.0；	14→1，并取消刀具半径补偿
N210 M05；	主轴停
N220 G49 G80 G91 G28；	机床返回参考点
N230 T02　M06；	换 02 号刀具
N240 M03 S500；	主轴正转，转速为 500r/min
N250 G90 G43 G00 Z30.0 H02；	T02 刀具建立刀具长度补偿
N260 G99 G81 X－15.0 Y0 Z－26.0 R3.0 F30；	钻孔 1（返回 *R* 平面）
N260 G98 X15.0；	钻孔 2（返回初始平面）
N270 G00 Z100.0；	*Z* 向退刀
N280 G49 G80 G91 G28；	返回机床参考点
N290 T03 M06；	换 3 号扩孔钻
N300 M03 S800；	主轴正转，转速为 800r/min
N310 G90 G43 G00 Z30.0 H03；	T03 刀具建立刀具长度补偿
N320 G99 G81X－15.0 Y0 Z－26.0 R3.0 F20；	扩孔 1（返回 *R* 平面）
N330 G98 X15.0；	扩孔 2（返回初始平面）
N340 G00 Z100.0；	*Z* 向退刀
N350 G49 G80 M09；	取消刀具长度补偿、取消钻孔循环
N360 G28；	返回机床参考点
N370 M30；	程序结束

4.8.2　实例二

分析如图 4-103 所示的平面轮廓零件加工工艺，毛坯尺寸为 120mm×80mm×24mm 的块料，工件材料为硬铝。试编制其加工程序。

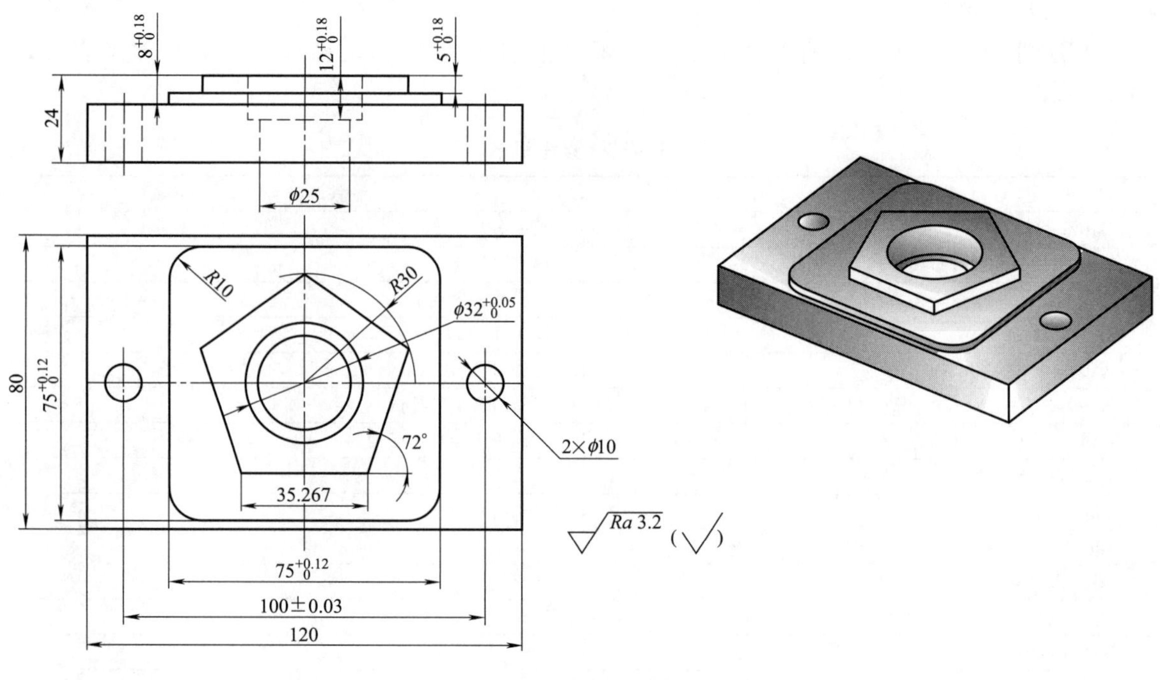

图 4-103 实例二零件图

(1) 图样分析

该零件为典型的轮廓和孔复合类零件，需要加工 2×ϕ10mm 通孔、零件中间台阶孔、正五边形轮廓、带有圆弧倒角的矩形轮廓。2×ϕ10mm 通孔的孔心位置由尺寸（100±0.03）mm 和 80mm 确定，孔深为 16mm。台阶孔小端直径为 ϕ25mm，深度由尺寸 24mm 和 $12^{+0.18}_{0}$mm 确定，台阶孔的大端直径为 $\phi 32^{+0.05}_{0}$mm，深度为 $12^{+0.18}_{0}$mm。正五边形轮廓的中心为零件的中心，其外接圆的半径为 R30mm，厚度为 $5^{+0.18}_{0}$mm。带有圆弧倒角的矩形轮廓的中心也为零件的中心，矩形的边长为 $75^{+0.12}_{0}$mm，倒角半径为 R10mm，其厚度由尺寸 $8^{+0.18}_{0}$mm、$5^{+0.18}_{0}$mm 确定。

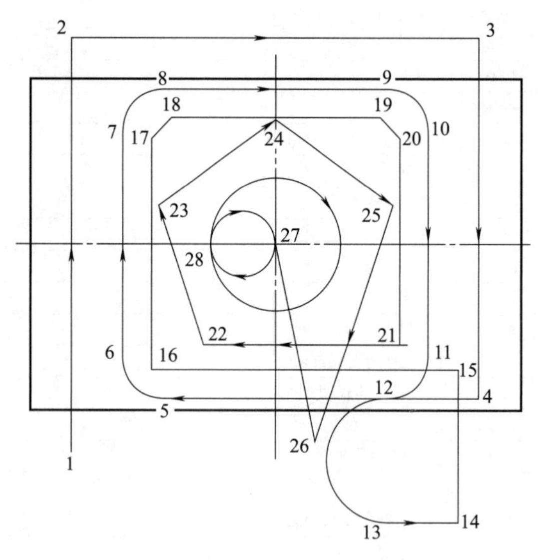

图 4-104 加工路线图

(2) 确定加工方案

根据零件形状、尺寸精度和表面粗糙度要求，确定加工工序如下。

① 用 ϕ25mm 麻花钻钻孔。

② 用 ϕ16mm 立铣刀铣削带有圆角的矩形轮廓、正五边形轮廓，铣 ϕ32mm 孔。其加工路线如图 4-104 所示，其中，1→12 铣削带有圆角的矩形轮廓，铣削深度为 8mm；15→26 铣削正五边形轮廓，铣削深度为 5mm；最后铣削 ϕ32mm 孔，铣削深度为 12mm。加工路线中各点坐标如表 4-57 所示。

③ 用 ϕ10mm 麻花钻钻 2×ϕ10mm 孔。

(3) 确定装夹方案

以零件底平面定位，采用机用台虎钳装夹。

表 4-57　加工路线中各点的坐标

点	坐标	点	坐标	点	坐标
1	X−50,Y−50	11	X37.5,Y−27.5	21	X30.5,Y−24.271
2	X−50,Y50.0	12	X27.5,Y−37.5	22	X−17.634,Y−24.271
3	X50.0,Y50.0	13	X27.5,Y−67.5	23	X−28.532,Y9.271
4	X50.0,Y−37.5	14	X45.0,Y−67.5	24	X0,Y30.0
5	X−27.5,Y−37.5	15	X45.0,Y−30.5	25	X28.532,Y9.271
6	X−37.5,Y−27.5	16	X−30.5,Y−30.5	26	X9.923,Y−48.0
7	X−37.5,Y27.5	17	X−30.5,Y25.264	27	X0,Y0
8	X−27.5,Y37.5	18	X−25.5,Y30.5	28	X−16.0,Y0
9	X27.5,Y37.5	19	X25.5,Y30.5		
10	X37.5,Y27.5	20	X30.5 Y25.627		

(4) 相关工艺卡片的填写

① 数控加工刀具卡（表 4-58）

表 4-58　数控加工刀具卡

零件图号		零件名称		材料	程序编号		车间		使用设备
×××		××××		45 钢	××××		数控中心		数控铣床
刀号	刀具名称	刀具直径/mm		刀具长度/mm	刀补地址		换刀方式		加工部位
		设定	补偿		直径	长度			
T01	麻花钻	ϕ25		实测		H01			钻 ϕ25 孔
T02	立铣刀	ϕ16		实测	D01				外轮廓
T03	麻花钻	ϕ10		实测		H02			钻 ϕ10 孔
编制		审核		批准		年　月　日	共　页		第　页

② 数控加工工艺卡（表 4-59）

表 4-59　数控加工工艺卡

单位名称		×××		产品名称或代号	零件名称		零件图号	
				×××	×××		××	
工序号		程序编号		夹具名称	使用设备		车间	
001		×××		机用台虎钳	加工中心		数控	
工步号	工步内容		刀具号	刀具规格/mm	主轴转速/(r/min)	进给速度/(mm/min)	背吃刀量/mm	备注
1	钻孔		T01	ϕ25	350	30	—	自动
2	铣外轮廓		T02	ϕ16	600	80	—	自动
3	钻孔		T03	ϕ10	350	30	—	自动
编制		审核		批准	年　月　日		共　页	第　页

(5) 程序编制

以工件中心为 X、Y 轴工件原点，以零件上表面为 Z 轴工件原点。编制参考程序如下。

① 用 ϕ25mm 麻花钻钻孔（表 4-60）。

表 4-60　参考程序

参考程序	注　释
O4028;	程序名
N5 G17 G54 G90 G80 G40 G28;	选择 XY 平面，选择 G54 坐标系
N10 T01 M06;	换 1 号刀具
N20 M03 S350;	主轴正转，转速为 350r/min
N30 G00 X0 Y0;	快速定位至(0,0)
N40 G43 H01 Z10.0;	建立刀具长度补偿

续表

参考程序	注　释
N50 G98 G83 Z－26.0 R5.0 Q3 F30；	用 G83 指令钻孔
N60 G00 Z150.0；	快速抬刀至 Z150
N70 G80 G49；	取消钻孔循环，取消刀具长度补偿
N80 G28；	回机床参考点
N90 M30；	程序结束

② 用 ϕ16mm 立铣刀，铣 75mm×75mm 四边形、外五边形，铣孔至 ϕ32mm（表 4-61）。

表 4-61　参考程序

参考程序	注　释
O4029；	用 ϕ16mm 的立铣刀铣 75mm×75mm 四边形
N5 G17 G54 G90 G80 G40 G28；	选择 XY 平面，选择 G54 坐标系
N10 T02 M06；	换 02 号刀具
N20 M03 S600；	主轴正转，转速为 600r/min
N30 G00 G43 H02 X0 Y0 Z30.0；	快速定位至(0,0,10)，建立刀具长度补偿
N40 G41 X－50.0 Y－50.0 D02；	快速移至(－50，－50)点，建立刀具左补偿
N50 G01 Z－8.0 F80；	Z 向进刀，N50～N80 粗铣零件两端
N60 Y50.0；	平行于 Y 轴切削，1→2
N70 X50.0；	平行于 X 轴切削，2→3
N80 Y－37.5；	平行于 Y 轴切削，3→4
N90 X－27.5；	平行于 X 轴切削至圆弧起点，4→5
N100 G02 X－37.5 Y－27.5 R10.0；	切削左下角圆弧，5→6
N110 G01 Y27.5；	平行于 Y 轴切削，6→7
N120 G02 X－27.5 Y37.5 R10.0；	切削左上角圆弧，7→8
N130 G01 X27.5；	平行于 X 轴切削，8→9
N140 G02 X37.5 Y27.5 R10.0；	切削右上角圆弧，9→10
N150 G01 Y－27.5；	平行于 Y 轴切削，10→11
N160 G02 X27.5 Y－37.5 R10.0；	切削右下角圆弧，11→12
N170 G03 Y－67.5 R15.0；	逆时针圆弧切出，12→13
N180 G01 X45.0；	平行于 X 轴退刀，13→14
N190 Z－5.0；	Z 向退刀
N200 Y－30.5；	14→15
N210 X－30.5；	15→16
N220 Y25.264；	16→17
N230 X－25.5 Y30.5；	17→18
N240 X25.5；	18→19
N250 X30.5 Y25.627	19→20
N260 Y－24.271；	20→21
N270 X－17.634；	21→22
N280 X－28.532 Y9.271；	22→23
N290 X0 Y30.0；	23→24
N300 X28.532 Y9.271；	24→25
N310 X9.923 Y－48.0；	25→26
N320 G00 Z10.0；	Z 向退刀
N330 G00 X0 Y0；	刀具快速定位，26→27
N340 G01 Z－12.0 F80；	Z 向进刀
N350 G03 X－16.0 Y0 R8.0；	逆时针圆弧切入
N360 G03 I16.0；	逆时针铣整圆
N370 G03 X0 Y0 R8；	逆时针圆弧切出
N380 G00 Z100.0；	快速抬刀至 Z100
N390 G28；	回机床参考点
N400 M30；	程序结束

③ 用 ϕ10mm 麻花钻钻 2×ϕ10mm 孔（表 4-62）。

表 4-62　参考程序

参考程序	注　释
O4030;	程序名
N10 G17 G90 G54 G80 G40 G28;	选择 XY 平面，选择 G54 坐标系
N20 T03 M06;	换 03 号刀具
N30 M03 S350;	主轴正转，转速为 350r/min
N40 G00 X0 Y0 M08;	快速定位
N50 G43 H03 Z10.0;	刀具正伸长
N60 G98 G83 X－50.0 Y0 Z－29.0 R3 Q1.5 F30;	钻左孔
N70 X50.0;	钻右孔
N80 G00 Z100.0 G80 G49;	快速抬刀至 Z100，取消钻孔循环，取消长度补偿
N90 G28;	回机床参考点
N100 M30;	程序结束

4.8.3 实例三

试在数控铣床或加工中心上完成如图 4-105 所示工件的编程与加工，已知毛坯尺寸为 120mm×80mm×25mm，45 钢。

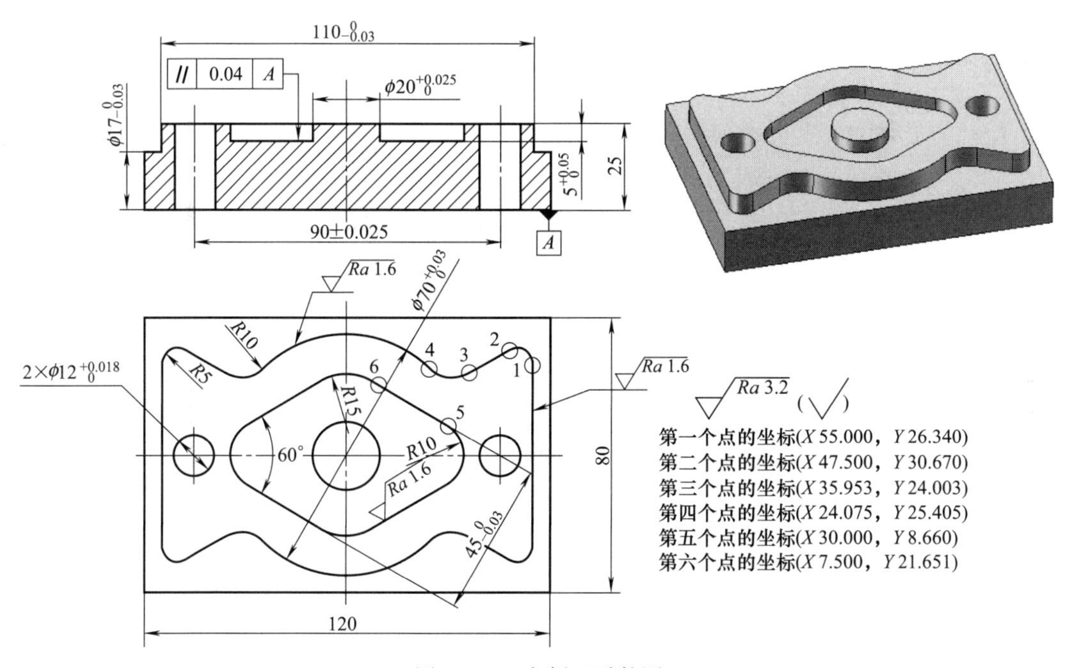

图 4-105　实例三零件图

(1) 零件图样分析

零件由一个型腔、一个岛屿、ϕ12H7mm 的通孔和多圆弧连接的外轮廓组成。内轮廓尺寸有 2×R10mm、2×R15mm、2×$45_{-0.03}^{0}$mm，高度尺寸 $5_{0}^{+0.05}$mm，表面粗糙度 Ra1.6μm；岛屿尺寸有轮廓尺寸 $\phi 20_{0}^{+0.025}$mm，表面粗糙度为 Ra1.6μm；外轮廓尺寸有 $110_{-0.03}^{0}$mm、$\phi 70_{0}^{+0.03}$mm、4×R5mm、4×R10mm，表面粗糙度 Ra1.6μm；ϕ12H7mm 孔的表面粗糙度 Ra1.6μm，其余表面粗糙度为 Ra3.2μm。

(2) 工艺分析

根据 ϕ12H7mm、Ra1.6μm 的加工要求，适合选用中心钻钻中心孔、钻孔、铰孔的工艺。

选用 ϕ11.8mm 的钻头和 ϕ12H7mm 的铰刀。岛屿和形腔内轮廓之间的空间比较狭小，选用直径为 ϕ10mm 的立铣刀，采用螺旋插补的方式下刀，加工岛屿后直接加工形腔。选用半径为 R8mm 的立铣刀加工外轮廓，可保证余量的有效去除。

① 用 ϕ16mm 立铣刀粗加工外轮廓，加工深度为 4mm、7.8mm 重复运行程序，留 0.2mm 表面加工余量，D01 为 8.5mm。

② 用 ϕ10mm 立铣刀，D02 为 5.5mm，深度为 4.8mm 粗加工岛屿和内轮廓，留 0.2mm 表面加工余量。

③ 用 ϕ10mm 立铣刀，D02 为 5.0mm，深度为 5mm 精加工岛屿和内轮廓。

④ 用 ϕ16mm 立铣刀精加工外轮廓，深度为 8mm，D01 为 8mm。

⑤ 用 A2.5mm 中心钻钻中心孔，ϕ11.8mm 钻头钻孔，ϕ12H7mm 铰刀铰孔。

综合考虑上述情况，加工步骤见表 4-63。

表 4-63 工艺过程和加工参数

工步	工步内容	刀具类型	主轴转速/(r/min)	进给速度/(mm/min)		工步图
				Z 向	周向	
1	外轮廓粗加工	ϕ16mm 立铣刀	500	1000	180	
2	岛屿和内轮廓粗加工	ϕ10mm 立铣刀	700	120	120	
3	岛屿和内轮廓精加工	ϕ10 键槽铣刀	900	120	120	
4	外轮廓精加工	ϕ16mm 立铣刀	600	1000	150	
5	钻中心孔	A2.5mm 中心钻	1500	100		
6	钻孔	ϕ11.8mm 钻头	1000	100		
7	铰孔	ϕ12H7mm 铰刀	200	80		

(3) 程序编制

选择工件上表面对称中心作为工件坐标系原点，程序见表 4-64。

表 4-64 加工程序

参考程序	注 释
外轮廓粗、精加工程序	
O4031;	主程序名
G17 G54 G40 G49 G80;	程序初始化
G90 G00 G43 Z50 H01;	建立刀具长度补偿
M03 S600;	粗加工时用主轴倍率开关修调主轴转速为 S500
M98 P0055;	调用子程序 O0055
G68 X0 Y0 P180;	坐标系旋转 180°
M98 P0055;	调用子程序 O0055
G49 G00 G90 Z200;	*Z* 向退刀，取消刀具长度补偿
G69 M05;	取消坐标系旋转，主轴停
M30;	主程序结束
O0055;	外轮廓加工子程序
G00 X70 Y50 M08;	刀具快速进刀
Z5;	*Z* 轴安全定位
G01 Z−8 F1000;	粗加工 *Z* 分别为−4.0、−7.8
G41 X55 D01 F150;	粗加工 D01=8.5，精加工 D01=8.0；粗加工用进给倍率开关修调进给速度为 F180
Y−26.34;	加工外轮廓(第四象限、第三象限轮廓)
G02 X47.5 Y−30.67 R5;	
G01 X35.953 Y−24.003;	
G03 X24.075 Y−25.405 R10;	
G02 X−24.075 R35;	
G03 X−35.953 Y−24.003 R10;	
G01 X−47.5 Y−30.67;	
G02 X−55 Y−26.34 R5;	
G91 G03 X−10 Y10 R10;	
G40 G90 G01 X−70 Y−60;	
G00 Z5 M09;	
M99;	子程序结束
岛屿和内轮廓加工程序	
O4032;	程序号
G17 G40 G49 G69 G54;	程序初始化
G00 G90 G43 Z50 H02;	定位建立长度补偿
M03 S900;	粗加工时用主轴倍率开关修调主轴转速为 S700
X0 Y20 M08;	
G01 Z1 F1000;	
G41 X−6 Y16 D02 F120;	粗加工 D02=5.5；精加工 D02=5.0
G03 X0 Y10 Z−5 R6;	粗加工 *Z* 为−4.8，螺旋线插补下刀
G02 J−10;	ϕ20mm 整圆加工
G01 X6;	切线切出岛屿
X7.5 Y21.651;	加工内轮廓
G03 X−7.5 R15;	
G01 X−30 Y8.66;	
G03 Y−8.66 R10;	
G01 X−7.5 Y−21.651;	
G03 X7.5 R15;	
G01 X30 Y−8.66;	
G03 Y8.66 R10;	
G01 X7.5 Y21.651;	
G40 X0 Y16;	

续表

参考程序	注　释
Z5 F1000 M09；	*Z* 轴安全定位
G00 G49 Z300 M05；	取消长度补偿，主轴停止
M30；	程序结束
钻中心孔	
O4033；	程序号
G17 G54 G40 G49 G80；	程序初始化
G00 G90 G43 H03 Z50；	
M03 S1500；	
X0 Y0 M08；	孔定位
G98 G81 X45 Y0 Z−5 R3 F100；	钻孔循环加工中心孔
X−45；	
G80 M09；	
M05；	
G49 G00 Z300；	取消刀具长度补偿
M30；	
加工 ϕ11.8mm 孔	
O4034；	程序号
G17 G54 G40 G49 G80；	
G00 G90 G43 H04 Z50；	
M03 S1000；	
X0 Y0 M08；	孔定位
G98 G83 X45 Y0 Z−30 R3 Q−3 K1 F100；	钻孔循环加工中心孔
X−45；	
G80 M09；	
M05；	
G49 G00 Z300；	取消刀具长度补偿
M30；	
用钻孔指令 G81 铰孔	
O4035；	程序号
G17 G54 G40 G49 G80；	程序初始化
G00 G90 G43 H05 Z50；	
M03 S200；	
X0 Y0 M08；	孔定位
G98 G81 X45 Y0 Z−30 R3 F100；	铰孔
X−45；	
G80 M09；	
M05；	
G49 G00 Z300；	取消刀具长度补偿
M30；	程序结束

4.8.4 实例四

试在数控铣床或加工中心上完成如图 4-106 所示工件的编程与加工，已知毛坯尺寸为 ϕ100mm×30mm，45 钢。

(1) 零件图分析

零件由两个腰形槽、两个腰形凸轮廓、一个方形轮廓和一个孔组成。腰形槽尺寸有 4×*R*6mm、2×$12^{+0.025}_{0}$mm，深度尺寸 $6^{+0.03}_{0}$mm，表面粗糙度 *Ra*3.2μm；腰形凸轮廓尺寸有 ϕ83mm、*R*6mm，高度尺寸为 $5^{0}_{-0.03}$mm，表面粗糙度为 *Ra*1.6μm；方形轮廓尺寸有 $36^{0}_{-0.025}$mm，*R*5mm，高度尺寸为 1mm，表面粗糙度 *Ra*1.6μm；ϕ6mm 孔的深度为 16mm，

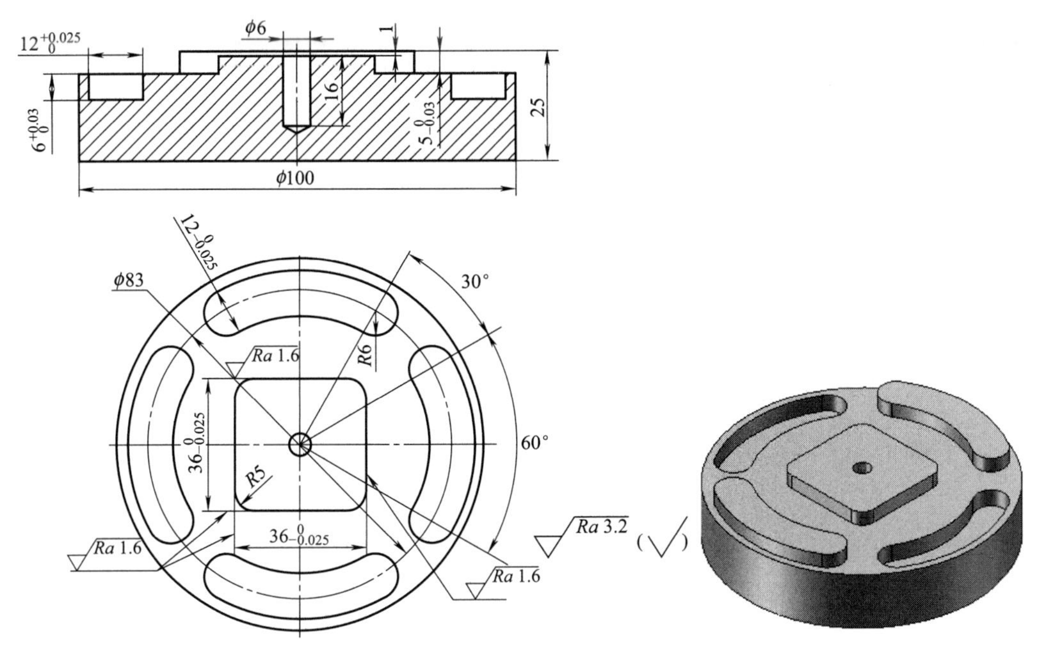

图 4-106 实例四零件图

其余表面粗糙度 $Ra3.2\mu m$。

(2) 工艺分析

选用中心钻钻中心孔、钻孔的工艺加工孔。选用 ϕ10mm 立铣刀加工外轮廓，用坐标系旋转和调用子程序的方法，按照图 4-107 中点画线的轨迹编程可有效地去除加工余量。将上边腰形凸轮廓和右边凹槽的加工程序编写为子程序，以简化编程。用 ϕ10mm 键槽铣刀加工腰形槽。用刀具中心编程，往复进给路径去除方形凸台顶面 1mm 的加工高度。

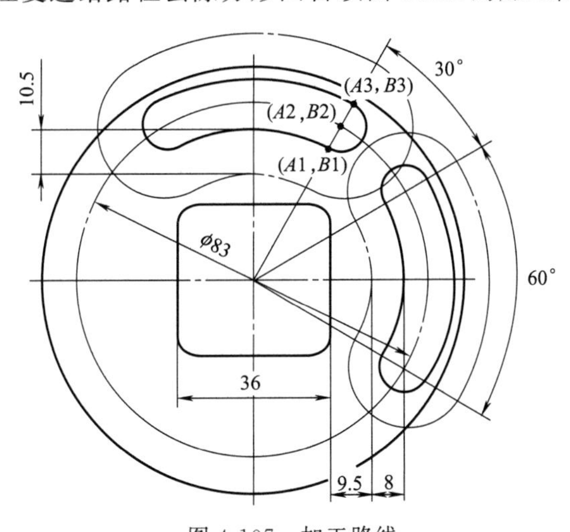

图 4-107 加工路线

腰形凸轮廓和腰形槽的形状、位置尺寸是相等的，因此计算一组点的坐标值即可满足编程要求。

$A1=35.5\times\sin30=17.75$　　$B1=35.5\times\cos30=30.744$

$A2=41.5\times\sin30=20.75$　　$B2=415\times\cos30=35.94$

$A3=47.5\times\sin30=23.75$　　$B3=47.5\times\cos30=41.136$

综合考虑上述情况，加工步骤见表4-65。

表 4-65 工艺过程和加工参数

工步	工步内容	刀具类型	主轴转速/(r/min)	进给速度/(mm/min)		工步图
				Z向	周向	
1	腰形槽粗加工	ϕ10mm 键槽铣刀	600	40	120	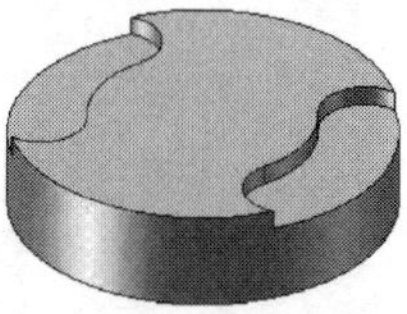
2	腰形外轮廓粗加工	ϕ10mm 立铣刀	600	1000	120	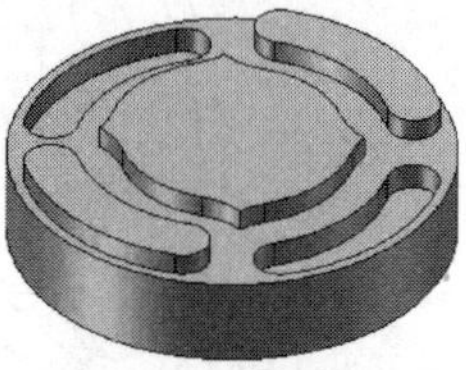
3	方形轮廓粗加工	ϕ10mm 立铣刀	600	200	100	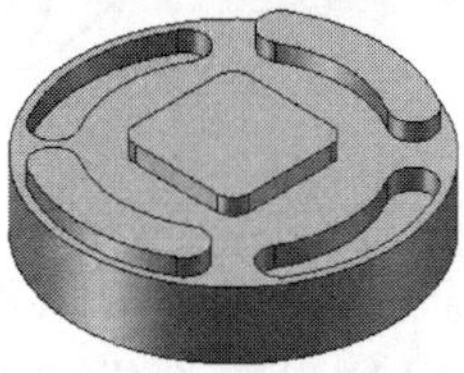
4	方形轮廓精加工	ϕ10mm 立铣刀	800	200	100	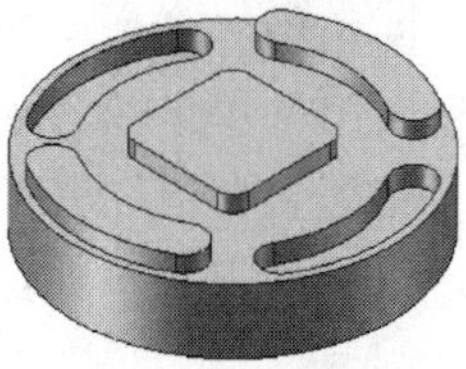
5	方形轮廓顶面加工	ϕ10mm 立铣刀	800	200	150	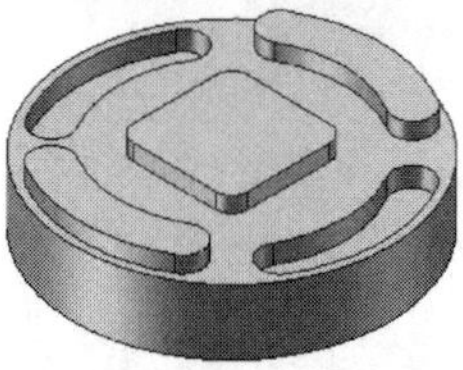
6	腰形外轮廓精加工	ϕ10mm 立铣刀	800	40	100	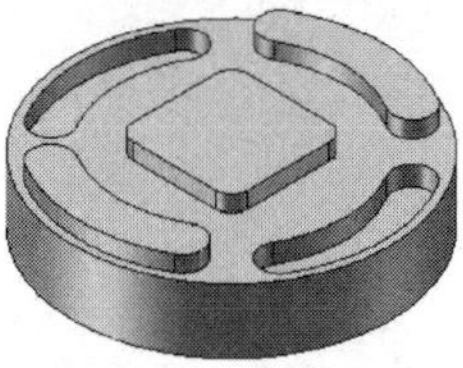
7	腰形槽精加工	ϕ10mm 键槽铣刀	800	100	120	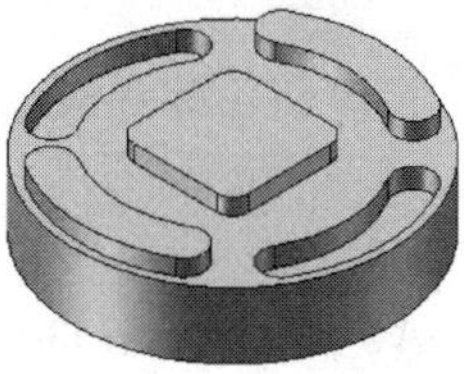

续表

工步	工步内容	刀具类型	主轴转速/(r/min)	进给速度/(mm/min)		工步图
				Z向	周向	
8	中心孔加工	A2.5mm 中心钻	1500	80		
9	钻孔	ϕ6mm 钻头	1000	80		

(3) 程序编制

选择工件上表面对称中心作为工件坐标系原点，程序见表 4-66。

表 4-66 加工程序

参考程序	注 释
腰形槽粗加工程序(粗加工时 O0006 程序运行 2 次,以调整 Z 值到达加工深度)	
O4036;	程序文件名
G17 G40 G49 G69 G54;	程序初始化
G00 G90 G43 Z50 H01;	
M03 S800;	粗加工时用主轴转速倍率开关修调为 S600
M98 P0606;	Z 为-4.8,-5.0;D01 为 5.0,-2.0 粗加工腰形槽至-5.0深并去除余量
G68 X0 Y0 P180;	工件坐标系旋转 180°
M98 P0606;	调用 O0606 子程序
G00 G90 Z100 M09;	
G69 G49 M05;	取消坐标系旋转和长度补偿,主轴停
M30;	
腰形外轮廓粗、精加工	
O4037;	程序号
G17 G40 G49 G69 G54;	程序初始化
G00 G90 G43 Z50 H02;	
M03 S800;	粗加工时用主轴转速倍率开关修调为 S600
M98 P0606;	
M98 P0607;	
G68 X0 Y0 P180;	工件坐标系旋转 180°
M98 P0606;	同上
M98 P0607;	调用 O0607 子程序
G49 G00 G90 Z100 M09;	
G69 M05;	取消坐标系旋转和长度补偿,主轴停
M30;	
方形轮廓粗、精加工	
O4038;	程序号
G17 G40 G69 G49 G54;	程序初始化
G00 G90 G43 Z50 H02;	
M03 S800;	粗加工时用主轴转速倍率开关修调为 S600
X25.0 Y-30;	
Z3.0 M08;	

续表

参考程序	注　释
G01 Z−5 F200;	
G41 Y−18 D02 F100;	粗加工 D02=5.2，精加工 D02=5.0
X−13;	
G02 Y−13 X−18 R5;	
G01 Y13;	
G02 X−13 Y18 R5;	
G01 X13;	
G02 X18 Y13 R5;	
G01 Y−13;	
G02 X13 Y−18 R5;	
G91 G03 X−6 Y−6 R6;	*R*6.0mm 圆弧切出轮廓
G90 G01 G40 X25;	
G49 G00 G90 Z50 M09;	
M05;	
M30;	
方形轮廓顶面加工	
O4039;	程序号
G17 G40 G69 G49 G54;	
G00 G90 G43 Z50 H02;	
M03 S800;	
X25 Y10 M08;	
Z−1;	
G01 X−13 F100;	
Y3;	
X13;	
Y−5;	
X−13;	
Y−13;	
X25;	
G90 G00 Z50 M09;	
M05;	
M30;	
中心孔加工程序	
O4040;	中心孔加工程序号
G54 G40 G00;	
G90 G43 Z50 H03;	
M03 S1500;	
X0 Y0;	孔定位
G98 G81 X0 Y0 Z−3 R3 F80;	
G80;	
G49 G00 Z200 M05;	
M30;	
ϕ6mm 孔加工程序	
O4041;	孔加工程序号
G54 G40 G00;	
G90 G43 Z50 H04;	

续表

参考程序	注 释
M03 S1000；	
X0 Y0 M08；	
G98 G83 X0 Y0 Z−17.5 R3 Q−3 F80；	
G80 M09；	
G49 G00 Z200 M05；	
M30；	
腰形槽加工子程序	
O0606；	子程序号
G00 G90 X35.94 Y20.75 M08；	
G01 Z2.0 F1000；	
Z−11 F100；	粗加工时 Z 值分别为−10.8，底面留 0.2mm 精加工余量，进给速度为 F40
G41 X30.744 Y17.75 D01 F100；	粗加工 D01=5.2，精加工 D01=5.0
G02 X30.744 Y−17.75 R35.5；	
G03X41.136 Y−23.75 R6；	
G03 Y23.75 R47.5；	
G03 X30.744 Y17.75 R6；	
G01 G40 X35.94 Y20.75；	
G00 G90 Z5；	
M99；	
腰形外轮廓加工子程序	
O0607；	子程序号
G00 X−15 Y55；	
G01 G90 Z−5 F1000；	粗加工时 Z 值分别为−4.8，底面留 0.2mm 精加工余量
G41 Y47.5 D01 F100；	粗加工 D02=5.2，精加工 D01=5.0
X0；	
G02 X23.75 Y41.136 R47.75；	
G02 X17.75 Y30.744 R6.0；	
G03 X−17.75 Y 30.744 R35.5；	
G02 X−23.75 Y41.136 R6.0；	
G03 X0 Y47.5 R47.75；	
G01 X20.0；	
G40 Y55；	
G00 G90 Z5.0；	
M99；	

4.9 数控铣床/加工中心的基本操作

4.9.1 GSK990MC 操作面板介绍

（1）面板划分

GSK990MC 数控系统具有一体化面板，共分为 LCD 液晶显示区、编辑键盘区、软键功能区和机床控制区四大区域，如图 4-108 所示。

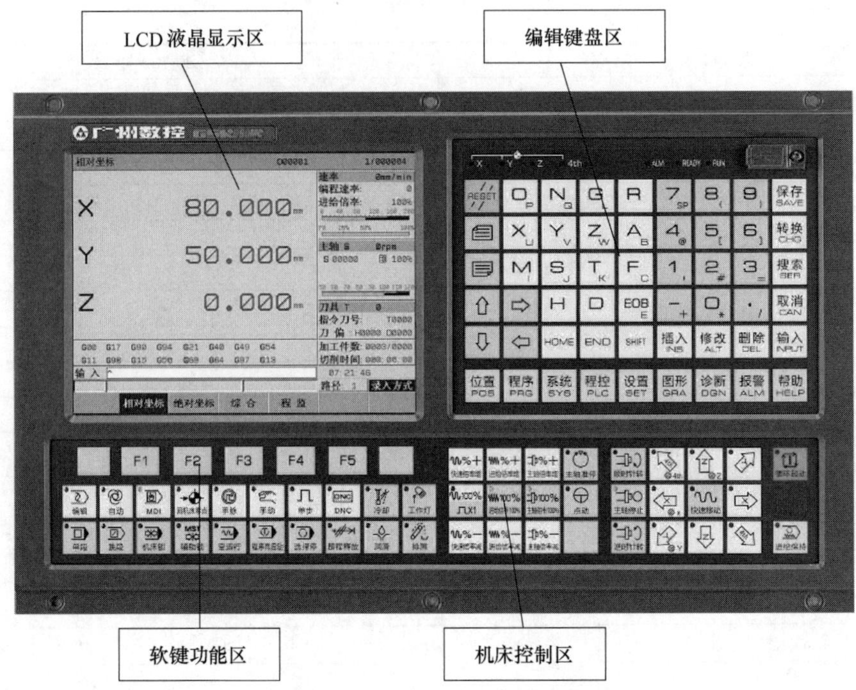

图 4-108　GSK990MC 操作面板

（2）操作方式

GSK990MC 有编辑、自动、MDI、回机床零点、单步、手动、手脉、DNC 共八种操作方式，如表 4-67 所示。

表 4-67　GSK990MC 操作方式及其功能

操作方式	操作按键	功　能
编辑	编辑	在编辑操作方式下，可以进行加工程序的建立、删除和修改等操作
自动	自动	在自动操作方式下，自动运行程序
MDI（录入）	MDI	在 MDI（录入）操作方式下，可进行参数的输入以及代码段的输入和执行
回机床零点	回机床零点	在机床回零点操作方式下，可分别执行进给轴回机床零点操作
单步	单步	在单步进给方式中，CNC 按选定的增量进行移动
手动	手动	在手动操作方式下，可进行手动进给、手动快速、进给倍率调整、快速倍率调整及主轴启停、冷却液开关、润滑液开关、主轴点动、手动换刀等操作
手脉	手脉	在手脉操作方式下，通过转动手轮使选定的坐标轴按选定的增量进行移动
DNC	DNC	在 DNC 操作方式下，可以进行程序传输

(3) 显示键

GSK990MC 系统在操作面板上共布置了 8 个操作页面显示键和 1 个帮助页面显示键，如表 4-68 所示。

表 4-68 GSK990MC 系统菜单显示键功能说明

显示键	功能说明
位置 POS	按此键进入位置页面。通过相应软键转换，位置页面有相对坐标、绝对坐标、综合坐标、程监、监控显示页面
程序 PRG	按此键进入程序页面。通过相应软键转换，显示程序、MDI、现/模、现/次、目录显示页面，目录界面可通过翻页键查看多页程序名
系统 SYS	按此键进入系统页面。通过相应软键转换，显示刀具偏置、参数、宏变量、螺补显示页面
程控 PLC	按此键进入程控页面。通过相应软键转换，查看 PLC 梯图相关的版本信息和系统 I/O 口的配置情况，同时在录入方式下可对 PLC 梯图进行修改
设置 SET	按此键进入设置页面。共有五个界面，通过相应软键转换显示设置、工件坐标、分中对刀、数据和密码设置界面
图形 GRA	按此键进入图形页面。通过相应软键转换，显示图参、图形显示页面，图参进行显示图形中心、大小以及比例设定
诊断 DGN	按此键进入诊断页面。通过相应软键转换，查看系统各侧的 I/O 口信号状态、总线状态、DSP 状态及波形
报警 ALM	按此键进入报警页面。通过相应软键转换，查看各种报警信息页面及历史和操作履历
帮助 HELP	按此键进入帮助页面。通过相应软键转换，查看系统相关的各项帮助信息

(4) 机床面板按键

GSK990MC 机床面板中按键的功能是由 PLC 程序（梯形图）定义，各按键功能如表4-69所示。

表 4-69 GSK990MC 机床控制面板各按键名称及其功能

按键	名称	功能说明
进给保持	进给保持键	按此键，系统停止自动运行
循环起动	循环启动键	按此键，程序自动运行
%+ 进给倍率增 / 100% 进给倍率100% / %− 进给倍率减	进给倍率键	在手动进给时，可按进给倍率键可修改手动进给倍率，倍率从 0 至 150%，共 16 级
%+ 快速倍率增 / 100% X1 / %− 快速倍率减	快速倍率、手动单步、手轮倍率选择键	快速倍率、手动单步、手轮倍率调整

续表

按键	名称	功能说明
超程释放	超程解除键	在手动、手轮方式，机床移动压上硬限位后机床报警，按下超程解除键，其指示灯亮，反向移动机床到指示灯熄灭为止
润滑	润滑液开关键	按此键，进行机床润滑开/关转换
冷却	冷却液开关键	按此键，进行冷却液开/关转换
主轴准停	主轴准停键	在手动、单步、手轮方式，按此键，主轴准停开/关切换
点动	点动开关键	主轴点动状态开/关
逆时针转 主轴停止 顺时针转	主轴控制键	可进行主轴正转、停止、反转控制
%— 主轴倍率 100% 主轴倍率 %+ 主轴倍率	主轴倍率键	任何方式下，按此键，调整主轴速度
排屑	排屑开关键	任何方式下，按此键，排屑开/关转换
4th Z X 快速移动 Y	手动进给键	手动、单步操作方式，X、Y、Z、4th 轴正向/负向移动，轴正向为手轮选轴
快速移动	快速移动键	快速移动开/关转换
选择停	选择停按键	在自动、录入、DNC 方式，选择停有效时，执行 M01 暂停
单段	单段键	程序单段/连续运行状态切换，指示灯亮时为单段运行
跳段	程序段选跳开关	在自动、录入、DNC 方式，首标“/”符号的程序段是否跳段，打开时，指示灯亮，程序跳过
机床锁	机床锁住开关	机床锁打开时指示灯亮，轴动作输出无效
MST 辅助锁	辅助功能开关	辅助功能打开时指示灯亮，M、S、T 功能输出无效

续表

按　键	名　称	功能说明
空运行	空运行开关	空运行有效时，指示灯亮，常用于检验程序
工作灯	机床工作灯开关	机床工作灯开/关
程序再启动	程序再启动键	退出正在加工的程序或现场突然断电后恢复到断电前的加工状态

4.9.2 系统上电、关机及安全操作

(1) 系统上电

系统上电前，应检查机床状态是否正常、电源电压是否符合要求、接线是否正确等。开机步骤如下。

按下机床电源按钮→按下系统开按钮→开启急停按钮（顺时针旋转急停按钮即可开启）。

系统自检正常、初始化完成后，显示现在位置（相对坐标）界面，如图 4-109 所示。

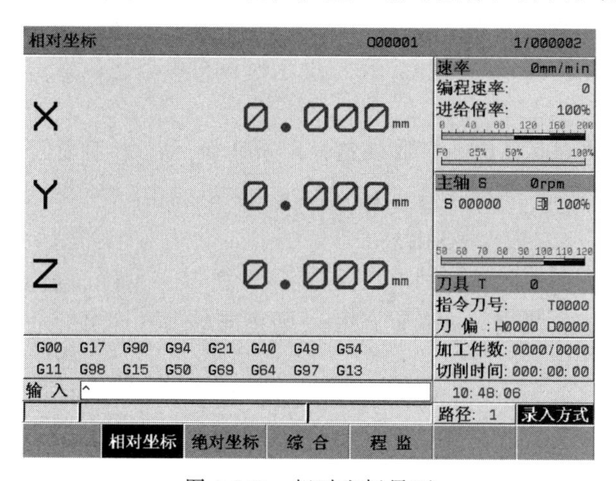

图 4-109　相对坐标界面

(2) 关机

关机前，应确认 CNC 的 *X*、*Z* 轴是否处于停止状态，辅助功能（如主轴、水泵等）是否关闭。关机时先切断 CNC 电源，再切断机床电源。

提示

机床运行过程中，在紧急情况下可立即断开机床电源，以防事故发生。但必须注意，断开电源后，系统坐标与实际位置可能会有偏差，必须进行重新回零、对刀等操作。

(3) 安全操作

1）复位

GSK990MC 异常输出、坐标轴异常动作时，按复位键 RESET CNC 处于复位状态。此时，所有轴运动停止，M、S 功能输出无效，自动运行结束。

2）急停

机床运行过程中，在危险或紧急情况下按急停按钮（外部急停信号有效时），CNC 即进入急停状态，此时机床停止运动，主轴的转动、冷却液等输出全部关闭。松开急停按钮解除急停报警，CNC 进入复位状态。

① 解除急停按钮前先确认故障原因是否已排除。

② 急停按钮解除后应重新执行回参考点操作，以确保坐标位置的正确性。

3）进给保持

机床运行过程中可按进给保持键使运行暂停。需要特别注意的是，在刚性攻螺纹、循环代码运行中，运行完当前代码后暂停。

4）超程防护

为了避免因 X 轴、Y 轴、Z 轴超出行程而损坏机床，机床必须采取超程防护措施。

① 硬件超程防护

分别在机床 X 轴、Y 轴、Z 轴的正、负向最大行程处安装行程限位开关，当出现超程时，运行轴碰到限位开关后减速并最终停止，系统提示超程报警信息。

② 软件超程防护

软件行程范围由数据参数 P66～P73 设置，以机床坐标值为参考值。如果移动轴超出了软限位参数设置，则会出现超程报警。

③ 超程报警的解除

解除硬限位超程报警的方法为：在手动或手脉方式下，先按面板上的键，再反方向移出轴（如正向超程，则负向移出；如负向超程，则正向移出）即可。

4.9.3 手动操作

按键进入手动操作方式，主要包括手动进给、主轴控制及机床面板控制等内容。

（1）坐标轴移动

在手动操作方式下，可以使各轴分别以手动进给速度或手动快速移动速度运行。

① 手动进给

在手动方式下，按住进给轴正向或负向键，相应轴开始移动，移动速度可通过调整进给倍率进行改变，松开按键时轴运动停止。本系统暂不支持手动多轴同时移动，可以支持各轴同时回零。注意：关于各轴手动进给速度由 P98 号参数设定。

② 手动快速移动

按键，使指示灯亮，则进入手动快速移动状态，再按进给方向轴键，各轴以快速运行速度运行。

① 手动快速移动速度由 P170～P173 设定。

② 由位参数 No：12#0 设定手动快速移动在返回参考点前是否有效。

③ 手动进给及手动快速移动速度选择

在手动进给时，可按键选择手动进给倍率，共 21 级（0%～200%）。

在手动快速移动时，可按键选择手动快速移动速度的倍率，快速倍率有 F0、25%、50%、100%四档（F0 速度由数据参数 P93 设定）。

快速倍率选择可对下面的移动速度有效。

①G00 快速进给；②固定循环中的快速进给；③G28 时的快速进给；④手动快速进给。

④ 手动干预

当在自动、录入、DNC 方式下有程序在运行时，通过进给保持后转换到手动方式，则可进行手动干预操作。移动各轴，完成动作后再转换到之前程序所运行的方式，按键运行该程序时，各轴以 G00 方式快速返回原手动干预点后继续运行程序。手动干预动作如表 4-70 所示。

表 4-70 手动干预动作

步　骤	示 意 图
步骤 1　N1 程序段切削工件	刀具 N2 工件 N1 程序段起点
步骤 2　在 N1 程序段的中间点 *A*，按下进给保持开关使机床停止运动	刀具 N2 工件 N1 *A*
步骤 3　手动将刀具移动到点 *B*，然后使机床运动重新开始	刀具 *B* 手动干预 N2 工件 N1 *A*
步骤 4　刀具以 G00 的速度自动返回 *A* 点后，执行 N1 段程序的剩余部分	*B* 刀具 N2 工件 N1 *A*

（2）主轴控制

① 主轴逆时针转

：在录入方式下给定 S 转速，手动/手脉单步方式下，按下此键，主轴逆时针方向转动。

② 主轴顺时针转

：在录入方式下给定 S 转速，手动/手脉/单步方式下，按下此键，主轴顺时针方向转动。

③ 主轴停止

：手动/手脉/单步方式下，按下此键，主轴停止转动。

④ 主轴的自动换档

通过位参数No：1＃2选择主轴为变频控制或I/O点控制。当No：1＃2=0时，则主轴转速由S转速指令来控制，实现自动换档，目前系统可进行三档控制，相应的最高转速分别由参数（P246、P247、P248）设置。当No：1＃2=1时，则主轴转速由I/O点控制自动换档，目前系统可进行三档控制（S1、S2、S3挡），可修改梯形图增加挡位输出。执行S转速指令转速后，系统会自动进行相应的挡位选择。

(3) 其他手动操作

① 冷却液控制

：冷却液在开与关之间进行切换。指示灯亮为开，灯灭为关。

② 润滑控制

：按住润滑键为开，松开按键为关。指示灯亮为开，灯灭为关。

③ 排屑控制

：排屑在开与关之间进行切换。指示灯亮为开，灯灭为关。

④ 工作灯控制

：工作灯在接通与断开之间进行切换。指示灯亮为接通，灯灭为断开。

4.9.4 单步操作

(1) 单步进给

按键进入单步方式，在单步进给方式中，机床每次按系统定义的步长进行移动。

(2) 移动量的选择

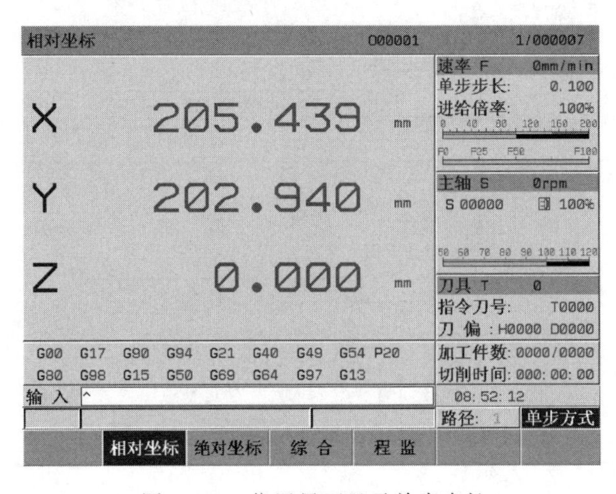

图 4-110 位置界面显示单步步长

按键中的任意一个选择移动增量，移动增量会在页面上显示。如图4-110所示，位置界面显示单步步长为0.100。此时，每按一次移动键，机床相应轴移动0.1mm。

(3) 移动轴及移动方向的选择

按进给轴及方向选择键或，X轴方向键可使X轴向正向或负向运动，每按一次键，相应轴移动系统单步定义的距离；Y轴及Z轴也一样。本系统暂不支持手动三轴同时移动，可以三轴同时回零。

(4) 单步进给说明事项

单步进给最高钳制速度由数据参数P155设定。单步进给速度不受进给倍率、快速倍率控制。

4.9.5 手脉操作

按键进入手脉方式，在手脉进给方式中，用手脉控制机床移动。

(1) 移动量的选择

按键中的任意一个选择移动增量，移动增量会在位置页面上显示。如图4-111所示，在位置界面显示手轮增量为0.100。

（2）移动轴及方向的选择

在手脉操作方式下，选择欲用手脉控制的移动轴，按下相应的键，即可通过手脉移动该轴。在手脉操作方式下，若欲用手脉移动 X 轴，按键后，此时摇动手脉可移动 X 轴。

由手脉旋向控制进给方向，具体见机床制造厂的机床使用说明书。一般来说，手脉顺时针为正方向进给，手脉逆时针为负方向进给。

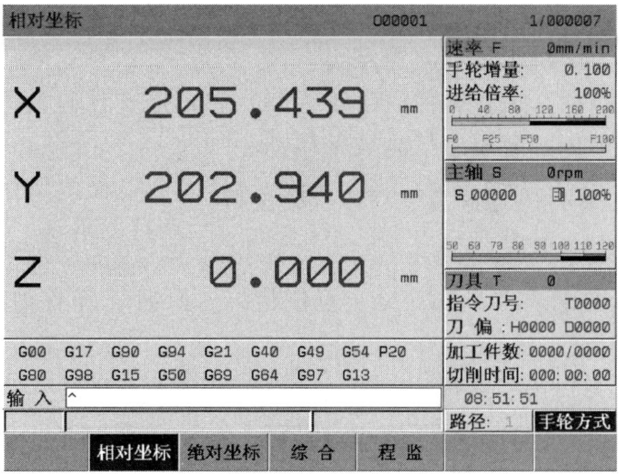

图 4-111　位置界面显示手轮增量

4.9.6　自动操作

（1）自动运行程序的选择

1）自动方式载入程序

① 按键进入自动操作方式。

② 按键进入【目录】页面显示，移动光标找到目标程序。

③ 按键进行确认。

2）编辑方式载入程序

① 按键进入编辑操作方式。

② 按键进入【目录】页面显示，移动光标找到目标程序。

③ 按键进行确认。

④ 按键进入自动操作方式。

（2）自动运行的启动

选择好要启动的程序后，按键，开始自动运行程序，可切换到位置、程监、图形等界面下观察程序运行情况。

程序的运行是从光标所在行开始的，所以在按键前最好先检查一下光标是否在需要运行的程序行上，各模态值是否正确。若要从起始行开始而此时光标不在此行，按键，后按键实现从起始行自动运行程序。

注：自动方式下运行程序过程中不可修改工件坐标系及基偏移量。

（3）自动运行的停止

在程序自动运行中，要使自动运行的程序停止，系统提供了五种方法。

1）程序停（M00）

含有M00的程序段执行后，程序暂停运行，模态信息全部被保存起来。按键后，程序继续执行。

2）程序选择停（M01）

程序运行过程前，若按键，当程序执行到含有M01的程序段后，程序暂停运行，模态信息全部被保存起来。按键后，程序继续执行。

3）按键

自动运行中按[进给保持]键后，机床呈下列状态。

① 机床进给减速停止。

② 在执行暂停（G04 代码）时，停止计时，进入进给保持状态。

③ 其余模态信息被保存。

④ 按[循环启动]键后，程序继续执行。

4）按复位键

按[RESET]键，CNC 处于复位状态。此时，所有轴运动停止，M、S 功能输出无效，自动运行结束。

5）按急停按钮

按下急停按钮，CNC 即进入急停状态，此时机床停止运动，主轴的转动、冷却液等输出全部关闭。

(4) 从任意段自动运行

系统支持从当前加工程序的任意段自动运行。具体操作步骤如下。

① 按[手动]键进入手动方式，启动主轴及其他辅助功能。

② 在 MDI 方式下运行程序各模态值，必须保证模态值正确。

③ 按[编辑]键进入编辑操作方式，按[程序]键进入程序页面显示，在【目录】中找到要加工的程序。

④ 打开程序，移动光标至欲运行的程序段前。

⑤ 按[自动]进入自动操作方式。

⑥ 按[循环启动]键自动运行程序。

① 程序运行前，确认当前的坐标点为该运行程序段的上一程序段运行结束位置（如果该运行的程序段是绝对编程，而且是 G00/G01 运动，就不必确认当前的坐标点）。

② 如果该运行的程序段是换刀等动作，先确认当前位置不会与工件等发生干涉碰撞，以免发生机床损坏和人身事故。

(5) 空运行

在程序加工前，可以用“空运行”来对程序进行检验，一般配合“辅助锁”“机床锁”使用。

按[自动]键进入自动操作方式，按[空运行]键（键上指示灯亮，表示已进入空运行状态）。

在快速进给中程序速度为空运行速度×快速进给倍率。在切削进给中程序速度为空运行速度×切削进给倍率。

(6) 单段运行

如要检测程序单段运行情况，可选择“程序单段”运行。

在自动、DNC 或 MDI 方式下，按[单段]键（键上指示灯亮，表示已进入单段运行状态）。单段运行时，每执行完一个程序段后系统停止运行，按[循环启动]键继续运行下一段，如此反复，直至程序运行完毕。

注：G28 中，在中间点，也进行单程序段停止。

(7) 机床锁住运行

在自动操作方式下，按键（键上指示灯亮，表示已进入机床锁住运行状态）。此时机床各轴不移动，但位置坐标的显示和机床运动时一样，并且M、S、T都能执行，此功能用于程序校验。

(8) 辅助功能锁住运行

在自动操作方式下，按键（键上指示灯亮，表示已进入辅助功能锁住运行状态）。此时M、S、T代码不执行，与机床锁住功能一起用于程序校验。

注：M00、M01、M02、M30、M98、M99按常规执行。

(9) 自动运行中的进给、快速速度修调

在自动运行时，系统可以通过修调进给、快速移动倍率改变运行时的移动速度。

自动运行时，可按键选择进给速度，进给倍率可实现21级实时调节。按一次键，进给倍率增加一级，每级为10%，到200%时不再增加。按一次键，进给倍率减少一级，每级为10%。若倍率设为F0时，由位参数No：12#4设定轴是否停止；如设为0不停止，则实际的快速移动速度由数据参数P93来设定（全轴通用）。

自动运行时，可按选择快移的速度，快速倍率可实现F0、25%、50%、100%四档调节。

① 进给倍率修调程序中F设定的值

实际进给速度=F设定的值×进给倍率

② 由数据参数P88、P89、P90及快速倍率最终修调得到的快速移动速度值计算如下：

*X*轴实际快速移动速度=P88设定的值×快速倍率

*Y*轴、*Z*轴实际的快速移动速度计算方法同上。

(10) 自动运行中的主轴速度修调

自动运行中，当选择模拟量控制主轴速度时，可修调主轴速度。

自动运行时，可按键调整主轴倍率而改变主轴速度，主轴倍率可实现50%～120%共8级实时调节。

按一次键，转速倍率增加一级，每级为10%，到120%时不再增加。

按一次键，转速倍率减少一级，每级为10%，到50%时主轴转速不再减少。

主轴的实际速度=程序指令速度×主轴倍率。最高主轴速度由数据参数P258设定。超过此数值以此速度旋转。

(11) 自动运行中的后台编辑

系统支持加工过程中的后台编辑功能。

自动方式下，程序运行时，按键进入程序显示界面，再按【程序】软键，进入后台编辑界面，如图4-112所示。

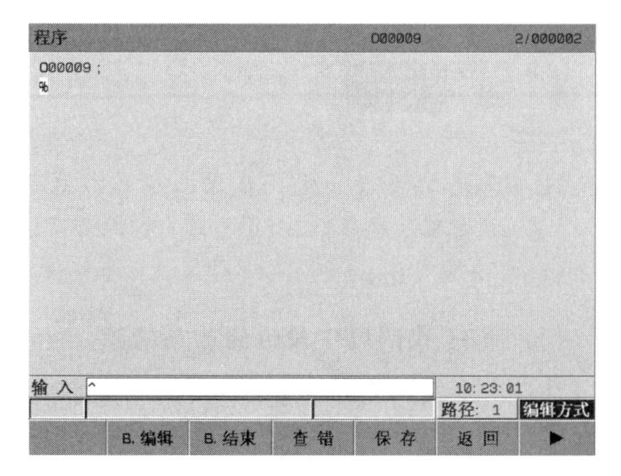

图4-112 编辑界面

按【B.编辑】软键进入程序后台编辑界

面，程序的编辑同编辑方式下一致。

① 后台编辑文件大小建议不要超过3000行，否则会影响加工效果。
② 后台编辑可以打开前台程序，但不能编辑或删除前台程序。
③ 后台编辑不能对运行中的前台程序进行编辑。

4.9.7 MDI 录入操作

系统在录入方式下，除了可录入、修改参数、偏置等，还提供了MDI运行功能，通过此功能可以直接输入代码运行。

(1) MDI 代码段输入

MDI方式下的输入分为两种。

1)【MDI】可连续输入多段程序。

2)【现/模】只能输入一段程序。

【MDI】方式下的输入同编辑方式下的程序输入一样，详见程序编辑操作，下面介绍【现/模】方式下的输入。

例 从【现/模】操作页面上输入一个程序段“G00 X50 Y100”，操作步骤如下。

① 按键进入录入操作方式。

② 按键进入程序界面，按【现/模】软键进入【现/模】操作页面（见图4-113）。

③ 在键盘上依次键入程序段“G00X50Y100”后，按键确认，此时可以看到程序已输入界面中，如图4-113所示。

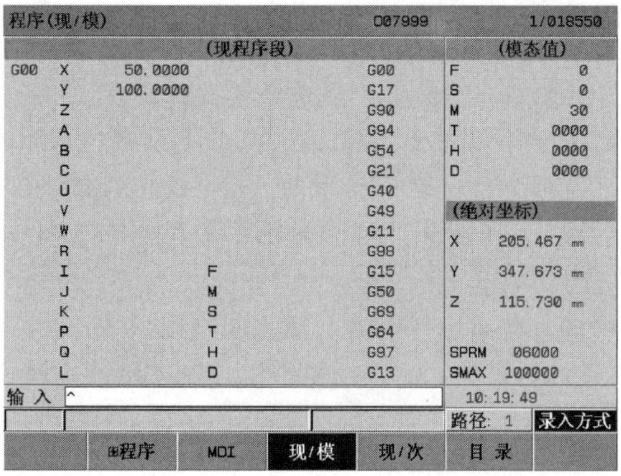

图4-113 【现/模】方式下的输入

(2) MDI 代码段运行与停止

输入代码段后，按键即可进行MDI运行。运行过程中可按键停止代码段运行。

① MDI的运行一定要在录入操作方式下才能进行！
② 在录入方式下，MDI与现/模界面下运行程序时，优先处理现/模界面下所输入的程序。

(3) MDI 代码段字段值修改与清除

如字段输入过程中出错，可按键取消输入；若输入完毕发现错误，可重新输入正确内容替代错误内容，或按键清除所有输入内容，重新输入。

4.9.8 回零操作

(1) 机床零点（机械零点）概念

机床坐标系是机床固有的坐标系，机床坐标系的原点称为机械零点（或机床零点），在本书中也称之为参考点，是机床制造者规定的机械原点，通常安装在 *X* 轴、*Y* 轴、*Z* 轴、4th 轴正方向的最大行程处。数控装置上电时并不知道机械零点，通常要进行自动或手动回机械零点。

(2) 机械回零的操作步骤

① 按键进入机械回零操作方式，这时液晶屏幕右下角显示“机械回零”字样，如图 4-114所示。

② 选择欲回机械零点的 *X* 轴、*Y* 轴、*Z* 轴、4th 轴，机床沿着机械零点方向移动，在减速点以前，机床快速移动（移动速度由数据参数 P100～P103 设定），碰到减速开关后，以数据参数 P342～P345 设定各轴回零速度，脱离挡块后以 FL（数据参数 P099 设定）的速度移动到机械零点（也即参考点）。回到机械零点时，坐标轴停止移动，回零指示灯亮。

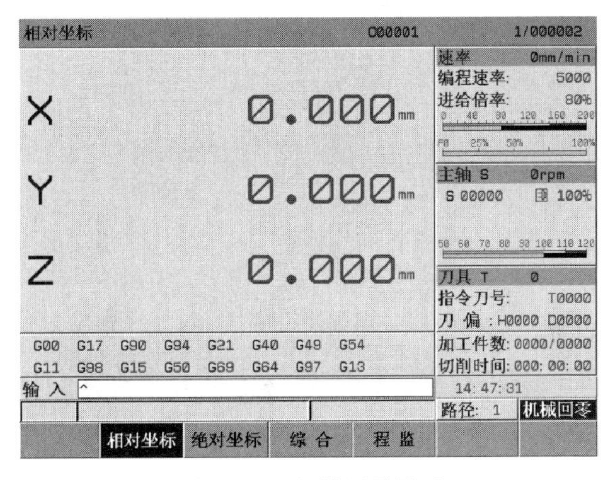

图 4-114 机械回零界面

4.9.9 编辑操作

(1) 程序的编辑

零件程序的编辑需在编辑操作方式下进行。按键进入编辑操作方式；按面板上的键进入程序界面，按【程序】软键后，进入程序的编辑及修改界面（图 4-115）。

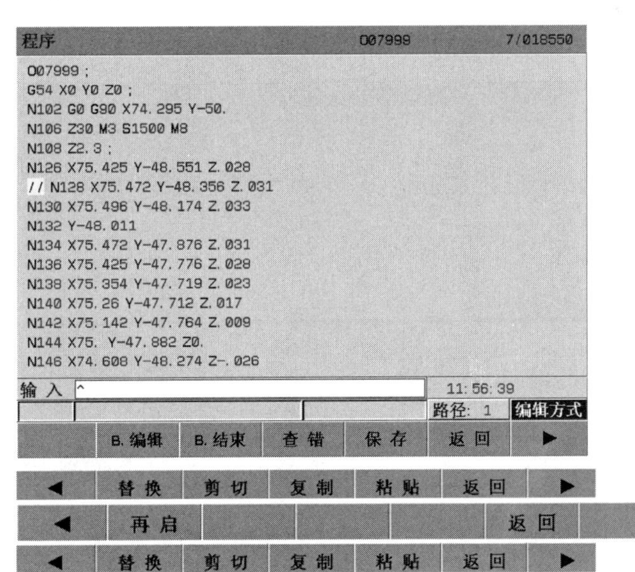

按【▶】键进入下一页

按【▶】键进入下一页

按【◀】键返回上一页

图 4-115 程序编辑界面

按相应的软键可以对程序做替换、剪切、复制、粘贴、再启等各项操作。

1）程序的建立

① 顺序号的自动生成

按［设置 SET］键，打开设置界面，如图 4-116 所示，将“自动序号”设为 1。

这样在编辑程序时，系统就会在程序段间自动插入顺序号，顺序号的号码增量值可在序号增量中设置。

② 程序内容的输入

a. 按［编辑］键进入编辑操作方式。

b. 按［程序 PRG］键进入程序界面显示（图 4-117）。

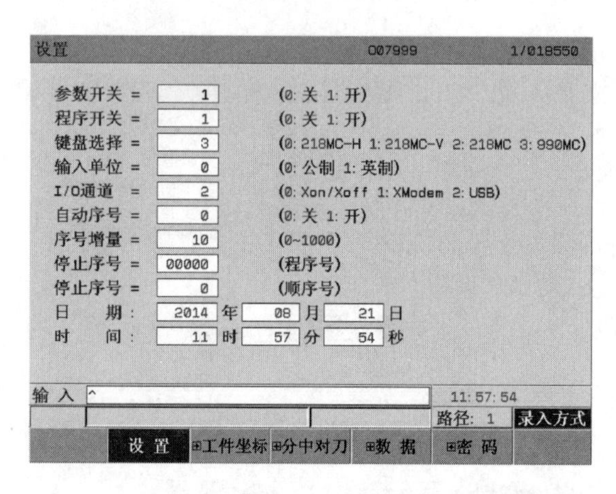

图 4-116 设置界面

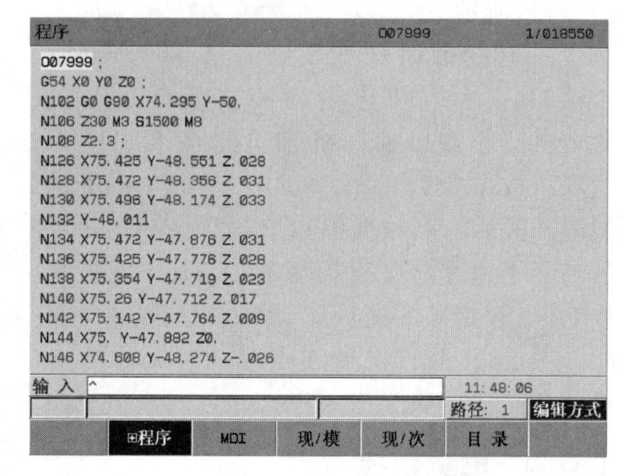

图 4-117 程序界面

c. 按地址键［O P］，依次键入数字键［0］、［0］、［0］、［0］、［2］（此处以建立 O00002 程序名为例），在数据栏后显示 O00002，如图 4-118 所示。

d. 按［EOB E］键，建立新程序名，如图 4-119 所示。

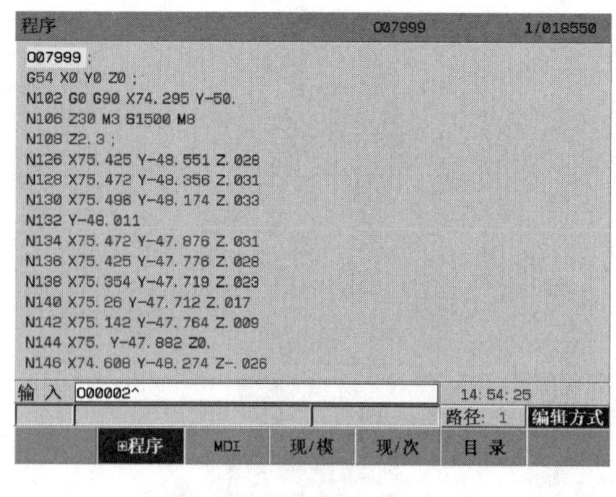

图 4-118 输入程序名

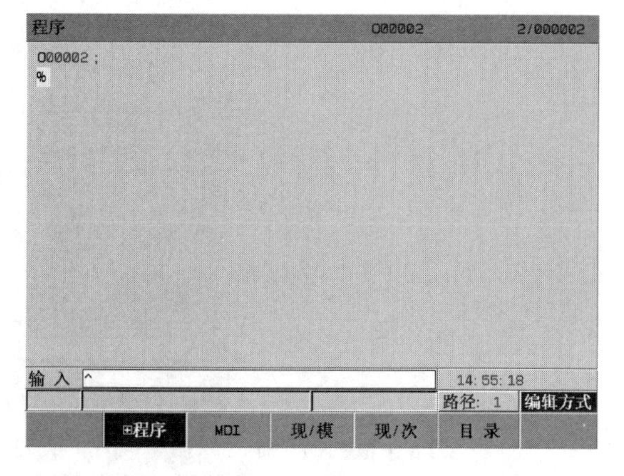

图 4-119 新建程序

e. 将编写的程序逐字输入，完成后切换其他工作方式的同时程序自动存储起来，若切换其他界面（如［位置 POS］界面），则需要先按［保存 SAVE］键保存，完成程序的输入。

① 在编辑方式下，系统暂不支持输入单独的数字。

② 在输入程序时发现输入的代码字出错，可按【取消 CAN】键取消输入代码。

③ 单次输入程序段最大不能超过 65 个字符。

③ 顺序号、字和行号的检索

顺序号检索是检索程序内的某一顺序号。一般用于从这个顺序号开始执行或编辑程序。由于检索而被跳过的程序段对 CNC 的状态无影响。如果从检索程序中的某一程序段开始执行时，需要查清此时的机床状态、CNC 状态。需要与其对应的 M、S、T 代码和坐标系的设定等（可用 MDI 方式设定执行）一致，方可运行。字的检索用于检索程序中特定的地址字或数字，一般用于编辑程序。检索程序中顺序号、字、行号的步骤如下。

a. 选择方式：编辑或自动方式。

b. 在【目录】中查找到目标程序。

c. 按【输入 INPUT】键，进入目标程序内。

d. 输入要检索的字或顺序号，按方向键【⇧】或【⇩】查找。

e. 如需查找程序中的行号，输入要查找的行号，按【搜索 SER】键确认即可。

① 顺序号、字检索到程序最后时检索功能自动取消。

② 在【自动】和【编辑】方式下都可以进行顺序号、字和行号的检索，但在【自动】方式下，只有在后台编辑界面才能进行。

④ 光标的定位方法

选择编辑方式，按【程序 PRG】键，显示程序画面。

a. 按【⇧】键实现光标上移一行，若光标所在列大于上一行末列，光标移到上一行末尾。

b. 按【⇩】键实现光标下移一行，若光标所在列大于下一行末列，光标移到下一行末尾。

c. 按【⇨】键实现光标右移一列，若光标在行末可移到下一行行首。

d. 按【⇦】键实现光标左移一列，若光标在行首可移到上一行行尾。

e. 按【上翻页】键向上滚屏，光标移至上一屏。

f. 按【下翻页】键向下滚屏，光标移至下一屏。

g. 按【HOME】键，光标移动至所在行的开头。

h. 按【SHIFT】+【HOME】键，光标返回程序开头。

i. 按【END】键，光标移动至所在行的行尾。

j. 按【SHIFT】+【END】键，光标移至程序结尾处。

⑤ 字的插入、删除、修改

选择编辑方式，按【程序 PRG】键，显示程序画面，将光标定位在要编辑位置。

a. 字的插入。

输入数据后，按[插入 INS]键，系统会将输入内容插入在光标的左边。

b. 字的删除。

把光标定位到需要删除的位置，按[删除 DEL]键，系统会将光标所在的内容删除。

c. 字的修改。

将光标移到需要修改的地方，输入修改的内容，然后按[修改 ALT]键，系统将光标定位的内容替换为输入的内容。

⑥ 单个程序段的删除

选择编辑方式，按[程序 PRG]键，进入程序画面，将光标移至需删除的程序段行首，按[N]＋[删除 DEL]键删除光标所在段。

注：不管该段有没有顺序号，都可以按[N]键，进行程序段的删除（光标须在行首）。

⑦ 多个程序段的删除

从现在显示的字开始，删除到指定顺序号的程序段，如图 4-120 所示。

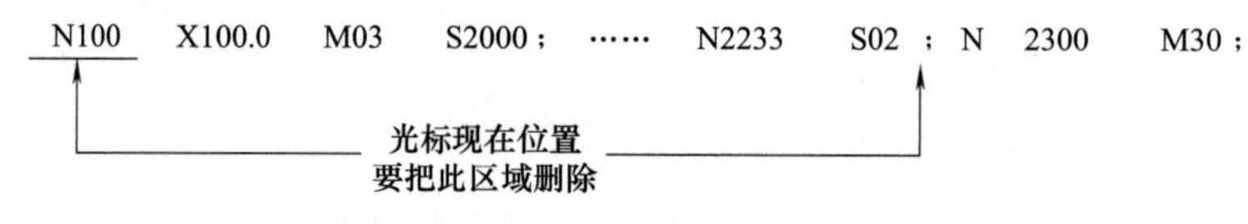

图 4-120 删除多个程序段示例

选择编辑方式，按[程序 PRG]键，进入程序显示画面，将光标定位在待删除目标起始位置（如图 4-120中的字符 N100 处），然后输入待删除多个程序段中最后一个完整字符，如 S02（图 4-120），按[删除 DEL]键，即可将光标与标记地址之间的程序删除。

提示

① 删除程序段的最多行数为 10 万行。

② 如程序中需删除的完整字符有多个相同的，按往下搜索的顺序删除第一个完整字符与光标字符之间的程序。

③ 采用 N＋顺序号删除多个程序段时，删除目标的 N＋顺序号起始位置都必须位于该程序段行首。

⑧ 多个代码字的删除

从现在显示的代码字开始，删除到指定代码字。

选择编辑方式，按[程序 PRG]键，进入程序显示画面，将光标定位在待删除目标起始位置（如图 4-120 中的字符 N100 处），然后输入待删除多个代码字的最后一个完整字符，如 S2000（图 4-120）。按[删除 DEL]键，即可将光标与标记地址之间的程序删除。

注：若 N＋顺序号位于程序段的中间，系统则视为代码字处理。

2）单个程序的删除

需要删除存储器中的某个程序时，步骤如下。

① 选择编辑操作方式。

② 进入程序显示页面，有两种方法删除程序。

a. 键入地址[O]；输入程序名（键入数字键[0]、[0]、[0]、[2]，此处以 O0002 程序为例），按删除键，则对应所在存储器中的程序被删除。

b. 在程序界面下选择【目录】界面，用光标选中需删除的程序名，按删除键，系统状态栏提示“确认删除当前文件?”，再按输入键后状态栏提示“删除成功”，即可删除光标选中的程序。

注：如果只有一个程序文件时，程序名不管是不是O00001，在编辑方式程序（目录）界面下，按删除键后程序名都会变为O00001且程序内容被删除；如果有多个程序文件时，O00001程序的程序内容与程序名一起删除。

3）全部程序的删除

需要删除存储器中的全部程序时，步骤如下。

① 选择编辑操作方式。

② 进入程序显示页面。

③ 键入地址O。

④ 依次键入地址键-、9、9、9、9、9。

⑤ 按删除键，则存储器中所有的程序被删除。

4）程序的复制

将当前程序复制并另存为新的程序名。

① 选择编辑方式。

② 进入程序显示页面；在【目录】界面中用光标选中需复制的程序，按输入进入程序显示画面。

③ 按地址键O，输入新程序号。

④ 按【复制】软键，文件复制完毕，进入新程序编辑界面。

⑤ 回【目录】可以看到新复制的程序名。

程序的复制也可以在程序编辑页面（图4-115）进行。

① 按地址键O，输入新程序号。

② 按【复制】软键，文件复制完毕，进入新程序编辑界面。

③ 回【目录】可以看到新复制的程序名。

5）程序段的复制与粘贴

程序段复制与粘贴的操作步骤。

① 光标移至要复制程序段的开头。

② 键入要复制程序段的最后一位字符。

③ 按SHIFT+保存键，光标与输入字符之间的程序复制完成。

④ 光标移至要粘贴的位置，按SHIFT+插入键，或者按【粘贴】软键，即可完成粘贴。

程序段的复制与粘贴也可以在程序编辑页面（图4-115）进行。

① 光标移至要复制程序段的开头。

② 键入要复制程序段的最后一位字符。

③ 按【复制】软键，光标与输入字符之间的程序复制完成。

④ 光标移至要粘贴的位置，按【粘贴】软键，即可完成粘贴。

6）程序段的剪切与粘贴

程序段剪切的操作步骤如下。

① 进入程序编辑页面（图 4-115）。

② 光标移至要剪切程序段开头。

③ 键入需要剪切程序段的最后一个字符。

④ 按【剪切】软键，程序被剪切到粘贴板上

⑤ 光标移至要粘贴的位置，按【粘贴】软键，即可完成粘贴。

7）程序段的替换

程序段替换的操作步骤：

① 进入程序编辑页面（图 4-115）。

② 光标移至要替换的字符。

③ 键入替换内容。

④ 按【替换】软键，系统将光标定位的内容及程序段中所有相同内容替换为输入的内容。注：此操作只能针对字符，而不能对程序段进行整段操作。

8）程序的更名

将当前程序名更改为其他的名字。

① 选择编辑操作方式。

② 进入程序显示页面（光标指定程序名）。

③ 键入地址，输入新程序名。

④ 按键，文件更名完毕。

9）程序再启动

该功能用于程序自动运行时发生意外，如刀具断裂、断电、急停、复位等动作，系统在排除事故后，通过程序再启动功能以空运行方式返回程序断点继续执行程序。

程序再启动操作步骤如下。

① 解决机床事故。如更换刀具、变更偏置、机械回零等。

② 在自动方式下，按面板上的键。

③ 按操作面板上的键进入程序界面，再按下 LCD 屏下方的【程序】软键进入子菜单，按两次【▶】键翻到子菜单的最后一页，按【再启】软键进入程序再启动界面。并记录下当前模态与预载模态不同的代码，如图 4-121 所示。

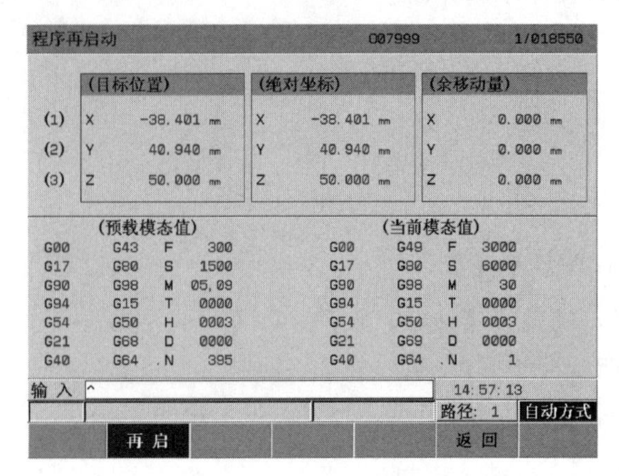

图 4-121 程序再启动界面

④ 切换到 MDI 式下，按【现/模】软键进入现模界面，根据图 4-121 中预载模态值，输入相应模态代码及 M 代码。

⑤ 返回自动方式下，按面板上的键，然后再按面板上键，程序以空运行速度并按照坐标前的“(1)(2)(3)”移动顺序移动到中断程序段的起点（即上一程序段的中断点），然后加工重新开始。坐标系前的“(1)(2)(3)”为各轴移动到程序再开始位置的移动顺序，并由数据参数 P376 设定其先后顺序。

(2) 程序管理

1) 程序目录的检索

按程序键，在程序界面中按【目录】软键，进入程序目录显示页面（图 4-122）。

① 打开程序

打开指定程序：地址 O+序号+输入键（或 EOB）或序号+输入键（或 EOB）。

在编辑方式下，如果输入的序号不存在，则会创建程序。

② 程序的删除

a. 在编辑方式下，按 DEL 键删除光标指定程序。

b. 在编辑方式下，地址 O+序号+DEL 键或序号+DEL 键。

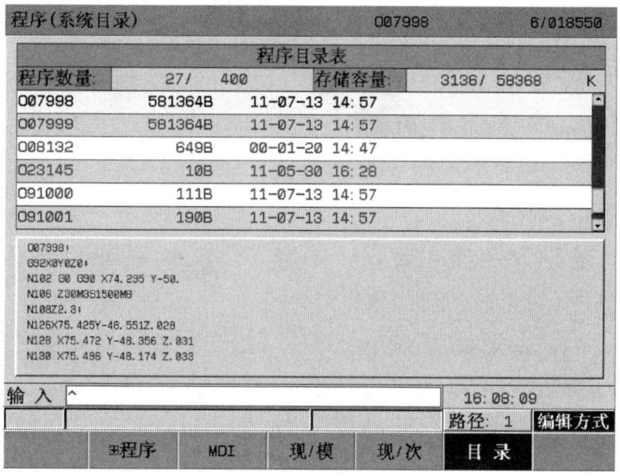

2) 存储程序的数量

本系统存储程序的数量不能超过 400 个，具体当前已存储的数量可查看图 4-122中程序目录显示页面的程序数量信息。

图 4-122 程序目录界面

3) 程序列表的查看

程序目录显示页面一次最多可以显示 6 个 CNC 程序名，如果 CNC 程序多于 6 个时，在一个页面内将不能完全显示，此时可通过按翻页键。LCD 将接着显示下一页面的 CNC 程序名，重复按翻页键，LCD 将循环显示所有的 CNC 程序名。

4) 程序的锁住

为防用户程序被他人擅自修改、删除，本系统设置了程序开关。在程序编辑之后，关闭程序开关使程序锁住，用户不能进行程序编辑操作。

4.9.10 对刀

对刀的目的是通过刀具或对刀工具确定工件坐标系与机床坐标系之间的空间位置关系，并将对刀数据输入相应的存储位置。它是数控加工中最重要的操作内容，其准确性将直接影响零件的加工精度。数控铣床或加工中心对刀操作分为 X、Y 向对刀和 Z 向对刀。

(1) 对刀方法

根据现有条件和加工精度要求选择对刀方法，可采用试切法、寻边器对刀、机内对刀仪对刀、自动对刀等。其中试切法对刀精度较低，加工中常用寻边器和 Z 轴设定器对刀，效率高，能保证对刀精度。

(2) 对刀工具

1) 寻边器

寻边器主要用于确定工件坐标系原点在机床坐标系中的 X、Y 值，也可以测量工件的简单尺寸。

寻边器有偏心式和光电式等类型，其中以光电式较为常用，如图 4-123 所示。光电式寻边器的测头一般为 10mm 的钢球，用弹簧拉紧在光电式寻边器的测杆上，碰到工件时可以退让，并将电路导通，发出光讯号，通过光电式寻边器的指示和机床坐标位置即可得到被测表面的坐标位置。

2) Z 轴设定器

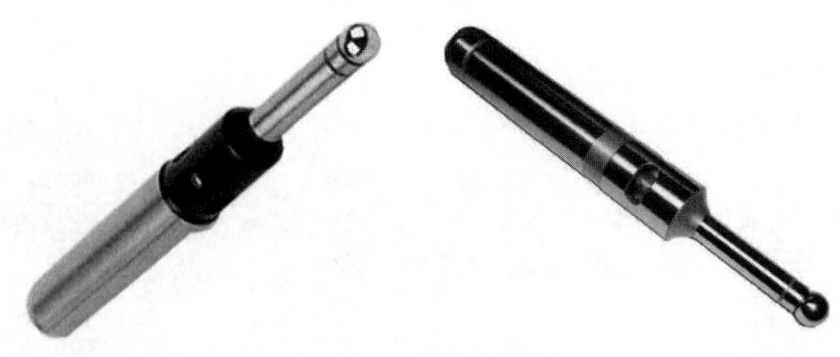

图 4-123　光电式寻边器

Z 轴设定器主要用于确定工件坐标系原点在机床坐标系的 Z 轴坐标，或者说是确定刀具在机床坐标系中的高度。

Z 轴设定器有光电式和指针式等类型，如图 4-124 所示。通过光电指示或指针判断刀具与对刀器是否接触，对刀精度一般可达 0.005mm。Z 轴设定器带有磁性表座，可以牢固地附着在工件或夹具上，其高度一般为 50mm 或 100mm。

(a) 光电式Z轴设定器　　(b) 指针式Z轴设定器

图 4-124　Z 轴设定器

(3) 对刀

以工件上表面对称中心为工件坐标系原点为例，讲解对刀过程。

1) X、Y 向对刀

采用寻边器对刀，其详细步骤如下。

① 将工件通过夹具装在机床工作台上，装夹时，工件的四个侧面都应留出寻边器的测量位置。

② 快速移动工作台和主轴，让寻边器测头靠近工件的左侧。

③ 改用微调操作，让测头慢慢接触到工件左侧，直到寻边器发光，记下此时机床坐标系中的 X_1 坐标值，如图 4-125 所示。

④ 抬起寻边器至工件上表面之上，快速移动工作台和主轴，让测头靠近工件右侧。

⑤ 改用微调操作，让测头慢慢接触到工件右侧，直到寻边器发光，记下此时机械坐标系中的 X_2 坐标值，如图 4-125 所示。

⑥ 若测头直径为 10mm，则工件长度为（X_1-X_2-10），据此可得工件对称中心在机床坐标系中的 X 坐标值为（X_1+X_2）/2。

⑦ 同理可测得工件对称中心在机床坐标系中的 Y 坐标值。

2) Z 向对刀

① 卸下寻边器，将加工所用刀具装入主轴。

② 将 Z 轴设定器（或固定高度的对刀块，以下同）放置在工件上平面上，如图 4-126 所示。

③ 快速移动主轴，让刀具端面靠近 Z 轴设定器上表面。

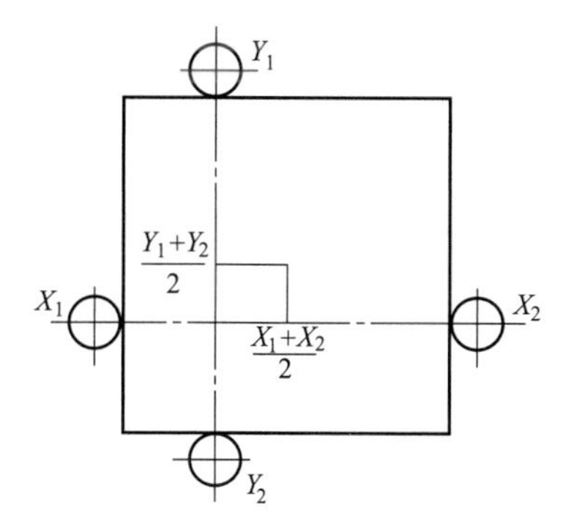

图 4-125 寻边器找对称中心

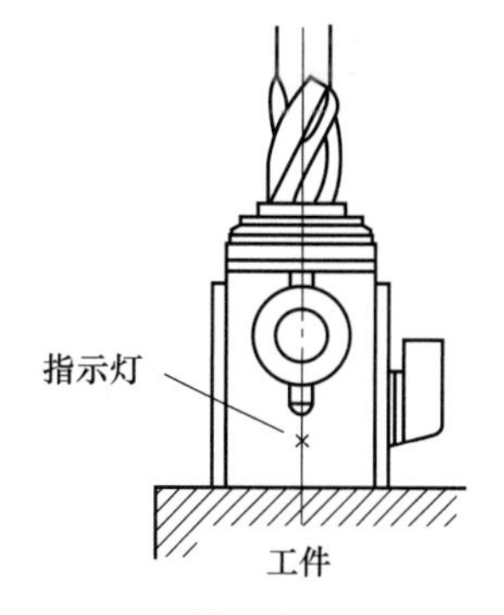

图 4-126 Z 轴设定器操作示意图

④ 改用微调操作，让刀具端面慢慢接触到 Z 轴设定器上表面，直到其指示灯亮。

⑤ 记下此时机床坐标系中的 Z 值。

⑥ 若 Z 轴设定器的高度为 50mm，则工件上表面在机床坐标系中的 Z 坐标值为 $Z-50$。

3）输入数值

将测得的 X、Y、Z 值输入工件坐标系存储地址中（一般使用 G54～G59 代码存储对刀参数）。

提示

在对刀操作过程中需注意以下问题。

① 根据加工要求采用正确的对刀工具，控制对刀误差。

② 在对刀过程中，可通过改变微调进给量来提高对刀精度。

③ 对刀时需小心谨慎操作，尤其要注意移动方向，避免发生碰撞危险。

④ 对刀数据一定要存入与程序对应的存储地址，防止因调用错误而产生严重后果。

(4) 设置参数

1）设置 G54～G59 参数

在 MDI 键盘上按设置键，然后按【坐标系】软键，进入坐标系设置界面，如图 4-127 所示。

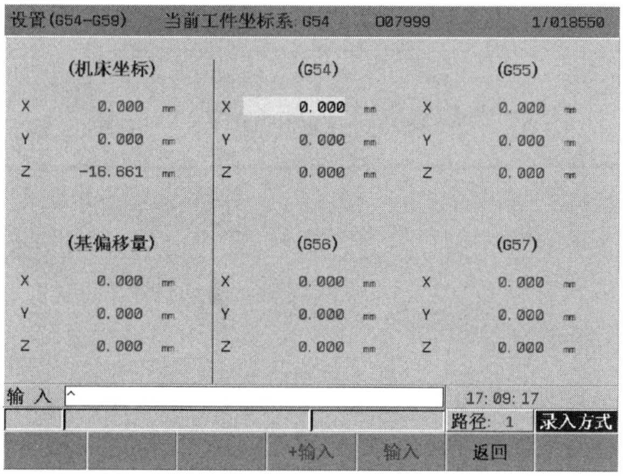

图 4-127 坐标系设置界面

除了 6 个标准工件坐标系（G54～G59 坐标系），还可使用 50 个附加工件坐标系。如图 4-128所示。各个坐标系通过翻页键进行查看或修改。

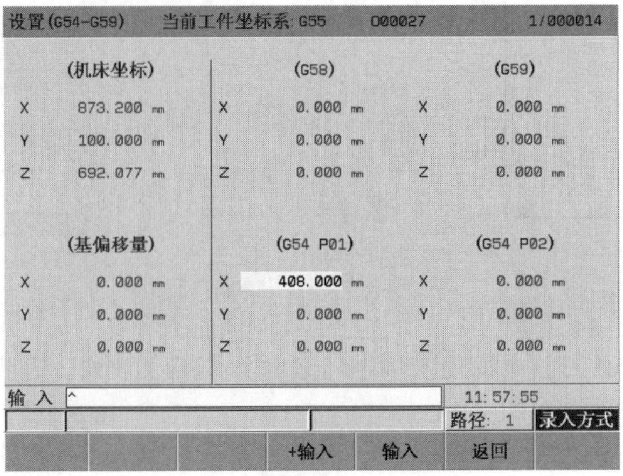

设置(G54-G59)　当前工件坐标系: G55　O00027　1/000014

(机床坐标)		(G58)		(G59)	
X	873.200 mm	X	0.000 mm	X	0.000 mm
Y	100.000 mm	Y	0.000 mm	Y	0.000 mm
Z	692.077 mm	Z	0.000 mm	Z	0.000 mm
(基偏移量)		(G54 P01)		(G54 P02)	
X	0.000 mm	X	408.000 mm	X	0.000 mm
Y	0.000 mm	Y	0.000 mm	Y	0.000 mm
Z	0.000 mm	Z	0.000 mm	Z	0.000 mm

输 入 ^　11: 57: 55

路径: 1　录入方式

+输入　输入　返回

图 4-128　附加坐标系设置界面

在任何方式下进入该界面后，移动光标，使它移到需变更的坐标系轴上，直接输入工件坐标系原点的机床坐标值，按输入INPUT键或【输入】软键确认。

2）设置刀具补偿参数

① 按系统SYS键进入系统页面，按【⊞偏置】软键进入偏置显示页面，如图 4-129 所示。可将补偿量直接输入或与当前位置上的值进行加减运算。形状（H）表示刀具长度补偿，磨耗（H）表示刀具长度磨耗，形状（D）表示刀具半径补偿，磨耗（D）表示刀具半径磨耗。

偏 置　O07999　1/018550

序号	形状(H)	磨耗(H)	形状(D)	磨耗(D)
001	0.000	0.000	0.000	0.000
002	0.000	0.000	0.000	0.000
003	0.000	0.000	0.000	0.000
004	0.000	0.000	0.000	0.000
005	0.000	0.000	0.000	0.000
006	0.000	0.000	0.000	0.000
007	0.000	0.000	0.000	0.000
008	0.000	0.000	0.000	0.000
009	0.000	0.000	0.000	0.000
010	0.000	0.000	0.000	0.000

(相对坐标)

X -37.794 mm　Y -48.447 mm　Z -16.661 mm

输 入 ^　08: 45: 46

路径: 1　录入方式

⊞偏置　⊞参数　⊞宏变量　螺 补　⊞总线配置

图 4-129　偏置界面

② 把光标移到要输入的补偿号的位置。

③ 在任何方式下，输入补偿量。按输入INPUT键或【输入】软键确定。

第5章

Mastercam X7 自动编程简介

5.1 Mastercam X7 轮廓铣削编程实例

5.1.1 零件图样

试应用 Mastercam X7 Mill 软件完成如图 5-1 所示工件的建模、生成刀具路径、后置处理生成 G 代码。

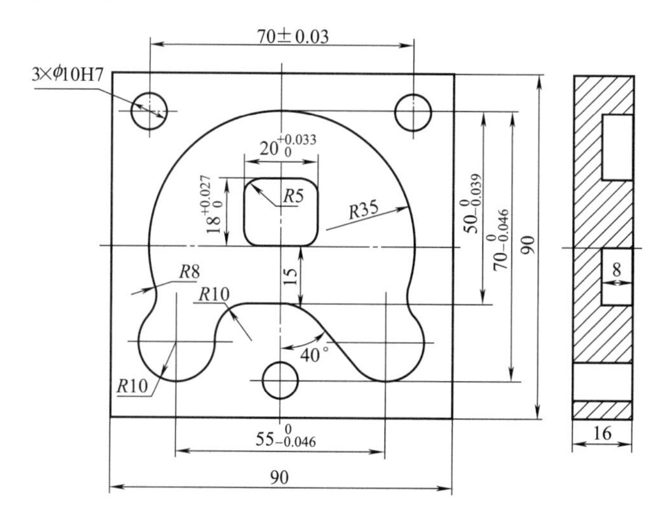

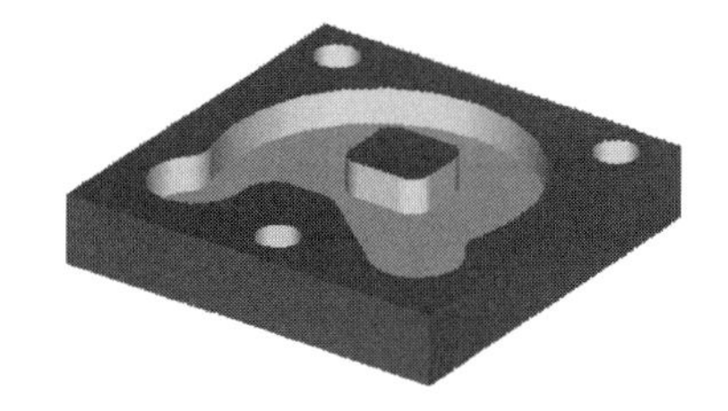

图 5-1 零件图

5.1.2 Mastercam X7 工作界面简介

(1) 启动 Mastercam X7

① 通过桌面快捷图标启动

双击桌面快捷图标（图 5-2），显示 Mastercam X7 启动画面（图 5-3），稍后即可启动 Mastercam X7。

图 5-2 Mastercam X7 快捷图标

图 5-3 软件启动画面

② 通过开始菜单启动

单击［开始］/［程序］/［Mastercam X7］/［Mastercam X7. exe］，即可进入 Mastercam X7 启动界面（图 5-3）。

初次启动 Mastercam X7 时，系统将首先打开一个协议文件，直接关闭该文件即可进入软件系统界面。

注：为了方便读者阅读本书，所有下拉菜单栏均用带“［　］”的文字表示，如“［开始］”“［程序］”等。而对话框中的按钮，则用带“【　】”的文字表示，如“【确定】”“【取消】”等。

(2) 认识 Mastercam X7 软件窗口界面

图 5-4 所示为 Mastercam X7 软件“Design”模块的窗口界面，该界面主要包括标题栏、下拉菜单、工具栏、操作管理器、绘图区、状态栏和坐标轴图标等。

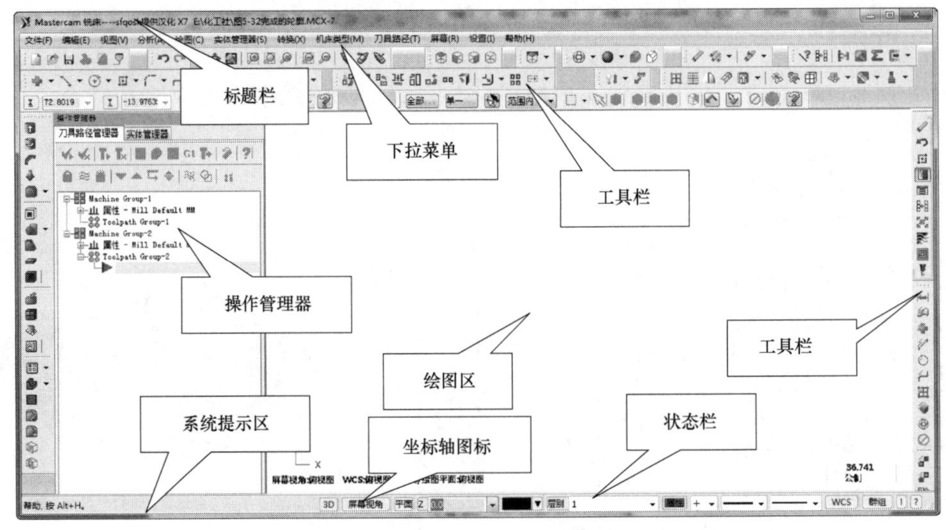

图 5-4 Mastercam X7 工作界面

① 标题栏

Mastercam X7 窗口界面的最上面为标题栏。如果已经打开了一个文件，则在标题栏中显示该文件的路径与文件名。

② 工具栏

工具栏由位于绘图区上方的一系列按钮组成。常用工具栏如图 5-5 所示。如果某些工具栏没有显示，则可单击下拉菜单［设置（I）］/［工具栏设置（T）］，弹出如图 5-6 所示工具栏设定对话框，勾选需要显示的工具栏后单击【 】按钮，即可在工作界面中显示该工具栏。

图 5-5 常用工具栏

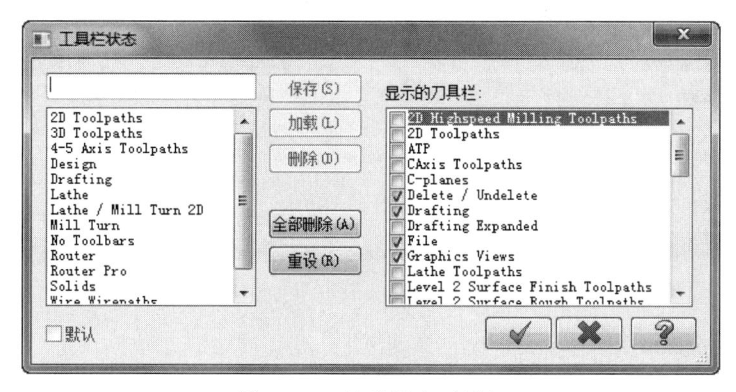

图 5-6 工具栏设定对话框

③ 下拉菜单

Mastercam X7 中的下拉菜单，与所有 Windows 软件的下拉菜单相同，单击主菜单中的某一个命令后即可显示该命令的下一级子菜单，图 5-7 所示为绘图子菜单。

④ 刀具路径管理器

刀具路径管理器主要来管理各项操作，如生成实体和曲面的操作、生成刀具路径的操作等。

⑤ 系统提示区

系统提示区在窗口的最下方左侧位置，该区域主要用于给出操作过程中相应的提示，有些命令的操作结果也在该区域显示。

注：有时位于工具栏和主菜单之间的区域也可作为提示区。

⑥ 状态栏

状态栏位于窗口的最下方，主要用于显示各种绘图状态。另外，通过状态栏还可设置构图平面、构图深度、图层、颜色、线型、线宽等各种属性和参数。

⑦ 右键菜单

在绘图区单击鼠标右键，将显示如图 5-8 所示右键菜单，该菜单主要用于选择不同的窗口显示方式。

(3) 选择工作界面

Mastercam X7 软件有铣床、车床、线切割、雕刻和铣削车共 5 个子模块，进入软件系统后可分别对这些模块进行选择。例如，进入铣床模块（Mastercam X7 Mill）的方法如图 5-9 所示，单击下拉菜单［机床类型（M）］/［铣床（M）］/［默

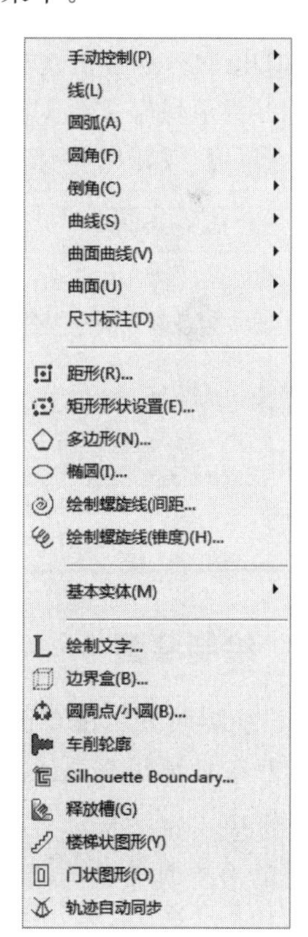

图 5-7 绘图下拉菜单的子菜单

认（D)］即可进入。

采用同样的方法，可以将当前工作模块（工作窗口）转换成“车床”或“线切割”等工作模块。

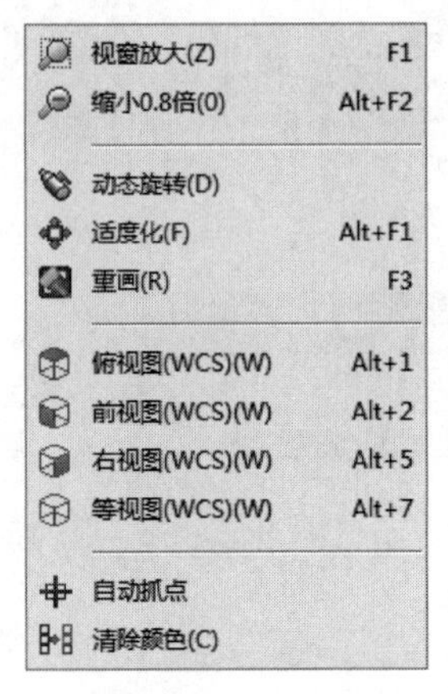

图 5-8 工作区右键菜单

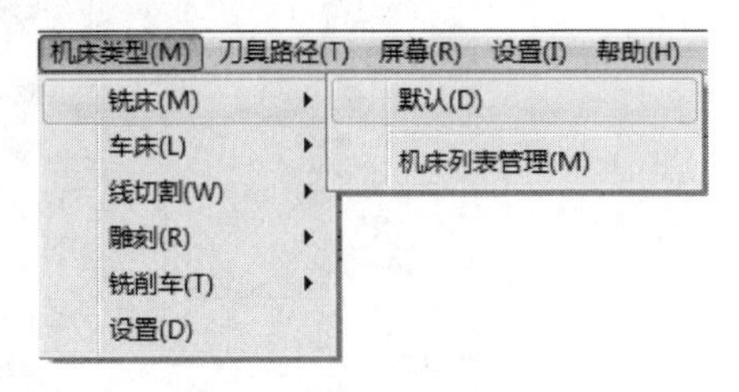

图 5-9 选择铣床工作模块

(4) 退出 Mastercam X7

用户退出 Mastercam X7，有以下几种方式。

① 在主菜单中选择［文件（F)］/［退出（X)］。

② 单击 Mastercam X7 窗口右上角的“”按钮。

③ 双击 Mastercam X7 窗口左上角的“”按钮。

④ 使用组合键 ALT＋F4。

当退出 Mastercam X7 时，会弹出图 5-10 所示退出确认对话框，单击【是（Y)】按钮出现图 5-11 所示保存文件对话框，单击【是（Y)】按钮则保存文件并退出 Mastercam X7，而单击【否（N)】按钮则不保存文件并退出 Mastercam X7。

图 5-10 退出确认对话框

图 5-11 保存文件对话框

5.1.3 绘制草图

(1) 绘制四方二维草图

① 双击计算机桌面上“Mastercam X7”快捷方式图标，进入其工作界面。

② 单击下拉菜单［机床类型(M)］/［铣床(M)］/［选取(S)］进入铣床加工模块。

③ 单击工具条“”按钮右侧下拉按钮，出现图 5-12 所示下拉菜单，选择“俯视图”选项作为构图面；单击图 5-13 所示工具条中的俯视图视角按钮“”，选择俯视图作为视角平面。

构图面是用于画草图的平面，视角平面是用于观察的平面，两者可以相同也可以不同。

④ 单击如图5-14所示草图工具条中画矩形按钮“ ”右侧下拉按钮，在弹出的展开菜单中选择“ 绘制矩形”选项。此时在工具栏下方位置弹出如图5-15所示设置矩形数值对话框。在该对话框中将宽度“ ”设为“90.0”，将高度“ ”设为“90.0”，单击矩形中心按钮“ ”。

图5-12 选择构图平面

图5-13 选择视角平面

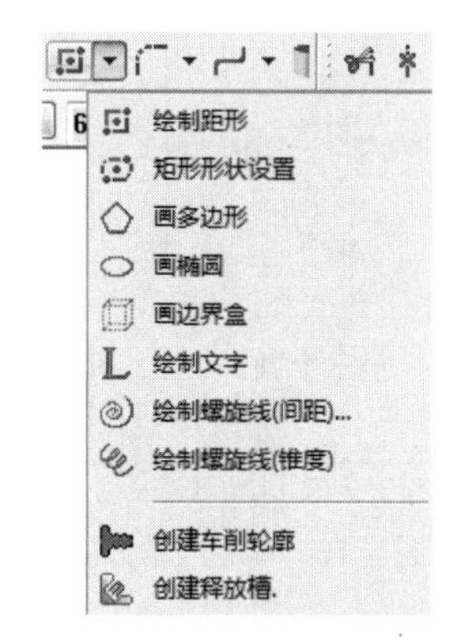

图5-14 选择画矩形工具条

图5-15 设置矩形的参数

⑤ 单击如图5-16所示光标捕捉坐标点工具条中“ ”按钮右侧下拉按钮，在展开菜单中选择“ 原点”选项，此时在绘图区画出如图5-17所示矩形。单击图5-15中的“ ”按钮关闭画矩形对话框。

注：如图5-16所示，输入矩形中心坐标点的方法有多种，既可采用键盘输入，也可采用捕捉方式输入。

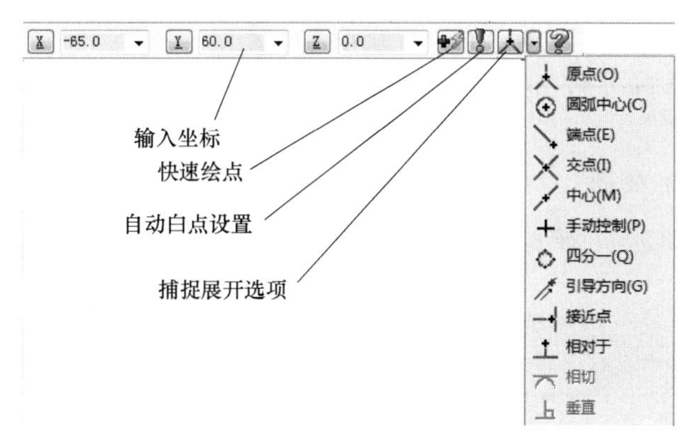

图5-16 设置矩形的中心点坐标

图5-17 完成后的矩形

（2）绘制三个圆

① 单击下拉菜单［绘图（C）］/［绘弧（A）］/［已知圆心点画圆（C）］或直接单击基础绘图工具条中的“”按钮，弹出如图 5-18 所示点半径方式画圆对话框。

图 5-18 点半径方式画圆对话框

② 单击光标自动抓点工具条中的快速点按钮“”右侧下拉按钮，在弹出的展开菜单中选择“原点”选项。

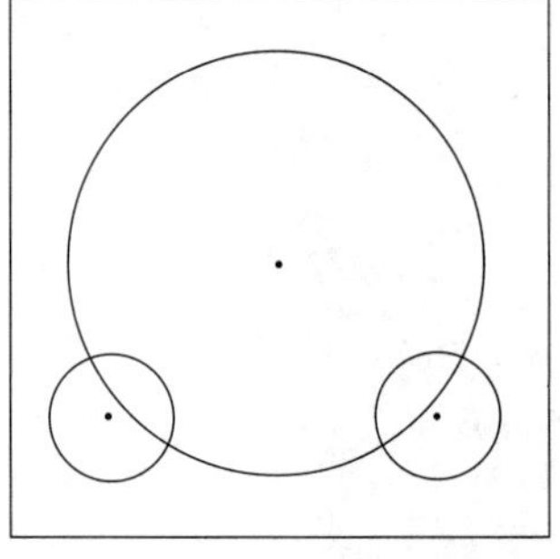

图 5-19 画三个圆

③ 在画圆对话框的“”按钮中输入半径量“35”后按回车键，再次按回车键画出如图 5-19 所示的 ϕ70mm 大圆。

④ 再次单击基础绘图工具条中的“”按钮，单击光标自动抓点工具条中的快速点按钮“”，在弹出的如图 5-20 所示对话框中输入圆心坐标“－27.5，－25.0”后按回车键。

⑤ 在画圆对话框的图标“”中输入半径量“10”按回车键，再次按回车键画出如图 5-19 所示左侧的 ϕ20mm 圆。

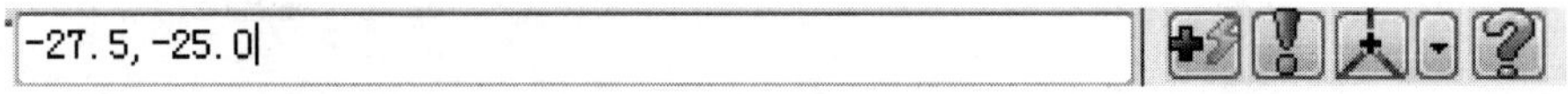

-27.5, -25.0

图 5-20 输入坐标对话框

⑥ 用同样的方法绘制图 5-19 中右侧的 ϕ20mm 小圆，其圆心坐标为“27.5，－25.0”。

（3）绘制直线

① 单击草图模式工具条中的画直线按钮“”，出现如图 5-21 所示画直线对话框。

图 5-21 画直线对话框

② 在画直线对话框中单击画水平线按钮“”，直接用鼠标左键单击轮廓左侧并向右拖曳鼠标至任意位置，此时对话框“ 115.321 ”中的数值表示所画水平线的 Y 坐标值，修改该值为“－15.0”，按回车键确认，使所画水平线的 Y 坐标为“－15.0”，完成后的直线如图 5-22 所示。

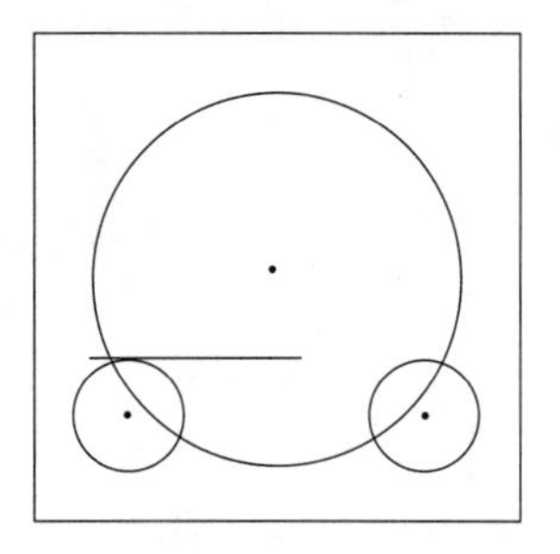

图 5-22 画水平线

③ 单击画直线按钮“”，在弹出的如图 5-23 所示对话框中单击画角度线按钮“”，修改角度为“130”，按回车键确认，再单击对话框中的相切按钮“”。

图 5-23 画角度线对话框

④ 单击图 5-19 中的右侧 ϕ20mm 圆的左侧部位，向上拖曳鼠标，画出如图 5-24 所示角度线。

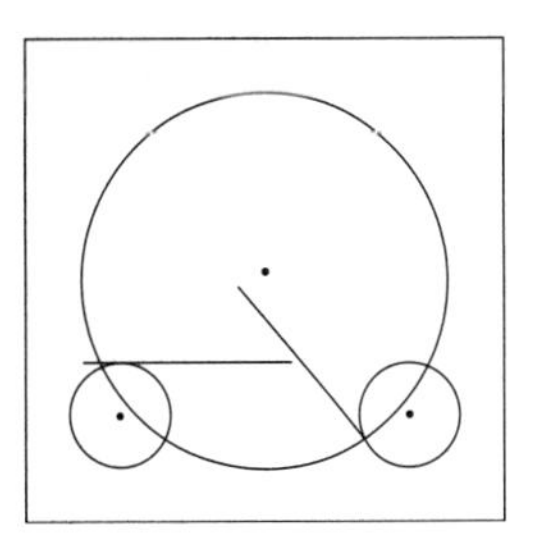

图 5-24 画角度线

(4) 修整线条

① 单击下拉菜单［编辑（E）］/［修剪/打断（T）］/［修剪/打断/延伸（T）］或直接单击修剪工具栏中的“”按钮，弹出如图 5-25 所示修剪对话框。

② 单击修剪对话框中的修剪两物体按钮“”，分别单击两条所要修剪线条的保留位置，完成这两条直线相交处的修剪。

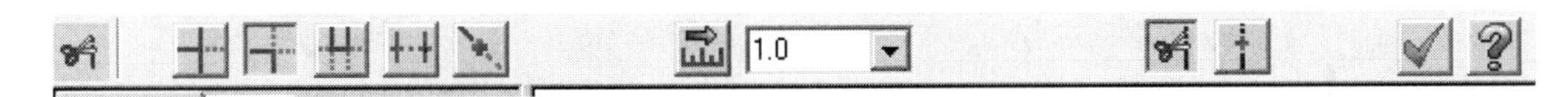

图 5-25 修剪对话框

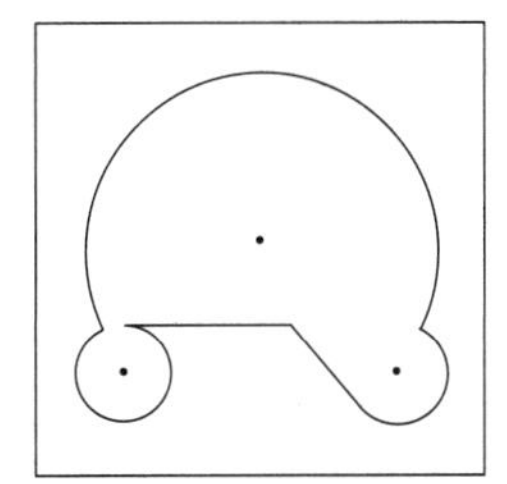

图 5-26 修整线条

③ 或者选中对话框中的分割物体按钮“”，然后单击图中需要修剪的部位，选中部位被修剪其余部位被保留。修剪完成后的轮廓如图 5-26 所示。

(5) 倒圆角

① 单击下拉菜单［绘图（C）］/［倒圆角（F）］/［ 倒圆角（E）］或直接单击基础绘图工具条中的“”按钮，弹出如图 5-27 所示倒圆角对话框。

图 5-27 倒圆角对话框

② 在对话框的“”文本框中输入半径值“8”，选中修剪按钮“”，在倒圆角过程中修剪相连的图素。

③ 分别单击图需要倒圆角的两条线条的保留位置，按回车键确认，绘制如图 5-28 所示 4 条过渡圆弧。

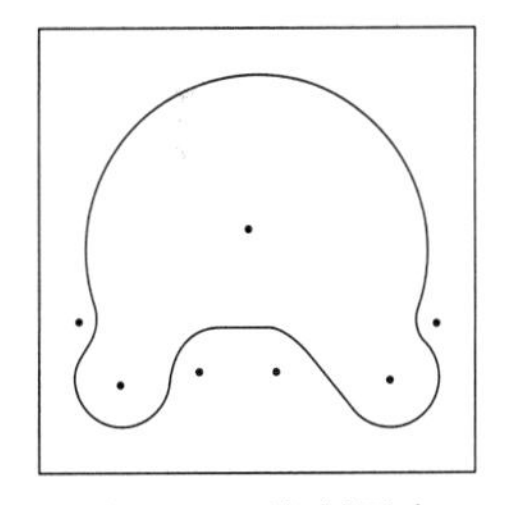

图 5-28 绘制圆角

(6) 绘制中间小正方形及三个点

① 单击绘图工具条中画矩形按钮“”右侧下拉按钮，在如图 5-29 所示展开菜单中选择“矩形形状设置”选项，弹出如图 5-30 所示矩形形状设置对话框。

② 如果该对话框没有展开，则可单击该对话框左上角的“”按钮使对话框展开。在该对话框中将宽度“”设为“20.0”，高度“”设为“18.0”，圆角“”设为“5.0”，选中所需形状“”，并在【固定位置】中选择矩形中心。

③ 不要关闭矩形形状设置对话框，直接在图 5-31 所示对话框中输入矩形中心点坐标【X0.0】、【Y9.0】、【Z0.0】后按回车键确认，画出如图 5-32 所示矩形。

④ 单击矩形设置对话框中的按钮【】，关闭矩形设置对话框。

⑤ 单击下拉菜单［绘图(C)］/［绘点(P)］/［绘点(P)］，单击光标自动抓点工具条中的快速点按钮“”，输入三个点的坐标“35，35”“−35，35”“0，−35”后按回车键，分别画出

三个点，完成后如图 5-32 所示。

图 5-29 选择矩形形状设置工具条

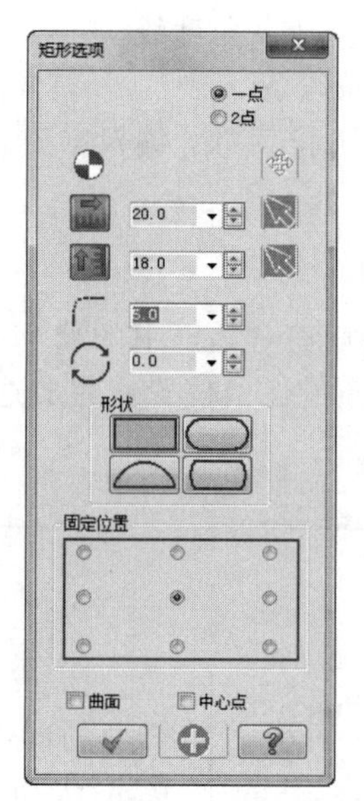

图 5-30 矩形形状设置对话框

图 5-31 设置矩形中心点坐标

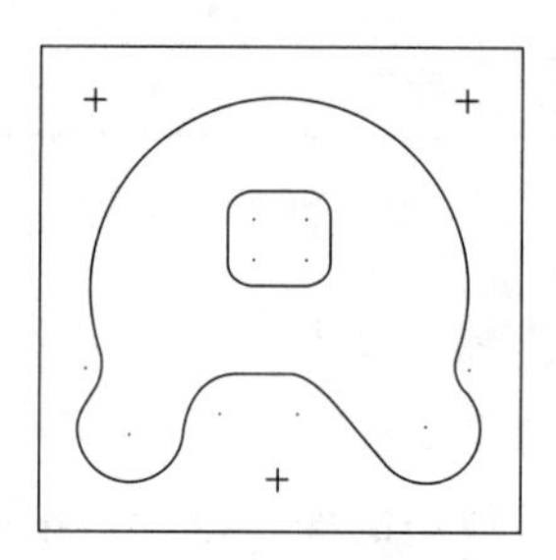

图 5-32 完成后的轮廓

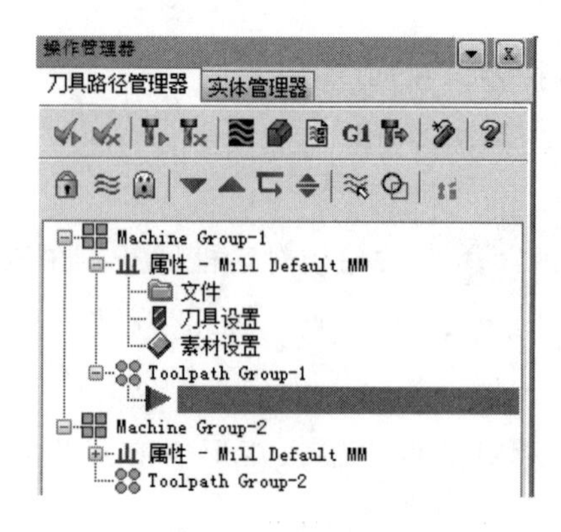

图 5-33 “操作管理器”对话框

5.1.4 加工准备

(1) 选择机床类型

① 单击下拉菜单［机床类型(M)］/［铣床(M)］/［默认］，选择默认的铣床选项。

② 系统弹出如图 5-33 所示“操作管理器”对话框，显示设备属性等基本信息。

(2) 毛坯及工件原点确定

① 从“操作管理器”对话框中选择（单击）“属性”选项下的“素材设置”选项，打开“机器群组属性”对话框，参照如图 5-34 所示设定相应的毛坯参数。

② 在素材原点中输入的坐标值为（0，0，2.0）。选择不同点作为工件原点时，工件原点坐标值将自动发生变化。

③ 设定后的毛坯材料如图 5-35 所示。

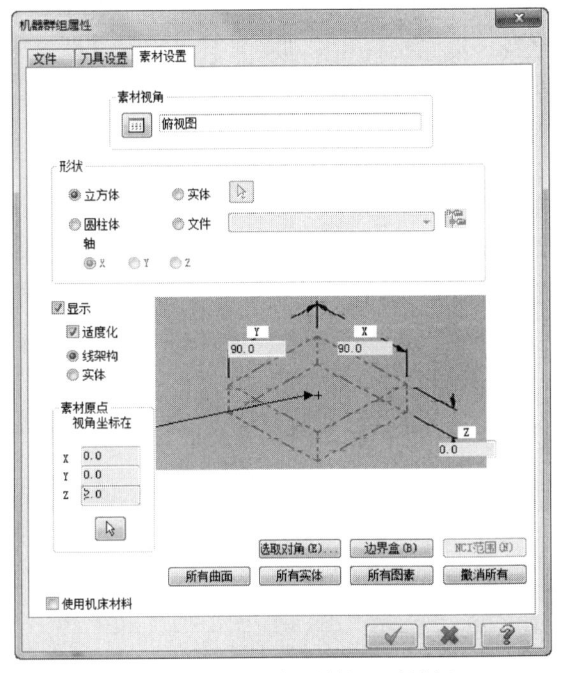

图 5-34 “机器群组属性”对话框

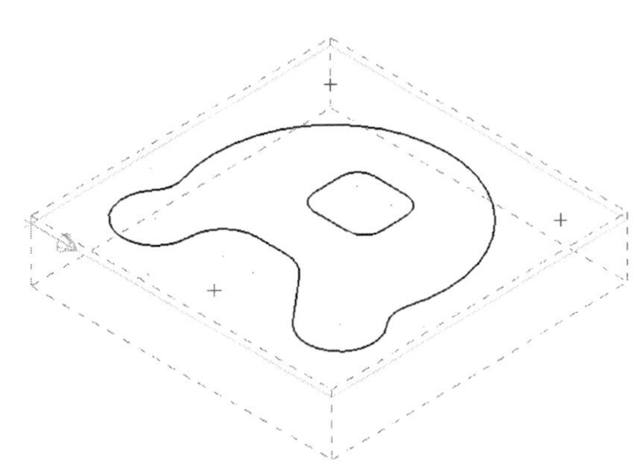

图 5-35 显示毛坯

(3) 工件及刀具材料设置

① 在“机器群组属性”对话框中，单击“刀具设置”选项卡，或选择（单击）“属性”选项下的“刀具设置”选项，弹出如图 5-36 所示对话框。

图 5-36 “刀具设置”选项卡

② 单击【选择...】按钮，打开“材料列表”对话框，选择相应的工件材料。

工件材料的选择会直接影响主轴转速、进给速度等加工参数。也可通过下拉菜单［刀具路径（T)］/［材料管理器...］打开“材料列表”对话框。

③ 单击【编辑...】按钮，打开“材料定义”对话框，可选择用于加工工件（材料）的刀具材料。

可供选择的刀具材料有高速钢、碳钢、涂钛材料、陶瓷材料和用户定义材料，并可设置材料的基本切削速度。为方便起见，下文忽略对工件和刀具材料的选择。

5.1.5　刀具路径规划

（1）平面铣削刀具路径规划

① 单击等角视图按钮“”，使绘图区显示呈等角显示。

② 单击下拉菜单［刀具路径（T）］/［平面铣削刀具路径（A）］或直接单击如图 5-37 所示二维刀具路径工具条中的平面铣削按钮“”，弹出“输入新 NC 名称”对话框，直接单击确定按钮【 】，接受系统默认设置。

③ 系统弹出“串连选项”对话框，并提示“选择［确定］去使用已定义的材料或选取串连 1”信息，选择如图 5-38 所示矩形。

图 5-37　二维刀具路径工具条

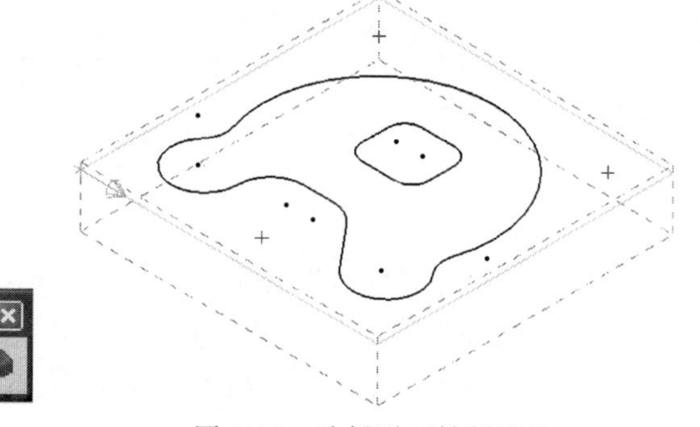

图 5-38　选择平面铣削边界

④ 系统提示“选择［确定］去使用已定义的材料或选取串连 2”信息，单击确定按钮【 】，结束选取串连，系统弹出如图 5-39 所示“平面铣削”对话框。

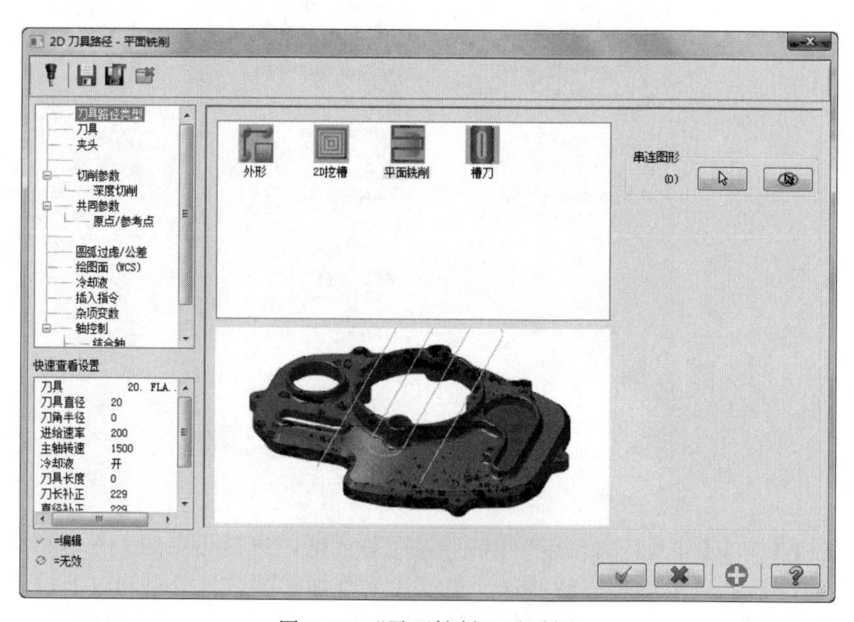

图 5-39　“平面铣削”对话框

⑤ 单击左侧对话框中的“刀具”，弹出如图 5-40 所示设定刀具参数界面，在界面中间的空白区右击鼠标，弹出相应的立即菜单，单击“刀具管理（M）”选项。

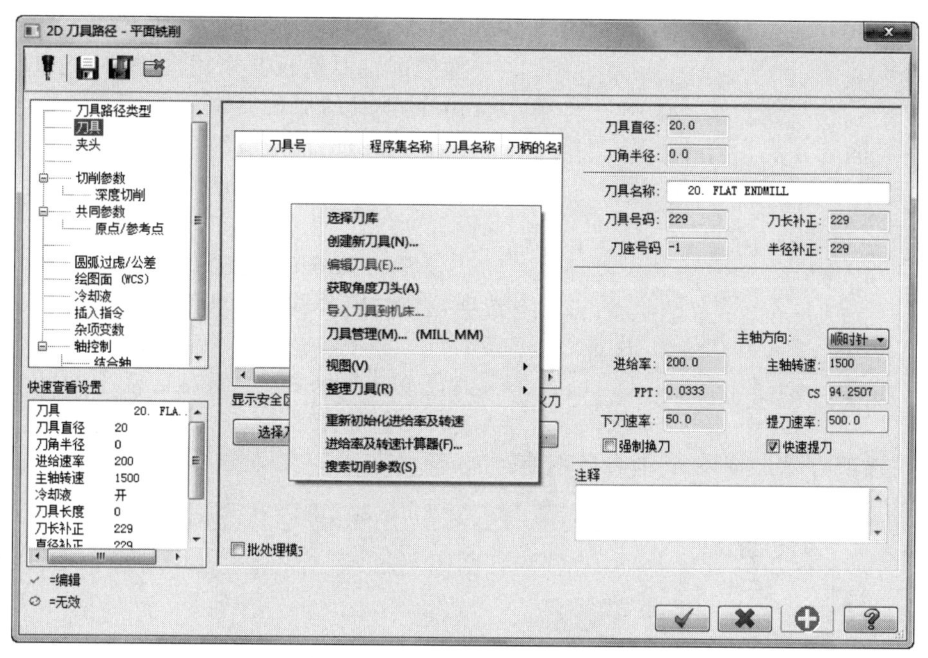

图 5-40 设定刀具参数对话框

⑥ 系统弹出如图 5-41 所示“刀具管理”对话框，在刀库列表中选择直径为 25mm 的平底刀（为方便刀具选择，可单击【过滤】按钮后进行），单击“ ”按钮将其复制到加工群组中。采用同样的方法选择一把直径为 16mm 的平底刀。

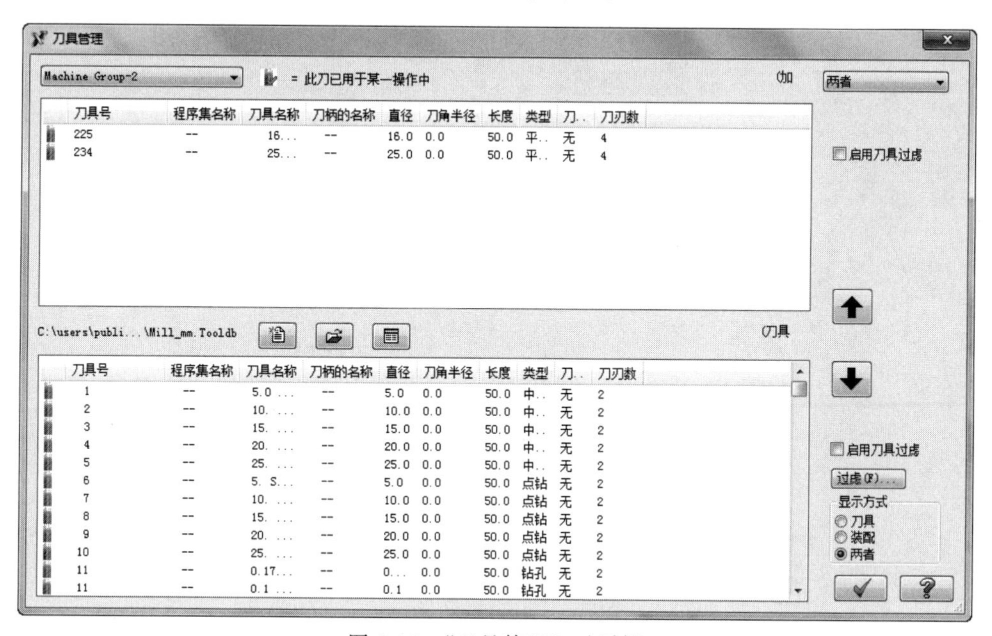

图 5-41 “刀具管理”对话框

⑦ 单击确定按钮【 】，结束刀具的选择。系统返回“平面铣削”对话框，并出现所选择的刀具。

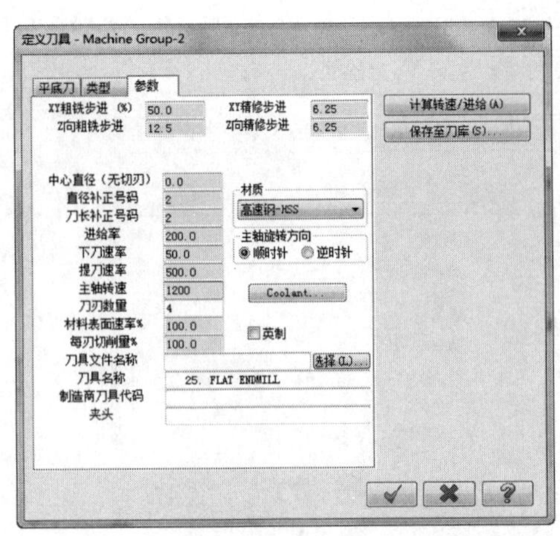

图 5-42　定义刀具参数

⑧ 双击直径为 25mm 的刀具，系统打开“定义刀具”对话框，进入“参数”选项卡，输入如图 5-42 所示参数，单击确定按钮【✓】，返回“平面铣削”对话框。采用同样的方法设定直径为 16mm 的刀具的加工参数。

注：参数的设定应综合考虑工件材料、刀具和加工精度要求等，为方便起见，也可采用系统的默认设置。

⑨ 单击图 5-39 左侧对话框中的“共同参数”选项，在弹出共同参数界面中输入如图 5-43 所示参数。

⑩ 单击图 5-39 左侧对话框中的“切削参数”选项，弹出如图 5-44 所示切削参数设定界面。修改类型中的选项为“双向”，其他参数不变。

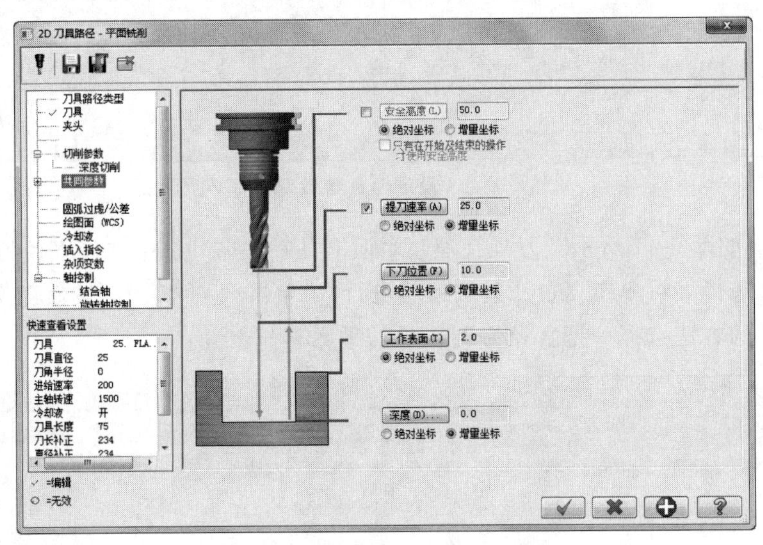

图 5-43　平面铣削“共同参数”设置

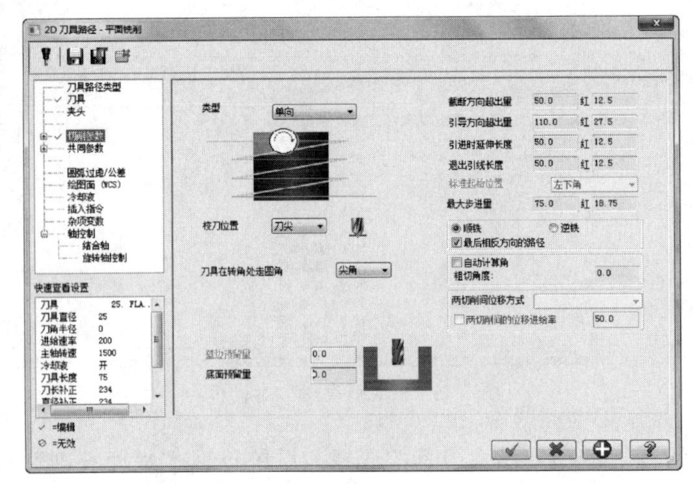

图 5-44　平面铣削“切削参数”设置

⑪ 单击确定按钮【 】，系统产生如图 5-45 所示平面铣削刀具路径。

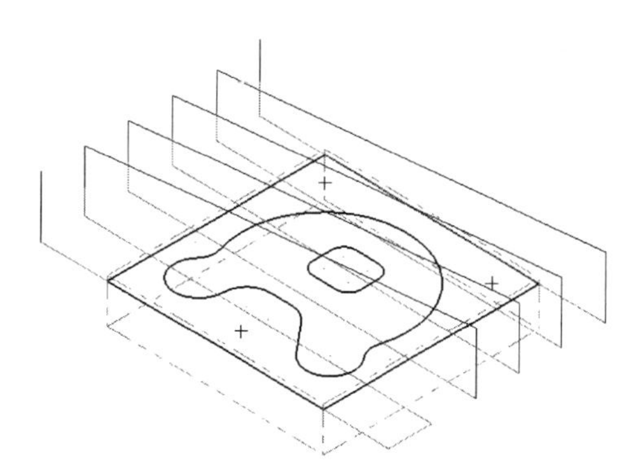

图 5-45 平面铣削刀具路径

(2) 挖槽刀具路径规划

① 单击下拉菜单［刀具路径(T)］/［2D 挖槽(P)］或直接单击 2D 加工工具条中的 2D 挖槽按钮“ ”，弹出“输入新 NC 名称”对话框，直接单击确定按钮【 】，接受系统默认设置。

② 系统弹出“串连选项”对话框，并提示“选取挖槽串连 1”信息，选择如图 5-45 中圆弧形轮廓的一条边。系统提示“选取挖槽串连 2”信息，选择中间小四方体的一条边。

③ 系统提示“选取挖槽串连 3”信息，单击【 】确定，结束选取串连。

④ 系统弹出如图 5-46 所示“2D 挖槽”对话框。

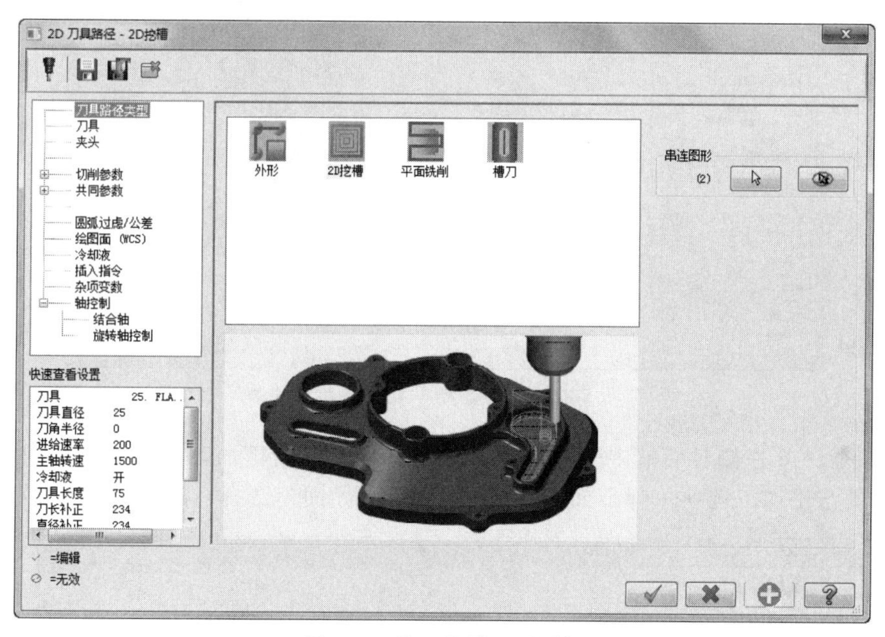

图 5-46 “2D 挖槽”对话框

⑤ 单击左侧对话框中的“刀具”选项，弹出设定刀具参数界面，在界面中间的空白区右击鼠标，弹出相应的立即菜单，单击“刀具管理（M）”按钮。系统弹出“刀具管理器”对话框，在刀库列表中选择直径为 12mm 的平底刀，单击“ ”按钮将其复制到加工群组中，双击该刀具设定相应的切削用量参数。

注：由于槽内最小宽度为 15mm，所以选择的刀具直径应小于 15mm，因此，本例选择 12mm 的标准刀具。

⑥ 单击“刀具管理器”对话框中的“刀具过滤（F）...”按钮，弹出如图 5-47 所示“刀具过滤列表设置”对话框，选择钻头后单击按钮【 】返回刀具管理器，选择直径为 10mm 的钻头，双击该刀具设定相应的切削用量参数。

⑦ 单击图 5-46 左侧对话框中的“切削参数”选项，弹出如图 5-48 所示切削参数设定界面，采用默认的参数设定。

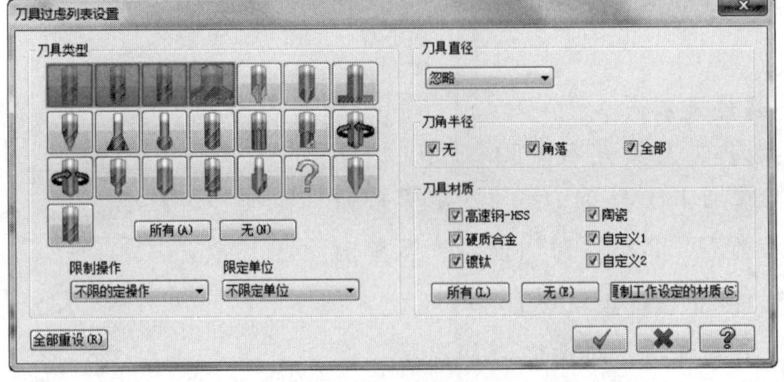

图 5-47 “刀具过滤列表设置”对话框

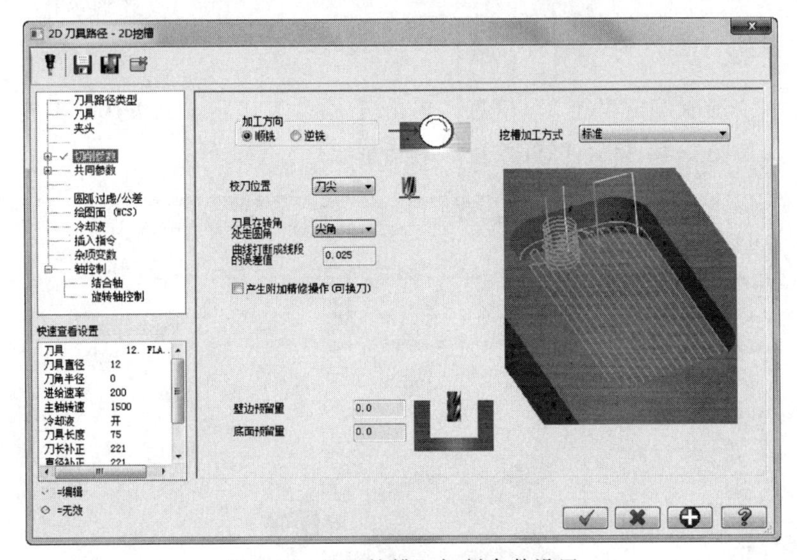

图 5-48 “2D 挖槽”切削参数设置

⑧ 双击图 5-46 左侧对话框中的“切削参数”选项，弹出粗加工、精加工、深度切削、贯穿等选项，单击粗加工选项，弹出如图 5-49（a）所示界面，选择“平行环切”切削方式，并

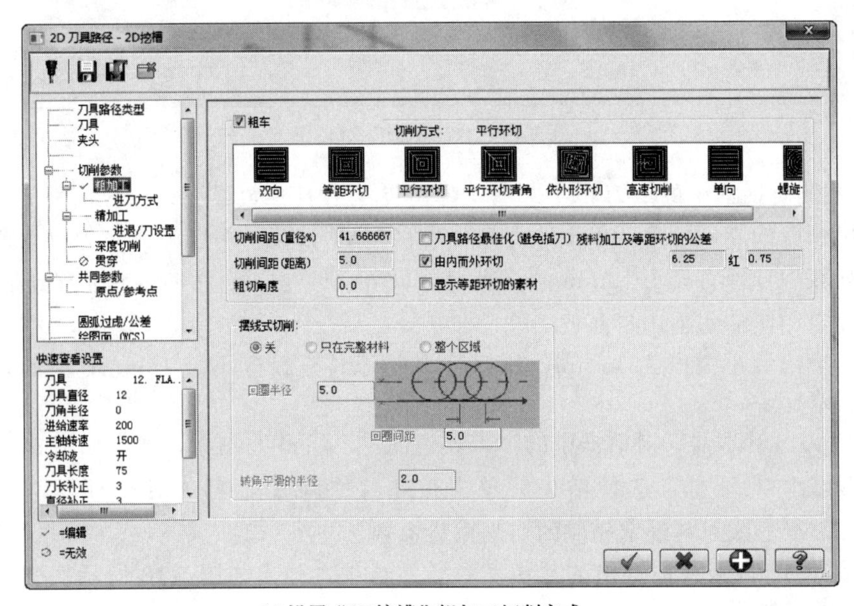

(a) 设置“2D挖槽”粗加工切削方式

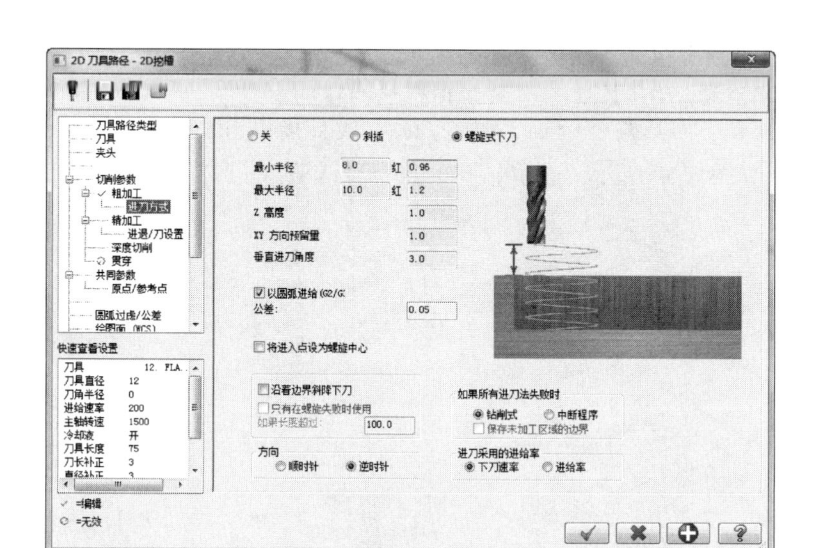

(b) 设置“2D挖槽”粗加工进刀方式

图 5-49 设置“2D 挖槽”粗加工参数

设定切削间距为 5.0mm。设置进刀方式为螺旋式下刀，如图 5-49（b）所示。按相同操作可完成精加工、进退刀设置、深度切削三个选项的参数设置。

⑨ 单击“2D 挖槽”对话框中的“共同参数”选项，输入如图 5-50 所示参数（将深度修改为“－8”，其他内容采用系统的默认设置）。

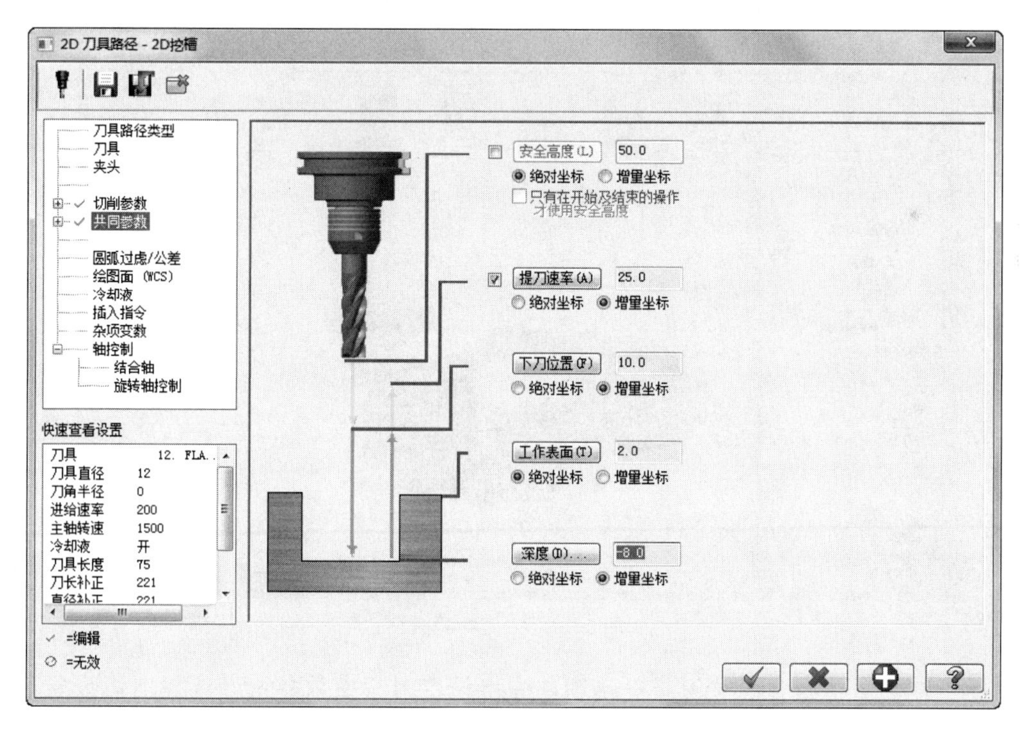

图 5-50 “2D 挖槽”共同参数设置

⑩ 单击确定按钮【✓】，系统产生如图 5-51 所示挖槽刀具路径。此时挖槽分五层切削，四次粗加工，一次精加工。

(3) 规划钻孔刀具路径

① 单击键盘组合键“Alt+T”，隐藏挖槽刀具路径。

② 单击下拉菜单［刀具路径(T)］/［钻孔(D)］或直接单击加工工具条中的钻孔刀具路径“”，系统弹出如图 5-52 所示“选取钻孔的点”对话框。

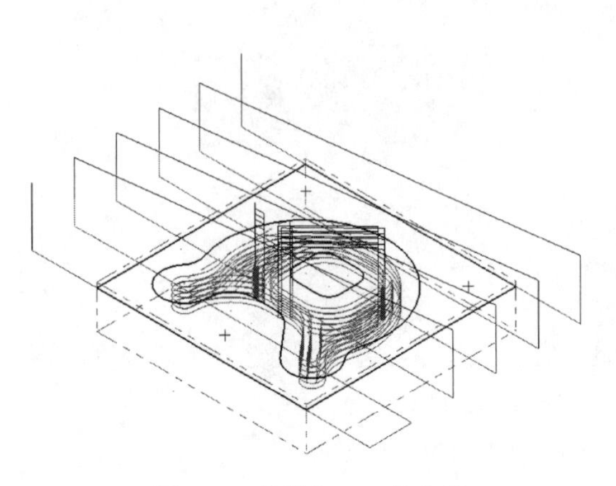

图 5-51 挖槽加工刀具路径

图 5-52 “选取钻孔的点”对话框

③ 分别捕捉 3 个 ϕ10mm 孔中心，单击确定按钮【 】，结束钻孔点的选取。

④ 系统弹出如图 5-53 所示“钻孔/全圆铣削 深孔钻－无啄孔”对话框。

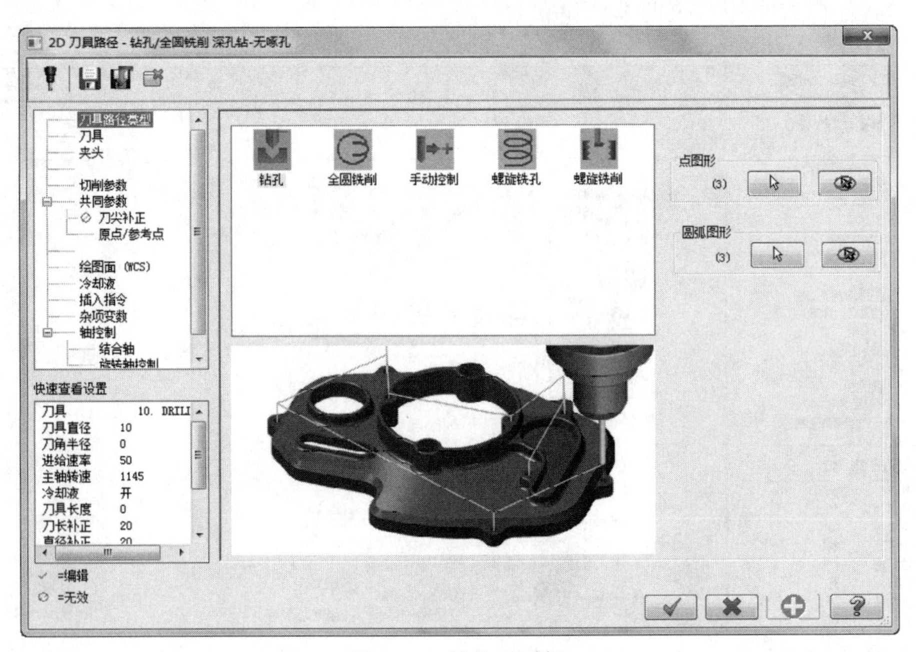

图 5-53 钻孔对话框

⑤ 单击左侧对话框中的“刀具”选项，弹出设定刀具参数界面，选择前面设定的直径 10mm 的钻头。

⑥ 单击图 5-53 左侧对话框中的“切削参数”选项，弹出切削参数设定界面，采用默认的参数设定。

⑦ 单击图 5-53 左侧对话框中的“共同参数”选项，输入如图 5-54 所示参数（钻通孔时，“深度”设定应确保钻穿，并注意钻头长度）。

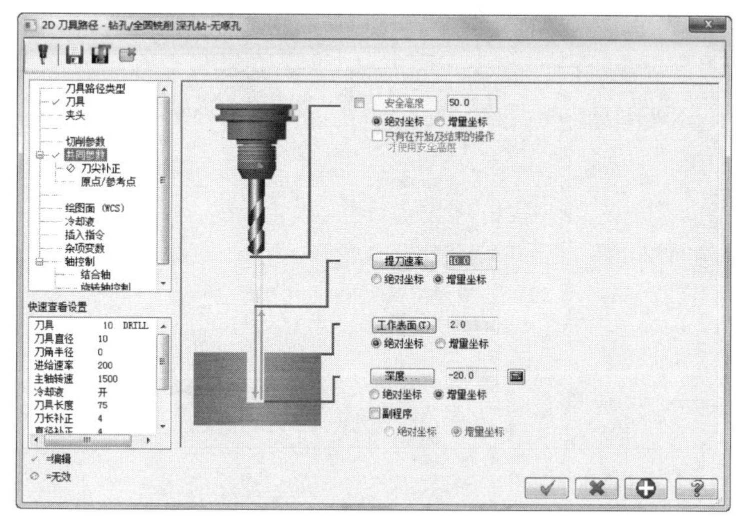

图 5-54　“钻孔”共同参数

⑧ 单击确定按钮【 ✔ 】，系统产生如图 5-55 所示钻孔刀具路径。

5.1.6　实体加工模拟与程序后置处理

(1) 实体加工模拟

① 单击操作管理器对话框中【 】按钮，选取所有的操作。

② 单击“验证指定的操作”按钮“ ”，系统弹出“实体验证”对话框，单击【开始加工】按钮“ ”进行实体加工模拟，结果如图 5-56 所示。

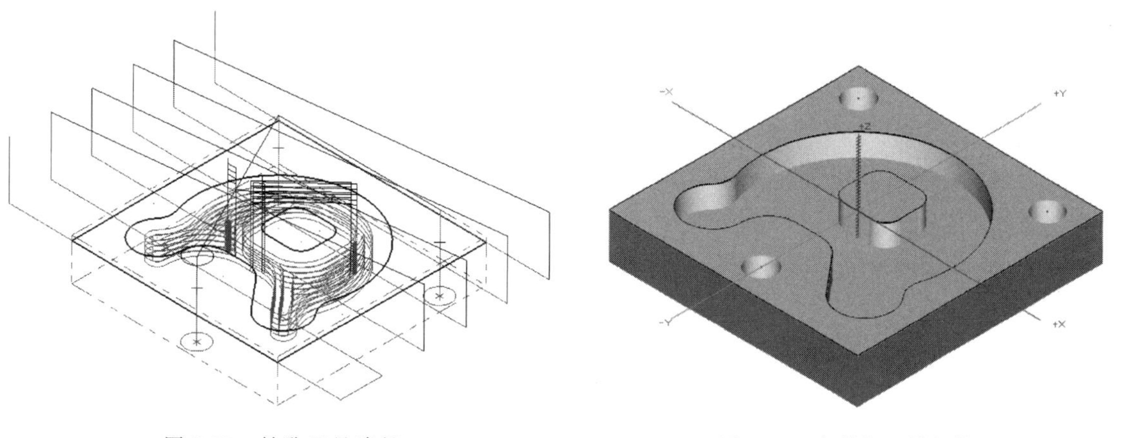

图 5-55　钻孔刀具路径

图 5-56　实体加工模拟结果

(2) 后置处理生成刀具轨迹

① 在刀具路径管理对话框中单击后置处理按钮“G1”，生成图 5-57 所示“后处理程序”对话框。

② 在该对话框中勾选【NC 文件】、【编辑】复选框，单击【询问】单选钮，单击“ ✔ ”按钮弹出如图 5-58 保存文件对话框。

③ 选择保存文件的位置及文件名，单击【保存（S)】按钮，弹出如图 5-59 所示程序文件。该文件也可以用写字板或记事本打开。

④ 将程序中的注释“（ ）”内容删除，然后保存程序文件。

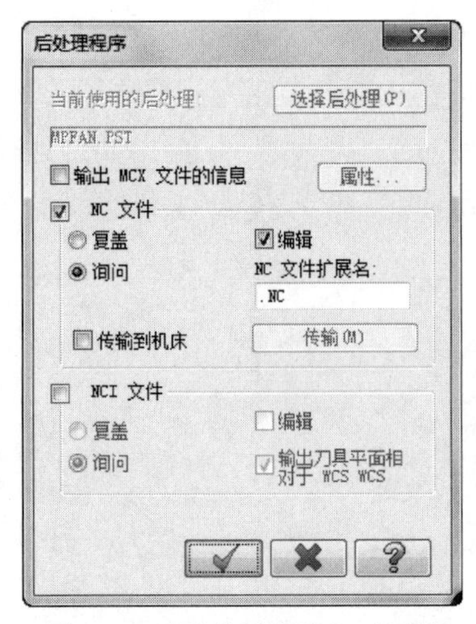

图 5-57 “后处理程序”对话框

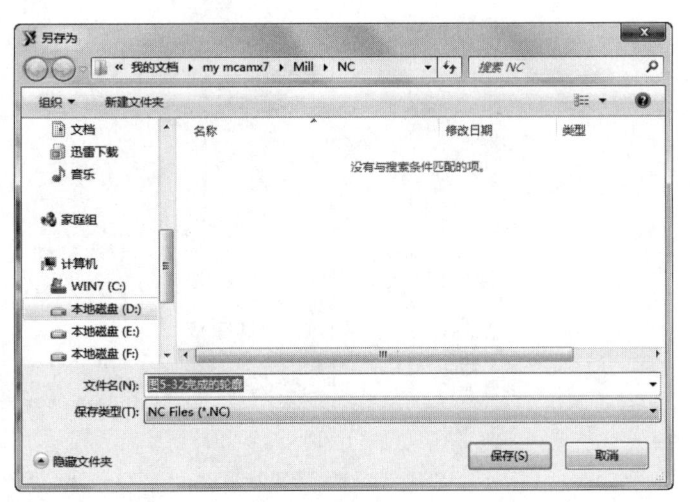

图 5-58 保存文件对话框

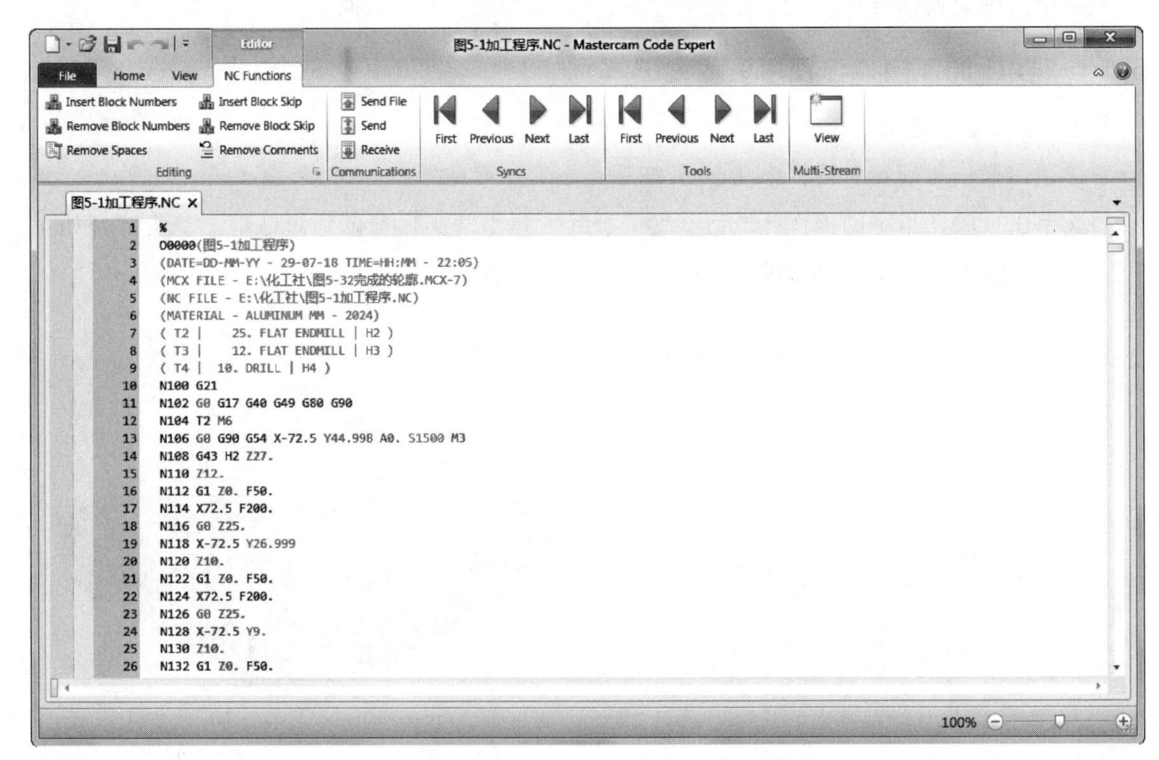

图 5-59 后处理生成程序文件

5.2 Mastercam X7 曲面铣削编程实例

5.2.1 零件图样

用自动编程方式编写如图 5-60 所示零件的加工中心加工程序（已知毛坯尺寸为 100mm×100mm×30mm）。

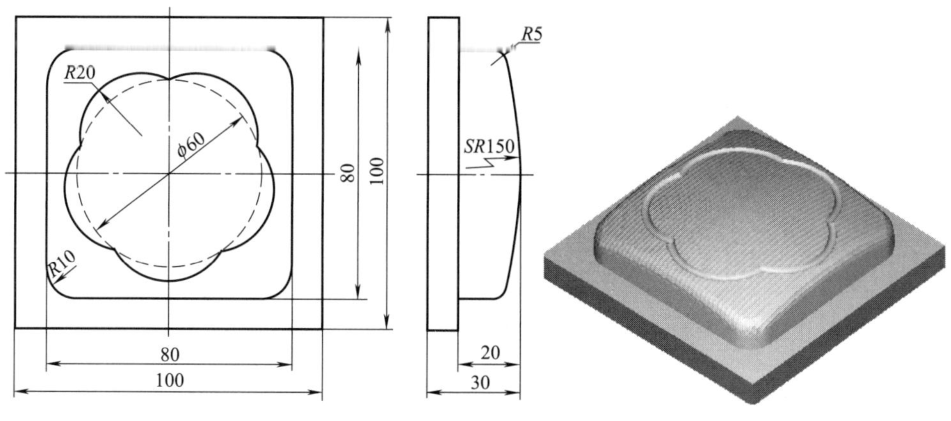

图 5-60 曲面加工示例

5.2.2 实体建模

(1) 绘制拉伸草图

① 单击工具栏“ ▾”右侧下拉按钮，选择“ 俯视图 (WCS)(W)”选项作为构图面；单击俯视图视角按钮“ ”，选择俯视图作为视角平面。

② 单击草图工具条中画矩形按钮“ ”右侧下拉按钮，在弹出的展开菜单中选择“ 矩形形状设置”选项。在弹出设置矩形数值对话框中设置参数，如图 5-61 所示。

③ 单击光标捕捉坐标点工具条中“ ”右侧下拉按钮，在展开菜单中选择“ 原点”选项，此时在绘图区画出如图 5-62 所示内框矩形。

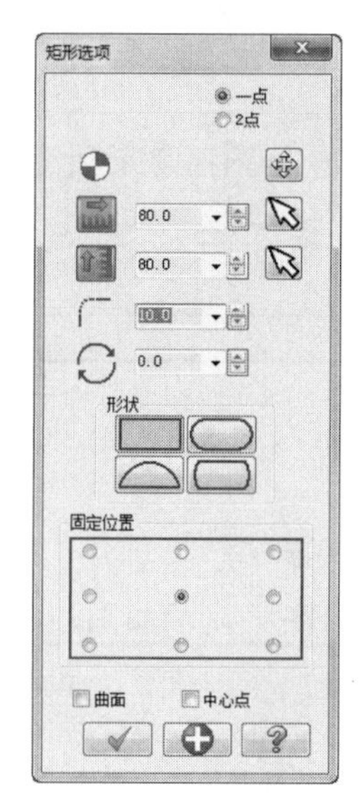

图 5-61 设置矩形参数 1

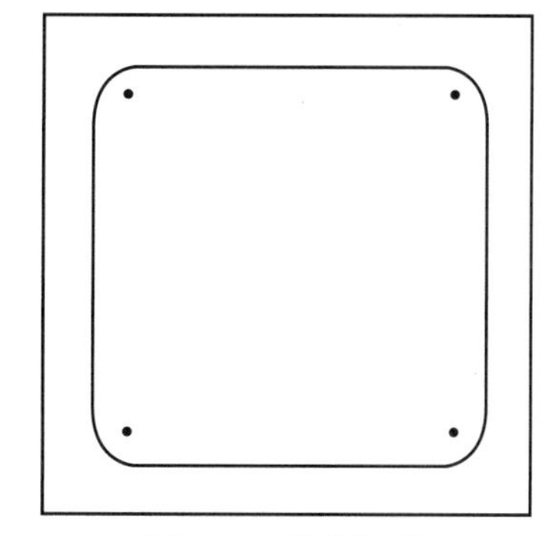

图 5-62 绘制矩形

④ 采用同样的方法绘制图 5-62 中外框矩形，单击确认按钮“ ”关闭画矩形对话框。

(2) 绘制 *SR*150 球面

① 单击工具条“ ▾”右侧下拉按钮，选择“ 右视图 (WCS)(W)”选项作为构图面；单击右侧视图视角按钮“ ”，选择右侧视图作为视角平面。

② 单击如图 5-63 所示状态工具栏中的【层别】右侧的数字，输入“2”后按回车键确认，设置当前绘图层为“图层 2”。

图 5-63　状态工具栏

③ 单击草图工具条中画圆按钮“”右侧下拉按钮，在弹出的展开菜单中选择“极坐标圆弧”选项，在弹出的极坐标画圆弧对话框中设置参数，如图 5-64 所示。

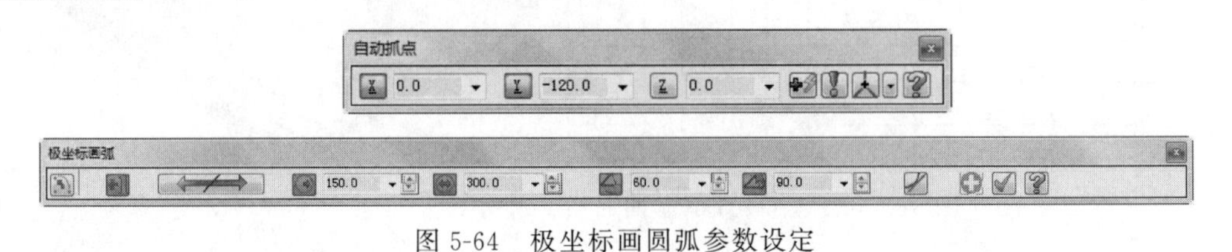

图 5-64　极坐标画圆弧参数设定

④ 单击确认按钮“”，绘制出如图 5-65 所示圆弧。

⑤ 单击草图工具条中画直线按钮“”，光标捕捉到圆弧左侧端点，向下拉一条垂直线后单击鼠标左键，完成如图 5-66 所示垂直线的绘制。

图 5-65　画圆弧　　　图 5-66　画旋转垂直线

⑥ 单击如图 5-67 所示画曲面工具条中的旋转曲面按钮“”，弹出“串连选项”对话框，选择其中的单体按钮“”；此时在绘图区出现“选取轮廓曲线 1”的提示信息，选择圆弧后按回车键确认。

⑦ 绘图区出现“选取旋转轴”的提示信息，选择垂直线后，绘图区显示如图 5-68 所示。

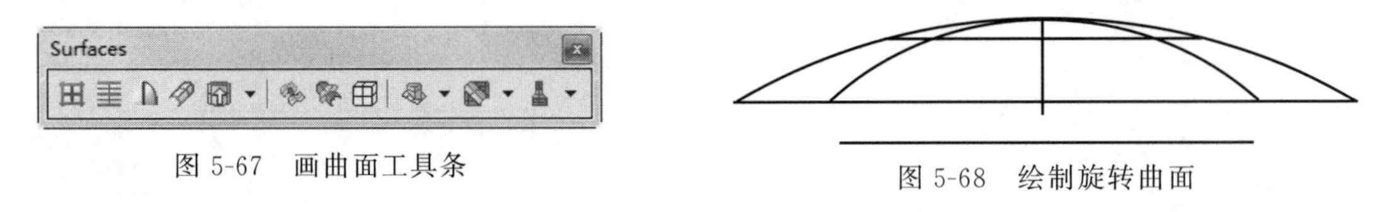

图 5-67　画曲面工具条　　　图 5-68　绘制旋转曲面

(3) 挤出实体

① 单击工具条“”右侧下拉按钮，选择“俯视图 (WCS)(W)”选项作为构图面；单击等角视图视角按钮“”，选择等角视图作为视角平面，此时绘图区显示如图 5-69 所示。

② 单击状态工具栏中【层别】右侧的数字，输入“1”后按回车键确认，设置当前绘图层为“图③”。

③单击画实体工具条中的挤出实体按钮“”，在弹出的“串联选项”对话框中选择“”选项，绘图区提示“选取串连 1”信息，选择带圆角的四方体，单击串联选项对话框中的“”按钮，此时绘图区显示如图 5-70 所示，同时弹出如图 5-71 所示实体挤出设置对话框。

④ 依据图 5-71 所示设置实体挤出参数，单击“”按钮，完成带圆角四方体的挤出。

⑤ 用同样的方法挤出外侧四方体，挤出参数如图 5-72 所示。

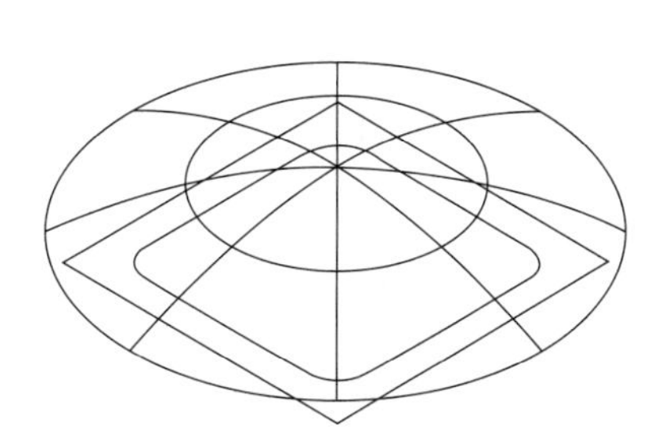

图 5-69 等角视图显示绘图区

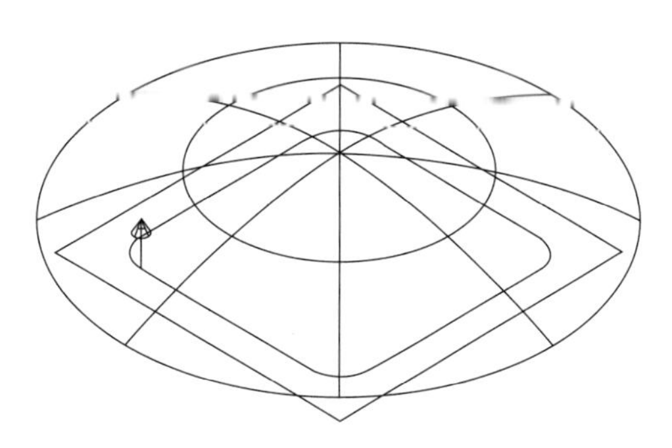

图 5-70 选中串连后的绘图区显示

图 5-71 实体挤出设置 1

图 5-72 实体挤出设置 2

⑥ 单击图形着色按钮“”，完成后的实体如图 5-73 所示。

(4) 曲面分割实体

① 单击实体工具栏中的曲面修剪按钮“”，弹出如图 5-74 所示对话框，在该对话框中选中“◉ 曲面(S)”单选钮，此时在绘图区显示“选择要执行修剪的曲面”。

图 5-73 着色显示实体与曲面

图 5-74 “修剪实体”对话框

② 选中绘图区中的曲面，此时在绘图区中的曲面上有一向上的箭头，单击图 5-74 中的【修剪另一侧（F)】按钮，然后单击“✓”按钮完成实体分割，完成后的实体如图 5-75 所示。

③ 单击状态工具栏中的【层别】按钮，弹出如图 5-76 所示“层别管理”对话框，直接在对话框中去除图层 2 的突显，使图层 2 中的图素不显示。

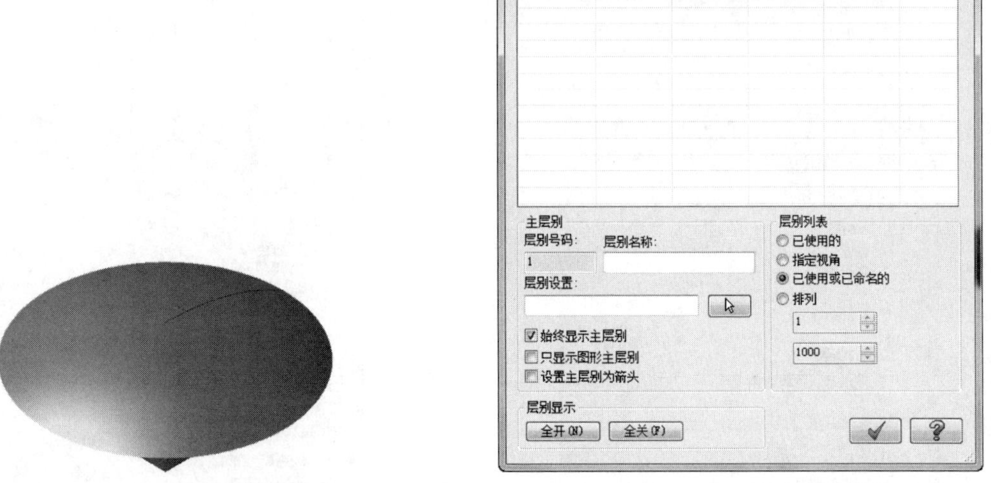

图 5-75　曲面分割后的实体与曲面　　　　图 5-76　“层别管理”对话框

④ 单击“✓”按钮，此时绘图区显示如图 5-77 所示。

(5) 实体倒圆角

① 单击实体工具栏中的实体倒圆角按钮“ ”，绘图区显示“请选取要倒圆角的图素”信息，选中实体上表面，此时绘图区显示如图 5-78 所示。

图 5-77　隐藏曲面后实体显示

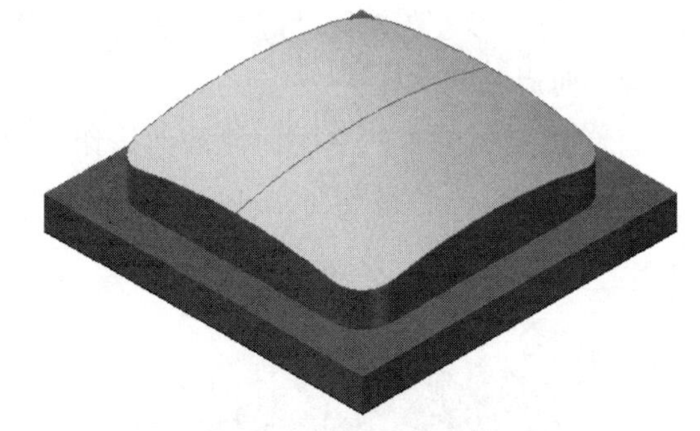

图 5-78　选中实体上表面

② 单击回车键，弹出如图 5-79 所示实体倒圆角对话框，设定【半径】值为“5”，单击“✓”按钮完成实体倒圆角设置，完成后的实体如图 5-80 所示。

(6) 绘制投影加工曲线

① 单击工具条中“ ▾”按钮右侧下拉按钮，选择“ 俯视图 (WCS)(W)”选项作为构图面；单击等角视图视角按钮“ ”，选择等角视图作为视角平面。

② 设置如图 5-81 所示状态工具栏中“Z”值和“层别”。

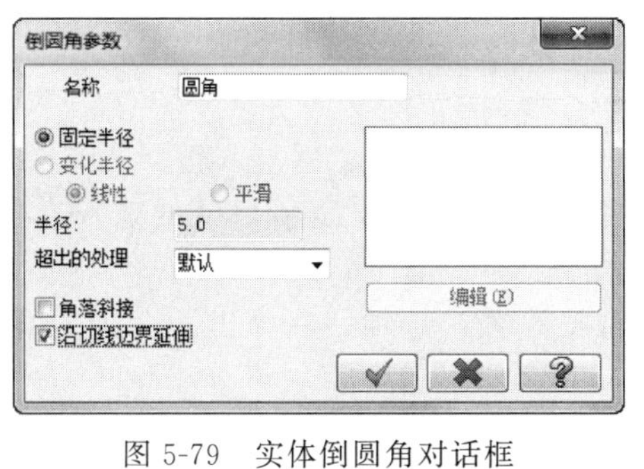

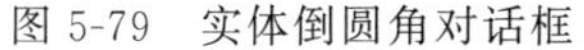
图 5-79　实体倒圆角对话框

图 5-80　实体倒圆角

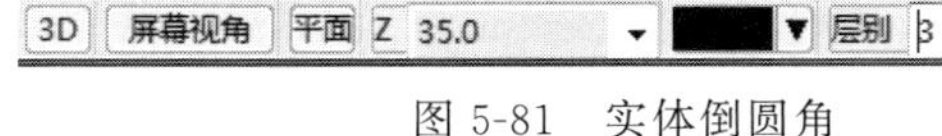

图 5-81　实体倒圆角

③ 单击草图工具条中画矩形按钮“ ”右侧下拉按钮，在弹出的展开菜单中选择“ 画多边形 ”选项，在弹出的“多边形选项”对话框（图 5-82）中设置参数。

④ 单击快速点按钮“ ”，并直接输入坐标“0，0，35”，按回车键确认，画出如图5-83所示多边形。

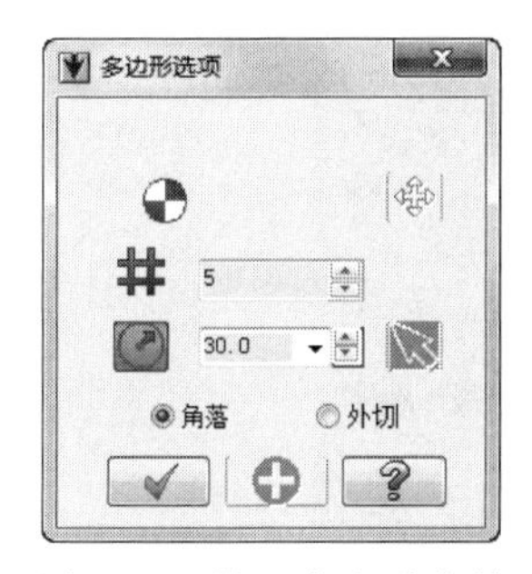

图 5-82　设置多边形参数

图 5-83　绘制五边形

⑤ 单击草图工具条中画圆按钮“ ”右侧下拉按钮，在弹出的展开菜单中选择“ 两点画弧 ”选项，在弹出的圆弧对话框中设置参数，如图 5-84 所示。

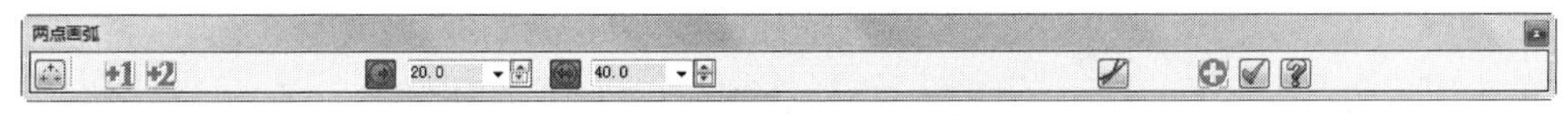

图 5-84　设置两点画弧半径

⑥ 分别单击五边形的相邻两个顶角，按回车键，此时在绘图区出现四条圆弧，单击所需要的一条圆弧，完成后如图 5-85 所示。

⑦ 用同样的方法绘制其他四条圆弧。单击选中五边形的五条边后按键盘上的“Delete”键，完成后的绘图区显示如图 5-86 所示。

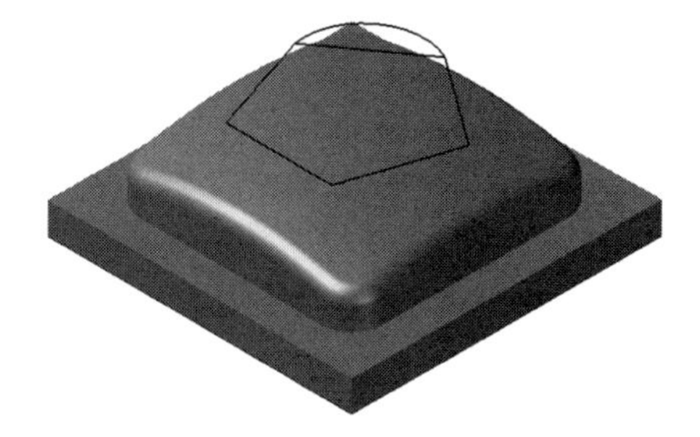
图 5-85　绘制其中一条圆弧

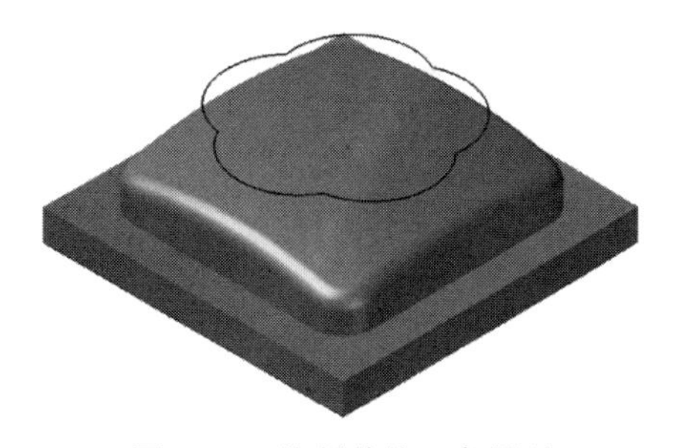
图 5-86　绘制其他四条圆弧

5.2.3 规划刀具路径

（1）加工准备

① 单击下拉菜单［机床类型(M)］/［铣床（M)］/［系统默认（D)］，选择默认的铣床选项。

② 系统弹出操作管理器对话框，显示设备等基本信息。

③ 单击操作管理器对话框“属性”选项下的“材料设置”选项，在弹出的“机器群组属性”对话框中设置参数，如图 5-87 所示。

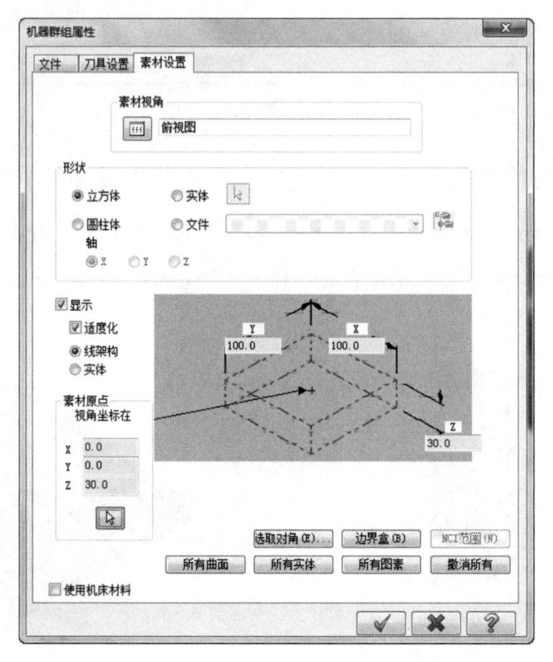

图 5-87 设置毛坯参数及工件原点

④ 单击“”按钮完成工件毛坯设置，此时绘图区显示如图 5-88 所示。

（2）规划二维轮廓刀具路径

① 单击线架显示按钮“”，使实体线架显示。

② 单击下拉菜单［刀具路径（T)］/［外形铣削（C)］或直接单击“2D 刀具路径”工具栏中“”按钮，弹出“输入新 NC 名称”对话框，单击确定按钮【】。

③ 系统弹出“串连选项”对话框，并提示“选取外形串连 1”信息，选择如图 5-89 所示内部轮廓。系统提示“选取外形串连 2”信息，单击确定按钮【】，结束选取串连。

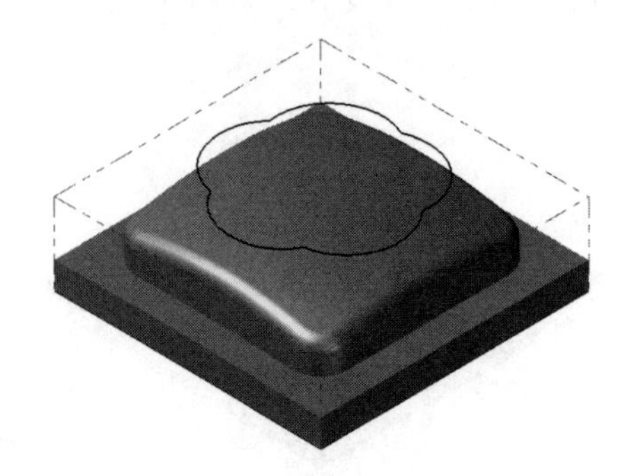

图 5-88 显示工件毛坯

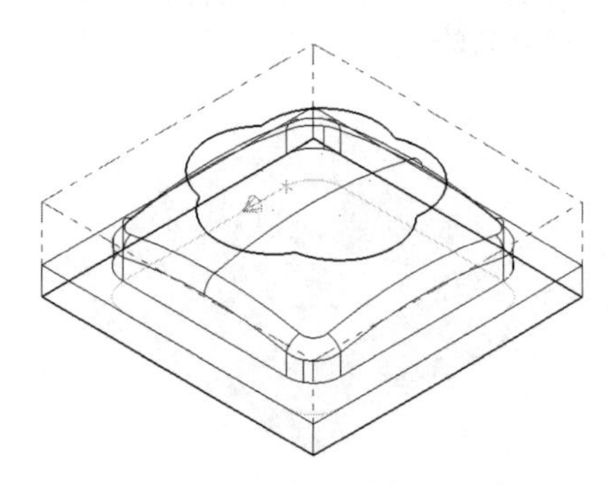

图 5-89 选择二维加工轮廓

④ 系统弹出如图 5-90 所示外形铣削对话框。单击对话框中的“刀具”选项，选中直径为 20mm 的平底铣刀。

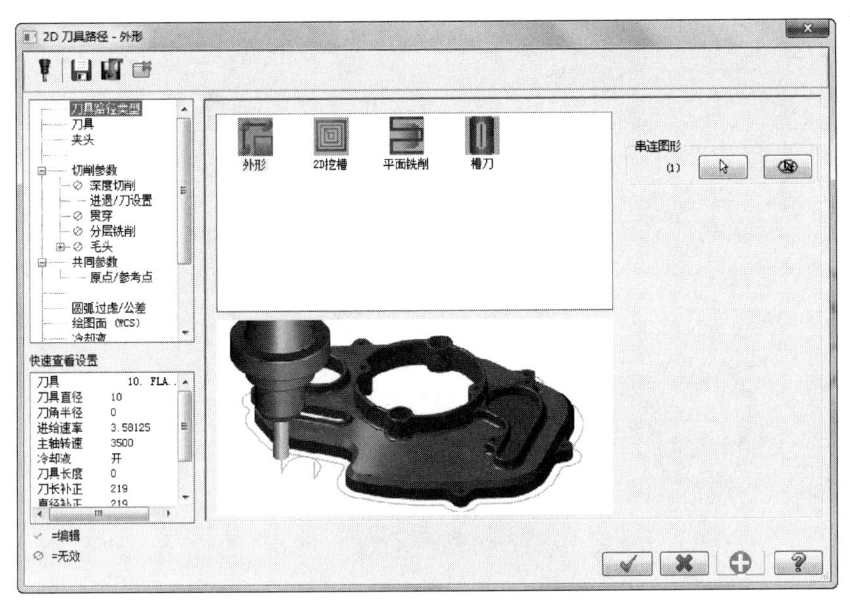

图 5-90 “外形铣削”对话框

⑤ 单击外形铣削对话框中的“共同参数”选项，输入如图 5-91 所示参数（将深度修改为“10”，其他内容采用系统的默认设置）。

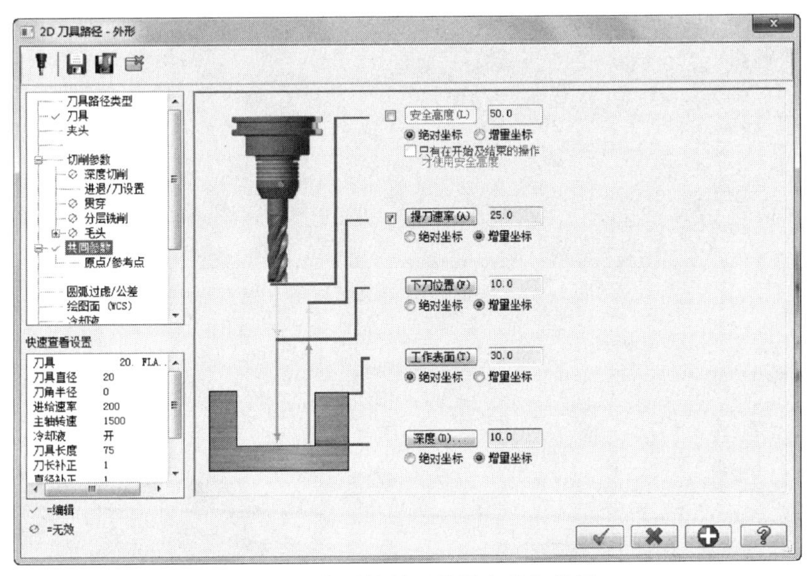

图 5-91 外形铣削“共同参数”设置

⑥ 单击外形铣削对话框中的“切削参数”选项，设置如图 5-92 所示参数（将补正方式修改为“控制器”，其他内容采用系统的默认设置）。

⑦ 单击外形铣削对话框中的“深度切削”选项，设置如图 5-93 所示参数。

⑧ 单击确定按钮【 ✓ 】，系统产生如图 5-94 所示外形铣削刀具路径。

⑨ 单击刀具路径管理对话框中的“1 - 外形铣削 (2D)”选项使其前面打“√”，再单击该对话框中的“ ”按钮进行实体切削验证，验证结果如图 5-95 所示。

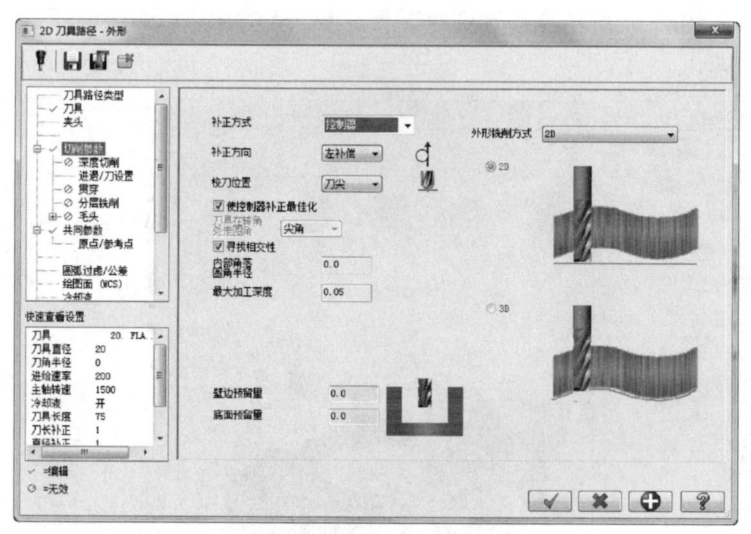

图 5-92　外形铣削“切削参数”设置

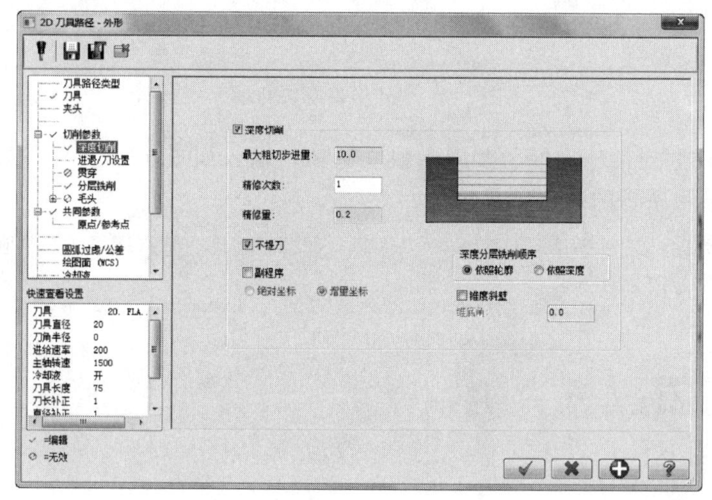

图 5-93　外形铣削“深度切削”设置

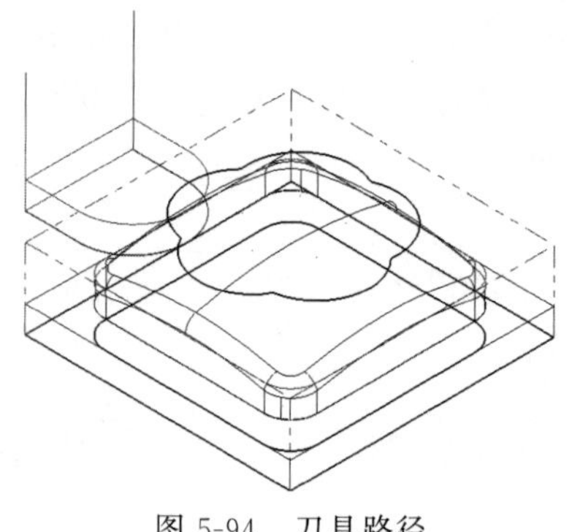

图 5-94　刀具路径

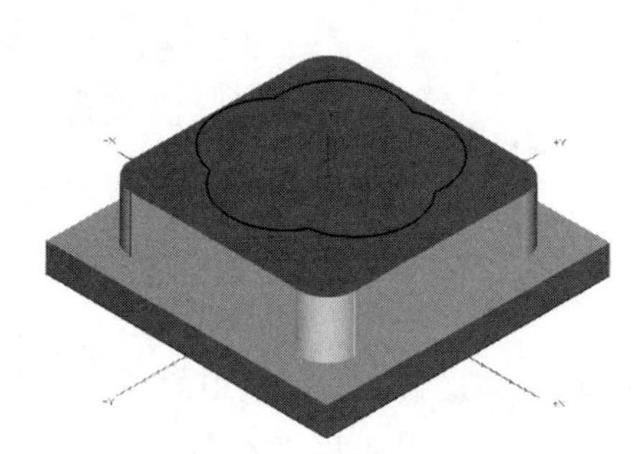

图 5-95　实体切削验证

(3) 规划曲面平行铣削粗加工

① 单击图形着色按钮“●”，使实体呈着色显示。单击键盘组合键“Alt+T”，隐藏外形铣削刀具路径。

② 单击下拉菜单［刀具路径（T）］/［曲面粗加工（R）］/［平行铣削加工（P）］。

③ 系统弹出如图5-96所示“选择工件形状”对话框，单击“凸”单选钮。

④ 单击【✔】确定，系统提示“选取加工曲面”信息，选取如图5-97所示上表面后，单击结束选择按钮“●”，结束选择。

⑤ 系统弹出如图5-98所示“刀具路径的曲面选取”对话框。单击“Containment boundary”下的【↖】按钮，系统弹出“串连选项”对话框，选择凸台与四方体的交线作为边切削范围边界。

图5-96 “选择工件形状”对话框

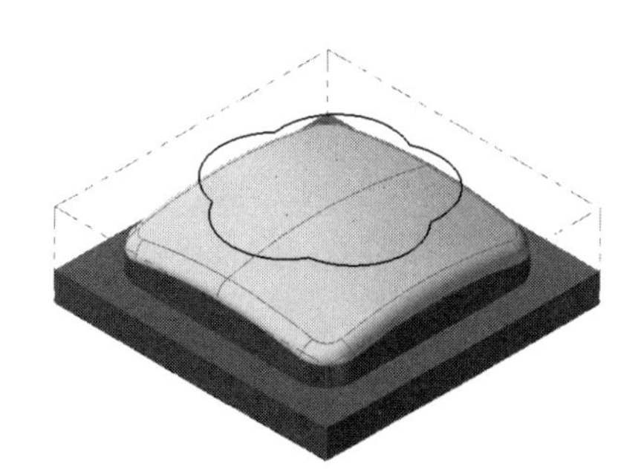
图5-97 选取加工曲面

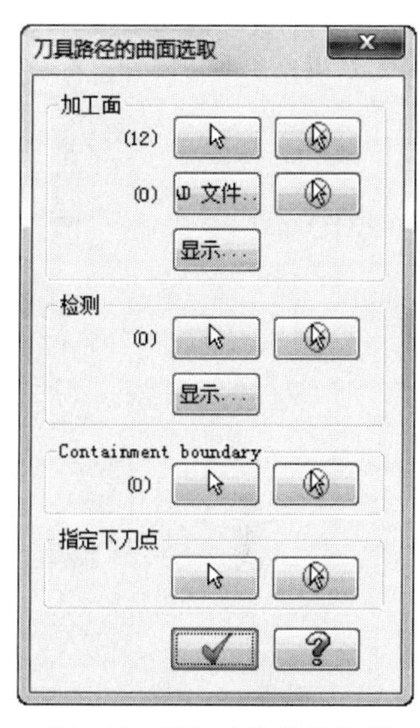

图5-98 “刀具路径的曲面选取”对话框

⑥ 单击【✔】按钮，系统弹出如图5-99所示“曲面粗加工平行铣削”对话框，选择一把直径为20mm、刀角半径为4mm的圆角刀。

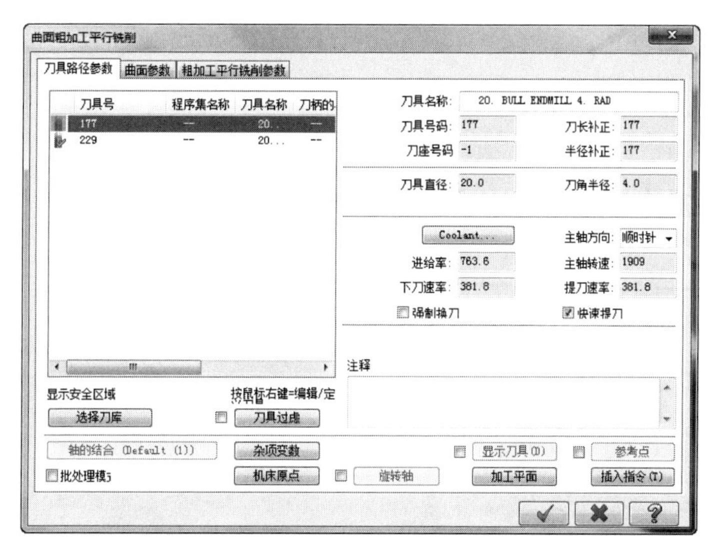

图5-99 “曲面粗加工平行铣削”对话框

⑦ 选择该对话框中的“曲面参数”选项卡，设置如图5-100所示曲面参数（将“加工面

预留量”设置为0.6mm，选中刀具位置中的“◉外”单选钮)。

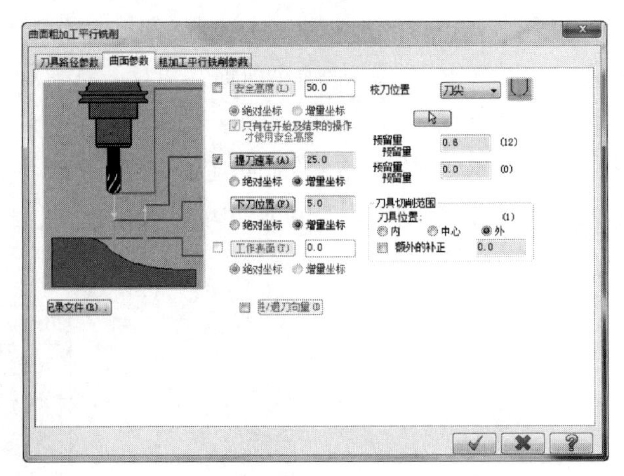

图 5-100　曲面参数

⑧ 进入“粗加工平行铣削参数”选项卡，设置如图5-101所示曲面参数（修改“切削方式”为“双向”，修改“加工方式角度”为“45”)。

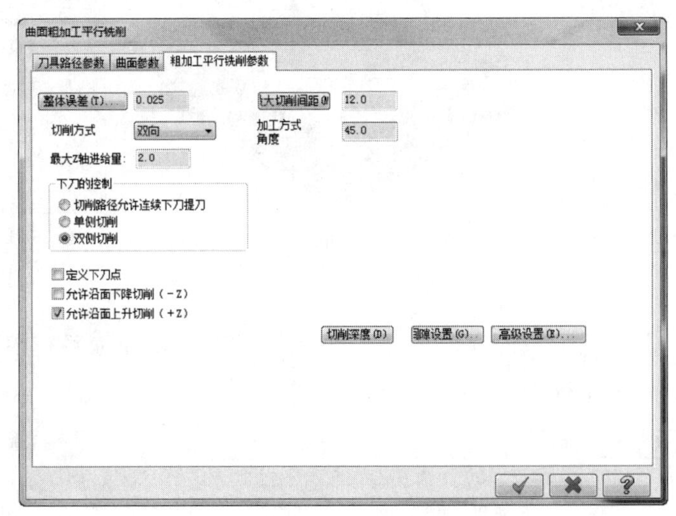

图 5-101　粗加工平行铣削参数

⑨ 单击确认按钮【✔】，系统产生如图5-102所示平行铣削粗加工刀具路径。

⑩ 实体切削验证后的结果如图5-103所示。

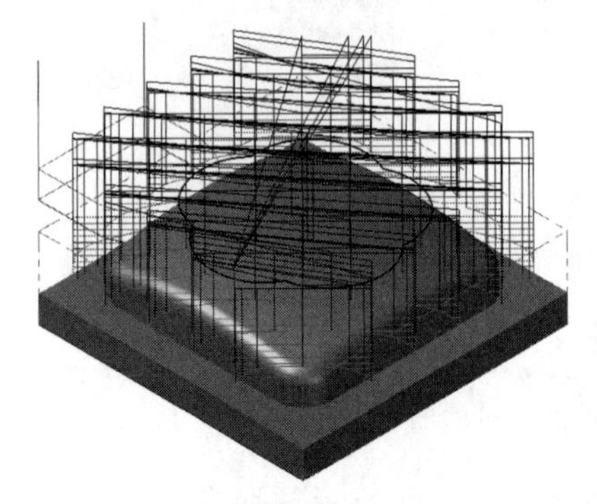

图 5-102　平行铣削粗加工刀具轨迹

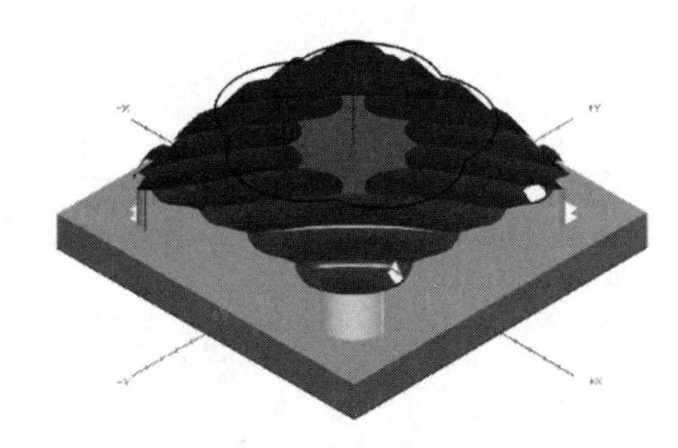

图 5-103　实体切削验证后的结果

(4) 平行铣削精加工

① 单击键盘组合键“Alt+T”，隐藏外形铣削刀具路径和平行铣削粗加工刀具路径。

② 单击下拉菜单［刀具路径（T）］/［曲面精加工（F）］/［ 精加工平行铣削（P）］。

③ 系统提示“选取加工曲面”信息，仍选取如图 5-97 所示上表面，单击结束选择按钮“ ”结束选择。

④ 系统弹出“刀具路径的曲面选取”对话框。单击“Containment boundary”下的【 】按钮，系统弹出“串连选项”对话框，仍选择凸台与四方体的交线作为边切削范围边界。单击“干涉面”下的【 】按钮，选择方形底座的上表面作为刀具干涉面。

⑤ 单击【 】按钮，系统弹出如图 5-104 所示“曲面精加工平行铣削”对话框，选择一把 ϕ12mm 球刀。

⑥ 选择“曲面参数”选项卡，在弹出的界面中选择“刀具位置”下的“【◎外】”选项，其余参数采用默认设置。

⑦ 选择“精加工平行铣削参数”选项卡，弹出如图 5-105 所示界面，将“加工方式角度”设置为 0°。

⑧ 单击确认按钮【 】，系统产生如图 5-106 所示平行铣削精加工刀具路径。

⑨ 实体切削验证后的结果如图 5-107 所示。

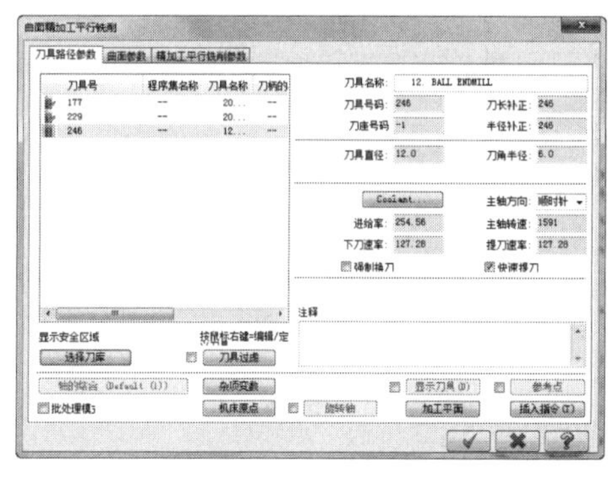

图 5-104 “曲面精加工平行铣削”对话框

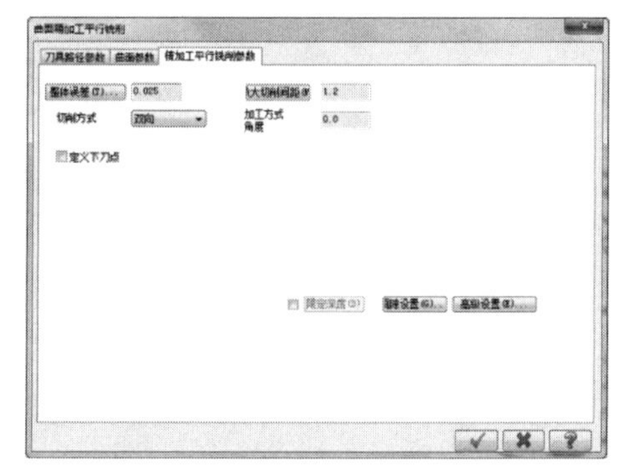

图 5-105 精加工平行铣削参数

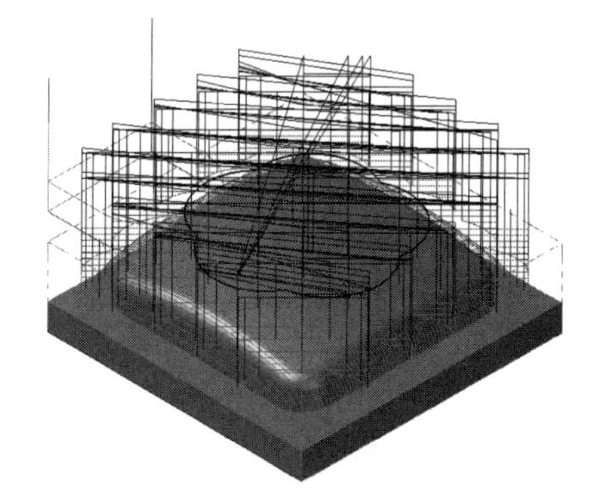

图 5-106 平行铣削精加工刀具路径

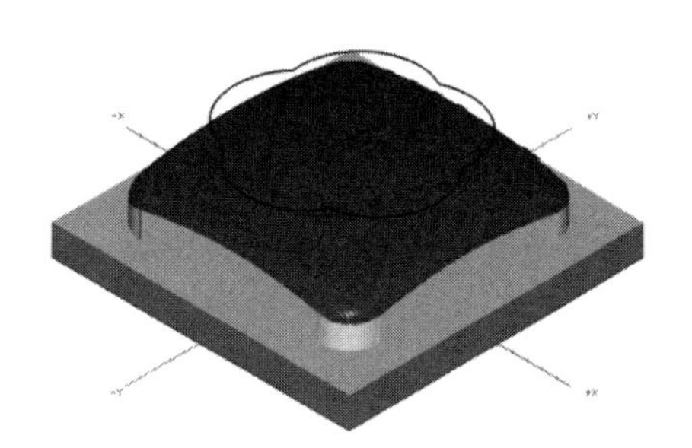

图 5-107 实体切削验证后的结果

(5) 规划曲面投影加工刀具路径

① 单击键盘组合键“Alt+T”，隐藏刀具路径。

② 单击下拉菜单［刀具路径（T）］/［曲面精加工(F)］/［ 精加工投影加工(J)... ］。

③ 系统提示“选取加工曲面”信息，点选加工模型上表面，单击结束选择按钮“ ”结束选择。

④ 系统弹出“刀具路径的曲面选取”对话框，单击确认按钮【 】。

⑤ 系统弹出如图 5-108 所示“曲面精加工投影”对话框，选择一把 ϕ3mm 球刀。

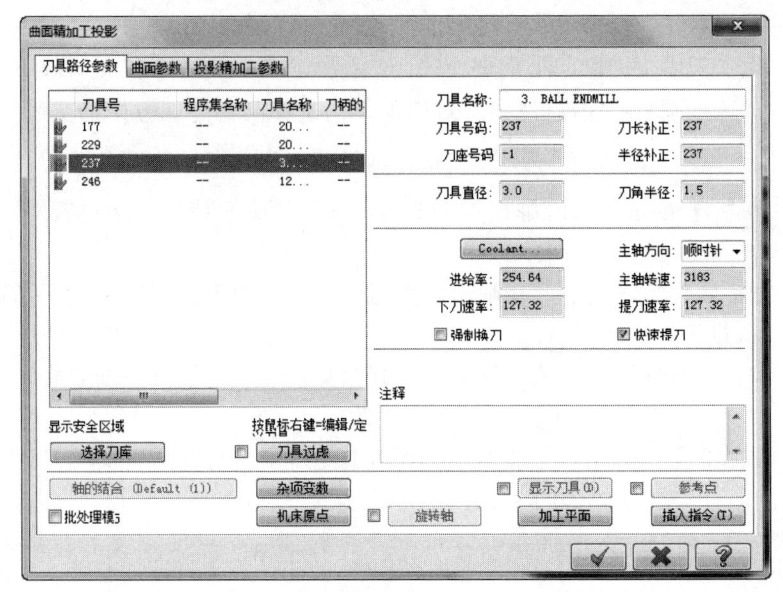

图 5-108 “曲面精加工投影”对话框

⑥ 进入“曲面参数”选项卡，设置图 5-109 所示参数（将“加工曲面预留量”设置为－1mm）。

注：曲面投影加工的深度由“加工曲面的预留量”的负值来控制，当选用球刀时，其最大深度不能大于刀具半径。

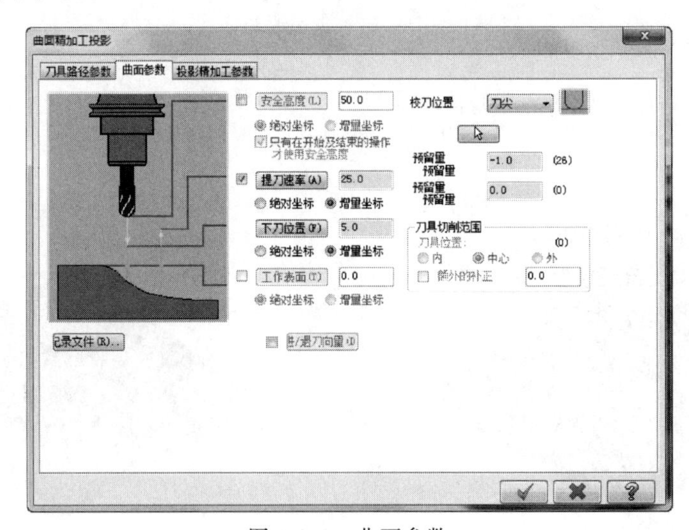

图 5-109 曲面参数

⑦ 选择“投影精加工参数”选项卡，弹出如图 5-110 所示界面，在“投影方式”下选择“曲线”，单击确认按钮【 】。

⑧ 系统提示“选取曲线去投影 1”信息，选择圆弧线。单击“串连选项”中的确认按钮

【✔】，系统产生曲面精加工投影刀具路径。实体切削验证结果如图 5-111 所示。

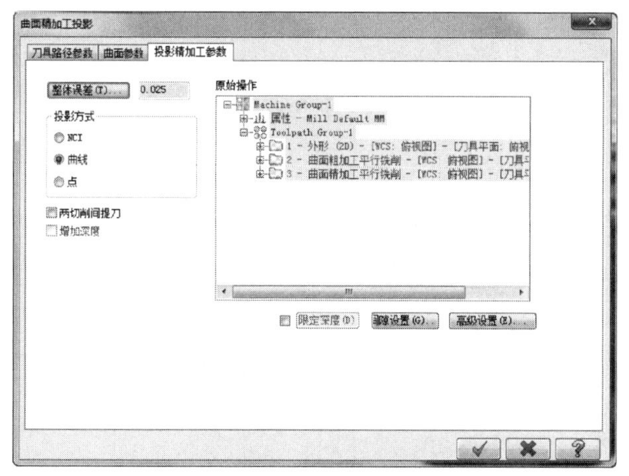

图 5-110　投影精加工参数

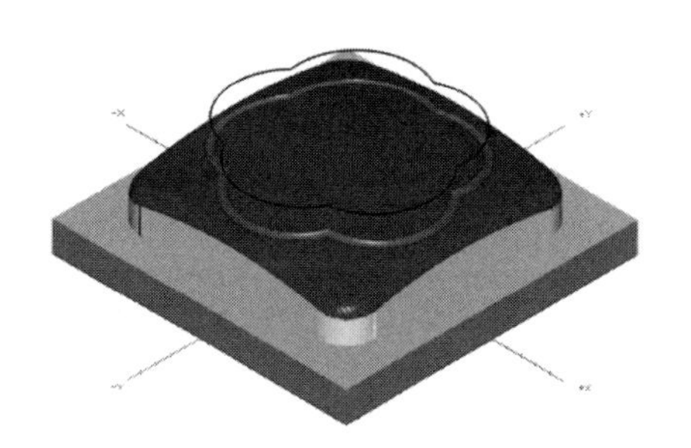

图 5-111　投影加工实体切削验证

5.2.4　后置处理生成加工程序

单击如图 5-112 刀具路径管理对话框中的全选按钮“✔”，再单击该对话框中的“G1”按钮进行后处理，后处理生成的加工程序如图 5-113 所示。

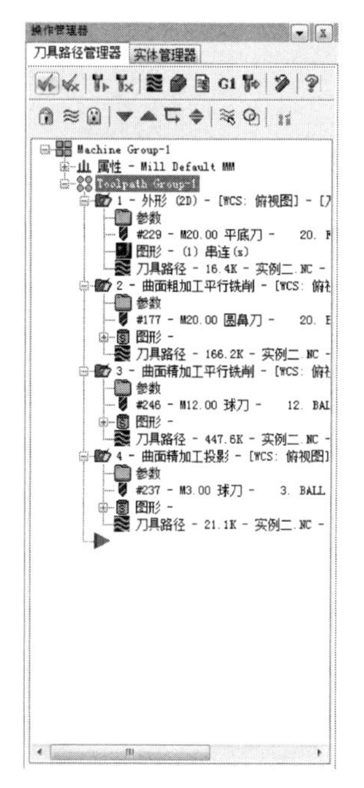

图 5-112　“刀具路径管理器”选项卡

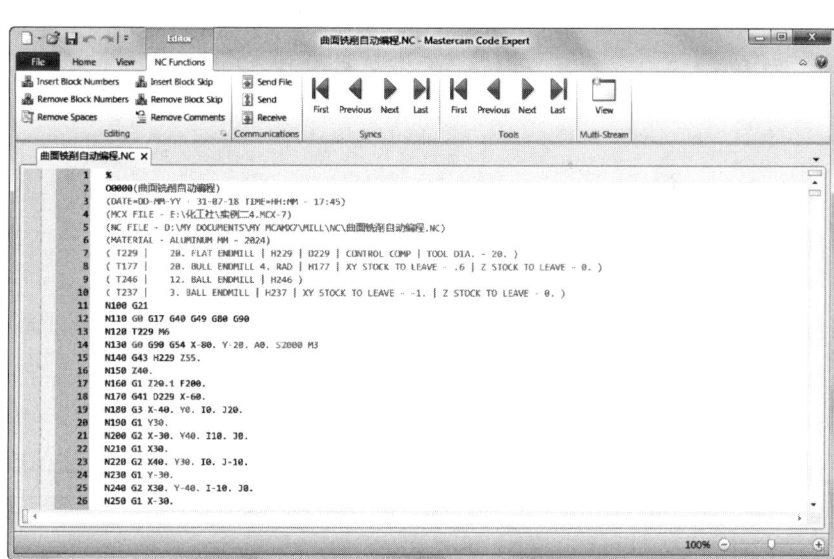

图 5-113　后处理生成加工程序

5.3　Mastercam X7 简式加工编程实例

简式加工模组可以进行粗车、精车和径向车。利用该模组生成刀具路径时，设置参数较少，使用方便，一般用于粗车、精车和车槽。

5.3.1 零件图样

试采用简式加工方法完成如图 5-114 所示零件的数控车削加工。

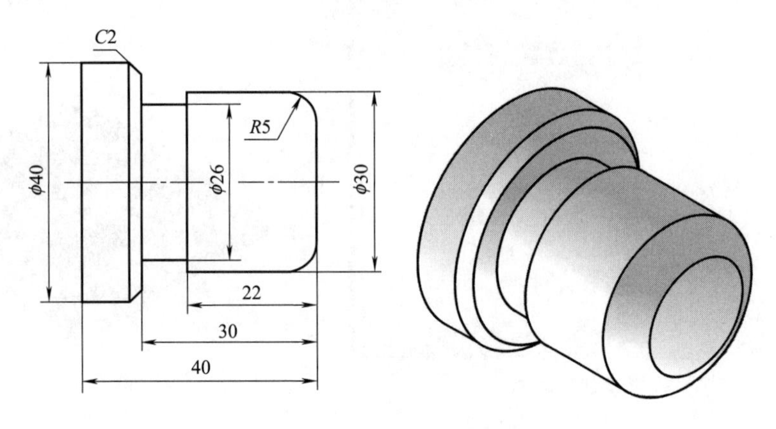

图 5-114 Mastercam 快捷车削

5.3.2 加工准备

(1) 建立加工模型

启动 Mastercam X7，完成如图 5-115 所示造型。因数控车床加工的零件对称于 Z 轴，因此建模时只需绘制零件图的一半轮廓。另外，将轮廓右端面中心取为 (0，0)。

(2) 选择毛坯

① 单击下拉菜单 [机床类型(M)]/[车床(L)]/[默认(D)]，选择默认的车床选项。系统弹出如图 5-116 所示操作管理器，显示设备等基本信息。

② 单击“素材设置”选项，系统弹出如图 5-117 所示“机器群组属性”对话框。

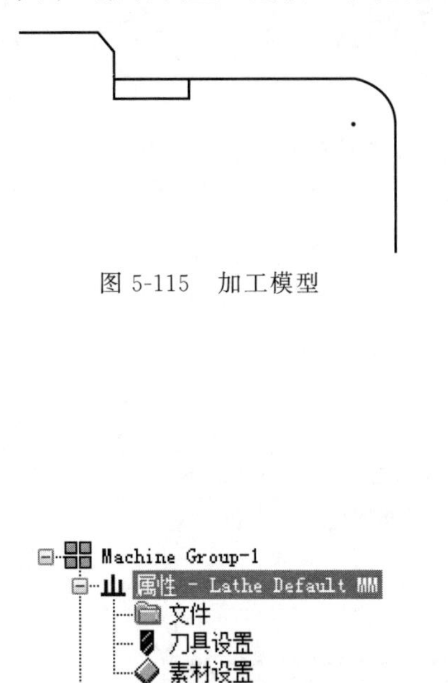

图 5-115 加工模型

图 5-116 操作管理器

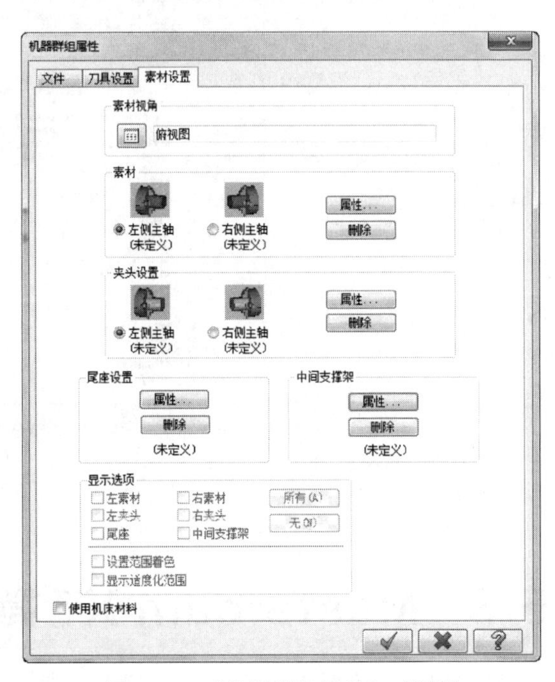

图 5-117 “机器群组属性”对话框

③ 单击【属性】按钮，系统弹出“机床组件管理—素材”对话框，按如图 5-118 所示进行设置。

④ 按【 】按钮结束素材的设置，系统返回“加工群组属性”对话框，再次按【 】按钮完成毛坯设定，结果如图 5-119 所示。

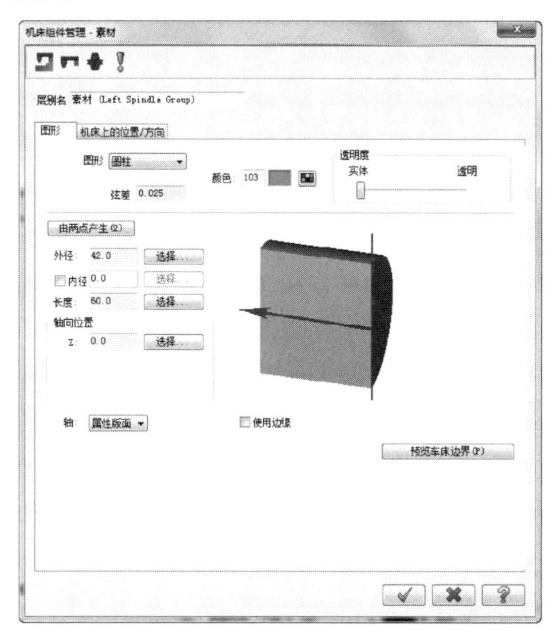

图 5-118　“机床组件管理—素材”对话框

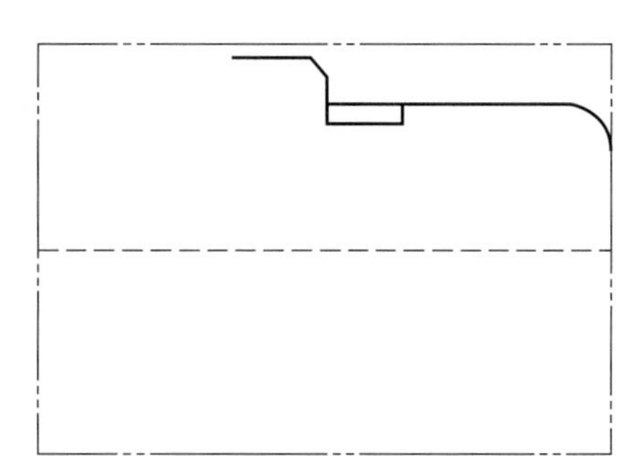

图 5-119　设定毛坯

5.3.3　规划刀具路径

(1) 规划粗加工刀具路径

① 单击下拉菜单[刀具路径(T)]/[简式加工(Q)]/[粗车(R)]，如图 5-120 所示，通过该操作可进行轮廓的简式粗加工。

② 系统弹出“串连选项”对话框，对加工轮廓进行如图 5-121 所示串连后，按【 】按钮确认。

图 5-120　车加工展开下拉菜单

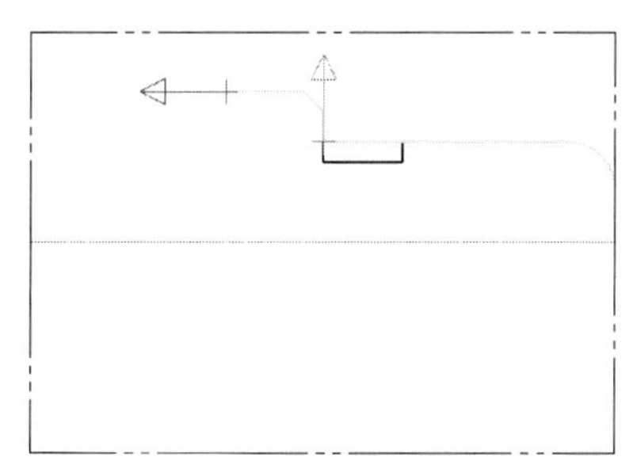

图 5-121　选择串连图

③ 系统弹出如图 5-122 所示“车床简式粗车属性”对话框（按图进行参数设置，用户可根据需要进行进一步设置）。

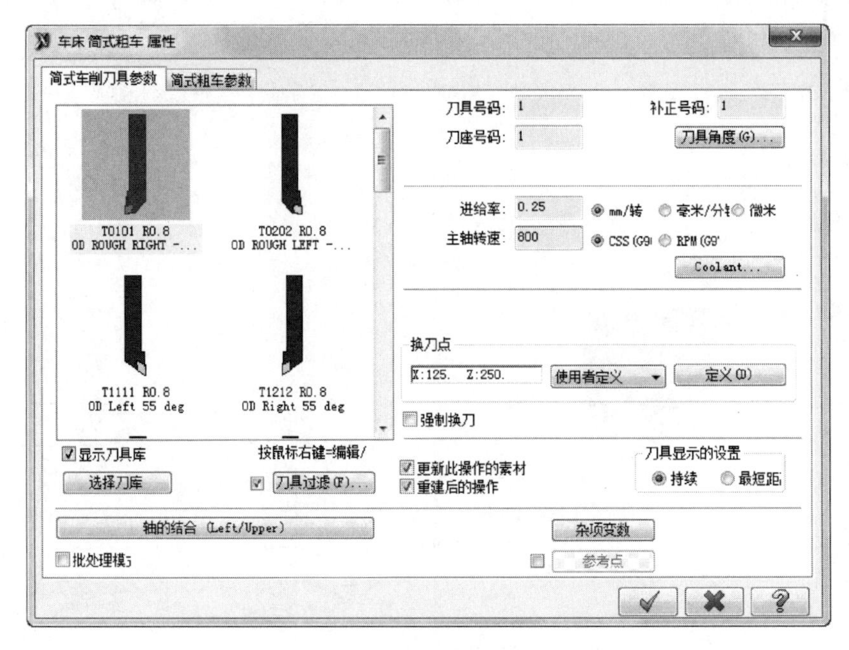

图 5-122 “车床简式粗车属性”对话框

④ 按【 】按钮，系统自动生成如图 5-123 所示简式粗加工刀具路径。

⑤ 采用实体切削验证后的结果如图 5-124 所示。

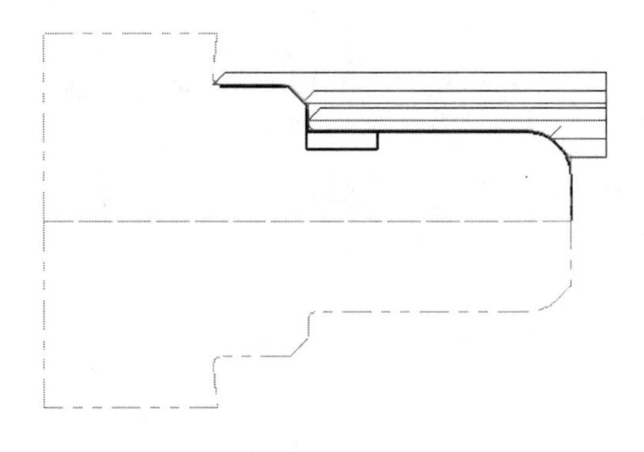

图 5-123 简式粗车刀具轨迹

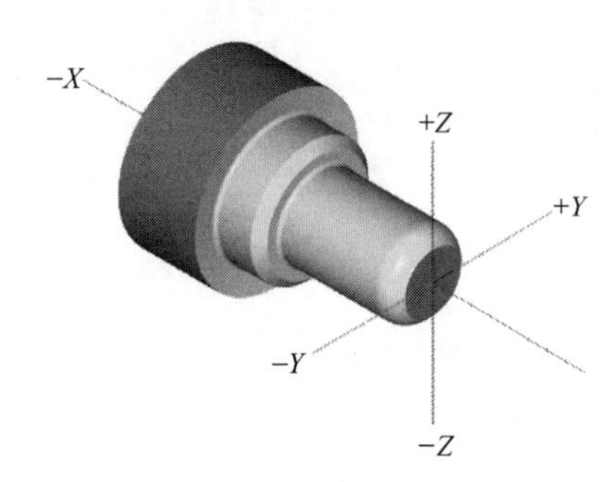

图 5-124 实体切削验证后的结果

(2) 规划精加工刀具路径

① 单击下拉菜单[刀具路径(T)]/[简式加工(Q)]/[精车(F)]。

② 系统弹出如图 5-125 所示“车床简式精车属性”对话框（按图进行参数设置，用户可根据需要进行进一步设置）。

③ 按【 】按钮，生成简式精加工刀具路径。

④ 采用实体切削验证后的结果如图 5-126 所示。

(3) 简式挖槽刀具路径规划

① 单击下拉菜单[刀具路径(T)]/[简式加工(Q)]/[径向车(G)]。

② 系统弹出如图 5-127 所示“简式径向车削的选项”对话框。

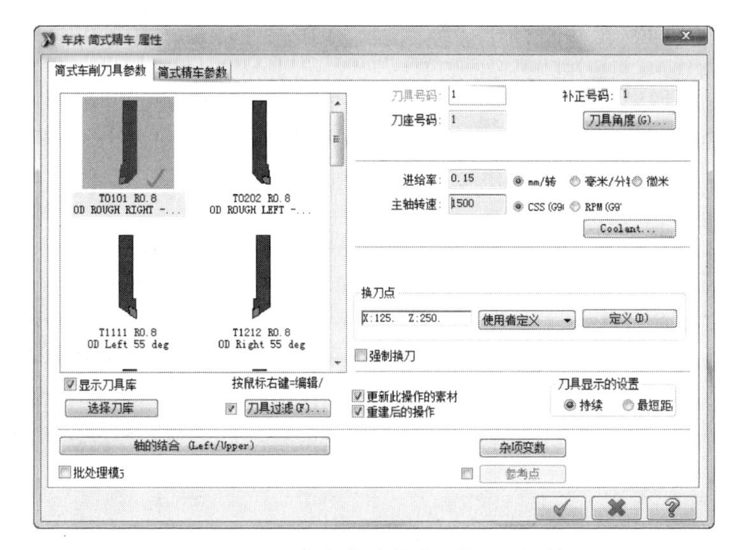

图 5-125 “车床简式精车属性”对话框

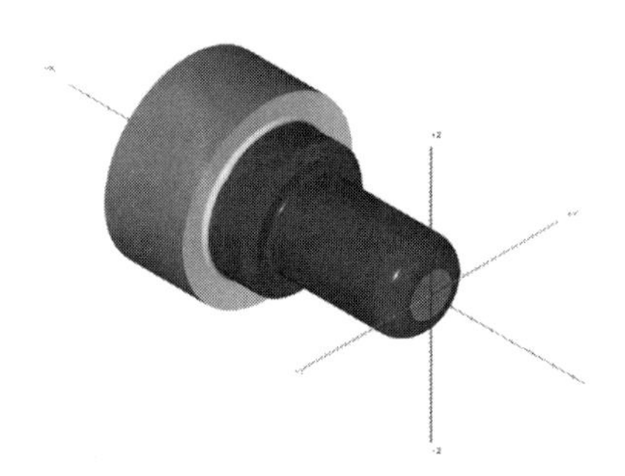

图 5-126 简式精加工后的验证结果

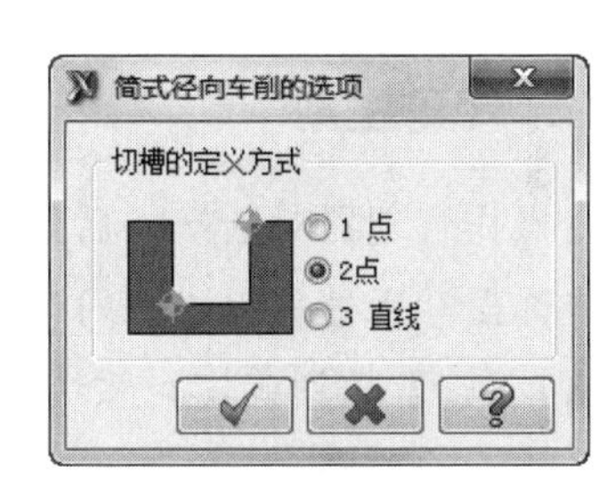

图 5-127 “简式径向车削的选项”对话框

③ 选中“2 点”单选钮，按【 ✓ 】按钮，采用两点方式来定义凹槽的位置和形状（倒角与槽左边交点作为第一点，槽右侧下为第二点）。

④ 按回车键确定，系统弹出如图 5-128 所示“车床简式径向车削属性”对话框。

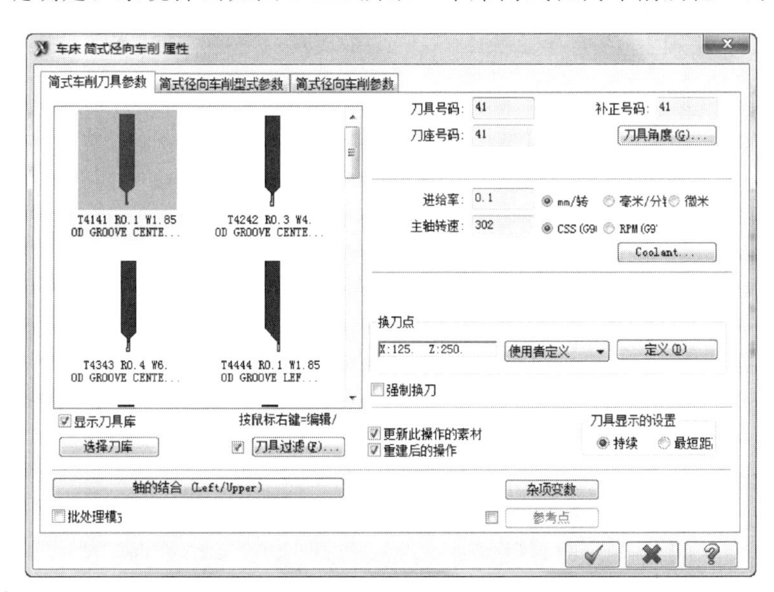

图 5-128 “车床简式径向车削属性”对话框

⑤ 按【 ✓ 】按钮，系统自动生成如图 5-129 所示快捷挖槽加工刀具路径。

⑥ 单击操作管理器对话框中【 】按钮，选取所有的操作。

⑦ 单击验证指定的操作按钮“ ”，系统弹出实体验证对话框，单击开始加工按钮“ ▶ ”进行实体加工模拟，如图 5-130 所示。

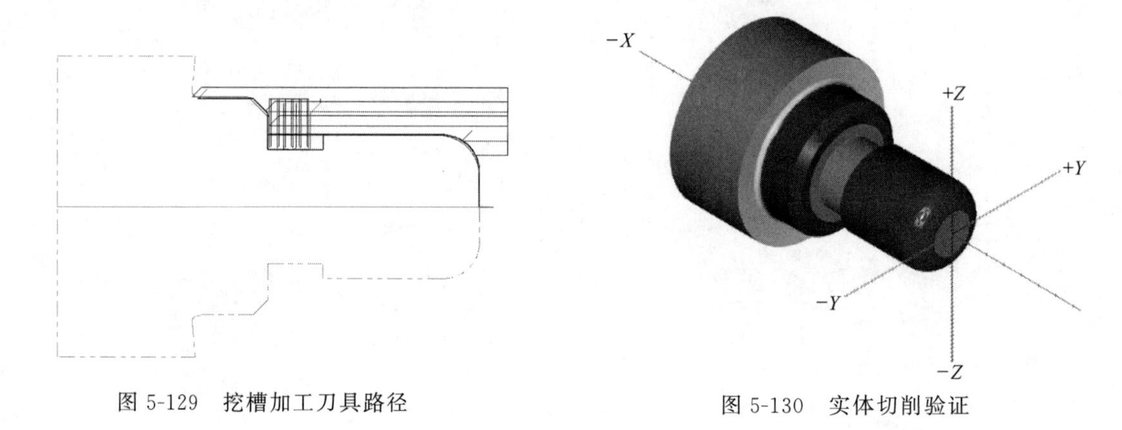

图 5-129　挖槽加工刀具路径　　图 5-130　实体切削验证

5.3.4　NC 代码生成

① 单击操作管理器对话框中后处理指定的操作按钮“G1”。

② 系统弹出“后处理程式”对话框。

③ 按【 ✓ 】按钮确定，系统弹出“另存为”对话框，选择所需的存放目录并输入相应的文件名，按【保存（S）】按钮。

④ 系统弹出如图 5-131 所示“简式加工 . NC-Mastercam Code Expert”对话框及相应的 NC 程序。

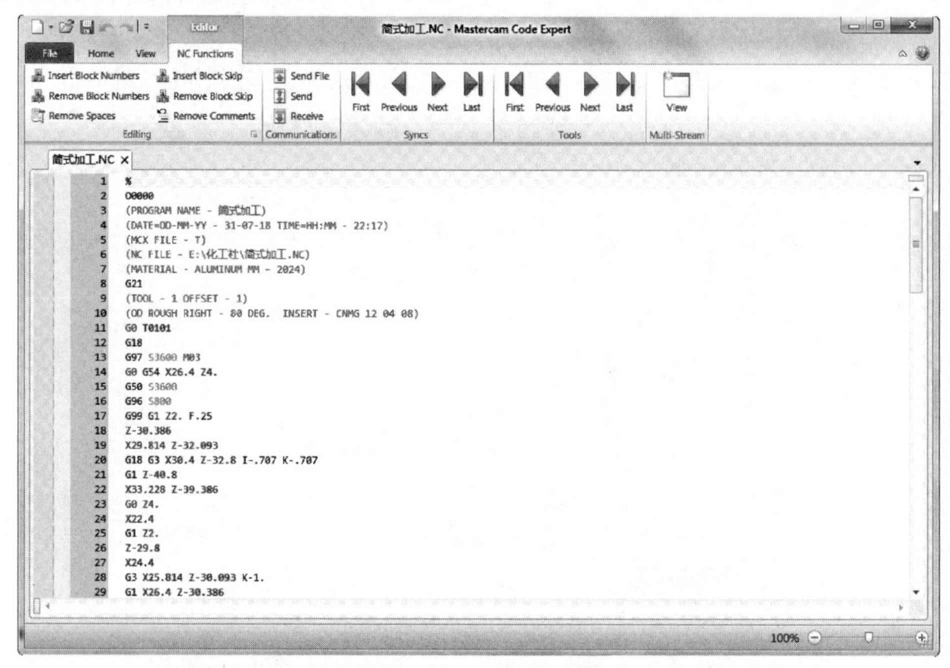

图 5-131　“简式加工 . NC-Mastercam Code Expert”对话框

5.4 Mastercam X7 车削综合编程实例

5.4.1 零件图样

试完成如图 5-132 所示零件的数控车削加工，并生成加工程序。

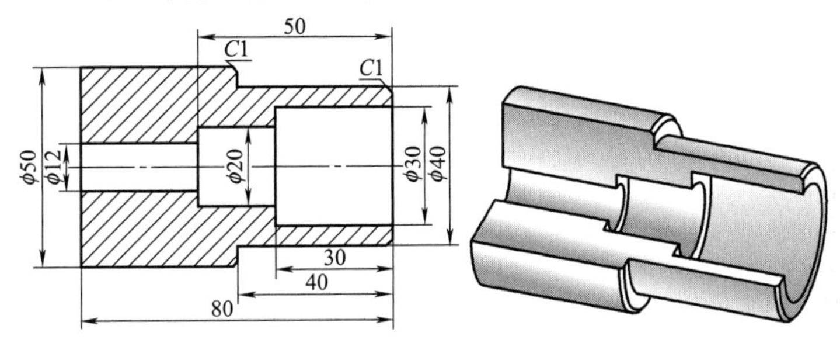

图 5-132 综合编程实例

5.4.2 建立加工模型

启动 Mastercam X7，完成如图 5-133 所示草图建模。

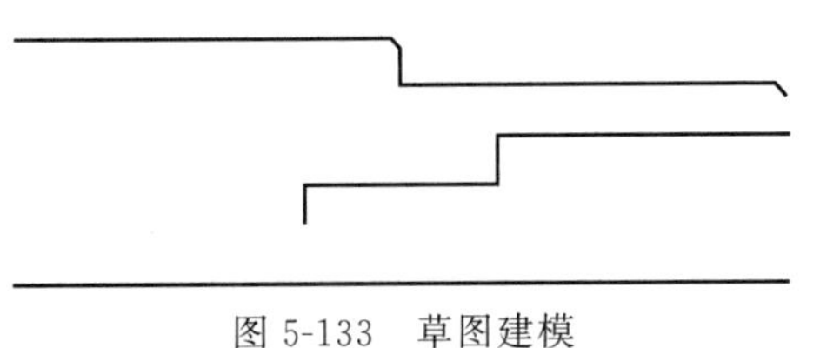

图 5-133 草图建模

5.4.3 刀具路径规划

(1) 外轮廓粗加工刀具路径

① 单击下拉菜单[机床类型(M)]/[车床(L)]/[默认(D)]，选择默认的车床选项。系统弹出“操作管理器”，显示设备等基本信息。

② 单击“素材设置”选项，系统弹出“机器群组属性”对话框。

③ 单击素材右侧的【属性】按钮，系统弹出“机床组件管理—素材”对话框，按如图5-134所示进行设置。

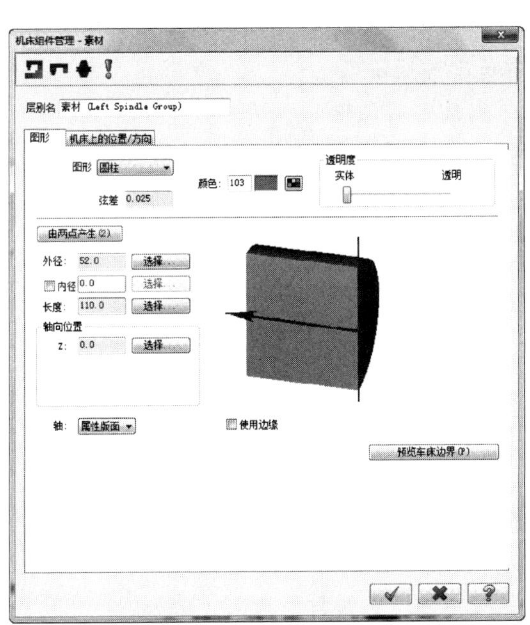

图 5-134 “机床组件管理—素材”对话框

④ 单击【✓】按钮结束素材的设置，系统返回“机器群组属性”对话框，单击【✓】按钮，完成毛坯的设置，结果如图 5-135 所示。

⑤ 单击下拉菜单[刀具路径(T)]/[粗车(R)]，进行外轮廓的粗加工。

⑥ 系统弹出“串连选项”对话框，对加工轮廓进行串连后确认，结果如图 5-136 所示。

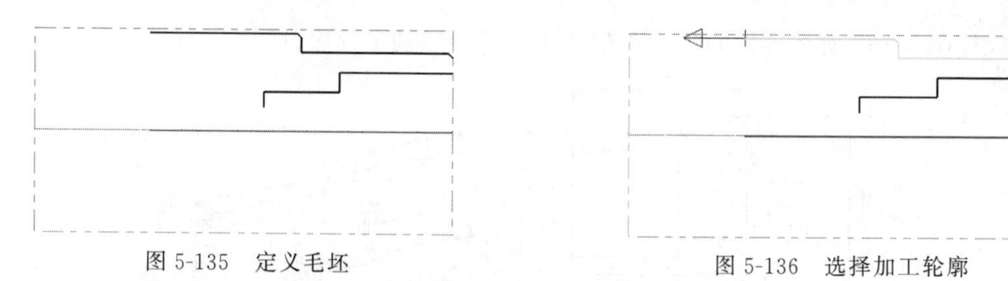

图 5-135　定义毛坯　　　　图 5-136　选择加工轮廓

⑦ 单击【✓】按钮，系统弹出如图 5-137 所示“车床粗加工属性”对话框。

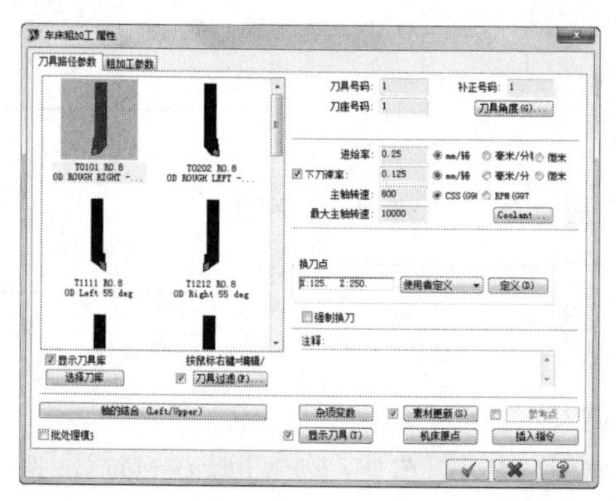

图 5-137　“车床粗加工属性”对话框

⑧ 单击【✓】按钮，系统自动生成如图 5-138 所示粗加工刀具路径。

(2) 外轮廓精加工刀具路径

① 单击下拉菜单[刀具路径(T)]/[精车(F)]，进行外轮廓的精加工，系统弹出“串连选项”对话框，对加工轮廓进行串连后确认。

② 系统弹出“车床精车属性”对话框。

③ 接受系统的默认设置，单击【✓】按钮，生成如图 5-139 所示精车刀具路径。

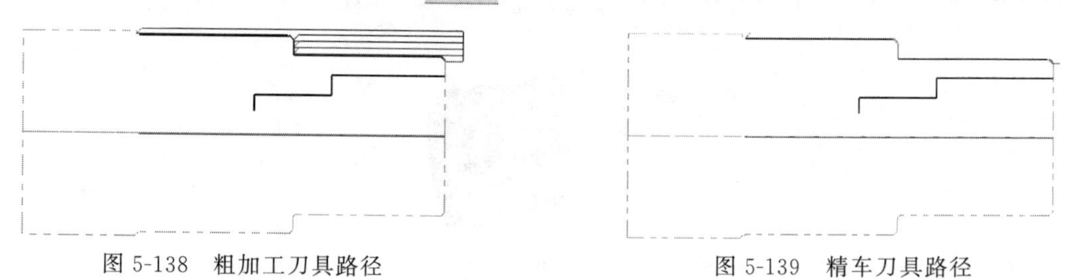

图 5-138　粗加工刀具路径　　　　图 5-139　精车刀具路径

(3) 钻孔刀具路径

① 单击下拉菜单[刀具路径(T)]/[钻孔(D)]，进行 ϕ12mm 孔的钻削加工，系统弹出如图 5-140 所示“车床钻孔属性”对话框。

② 在“车床钻孔属性”对话框中，选择 ϕ12mm 钻头。

③ 在“深孔钻—无啄孔”选项卡中，按图 5-141 进行设置。

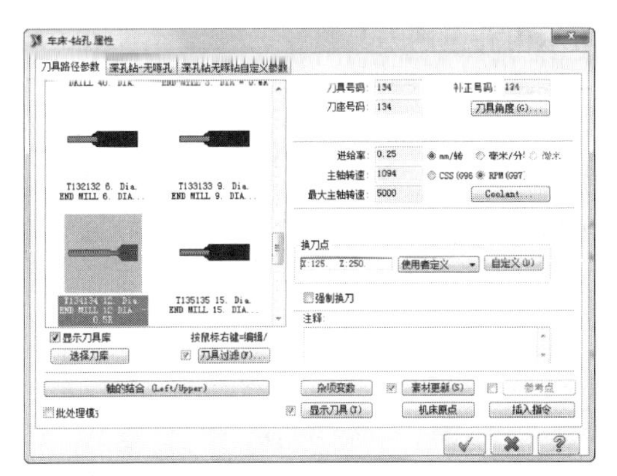

图 5-140　“车床钻孔属性”对话框

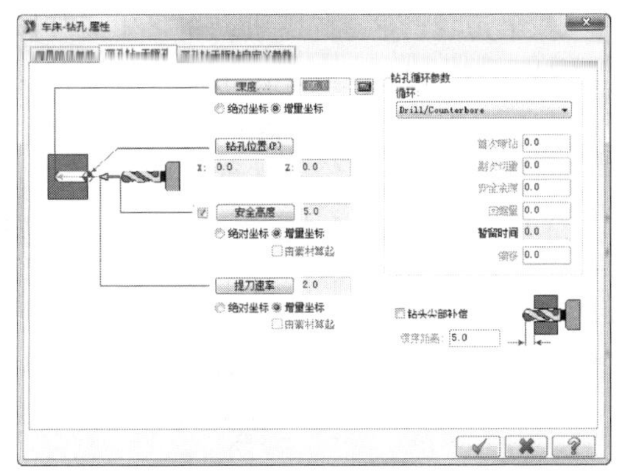

图 5-141　“深孔钻—无啄孔”选项卡

④ 单击【 ✔ 】按钮，系统生成如图 5-142 所示钻孔刀具路径。

⑤ 用类似方法，采用平底扩孔钻扩孔至 ϕ18mm，深度 50mm，扩孔刀具路径如图 5-143 所示。

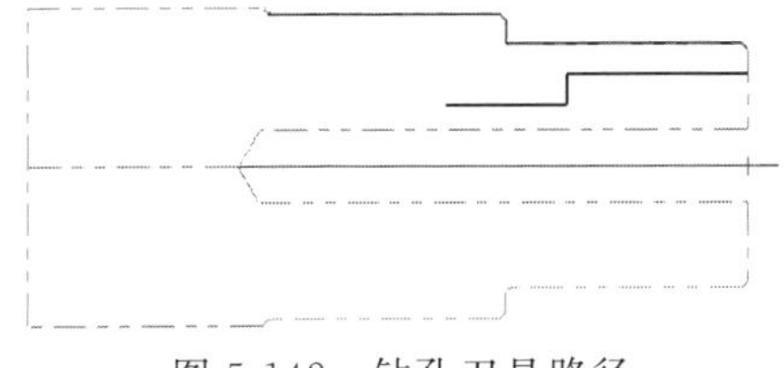

图 5-142　钻孔刀具路径

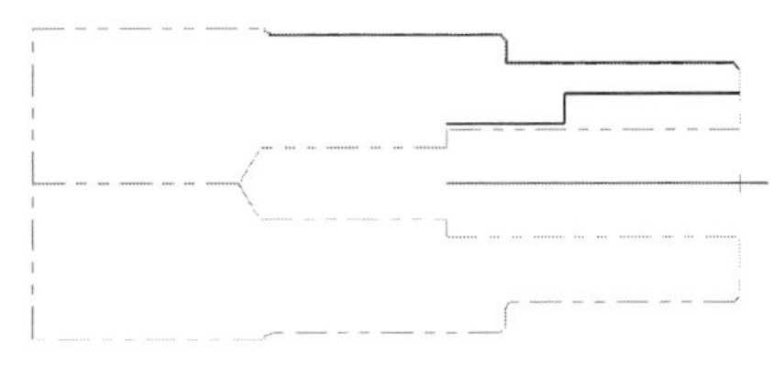

图 5-143　扩孔刀具路径

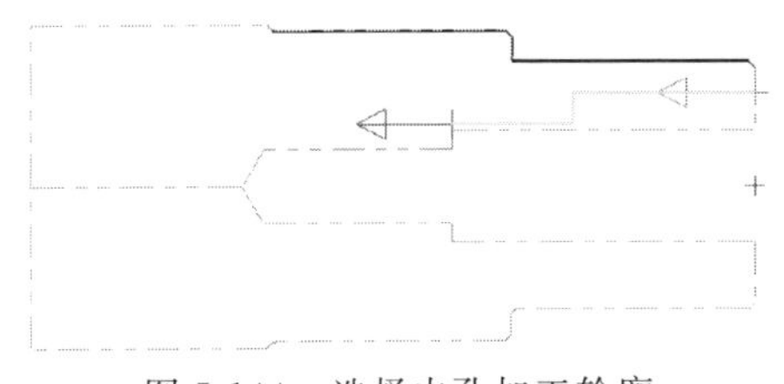

图 5-144　选择内孔加工轮廓

(4) 内轮廓粗加工刀具路径

① 单击下拉菜单[刀具路径(T)]/[粗车(R)]，以进行内轮廓的粗加工。

② 系统弹出“串连选项”对话框，对加工轮廓进行串连后确认，结果如图 5-144 所示。

③ 单击【 ✔ 】按钮，系统弹出“车床粗加工属性”对话框。

④ 在“刀具路径参数”选项卡中，选择如图 5-145 所示内孔车削刀具。

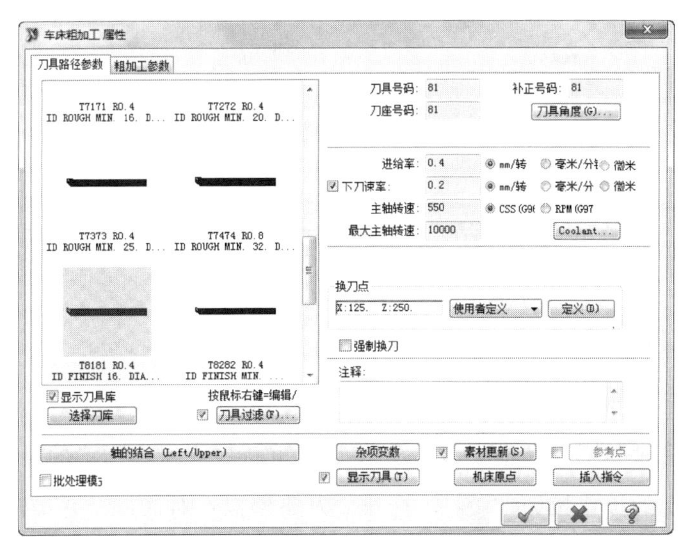

图 5-145　刀具参数选项

5）单击【 】按钮，系统生成如图 5-146 所示内孔车削刀具路径。

(5) 内轮廓精加工刀具路径

① 单击下拉菜单[刀具路径(T)]/[精车(F)]，进行内轮廓的精加工，系统弹出“串连选项”对话框，对加工轮廓进行串连后确认。

② 单击【 】按钮，系统弹出“车床精加工属性”对话框。

③ 单击【 】按钮，系统生成如图 5-147 所示内孔精车刀具路径。

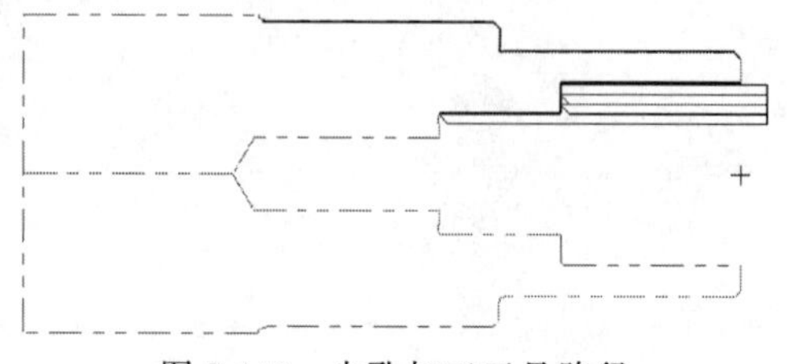

图 5-146 内孔加工刀具路径

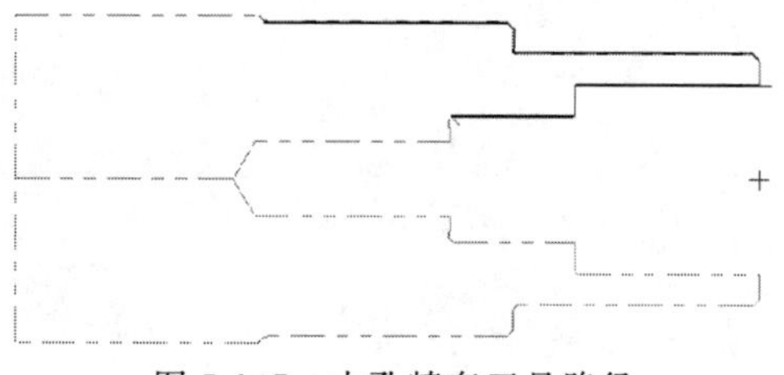

图 5-147 内孔精车刀具路径

(6) 切断刀具路径

① 单击下拉菜单[刀具路径(T)]/[截断(G)]，进行切断加工。

② 点选如图 5-148 所示切断起点。

③ 单击 Enter 按钮确定，系统弹出如图 5-149 所示“车床—截断属性”对话框，选择如图所示刀具。在“截断参数”选项卡中，将“X 的相切位置”修改为 6。

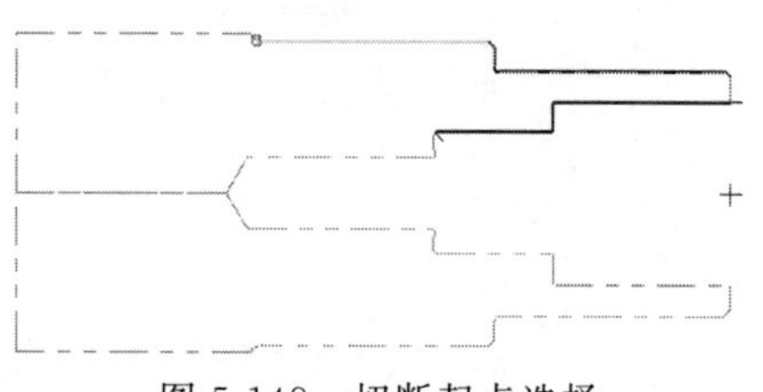

图 5-148 切断起点选择

④ 单击【 】按钮，系统生成如图 5-150 所示切断刀具路径。

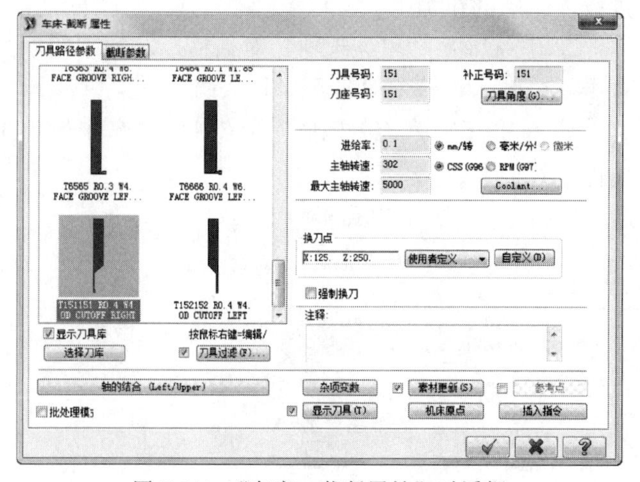

图 5-149 “车床—截断属性”对话框

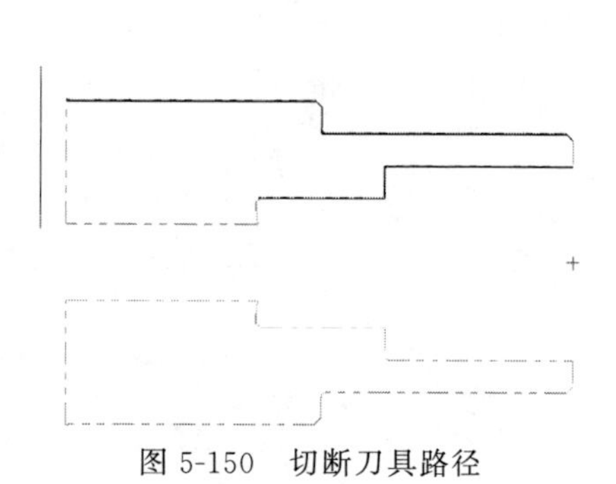

图 5-150 切断刀具路径

5.4.4 实体加工模拟

① 单击“操作管理器”对话框中【 】按钮，选取所有的操作。

② 单击“操作管理器”对话框中【 】按钮，重新计算所有指定的操作。

③ 单击模拟指定的操作按钮“ ”，打开“刀路模拟”对话框，并出现播放控制条。

④ 单击播放控制条中的开始按钮【 】，可看到如图 5-151 所示刀路模拟情况。

⑤ 单击验证指定的操作按钮“”，系统弹出“实体验证”对话框，单击开始加工按钮“”进行实体加工模拟，结果如图 5-152 所示。

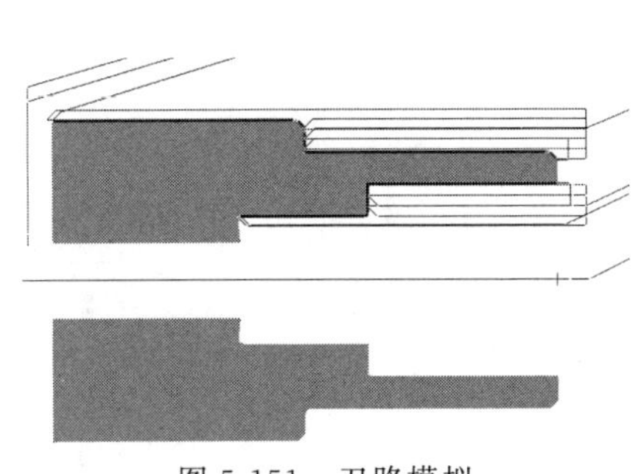

图 5-151　刀路模拟

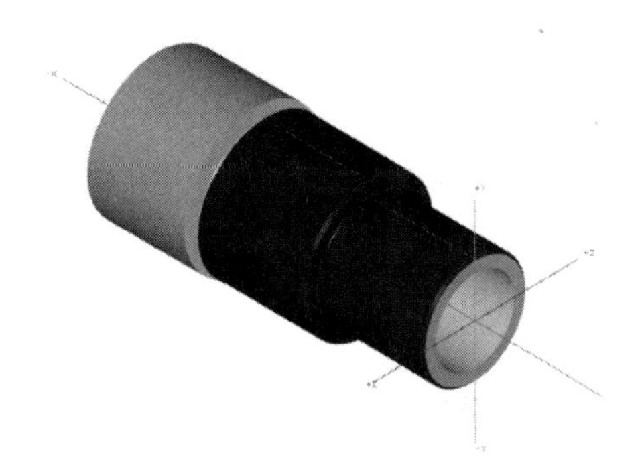

图 5-152　实体加工模拟

5.4.5 NC 代码生成

0① 单击“操作管理器”对话框中“后处理指定的操作”按钮“G1”。

② 系统弹出“后处理程式”对话框。

③ 单击【　】确定，系统弹出“另存为”对话框，选择所需的存放目录并输入相应的文件名，按【保存（S)】按钮。

④ 系统弹出如图 5-153 所示“车削综合加工．NC-Mastercam Code Expert”对话框及相应的 NC 程序。

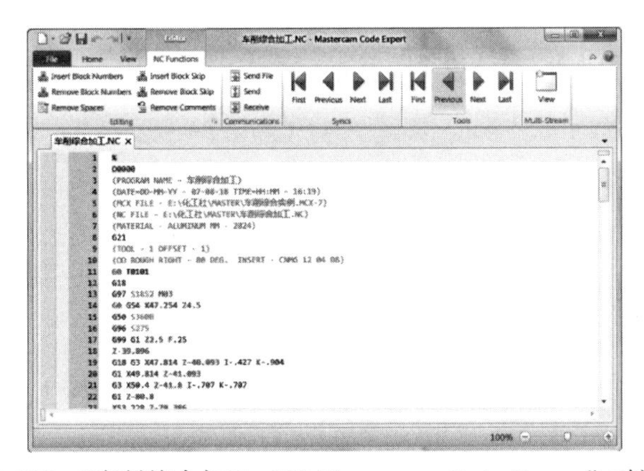

图 5-153　“车削综合加工．NC-Mastercam Code Expert”对话框

第6章 数控机床的维护与故障诊断

6.1 数控机床的维护与保养

6.1.1 文明生产和安全操作规程

表 6-1 文明生产和安全操作规程

项目	说明
文明生产	文明生产是现代企业制度的一项十分重要的内容，而数控加工是一种先进的加工方法，与普通机床加工比较，数控机床自动化程度高；采用了高性能的主轴部件及传动系统；机械结构具有较高刚度和耐磨性；热变形小；采用高效传动部件(滚珠丝杠、静压导轨)；具有自动换刀装置 操作者除了掌握好数控机床的性能、精心操作外，一方面要管好、用好和维护好数控机床；另一方面还必须养成文明生产的良好工作习惯和严谨的工作作风，应具有较好的职业素质、责任心和良好的合作精神
数控车床安全操作规程	要使数控车床能充分发挥其作用，使用时必须严格按照数控车床操作规程去做 ①工作时穿好工作服、安全鞋，戴好工作帽及防护镜，禁止戴手套、领带操作机床，如图 6-1 所示 图 6-1 不正确的操作方式 ②不要移动或损坏安装在机床上的警告标牌 ③不要在机床周围放置障碍物，工作空间应足够大

续表

<table>
<tr><th>项目</th><th>说明</th></tr>
<tr><td>数控车床安全操作规程</td><td>④某一项工作如需要多人共同完成时，应注意相互间的协调一致
⑤不允许采用压缩空气清洗机床、电气柜及CNC单元
⑥机床开始工作前要预热，并认真检查润滑系统工作是否正常，如机床长时间未开动，可先采用手动方式向各部分供油润滑
⑦使用的刀具应与机床允许的规格相符，有严重破损的刀具要及时更换
⑧调整刀具所用工具不要遗忘在机床内
⑨检查大尺寸轴类零件的中心孔是否合适，中心孔如太小，工作中易发生危险
⑩刀具安装好后应进行一两次试切削
⑪检查卡盘是否夹紧
⑫机床开动前，必须关好机床防护门
⑬禁止用手接触刀尖和铁屑，铁屑必须要用铁钩子或毛刷来清理
⑭禁止用手或其他任何方式接触正在旋转的主轴、工件或其他运动部位，如图6-2所示
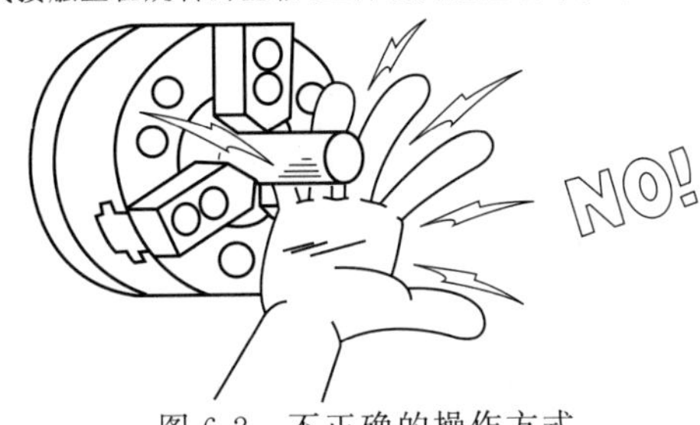

图6-2 不正确的操作方式
⑮禁止加工过程中测量工件尺寸，更不能用棉丝擦拭工件，也不能清扫机床
⑯车床运转中，操作者不得离开岗位，机床发现异常现象应立即停车
⑰在加工过程中，不允许打开机床防护门
⑱工件伸出车床100mm以外时，须在伸出位置设防护物
⑲严格遵守岗位责任制，机床由专人使用，他人使用须经本人同意
⑳清除切屑、擦拭机床，使用机床与环境保持清洁状态
㉑检查润滑油、切削液的状态，及时添加或更换
㉒依次关掉机床操作面板上的电源和总电源</td></tr>
<tr><td>数控铣床/加工中心安全操作规程</td><td>①操作人员必须熟悉机床使用说明书等有关资料，熟悉机床的主要技术参数、传动原理、主要结构、润滑部位及维护保养等一般知识
②开机前应对机床进行全面细致的检查，确认无误后方可操作
③机床通电后，检查各开关、按钮和键是否正常、灵活，机床有无异常现象
④检查电压、气压、油压是否正常，有手动润滑的部位要先进行手动润滑
⑤机床空运转应达15min以上，使机床达到热平衡状态
⑥各坐标轴手动回零(机床参考点)
⑦程序输入后，应认真核对，确保无误，其中包括对代码、指令、地址、数值、正负号、小数点及语法的查对
⑧正确测量和计算工件坐标系，并对所得结果进行验证和验算
⑨将工件坐标系输入偏置页面，并对坐标、坐标值、正负号、小数点进行认真核对
⑩未装工件以前，空运行一次程序，看程序能否顺利执行，刀具长度选取和夹具安装是否合理，有无超程现象
⑪刀具补偿值(位置、半径)输入偏置页面后，要对刀补号、补偿值、正负号、小数点进行认真核对
⑫检查各刀头的安装方向及各刀具旋转方向是否合乎程序要求
⑬查看各刀杆前后部位的形状和尺寸是否合乎程序要求
⑭无论是首次加工的零件，还是周期性重复加工的零件，首件都必须对照图样工艺、程序和刀具调整卡，进行逐段程序的试切
⑮单段试切时，快速倍率开关必须打到最低挡
⑯每把刀具首次使用时，必须先验证它的实际长度与所给刀补值是否相符
⑰在程序运行中，要观察数控系统上的坐标显示，可了解目前刀具运动点在机床坐标系及工件坐标系中的位置</td></tr>
</table>

续表

项目	说　明
数控铣床/加工中心安全操作规程	⑱程序运行中也要观察数控系统上的工作寄存器和缓冲寄存器显示，查看正在执行的程序段各状态指令和下一个程序段的内容 ⑲在程序运行中要重点观察数控系统上的主程序和子程序，了解正在执行主程序段的具体内容 ⑳试切和加工中，刃磨刀具和更换刀具后，一定要重新测量刀长并修改好刀补值和刀补号 ㉑程序修改后，对修改部分一定要仔细计算和认真核对 ㉒手摇进给和手动连续进给操作时，必须检查各种开关所选择的位置是否正确，弄清正、负方向，认准按键，然后再进行操作 ㉓必须在确认工件夹紧后才能启动机床，严禁工件转动时测量、触摸工件 ㉔操作中出现工件跳动、打抖、异常声音、夹具松动等异常情况时必须立即停车处理 ㉕自动加工过程中，不允许打开机床防护门 ㉖严禁盲目操作或误操作。工作时穿好工作服、安全鞋，戴好工作帽、防护镜，不可戴手套、领带操作机床 ㉗加工镁合金工件时，应戴防护面罩，注意及时清理加工中产生的切屑 ㉘一批零件加工完成后，应核对程序、偏置页面、调整卡及工艺中的刀具号、刀补值，并作必要的整理、记录 ㉙做好机床卫生清扫工作，擦净导轨面上的切削液，并涂防锈油，以防止导轨生锈 ㉚依次关闭机床操作面板上的电源开关和总电源开关

6.1.2 机械部件的维护与保养

表 6-2　机械部件的维护与保养

项目	说　明
主传动链的维护与保养	①熟悉数控机床主传动链的结构、性能和主轴调整方法，严禁超性能使用。出现不正常现象时，应立即停机排除故障 ②使用带传动的主轴系统，需定期调整主轴驱动带的松紧程度，防止因带打滑造成的丢转现象 ③注意观察主轴箱温度，检查主轴润滑恒温油箱，调节温度范围，防止各种杂质进入油箱，及时补充油量。每年更换一次润滑油，并清洗过滤器 ④使用液压拨叉变速的主传动系统，必须在主轴停车后变速 ⑤每年对主轴润滑恒温油箱中的润滑油更换一次，并清洗过滤器 ⑥每年清理润滑油池底一次，并更换液压泵滤油器 ⑦每天检查主轴润滑恒温油箱，使其油量充足，工作正常 ⑧防止各种杂质进入润滑油箱，保持油液清洁 ⑨经常检查轴端及各处密封，防止润滑油液的泄漏
滚珠丝杠螺母副的维护保养	①定期检查、调整丝杠螺母副的轴向间隙，保证反向传动精度和轴向刚度 ②定期检查丝杠支承与床身的连接是否有松动以及支承轴承是否损坏。如有以上问题，要及时紧固松动部位，更换支承轴承 ③采用润滑脂润滑的滚珠丝杠，每半年一次清洗丝杠上的旧润滑脂，换上新的润滑脂。用润滑油润滑的滚珠丝杠，每次机床工作前加油一次 ④注意避免硬质灰尘或切屑进入丝杠防护罩和工作中碰击防护罩，防护装置一有损坏要及时更换
液压系统维护与保养	①定期对油箱内的油液进行取样化验，检查油液质量，定期过滤或更换油液 ②定期检查冷却器和加热器的工作性能，控制液压系统中油液的温度在标准要求内 ③定期检查更换密封件，防止液压系统泄漏 ④防止液压系统振动与噪声 ⑤定期检查清洗或更换液压件、滤芯，定期检查清洗油箱和管路 ⑥严格执行日常点检制度，检查系统的泄漏、噪声、振动、压力、温度等是否正常，将故障排除在萌芽状态
导轨副的维护与保养	① 定期调整压板的间隙 ② 定期调整镶条间隙 ③ 定期对导轨进行预紧 ④ 定期对导轨润滑 ⑤ 定期检查导轨的防护

6.1.3 位置检测元件的维护与保养

表 6-3 位置检测元件的维护保养

<table>
<tr><th rowspan="2">检测元件</th><th colspan="2">维 护</th></tr>
<tr><th>项目</th><th>说 明</th></tr>
<tr><td rowspan="2">光栅</td><td>防污</td><td>①冷却液在使用过程中会产生轻微结晶，这种结晶在扫描头上形成一层薄膜且透光性差，不易清除，故在选用冷却液时要慎重
②加工过程中，冷却液的压力不要太大，流量不要过大，以免形成大量的水雾进入光栅
③光栅最好通入低压压缩空气（10^5 Pa 左右），以免扫描头运动时形成的负压把污物吸入光栅。压缩空气必须净化，滤芯应保持清洁并定期更换
④光栅上的污物可以用脱脂棉蘸无水酒精轻轻擦除</td></tr>
<tr><td>防振</td><td>光栅拆装时要用静力，不能用硬物敲击，以免引起光学元件的损坏</td></tr>
<tr><td rowspan="3">光电脉冲编码器</td><td>防污</td><td>污染容易造成信号丢失</td></tr>
<tr><td>防振</td><td>振动容易使编码器内的紧固件松动脱落，造成内部电源短路</td></tr>
<tr><td>防连接松动</td><td>①连接松动，会影响位置控制精度
②连接松动还会引起进给运动的不稳定，影响交流伺服电动机的换向控制，从而引起机床的振动</td></tr>
<tr><td>感应同步器</td><td colspan="2">①保持定尺和滑尺相对平行
②定尺固定螺栓不得超过尺面，调整间隙在 0.09～0.15mm 为宜
③不要损坏定尺表面耐切削液涂层和滑尺表面一层带绝缘层的铝箔，否则会腐蚀厚度较小的电解铜箔
④接线时要分清滑尺的 sin 绕组和 cos 绕组</td></tr>
<tr><td>旋转变压器</td><td colspan="2">①接线时应分清定子绕组和转子绕组
②碳刷磨损到一定程度后要更换</td></tr>
<tr><td>磁栅尺</td><td colspan="2">①不能将磁性膜刮坏
②防止铁屑和油污落在磁性标尺和磁头上
③要用脱脂棉蘸酒精轻轻地擦其表面
④不能用力拆装和撞击磁性标尺和磁头，否则会使磁性减弱或使磁场紊乱
⑤接线时要分清磁头上激磁绕组和输出绕组，前者绕在磁路截面尺寸较小的横臂上，后者绕在磁路截面尺寸较大的竖杆上</td></tr>
</table>

6.1.4 数控系统日常维护与保养

每种数控系统的日常维护保养要求，在数控系统使用、维修说明书中一般都有明确规定。一般应注意事项如表 6-4 所示。

表 6-4 数控系统的日常维护保养

注意事项	说 明
机床电气柜的散热通风	①通常安装于电柜门上的热交换器或轴流风扇，能对电控柜的内外进行空气循环，促使电控柜内的发热装置或元器件，进行散热 ②定期检查控制柜上的热交换器或轴流风扇的工作状况，风道是否堵塞 ③否则会引起柜内温度过高而使系统不能可靠运行，甚至引起过热报警
尽量少开电气控制柜门	①加工车间飘浮的灰尘、油雾和金属粉末落在电气柜上容易造成元器件间绝缘电阻下降，从而出现故障 ②除了定期维护和维修外，平时应尽量少开电气控制柜门
每天检查数控柜，电器柜	①看各电器柜的冷却风扇工作是否正常，风道过滤网有否堵塞 ②如果工作不正常或过滤器灰尘过多，会引起柜内温度过高而使系统不能可靠工作，甚至引起过热报警 ③一般来说，每半年或每三个月应检查清理一次，具体应视车间环境状况而定

续表

注意事项	说明
控制介质输入/输出装置的定期维护	①CNC系统参数、零件程序等数据都可通过它输入CNC系统的寄存器中 ②如果有污物，将会使读入的信息出现错误 ③定期对关键部件进行清洁
定期检查和清扫直流伺服电动机	①直流伺服电动机旋转时，电刷会与换向器摩擦而逐渐磨损 ②电刷的过度磨损会影响电动机的工作性能，甚至损坏 ③定期检查电刷
支持电池的定期更换	①数控系统存储参数用的存储器采用CMOS器件，其存储的内容在数控系统断电期间靠支持电池供电保持 ②在一般情况下，即使电池尚未消耗完，也应每年更换一次，以确保系统能正常工作 ③电池的更换应在CNC系统通电状态下进行
备用印制线路板的定期通电	①对于已经购置的备用印制线路板，应定期装到CNC系统上通电运行 ②实践证明，印制线路板长期不用易出故障
数控系统长期不用时的保养	①系统长期不用是不可取的 ②数控系统处在长期闲置的情况下，要经常给系统通电。在机床锁住不动的情况下让系统空运行 ③空气湿度较大的梅雨季节尤其要注意。在空气湿度较大的地区，经常通电是降低故障的一个有效措施 ④数控机床闲置不用达半年以上，应将电刷从直流电动机中取出，以免由于化学作用使换向器表面腐蚀，引起换向性能变坏，甚至损坏整台电动机

6.1.5 数控机床的日常维护与保养

表6-5 数控机床维护与保养的主要内容

序号	检查部位	检查内容		
		每月	六个月	一年
1	切削液箱	清理箱内积存切屑，更换切削液	清洗切削液箱、清洗过滤器	全面清洗、更换过滤器
2	润滑油箱	检查润滑泵工作情况，油管接头是否松动、漏油	清洁润滑箱、清洗过滤器	全面清洗、更换过滤器
3	各移动导轨副	清理导轨滑动面上刮屑板	导轨副上的镶条、压板是否松动	检验导轨运行精度，进行校准
4	液压系统	检查各阀工作是否正常、油路是否畅通、	清洗油箱、清洗过滤器	全面清洗油箱、各阀、更换过滤器
5	防护装置	用软布擦净各防护装置表面、检查有无松动	折叠式防护罩的衔接处是否松动	因维护需要，全面拆卸清理
6	换刀系统	检查刀架、刀塔、刀库、机械手等的润滑情况	检查换刀动作的圆滑性、以无冲击为宜	清理主要零部件、更换润滑油
7	CRT显示屏及操作面板	检查各轴限位及急停开关是否正常、观察CRT显示	检查面板上所有操作	检查CRT电气线路、芯板等的连接情况并清除灰尘
8	强电柜与数控柜	清洗控制箱散热风道的过滤网	清理控制箱内部、保持干净	检查所有电路板、插座、插头、继电器和电缆的接触情况
9	主轴箱	检查主轴上运转情况	检查齿轮、轴承的润滑情况，测量轴承温升是否正常	清洗零部件、更换润滑油。检查主传动皮带，及时更换。检验主轴精度，进行校准
10	电动机	观察各电动机冷却风扇运转是否正常	各电动机轴承噪声是否严重、必要时可更换	检查电动机控制板情况、检查电动机保护开关的功能

续表

序号	检查部位	检查内容		
		每月	六个月	一年
11	滚珠丝杠	检查丝杠防护套，清理螺母防尘盖上的污物，丝杠表面涂油脂	测量各轴滚珠丝杠的反向间隙、予以调整或补偿	清洗滚珠丝杠上润滑油，涂上新脂

6.1.6　延长数控机床寿命的措施

数控机床是机电一体化的技术密集设备，要使机床长期可靠地运行，很大程度上取决于对其的使用与维护。数控机床的整个加工过程是由大量电子元件组成的数控系统按照数字化的程序完成的，在加工中途由于数控系统或执行部件的故障造成的工件报废或安全事故，一般情况下，操作者是无能为力的。所以，对于数控机床工作的稳定性、可靠性的要求更为重要。为此，注意以下问题可以延长数控机床的寿命。

(1) 数控机床的使用环境

一般来说，数控机床的使用环境没有什么特殊的要求，可以同普通机床一样放在生产车间里，但是，要避免阳光的直接照射和其他热辐射，要避免太潮湿或粉尘过多的场所，特别要避免有腐蚀气体的场所。腐蚀性气体最容易使电子元件受到腐蚀变质，或造成接触不良，或造成元件间短路，影响机床的正常运行。要远离振动大的设备，如冲床、锻压设备等。对于高精密的数控机床，还应采取防振措施（如防振沟等）。对于精度高、价格昂贵的数控机床使其置于有空调的环境中使用是比较理想的。

(2) 电源要求

数控机床采取专线供电（从低压配电室就分一路单独供数控机床使用）或增设稳压装置，都可以减少供电质量的影响和减少电气干扰。

(3) 数控机床应有操作规程

操作规程是保证数控机床安全运行的重要措施之一，操作者一定要按操作规程操作。机床发生故障，操作者要注意保留现场，并向维修人员如实说明出现故障前后的情况，以利于分析、诊断出故障的原因，及时排除故障，减少停机时间。

(4) 数控机床不宜长期封存不用

购买数控机床以后要充分利用，尽量提高机床的利用率，尤其是投入使用的第一年，更要充分利用，使其容易出故障的薄弱环节尽早暴露出来，故障的隐患尽可能在保修期内得以排除。如果工厂没有生产任务，数控机床较长时间不用时，也要定期通电，不能长期封存起来，最好是每周能通电1～2次，每次空运行1h时左右，以利用机床本身的发热量来降低机内的湿度，使电子元器件不致受潮，同时也能及时发现有无电池报警发生，以防止系统软件、参数的丢失。

(5) 持证上岗

操作人员不仅要有资格证，在上岗操作前还要由技术人员按所用机床进行专题操作培训，使操作工熟悉说明书及机床结构、性能、特点，弄清和掌握操作盘上的仪表、开关、旋钮及各按钮的功能和指示的作用，严禁盲目操作和误操作。

(6) 压缩空气符合标准

数控机床所需压缩空气的压力应符合标准，并保持清洁。管路严禁使用未镀锌铁管，防止铁锈堵塞过滤器。要定期检查和维护气、液分离器，严禁水分进入气路。最好在机床气压系统外增置气、液分离过滤装置，增加保护环节。

(7) 正确选择刀具

正确选用优质刀具不仅能充分发挥机床加工效能，也能避免不应发生的故障，刀具的锥柄、直径尺寸及定位槽等都应达到技术要求，否则换刀动作将无法顺利进行。

(8) 检测各坐标

在加工工件前须先对各坐标进行检测，复查程序，对加工程序模拟试验正常后，再加工。

(9) 防止碰撞

操作工在设备回到“机床零点”“工作零点”“控制零点”操作前，必须确定各坐标轴的运动方向无障碍物，以防碰撞。

(10) 关键部件不要随意拆动

数控机床机械结构简化，密封可靠，自诊功能日益完善，在日常维护中除清洁外部及规定的润滑部位外，不得拆卸其他部位清洗。对于关键部件，如数控机床的光栅尺等装置，更不得碰撞和随意拆动。

(11) 不要随意改变参数

数控机床的各类参数和基本设定程序的安全储存直接影响机床正常工作和性能发挥，操作工不得随意修改，如操作不当造成故障，应及时向维修人员说明情况以便寻找故障线索，进行处理。

6.2 数控机床故障诊断

6.2.1 数控机床的故障

数控机床是高度机电一体化的设备，它与传统的机械设备相比，内容上虽然也包括机械、电气、液压与气动方面的故障，但数控机床的故障诊断和维修侧重于机械、电子系统、气动乃至光学等方面装置的交接点上。由于数控系统种类繁多，结构各异，形式多变，给测试和监控带来了许多困难。

(1) 数控机床的故障分类

数控机床的故障多种多样，按其故障的性质和故障产生的原因及不同的分类方式可划分为不同的故障（见表6-6）。

表6-6 数控机床故障的分类

分类方式	分类	说明	举例
按故障出现的必然性和偶然性分类	系统性故障	是指只要满足某一定的条件，机床或数控系统就必然出现的故障	①网络电压过高或过低，系统就会产生电压过高报警或电压过低报警 ②切削用量安排得不合适，就会产生过载报警等
	随机故障	①是指在同样的条件下，只偶尔出现一次或二次的故障 ②要想人为地再使其出现同样的故障则是不太容易的，有时很长时间也难再遇到一次 ③这类故障的诊断和排除都是很困难的 ④一般情况下，这类故障往往与机械结构的局部松动、错位，数控系统中部分元件工作特性的漂移、机床电气元件可靠性下降有关 ⑤有些数控机床采用电磁离合器变挡，离合器剩磁也会产生类似的现象 ⑥排除此类故障应该经过反复实验，综合判断	一台数控机床本来正常工作，突然出现主轴停止时产生漂移，停电后再送电，漂移现象仍不能消除。调整零漂电位器后现象消失，这显然是工作点漂移造成的

续表

分类方式	分类		说明	举例
按故障产生时有无破坏性分类	破坏性故障		①故障产生会对机床和操作者造成侵害导致机床损坏或人身伤害 ②有些破坏性故障是人为造成的 ③维修人员在进行故障诊断时，决不允许重现故障，只能根据现场人员的介绍，经过检查来分析，排除故障 ④这类故障的排除技术难度较大且有一定风险，故维修人员就非常慎重	有一台数控转塔车床，为了试车而编制一个只车外圆的小程序，结果造成刀具与卡盘碰撞。事故分析的结果是操作人员对刀错误
	非破坏性故障		①大多数的故障属于此类故障，这种故障往往通过"清零"即可消除 ②维修人员可以重现此类故障，通过现象进行分析、判断	
按故障发生的原因分类	数控机床自身故障		①由于数控机床自身的原因引起的，与外部使用环境条件无关 ②数控机床所发生的极大多数故障均属此类故障 ②应区别有些故障并非机床本身而是外部原因所造成的	
	数控机床外部故障		这类故障是由于外部原因造成的。例如： ①数控机床的供电电压过低，波动过大，相序不对或三相电压不平衡 ②周围的环境温度过高，有害气体、潮气、粉尘侵入 ③外来振动和干扰 ④还有人为因素所造成的故障	①电焊机所产生的电火花干扰等均有可能使数控机床发生故障 ②操作不当，手动进给过快造成超程报警，自动切削进给过快造成过载报警等
以故障产生时有无自诊断显示来区分	有报警显示故障	硬件报警显示的故障	①硬件报警显示通常是指各单元装置上的报警灯（一般由 LED 发光管或小型指示灯组成）的指示 ②借助相应部位上的报警灯均可大致分析判断出故障发生的部位与性质 ③维修人员日常维护和排除故障时应认真检查这些报警灯的状态是否正常	控制操作面板、位置控制印制线路板、伺服控制单元、主轴单元、电源单元等部位以及光电阅读机、穿孔机等的报警灯亮
		软件报警显示故障	①软件报警显示通常是指 CRT 显示器上显示出来的报警号和报警信息 ②由于数控系统具有自诊断功能，一旦检测到故障，即按故障的级别进行处理，同时在 CRT 上以报警号形式显示该故障信息 ③数控机床上少则几十种，多则上千种报警显示 ④软件报警有来自 NC 的报警和来自 PLC 的报警。可参阅相关的说明书	存储器报警、过热报警、伺服系统报警、轴超程报警、程序出错报警、主轴报警、过载报警以及断线报警等
	无报警显示故障		①无任何报警显示，但机床却是在不正常状态 ②往往是机床停在某一位置上不能正常工作，甚至连手动操作都失灵 ③维修人员只能根据故障产生前后的现象来分析判断 ④排除这类故障是比较困难的	

续表

分类方式	分类	说明		举例
按故障发生在硬件上还是软件上来分类	软件故障	程序编制错误	①故障排除比较容易，只要认真检查程序和修改参数就可以解决 ②参数的修改要慎重，一定要搞清参数的含义以及与其相关的其他参数方可改动，否则顾此失彼还会带更大的麻烦	
		参数设置不正确		
	硬件故障	指只有更换已损坏的器件才能排除的故障，这类故障也称“死故障”。比较常见的是输入/输出接口损坏，功放元件得不到指令信号而丧失功能。解决方法只有两种：更换接口板和修改 PLC 程序		
机床品质下降故障		①机床可以正常运行，但表现出的现象与以前不同 ②加工零件往往不合格 ③无任何报警信号显示，只能通过检测仪器来检测和发现 ④处理这类故障应根据不同的情况采用不同的方法		噪声变大、振动较强、定位精度超差、反向死区过大、圆弧加工不合格、机床启停有振荡等

（2）机械故障

所谓机械故障，就是指机械系统（零件、组件、部件、整台设备乃至一系列的设备组合）因偏离其设计状态而丧失部分或全部功能的现象。数控机床机械故障的分类如表 6-7 所示，其特点见表 6-8。

表 6-7　数控机床机械故障的分类

标准	分类	说明
故障发生的原因	磨损性故障	正常磨损而引发的故障，对这类故障形式，一般只进行寿命预测
	错用性故障	使用不当而引发的故障
	先天性故障	由于设计或制造不当而造成机械系统中存在某些薄弱环节而引发的故障
故障性质	间断性故障	只是短期内丧失某些功能，稍加修理调试就能恢复，不需要更换零件
	永久性故障	某些零件已损坏，需要更换或修理才能恢复
故障发生后的影响程度	部分性故障	功能部分丧失的故障
	完全性故障	功能完全丧失的故障
故障造成的后果	危害性故障	会对人身、生产和环境造成危险或危害的故障
	安全性故障	不会对人身、生产和环境造成危害的故障
故障发生的快慢	突发性故障	不能靠早期测试检测出来的故障。对这类故障只能进行预防
	渐发性故障	故障的发展有一个过程，因而可对其进行预测和监视
故障发生的频次	偶发性故障	发生频率很低的故障
	多发性故障	经常发生的故障
故障发生、发展规律	随机故障	故障发生的时间是随机的
	有规则故障	故障的发生比较有规则

表 6-8　数控机床机械故障部位

故障部位	说明
进给传动链故障	①运动品质下降 ②修理常与运动副预紧力、松动环节和补偿环节有关 ③定位精度下降、反向间隙过大，机械爬行，轴承噪声过大

续表

故障部位	说　明
主轴部件故障	可能出现故障的部分有自动换刀部分的刀杆拉紧机构、自动换挡机构及主轴运动精度的保持装置等
自动换刀装置(ATC)故障	①自动换刀装置用于加工中心等设备，目前50%的机械故障与它有关 ②故障主要是刀库运动故障、定位误差过大、机械手夹持刀柄不稳定和机械手运动误差过大等。这些故障最后大多数都造成换刀动作卡住，使整机停止工作等
行程开关压合故障	压合行程开关的机械装置可靠性及行程开关本身品质特性都会大大影响整机的故障及排除故障的工作

6.2.2　数控机床故障产生的规律

(1) 机床性能或状态

数控机床在使用过程中，其性能或状态随着使用时间的推移而逐步下降，呈现如图6-3所示的曲线。很多故障发生前会有一些预兆，即所谓潜在故障，其可识别的物理参数表明一种功能性故障即将发生。功能性故障表明机床丧失了规定的性能标准。

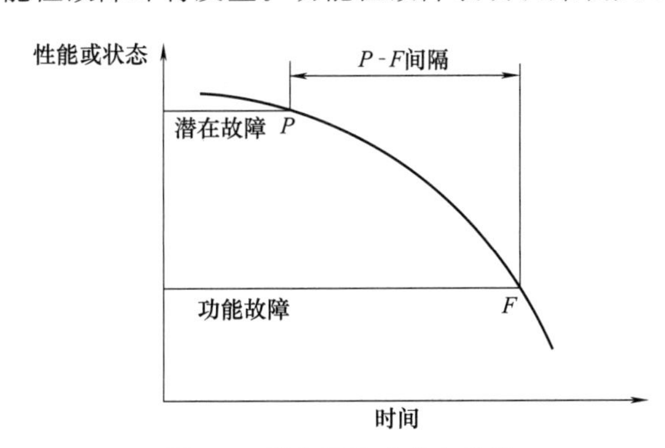

图6-3　设备性能或状态曲线

图6-3中“P”点表示性能已经恶化，并发展到可识别潜在故障的程度，这可能表明金属疲劳的一个裂纹将导致零件折断；可能是振动，表明即将会发生轴承故障；可能是一个过热点，表明电动机将损坏；可能是一个齿轮齿面过多的磨损等。“F”点表示潜在故障已变成功能故障，即它已质变到损坏的程度。P-F间隔，就是从潜在故障的显露到转变为功能性故障的时间间隔，各种故障的P-F间隔差别很大，可由几秒到好几年，突发故障的P-F间隔就很短。较长的间隔意味着有更多的时间来预防功能性故障的发生，此时如果积极主动地寻找潜在故障的物理参数，以采取新的预防技术，就能避免功能性故障，争得较长的使用时间。

(2) 机械磨损故障

数控机床在使用过程中，由于运动机件相互产生摩擦，表面产生刮削、研磨，加上化学物质的侵蚀，就会造成磨损。磨损过程大致为下述三个阶段。

① 初期磨损阶段

多发生于新设备启用初期，主要特征是摩擦表面的凸峰、氧化皮、脱炭层很快被磨去，使摩擦表面更加贴合，这一过程时间不长，而且对机床有益，通常称为“跑合”，如图6-4的Oa段。

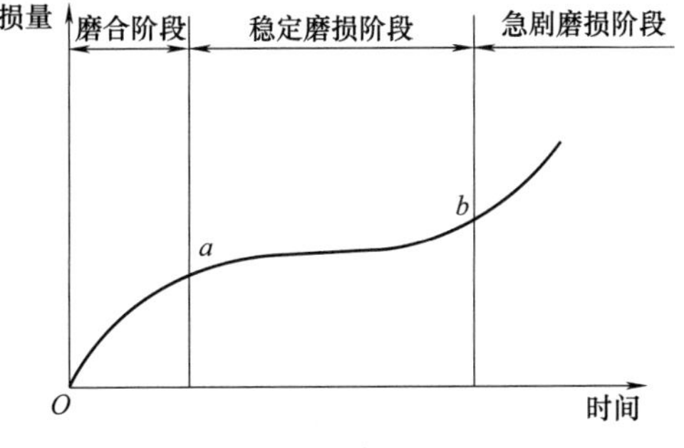

图6-4　典型磨损过程

② 稳定磨损阶段

由于跑合的结果，使运动表面工作在耐磨层，而且相互贴合，接触面积增加，单位接触面上的应力减小，因而磨损增加缓慢，可以持续很长时间，如图6-4所示的ab段。

③ 急剧磨损阶段

随着磨损逐渐积累，零件表面抗磨层的磨

耗超过极限程度，磨损速率急剧上升。理论上将正常磨损的终点作为合理磨损的极限。

根据磨损规律，数控机床的修理应安排在稳定磨损终点 b 为宜。这时，既能充分利用原零件性能，又能防止急剧磨损出现，也可稍有提前，以预防急剧磨损，但不可拖后。若使机床带病工作，势必带来更大的损坏，造成不必要的经济损失。在正常情况下，b 点的时间一般为 7～10 年。

(3) 数控机床故障率曲线

与一般设备相同，数控机床的故障率随时间变化的规律可用图 6-5 所示的浴盆曲线（也称失效率曲线）表示。整个使用寿命期，根据数控机床的故障频率大致分为 3 个阶段，即早期故障期、偶发故障期和耗损故障期。

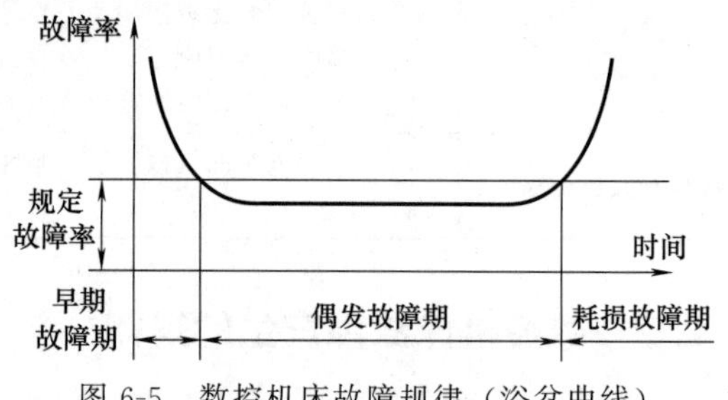

图 6-5 数控机床故障规律（浴盆曲线）

1）早期故障期

这个时期数控机床故障率高，但随着使用时间的增加迅速下降。这段时间的长短，随产品、系统的设计与制造质量而异，约为 10 个月。数控机床使用初期之所以故障频繁，原因大致如下。

① 机械部分。机床虽然在出厂前进行过磨合，但时间较短，而且主要是对主轴和导轨进行磨合。由于零件的加工表面存在着微观的和宏观的几何形状偏差，部件的装配可能存在误差，因而，在机床使用初期会产生较大的磨合磨损，使设备相对运动部件之间产生较大的间隙，导致故障的发生。

② 电气部分。数控机床的控制系统使用了大量的电子元器件，这些元器件虽然在制造厂经过了严格的筛选和整机考机处理，但在实际运行时，由于电路的发热，交变负荷、浪涌电流及反电势的冲击，性能较差的某些元器件经不住考验，因电流冲击或电压击穿而失效，或特性曲线发生变化，从而导致整个系统不能正常工作。

③ 液压部分。由于出厂后运输及安装阶段的时间较长，使得液压系统中某些部位长时间无油，气缸中润滑油干涸，而油雾润滑又不可能立即起作用，造成油缸或气缸可能产生锈蚀。此外，新安装的空气管道若清洗不干净，一些杂物和水分也可能进入系统，造成液压气动部分的初期故障。

除此之外，还有元件、材料等原因会造成早期故障，这个时期一般在保修期以内。因此，数控机床购买后，应尽快使用，使早期故障尽量显示在保修期内。

2）偶发故障期

数控机床在经历了初期的各种老化、磨合和调整后，开始进入相对稳定的偶发故障期—正常运行期。正常运行期为 7～10 年。在这个阶段，故障率低而且相对稳定，近似常数。偶发故障是由于偶然因素引起的。

3）耗损故障期

耗损故障期出现在数控机床使用的后期，其特点是故障率随着运行时间的增加而升高。出现这种现象的基本原因是数控机床的零部件及电子元器件经过长时间的运行，由于疲劳、磨损、老化等原因，使用寿命已接近完结，从而处于频发故障状态。

数控机床故障率曲线变化的三个阶段，真实地反映了从磨合、调试、正常工作到大修或报废的故障率变化规律，加强数控机床的日常管理与维护保养，可以延长偶发故障期。准确地找出拐点，可避免过剩修理或修理范围扩大，以获得最佳的投资效益。

6.2.3 数控机床的故障诊断

数控机床是机电一体化紧密结合的典范，是一个庞大的系统，涉及机、电、液、气、电子、光等各项技术，在运行使用中不可避免地要产生各种故障，关键的问题是如何迅速诊断，确定故障部位，及时排除解决，保证正常使用，提高生产率。

(1) 设备故障诊断技术的含义和应用

1）设备诊断技术的含义

设备诊断技术是在当前国内外发展迅速、用途广泛、效果良好的一项重要的设备工程新技术。其起源和命名与仿生学有关。

设备诊断技术起源于军事需要，逐步开发了一些检测方法和监测手段，后来随同可靠性技术、电子光学技术以及计算机数据处理技术的发展，使得状态监测和故障诊断技术更加完善。

设备诊断技术从军用移植到民用并取得更大发展，主要是由于工业现代化的结果。机械设备的连续化、高速化、自动化和数字化带来生产率的提高、成本的降低，以及能源和人力的节约，然而一旦发生故障，就会造成远非过去可比的经济损失。因此工业部门普遍要求能减少故障，并采取预测、预报的有效措施。

所谓设备故障诊断技术，就是“在设备运行中或基本不拆卸全部设备的情况下，掌握设备运行状态，判定产生故障的部位和原因，并预测预报未来状态的技术”。因此，它是防止事故的有效措施，也是设备维修的重要依据。

任何一个运行的设备系统，都会产生机械的、温度的、电磁的种种信号，通过这些信号可以识别设备的技术状况，而当其超过常规范围，即被认为存在异常或故障。设备只有在运行中才可能产生这些信号，这就是为什么要强调在动态下进行诊断的重要原因。在我国推广设备诊断技术的积极意义，是有利实行现代设备管理，进行维修体制改革，克服“过剩维修”及“维修不足”，从而达到设备寿命周期费用最经济和设备综合效率最高的目标。

2）应用设备故障诊断技术的目的

采用设备故障诊断技术，至少可以达到以下目的。

① 保障设备安全，防止突发故障。

② 保障设备精度，提高产品质量。

③ 实施状态维修，节约维修费用。

④ 避免设备事故造成的环境污染。

⑤ 给企业带来较大的经济效益。

(2) 设备诊断技术的技术基础

可以用于设备诊断的技术有很多种，但基本技术主要是以下4种。

① 检测技术

根据不同的诊断目的，选择适用的检查测量技术手段，以及对诊断对象最便于诊断的状态信号，进行检测采集的一项基本技术。由于设备状态信号是设备异常或故障信息的载体，因此能否真实、充分地检测到反映设备情况的状态信号，是这项技术的关键。

② 信号处理技术

从伴有环境噪声和其他干扰的综合信号中，把能反映设备状态的特征信号提取出来的一项基本技术。为此需要排除或削弱噪声干扰，保留或增强有用信号，进行维式压缩和形式变换，以精化故障特征信息，达到提高诊断灵敏度和可靠性的目的。

③ 模式识别技术

对经过处理的状态信号的特征进行识别和判断，据以对是否存在故障，以及其部位、原因和严重程度予以确定的一项基本技术。设备状态的识别实际是一个分类问题。它是从不相干的背景下提取输入信号的有意义的特征，并将其变为可辨识的类别，以进行分类工作。

④ 预测技术

对未发生或目前还不够明确的设备状态进行预估和推测，据以判断故障可能的发展过程，以及何时将进入危险范围的一项基本技术。在设备诊断中，预测技术除主要用于分析故障的传播和发展外，还要对设备的劣化趋势及剩余寿命做出预报。

(3) 设备诊断技术的工作原理和工作手段

设备诊断技术的基本原理及工作程序如图 6-6 所示，它包括信息库和知识库的建立及信号检测、特征提取、状态识别和预报决策等 4 个工作程序。

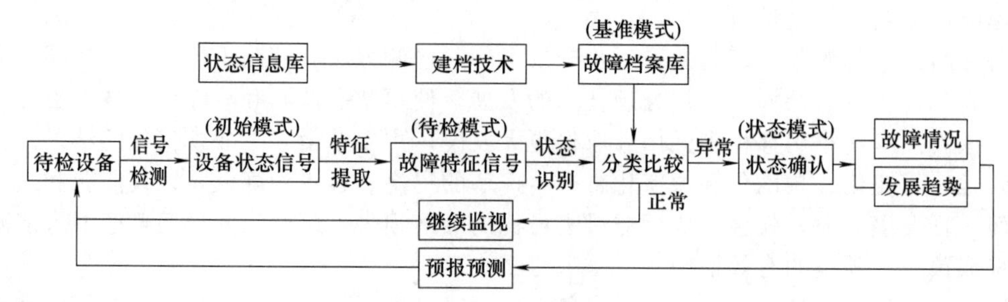

图 6-6　设备诊断技术的基本原理及工作程序图

① 信号检测

按照不同诊断目的和对象，选择最便于诊断的状态信号，使用传感器、数据采集器等技术手段，加以监测与采集。由此建立起来的是状态信号的数据库，属于初始模式。

② 特征提取

将初始模式的状态信号通过信号处理，进行放大或压缩、形式变换、去除噪声干扰，以提取故障特征，形成待检模式。

③ 状态识别

根据理论分析结合故障案例，并采用数据库技术所建立起来的故障档案库为基准模式。把待检模式与基准模式进行比较和分类，即可区别设备的正常与异常。

④ 预报决策

经过判别，对属于正常状态的可继续监视，重复以上程序；对属于异常状态的，则要查明故障情况，做出趋势分析，估计今后发展和可继续运行的时间，以及根据问题所在提出控制措施和维修决策。

(4) 机械故障诊断

所谓机械故障诊断，就是对机械系统所处的状态进行监测，判断其是否正常。

1）机械故障诊断的任务

① 诊断引起机械系统的劣化或故障的主要原因。

② 掌握机械系统劣化、故障的部位、程度及原因等情况。

③ 了解机械系统的性能、强度、效率。

④ 预测机械系统的可靠性及使用寿命。

2）机械故障诊断的分类

数控机床机械故障诊断的分类见表 6-9。

表 6-9　数控机床机械故障诊断的分类

分类方式	分类	说　明
按目的划分	功能诊断	对新安装或刚维修好的机械系统需要诊断它的功能是否正常，并根据诊断和检查的结果对它进行调整
	运行诊断	对正常运行的机械系统则进行状态的诊断，监视其故障的发生和发展

续表

分类方式	分类	说明
按方式划分	定期诊断	定期诊断是指间隔一定时间对工作的机床进行一次检查和诊断，也叫巡回检查和诊断，简称巡检
	在线监测	在线监测是采用现代化仪表和计算机信号处理系统对机器或设备的运行状态进行连续监测和控制
按提取信息的方式分	直接诊断	①直接根据关键零件的信息确定这些零部件的状态 ②如通过检测齿轮的安装偏心和运动偏心等参数判断齿轮运转是否正常
	间接诊断	①通过二次诊断信息间接地得到有关运行工作状况 ②间接诊断方法往往要汇集多方面的信息，反复分析验证，才能避免误诊 ③如通过检测箱体的振动来判断齿轮箱中的齿轮是否正常等
按诊断所要求的机械运行工况条件划分	常规诊断	机械的正常运行条件下进行的诊断
	特殊诊断	创造特殊的工作条件才能进行的诊断
按诊断过程划分	简易诊断	对机械系统的状态作出相对粗略的判断
	精密诊断	在简易诊断基础上更为细致的诊断，需详细地分析出故障原因、故障部位、故障程度及其发展趋势等一系列问题的诊断

3）机械故障诊断的步骤

数控机床机械故障诊断基本步骤见表 6-10。

表 6-10 数控机床机械故障诊断的步骤

步骤	说明
确定运行状态监测的内容	①确定合适的监测方式、合适的监测部位及监测参数等 ②监测的具体内容主要取决于故障形式，同时也要考虑被监测对象的结构、工作环境等因素以及现有的测试条件
建立测试系统	选取合适的传感器及配套设施组成测试系统
特征提取	①对测试系统获取的信号进行加工，包括滤波、异常数据的剔除以及各种分析算法等 ②从有限的信号中获得尽可能多的关于被诊断对象状态的信息，即进行有效的状态特征提取 ③是故障诊断过程的关键环节之一，也是机械故障诊断的核心
制定决策	①机械故障诊断的最终目的 ②对被诊断对象进行未来发展趋势进行预测 ③要作出调整、控制、维修等干预决策

(5) 数控机床机械故障诊断技术

由维修人员的感觉器官对机床进行问、看、听、触、嗅等的诊断，称为“实用诊断技术”，实用诊断技术有时也称为“直观诊断技术”。

1）问

弄清故障是突发的，还是渐发的，机床开动时有哪些异常现象。对比故障前后工件的精度和表面粗糙度，以便分析故障产生的原因。传动系统是否正常，出力是否均匀，背吃刀量和进给量是否减小等。润滑油品牌号是否符合规定，用量是否适当。机床何时进行过保养检修等。

2）看

① 看转速。观察主传动速度的变化。如带传动的线速度变慢，可能是传动带过松或负荷太大。对主传动系统中的齿轮，主要看它是否跳动、摆动。对传动轴主要看它是否弯曲或晃动。

② 看颜色。主轴和轴承运转不正常，就会发热。长时间升温会使机床外表颜色发生变化，大多呈黄色。油箱里的油也会因温升过高而变稀，颜色变样；有时也会因久不换油、杂质过多

或油变质而变成深墨色。

③ 看伤痕。机床零部件碰伤损坏部位很容易发现，若发现裂纹时，应做记号，隔一段时间后再比较它的变化情况，以便进行综合分析。

④ 看工件。若车削后的工件表面粗糙度 Ra 数值大，主要是由于主轴与轴承之间的间隙过大，溜板、刀架等压板楔铁有松动以及滚珠丝杠预紧松动等原因所致。若是磨削后的表面粗糙度 Ra 数值大，这主要是由于主轴或砂轮动平衡差，机床出现共振以及工作台爬行等原因所引起的。工件表面出现波纹，则看波纹数是否与机床主轴传动齿轮的齿数相等，如果相等，则表明主轴齿轮啮合不良是故障的主要原因。

⑤ 看变形。观察机床的传动轴、滚珠丝杠是否变形。直径大的带轮和齿轮的端面是否跳动。

⑥ 看油箱与冷却箱。主要观察油或冷却液是否变质，确定其能否继续使用。

3）听

一般运行正常的机床，其声响具有一定的音律和节奏，并保持持续的稳定。机械运动发出的正常声音见表 6-11，异常声音见表 6-12。异响主要是由于机件的磨损、变形、断裂、松动和腐蚀等原因，致使在运行中发生碰撞、摩擦、冲击或振动所引起的。有些异响，表明机床中某一零件产生了故障；还有些异响，则是机床可能发生更大事故性损伤的预兆，其诊断见表 6-13。异响与其他故障征象的关系见表 6-14。

表 6-11 机械运动发出的正常声音

机械运动部件	正常声音
一般作旋转运动的机件	①在运转区间较小或处于封闭系统时，多发出平静的“嘤嘤”声 ②若处于非封闭系统或运行区较大时，多发出较大的蜂鸣声 ③各种大型机床则产生低沉而振动声浪很大的轰隆声
正常运行的齿轮副	①一般在低速下无明显的声响 ②链轮和齿条传动副一般发出平稳的“唧唧”声 ③直线往复运动的机件，一般发出周期性的“咯噔”声 ④常见的凸轮顶杆机构、曲柄连杆机构和摆动摇杆机构等，通常都发出周期性的“嘀嗒”声 ⑤多数轴承副一般无明显的声响，借助传感器（通常用金属杆或螺钉旋具）可听到较为清晰的“嘤嘤”声
各种介质的传输设备	①气体介质多为“呼呼”声 ②流体介质为“哗哗”声 ③固体介质发出“沙沙”声或“呵罗呵罗”声响

表 6-12 机械运动发出的异常声音

声音	特征	原因
摩擦声	声音尖锐而短促	两个接触面相对运动的研磨。如：带打滑或主轴轴承及传动丝杠副之间缺少润滑油，均会产生这种异声
冲击声	音低而沉闷	一般是由于螺栓松动或内部有其他异物碰击
泄漏声	声小而长，连续不断	如漏风、漏气和漏液等
对比声	用手锤轻轻敲击来鉴别零件是否缺损。有裂纹的零件敲击后发出的声音就不那么清脆	

表 6-13 异常声音的诊断

过程	说明
确定应诊的异响	①新机床运转过程中一般无杂乱的声响，一旦由某种原因引起异响时，便会清晰而单纯地暴露出来 ②旧机床运行期间声音杂乱，应当首先判明，哪些异响是必须予以诊断并排除的

续表

过程	说明
确诊异响部位	根据机床的运行状态，确定异响部位
确诊异响零件	机床的异响，常因产生异响零件的形状、大小、材质、工作状态和振动频率不同而声响各异
根据异响与其他故障的关系进一步确诊或验证异响零件	①同样的声响，其高低、大小、尖锐、沉重及脆哑等不一定相同 ②每个人的听觉也有差异，所以仅凭声响特征确诊机床异响的零件，有时还不够确切 ③根据异响与其他故障征象的关系，对异响零件进一步确诊与验证（表6-14）

表 6-14 异响与其他故障征象的关系

故障征象	说明
振动	①振动频率与异响的声频将是一致的。据此便可进一步确诊和验证异响零件 ②如对于动不平衡引起的冲击声，其声响次数与振动频率相同
爬行	在液压传动机构中，若液压系统内有异响，且执行机构伴有爬行，则可证明液压系统混有空气。这时，如果在液压泵中心线以下还有“吱嗡、吱嗡”的噪声，就可进一步确诊是液压泵吸空导致液压系统混入空气
发热	①有些零件产生故障后，不仅有异响，而且发热 ②某一轴上有两个轴承。其中有一个轴承产生故障，运行中发出“隆隆”声，这时只要用手一摸，就可确诊，发热的轴承即为损坏了的轴承

4）触

①温升。人的手指触觉是很灵敏的，能相当可靠地判断各种异常的温升，其误差可准确到3～5℃。不同温度的感觉见表6-15。

表 6-15 不同温度的感觉

机床温度	感觉
0℃左右	手指感觉冰凉，长时间触摸会产生刺骨的痛感
10℃左右	手感较凉，但可忍受
20℃左右	手感到稍凉，随着接触时间延长，手感潮湿
30℃左右	手感微温有舒适感
40℃左右	手感如触摸高烧病人
50℃左右	手感较烫，如掌心扪的时间较长可有汗感
60℃左右	手感很烫，但可忍受10s左右
70℃左右	手有灼痛感，且手的接触部位很快出现红色
80℃以上	①瞬时接触手感“麻辣火烧”，时间过长，可出现烫伤 ②为了防止手指烫伤，应注意手的触摸方法，一般先用右手并拢的食指、中指和无名指指背中节部位轻轻触及机件表面，断定对皮肤无损害后，才可用手指肚或手掌触摸

② 振动。轻微振动可用手感鉴别，至于振动的大小可找一个固定基点，用一只手去同时触摸便可以比较出振动的大小。

③ 伤痕和波纹。肉眼看不清的伤痕和波纹，若用手指去摸则可很容易地感觉出来。摸的方法是：对圆形零件要沿切向和轴向分别去摸；对平面则要左右、前后均匀去摸；摸时不能用力太大，只轻轻把手指放在被检查面上接触便可。

④ 爬行。用手摸可直观地感觉出来。

⑤ 松或紧。用手转动主轴或摇动手轮，即可感到接触部位的松紧是否均匀适当。

5）嗅

剧烈摩擦或电气元件绝缘破损短路，使附着的油脂或其他可燃物质发生氧化蒸发或燃烧产生油烟气、焦煳气等异味，应用嗅觉诊断的方法可收到较好的效果。

参考文献

[1] 沈建峰，虞俊. 数控车工（高级）[M]. 北京：机械工业出版社，2007.
[2] 中国就业培训技术指导中心. 数控车工（高级）[M]. 北京：中国劳动社会保障出版社，2011.
[3] 劳动和社会保障部教材办公室. 数控车工（高级）[M]. 北京：中国劳动社会保障出版社，2005.
[4] 杨嘉杰. 数控机床编程与操作（车床分册）[M]. 北京：中国劳动社会保障出版社，2000.
[5] 韩鸿鸾. 数控加工工艺学 [M]. 3版. 北京：中国劳动社会保障出版社，2011.
[6] 崔兆华. 数控加工基础 [M]. 3版. 北京：中国劳动社会保障出版社，2011.
[7] 崔兆华. 数控机床操作 [M]. 北京：电力工业出版社，2008.
[8] 崔兆华. 数控车床编程与操作（广数系统）[M]. 北京：中国劳动社会保障出版社，2012.
[9] 李国东. 数控车床操作与加工工作过程系统化教程 [M]. 北京：机械工业出版社，2013.
[10] 崔兆华. 数控加工基础 [M]. 4版. 北京：中国劳动社会保障出版社，2018.
[11] 崔兆华. 数控车工操作技能鉴定实战详解（中级）[M]. 北京：机械工业出版社，2012.